煤岩孔隙测试与分析

主　编　翟　成　徐吉钊
副主编　余　旭　孙　勇

中国矿业大学出版社
·徐州·

内 容 简 介

本书聚焦煤岩体孔隙结构测试的科学性、有效性，详细阐述了现有孔隙结构测试的方法、原理和相应的案例分析，主要内容有绪论、煤岩赋存特征及理化性质、煤岩孔隙常规测试方法、电子显微测试分析方法、气体吸附测试分析方法、压汞测试分析方法、核磁共振测试分析方法、工业 CT 成像测试分析方法等。

本书可作为普通高等学校安全工程、矿业工程等专业学生的教材，也可作为从事煤矿科研工作的研究人员参考资料。

图书在版编目(CIP)数据

煤岩孔隙测试与分析 / 翟成，徐吉钊主编. — 徐州 ：
中国矿业大学出版社，2024. 12. — ISBN 978-7-5646-6557-9

Ⅰ. P618.11

中国国家版本馆 CIP 数据核字第 2024RM2421 号

书　　名　煤岩孔隙测试与分析
主　　编　翟　成　徐吉钊
责任编辑　黄本斌
出版发行　中国矿业大学出版社有限责任公司
（江苏省徐州市解放南路　邮编 221008）
营销热线　(0516)83885370　83884103
出版服务　(0516)83995789　83884920
网　　址　http://www.cumtp.com　**E-mail**:cumtpvip@cumtp.com
印　　刷　江苏淮阴新华印务有限公司
开　　本　787 mm×1092 mm　1/16　**印张** 17　**字数** 435 千字
版次印次　2024 年 12 月第 1 版　2024 年 12 月第 1 次印刷
定　　价　45.00 元

前　言

长期地质作用导致沉积岩(如煤层、页岩、砂岩等)不断地被压实固结,岩石矿物颗粒被胶结在一起,基体孔隙度不断降低。受围压约束和沉积环境的影响,矿物颗粒分布的非均一性促进岩石内孔裂隙结构呈现各向异性特征。孔裂隙结构的存在,不仅为地层流体(水、油、气等)提供大量的储存空间,同时也为流体资源的开发(采油、煤层气开发、页岩气开采等)提供了丰富的流动通道。从资源开发角度来讲,非常规资源开发需要提前对储层物性参量进行测定,为后续储层改造和工程技术方案布置等提供依据,岩层力学强度和孔隙结构特征是评估储层可压缩性、资源可采性的主要指标。从灾害防治角度来讲,考虑到煤矿安全开采,通常需要依靠密集钻孔或强化增透技术措施来改变煤层应力分布和提高煤层孔渗性能,煤层孔隙结构尺度大小直接决定了储层渗透性能优劣程度。

煤岩体作为一种多孔介质,其孔隙结构尺度、形状、连通性等基本特征参量的大小直接影响了流体在煤岩体中的吸附、扩散和渗流行为,查明煤岩体孔隙发育特征对于评估特定区块油气开发潜力、煤层瓦斯高效抽采和评估煤储层致裂增透效果具有重要意义。目前,针对煤岩体孔隙结构的研究方法种类繁多,大致可分为定性研究方法和定量研究方法。其中,定性研究方法主要包括光学显微镜、透射电镜(TEM)、扫描电子显微镜(SEM)等分析方法,这些方法能够通过放大倍数来观察煤体孔隙分布,利用图像的形式定性研究孔隙结构特征;定量研究方法主要包括二氧化碳吸附法、氮气吸附法、Micro-CT 扫描成像法、小角散射法、压汞法和核磁共振法等,这些方法可实现煤体不同尺度孔隙相关参数的测试,比如孔径大小及占比、比表面积、裂隙三维成像等,但上述研究方法在孔径测定范围和分析方法上均存在一定的局限性,有些方法还存在测试周期较长、易破坏试样原生孔隙结构等不足。

聚焦煤岩体孔隙结构测试的科学性、有效性,编者编写了《煤岩孔隙测试与分析》教材,旨在详细阐述不同孔隙结构测试的方法、原理和相应的案例分析,帮助读者根据测试需求选择合适的测试方法。本教材共分为八章,具体章节包括:绪论、煤岩赋存特征及理化性质、煤岩孔隙常规测试方法、电子显微测试分析方法、气体吸附测试分析方法、压汞测试分析方法、核磁共振测试分析方法、工业CT成像测试分析方法。本教材强调理论与实践相结合，测试原理与结果分析相结合，突出其实用特性。

本书由中国矿业大学翟成教授、徐吉钊副教授担任主编，徐吉钊副教授负责教材的统稿工作。本教材编写得到了课题组师生的大力支持，具体编写分工如下：翟成教授和余旭副教授共同编写第1章，徐吉钊副教授和丁熊博士共同编写第2章，翟成教授和孙勇讲师共同编写第3章，翟成教授和陈爱坤博士共同编写第4章，徐吉钊副教授、朱薪宇博士和李宇杰博士共同编写第5章，翟成教授和黄婷博士共同编写第6章，徐吉钊副教授和徐鹤翔博士共同编写第7章，徐吉钊副教授和王宇博士共同编写第8章。

在本教材编写过程中，编者参阅了大量的相关资料，得到了多方的帮助和支持，在此一并表示衷心的感谢！

由于编者的水平有限，书中难免有疏漏之处，敬请专家学者不吝赐教！

编　者

2024年5月

目　录

第1章 绪 论

1.1 概述

煤炭作为一种重要的化石燃料,其未来利用与环保问题成了人们关注的焦点。煤岩孔隙结构对于煤岩的物理化学性质具有重要影响,如吸附、渗流等。了解煤岩孔隙结构有助于深入认识煤岩性质,为煤炭加工、利用以及环境保护提供科学的理论和技术支撑。在我国,煤炭资源储量丰富,但其质量与类型存在各向异性。孔隙结构作为煤的重要性质之一,不仅直接关系到煤体利用价值,还与煤岩稳定性和内在流体运移等方面密切相关。

针对煤岩孔隙结构的测试方法,国内外学者做了大量的研究,目前已经发展出了许多成熟的测试方法,例如压汞法、吸附法、抗渗透法、红外光谱法等,这些方法被广泛应用于地质工程、油气勘探、土木工程等领域。目前关于煤岩孔隙结构测试方法的相关书籍并未系统阐述现有测试方法的适用性,基于此,本书对煤岩孔隙结构测试方法的选择、各类测试方法的原理及分析案例进行了系统讲解,具有极高的使用参考价值,也是当前煤炭行业和能源领域急需的技术资料。本书详细介绍了当下常见的各种煤岩孔隙结构测试方法,具有以下重要价值:

(1) 促进煤炭资源利用,提高煤炭产业技术水平。煤是我国能源的重要组成部分,煤岩孔隙结构测试方法是对煤岩物理化学性质研究的重要方法。通过煤岩孔隙结构测试方法介绍,可更好地了解煤岩性质,为煤体利用提供更为科学的方法。

(2) 促进能源利用优化和技术进步。煤岩孔隙结构的测试方法可以应用于新型煤的利用技术的研究,可以有效提高煤的利用率。通过本书,读者可以了解煤的利用技术的最新发展趋势,也可以了解煤的利用技术的前沿知识和最新研究结果。

(3) 有利于测试方法的推广和应用。本书介绍的煤岩孔隙结构测试方法可以将各种测试方法、科学成果和实践经验集中在一起,形成系统的科学理论和应用技术。这将有助于技术方法的普及和应用,提高煤岩孔隙结构测试方法的应用水平。

本书适用于煤炭行业和能源领域一般从业人员、地质工程师、油气勘探工程师、能源研究人员、学生等不同领域的读者,对于他们了解煤岩物理化学性质、应用技术和研究进展具有很大的参考和借鉴价值。本书内容与煤岩孔隙测试密切相关,通过科学测试可掌握煤岩体理化性质;本书介绍的测试方法也可以为地质工程师提供参考和借鉴;等等。随着煤炭资源的枯竭和人们环保意识的提高,绿色能源研究备受关注。本书介绍的煤岩孔隙结构的测试方法也可用于绿色能源研究,为绿色能源利用提供科学的依据。

1.2 煤岩测试分析技术的发展历程

煤岩孔隙结构是影响煤岩物理化学性质、流体输运性质和煤层气采收率的关键因素之一，因此测定煤岩孔隙结构具有重要的理论意义和实用价值。随着科学技术的不断发展和进步，煤岩孔隙结构测定方法也在不断更新和完善。目前，常用的测定方法包括压汞法、NMR（核磁共振）法、氮气吸附/脱附法和水压力分析法等，如图 1-1 所示。

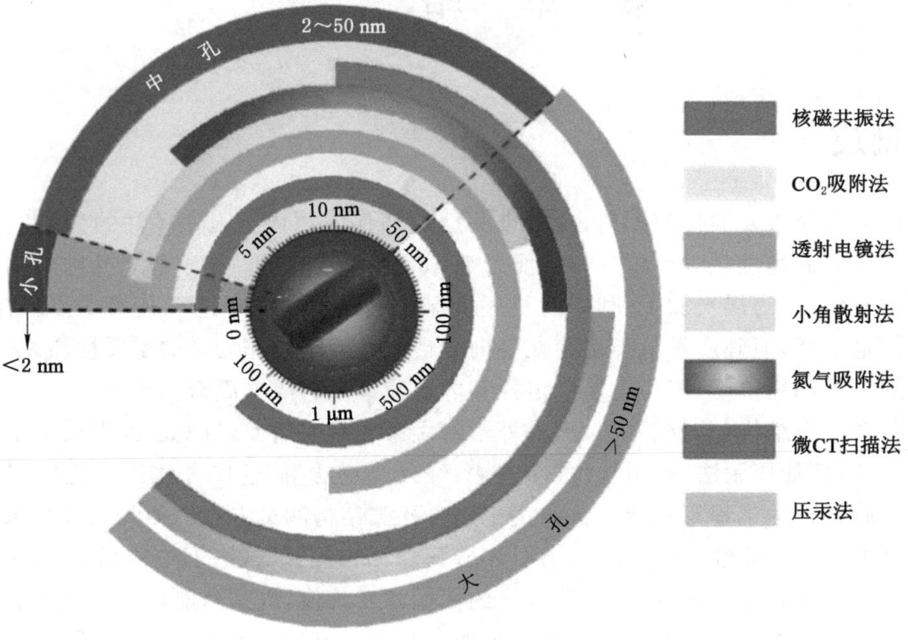

图 1-1 不同孔隙结构特征测试方法表征范围

不同孔隙测试方法有着不同的发展历程，下面主要介绍几类常见孔隙测试方法。

1.2.1 常规测试分析方法

从 19 世纪初到 20 世纪 50 年代，常规的测定煤岩孔隙结构的方法主要有以下几种：

(1) 称重法

称重法是一种测定孔隙的经典方法，这种方法最早出现在 19 世纪初期，当时主要应用于铁路铺设材料的测量。随着地质学和煤岩学的发展，称重法被引入煤岩孔隙的测量中。这种方法利用煤岩吸重和排水的原理，通过在水中称重煤样，计算出其排水后的重量，从而得出煤岩孔隙的体积。称重法的原理基于物理学中的互补体积法，即测量物体密度时，可以用物质的体积值和质量值来计算。同样地，通过称重法可以测量岩石和煤的密度，从而计算出其孔隙的体积。

20 世纪 50 年代初，早期称重法包括“样品置空法”“水入法”“黄铜球法”等。这些方法在煤岩孔隙测定中得到了广泛应用，但仍存在一些缺陷，如测得的孔隙度数值不准确等。随着技术的不断发展，在 20 世纪 70 年代至 80 年代，称重法的测定方法逐渐得到改善和完善，特别是计算机技术的应用为煤岩孔隙测定带来了新的突破。例如,常用的煤岩孔隙的测定原理包括在水下称重、浸入液体中称重等方法,这些方法在计算机技术的帮助下得到了快速、准确的结果。

称重法测定煤岩孔隙的发展历史经历了从早期比重法到后来的气体密度法,再到现代计算机成像技术的应用,这些历史经验为之后煤岩孔隙测定的研究和应用提供了宝贵的经验。虽然称重法已经有近200年的历史,但它仍然是煤岩孔隙测量领域的一个重要方法。在现代,随着计算机技术的发展,称重法得到了进一步的发展和改进,同时也涌现出了更多的测量方法和技术,以满足不同领域的需要。

(2) 密度法

密度法是一种测定煤岩孔隙度的方法,其原理是通过测量煤岩样品的体积和质量,计算得出孔隙度。密度法测定煤岩孔隙的历史可以追溯到19世纪末20世纪初。当时,科学家们通过实验研究发现,煤岩中存在着大量的微小孔隙,这些孔隙对煤岩的物理性质和利用价值产生了很大影响。因此,测量煤岩孔隙度的方法得到了广泛关注和研究。早期研究者主要是通过称重法和比重法来测定煤中的孔隙结构。然而,这些方法存在着一些不足,如测量过程烦琐、耗费时间、准确度不高等。

1906年,德国地质学家克鲁斯(Krus)提出了通过测量煤岩样品的体积和质量来计算孔隙度的方法。此后,密度法在煤岩工程领域得到了广泛应用,并逐渐发展成为一种可靠、准确的测定方法。美国卢吉(Lougee)提出的"气体密度法",是利用煤样在不同压强下吸附气体的特性来测定其孔隙度。但是,该方法的实验精度不高,而且仪器实验不够自动化,仪器体积较大。20世纪60年代,美国科学家戴维斯(Davis)在煤岩孔隙度的测试方面做了很多工作,他提出了很多实用的方法。其中,流化床法是一种进行煤岩孔隙度测量的新方法。其原理是将样品放入流化床中,并在样品上施加一定的压力,然后测量样品表面所覆盖的气体体积,从而计算出孔隙度。20世纪70年代到80年代,随着计算机技术的发展,煤岩孔隙度的测试方法也得到了改进和完善。一些新技术的应用,例如计算机成像和扫描电子显微镜等,使测试结果更加精确和可靠。随着计算机技术的发展和普及,密度法测定煤岩孔隙度的精度和效率不断提高。目前,密度法已经成为煤岩学、矿山工程等领域中不可缺少的测定煤岩孔隙度的方法之一。

(3) 超声检测法

超声检测法是一种现代化的测定煤岩孔隙的方法,也称为超声波测量法。该方法的原理是根据声波在不同介质中的传播速度和衰减来测定介质中的孔隙度。超声检测法测定煤岩孔隙的发展历史可以追溯到20世纪初期。当时,人们开始使用声波技术来探测地下石油储藏和岩层物性。随着声学理论和技术的不断发展,超声检测法逐渐被应用于岩石力学和岩石物理领域。

20世纪50年代,研究人员开始使用超声波来测定岩石中孔隙的数量和大小,以及孔隙连接关系等参数。这些研究发现,超声波在岩石中的传播速度和反射特性与岩石孔隙的尺寸和形态有关。20世纪60年代至70年代,煤科学研究进入了一个快速发展的阶段,大量的新测量和分析方法被引入,并迅速发展。研究者开始利用超声波技术在煤中进行孔隙测量。20世纪80年代以来,随着计算机技术和声学技术的进步,超声检测法的应用逐渐得到了拓展和完善。

超声检测法作为一种现代、快速的测定煤岩孔隙的方法，发展历程经历了从早期的探索到初步运用，再到现代的自动化检测仪器和计算机成像技术的应用。超声检测法将在今后的煤岩孔隙测定中发挥越来越重要的作用。随着超声检测技术的不断发展和完善，它被广泛应用于煤岩孔隙的测定。特别是近年来，随着煤层气、煤矿安全等领域的不断发展，对于煤岩孔隙的准确测定和预测成了研究的重点。超声检测法测定煤岩孔隙的技术已经相对成熟，并且在实际应用中已经得到了广泛的应用。

1.2.2 电子显微测试分析方法

(1) 电子探针显微分析

电子探针显微分析(EPM)是一种可以对材料进行微量元素分析的技术，该技术可以应用于测定煤岩孔隙结构。EPM 技术起源于 20 世纪初期的能谱仪技术，在煤岩孔隙测定方面，电子探针法测定煤岩孔隙的历史可追溯至 20 世纪 50 年代，当时科学家们开始探索用电子技术来测量材料的孔隙度和孔径。1967 年，德国科学家基尔希(Kirsch)发表了一篇文章，提出了用电子探针法测量煤中孔隙度和孔径的方法，并首次成功进行实验验证。

EPM 技术利用电子束辐射对煤岩进行扫描，观测所产生的反射信号，得到样品位置的元素分布图谱，并通过分析信号的强度和分布来反推材料的孔隙结构，从而精确地测定煤岩的孔隙度和孔径。20 世纪 90 年代，EPM 技术得到了迅速发展，其应用范围不断拓宽，同时通过计算机技术的引入，EPM 技术得到进一步提高和完善。21 世纪初，随着大量先进技术的迅速发展和广泛应用，EPM 测定煤岩孔隙技术也得到了迅速发展。各种新技术的应用，如三维成像扫描技术、基于计算机的模拟和图像分析技术等，提高了 EPM 测定煤岩孔隙的精度和可靠性。EPM 技术测定煤岩孔隙的发展历程先后经过了能谱仪技术、电子探针技术和现代计算机成像分析技术，为煤岩孔隙理论研究及其实用化应用提供了基础和保障。

(2) 扫描电子显微镜显微分析

扫描电子显微镜(SEM)是一种能够以极高的放大倍数观察物质微观结构的科学仪器。它的诞生为煤岩孔隙研究提供了新的技术手段。早在 20 世纪 50 年代，SEM 技术就已经存在了，但是由于仪器价格昂贵，技术不成熟等因素的影响，煤岩孔隙测定等领域仍然主要依赖于传统的光学显微镜。

20 世纪 50 年代，人们开始使用传统光学显微镜进行煤岩孔隙测定，但由于煤岩具有不规则的形态、多孔性以及高度组织性等特点，传统光学显微镜只能观察到煤岩的宏观结构，对于微观结构的观察则存在很大的限制。20 世纪 60 年代末，扫描电子显微镜开始被用于煤岩研究。相较于传统光学显微镜，SEM 利用电子束扫描煤岩表面，能够以高清晰度观察煤岩微观结构，消除了光学显微镜的局限性。20 世纪 70 年代，美国国家标准局的斯科特(Scottish)和拉特曼(Lattermann)等学者利用扫描电子显微镜研究了不同类型煤岩的孔隙度和孔径分布。20 世纪 80 年代，英国伯明翰大学的柯林森(Collinson)和汤姆森(Thomson)等学者利用扫描电子显微镜结合计算机数字处理技术，开发出了一种煤岩孔隙定量测定方法。20 世纪 90 年代，我国学者开始尝试将 SEM 技术应用于煤岩孔隙测定，并取得了一定的成果。2000 年以后，SEM 技术得到了快速发展，扫描电子显微镜的性能和分辨率不断提高，可检测到的未经处理的最小孔隙尺寸为 30 nm，同时结合其他新技术开发出了扫描电子显微镜-能谱仪(SEM-EDS)和扫描电子显微镜-荧光光谱分析仪(SEM-CL)等。

目前，扫描电子显微镜显微分析法在煤岩孔隙测定领域的应用已经十分广泛，并且具有较高的准确度和可靠性，能够有效地评估煤岩的孔隙特征和孔隙分布，为煤基能源的开发和利用提供了有力的技术支持。随着纳米科技的发展，扫描电子显微镜的分辨率也得到了不断提高，现代扫描电子显微镜可观察到 1 nm 的微观结构，这为煤岩孔隙研究提供了更加精细的观察手段(图 1-2)。可以预见，随着技术的发展，扫描电子显微镜在煤岩孔隙研究中的地位将越来越重要。

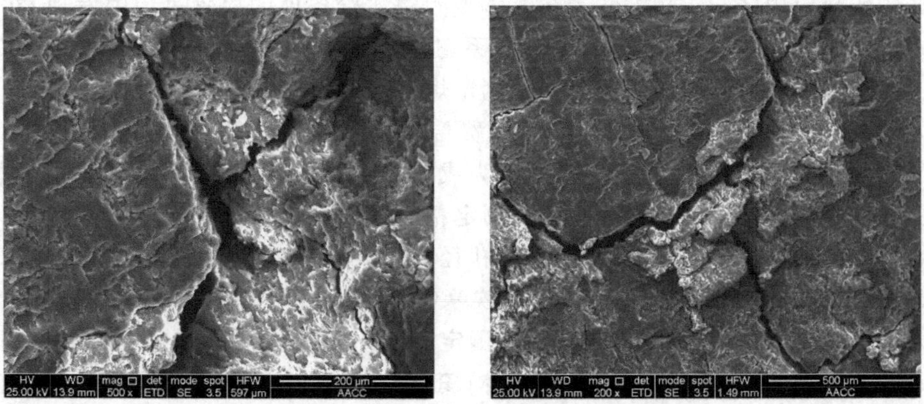

图 1-2 扫描电子显微镜下的煤岩孔隙结构图

(3) 透射电镜显微分析

透射电镜(TEM)显微分析法也是一种常用于煤岩孔隙测定的技术，与 SEM 不同，TEM 技术的应用始于 20 世纪 50 年代，最早应用于金属晶体和半导体材料的测定，之后在 70 年代和 80 年代逐渐被应用于煤岩学中，成为煤岩孔隙测定的有效方法之一。此后几十年，TEM 技术得到了不断的完善和提高，如成像和数据分析的自动化、分子结构的分辨率、样品处理等。

纵观 TEM 技术发展历程，该技术最早应用于煤岩微观结构和成因机理的研究，基于其极高的分辨率和清晰的图像质量，逐步被广泛应用于煤岩孔隙测定领域。随着 TEM 技术的不断进步和成熟，其在孔隙形貌测定、孔径分布测定、孔隙成因及生长机制等方面得到充分发展。

21 世纪初期，随着计算机技术的快速发展，SEM 和 TEM 技术的应用范围逐步扩大，目前已涉及电子学、材料科学、生命科学、地质学和煤岩学等多个领域，并取得了丰硕的研究成果。由于样品制备简单、图像处理速度快和精度高等优势，SEM 技术在煤岩孔隙测定方面得到了广泛应用。而 TEM 技术需要高度复杂的操作和处理步骤，对样品制备技术和方法门槛要求非常高，在大量样品检测方面显然不如 SEM 技术更具优势。

1.2.3 气体吸附测试分析方法

气体吸附测试分析方法是一种常用的测定煤岩孔隙的方法，其测定原理是利用气体与孔隙表面间的吸附和解吸作用来计算出孔隙的大小和数量，具有高精度、高灵敏度的优势，可用于煤岩物性研究和煤层气地质勘探等领域。具体地，通过将待测煤岩样品暴露在高压环境下，将气体(通常为氮气)逐渐注入样品孔隙内，随着压力的升高，气体会慢慢进入样品的毛细孔和微孔中，并在孔隙表面上形成一层吸附层。当压力逐渐降低时，气体会解吸出孔隙，显现出吸附-解吸等温线。通过对吸附线和解吸线的研究，可以确定样品的比表面积、孔隙体积和孔隙分布等参数。

最初，科学家们使用氦泡沫法、氢气干扰法、介质置换法等来估测煤岩孔隙的大小和分布。早在1881年，科宁克(Koninck)用萘作为吸附剂，采用重量损失法测定了煤的孔隙度。20世纪10年代初，多纳特(Donath)开发利用石油醚吸附方法来测定煤孔孔容，属于气体吸附法范畴的较早应用之一。相关学者在气体吸附法实验条件的探索过程中发现，在一定的相对压力范围内，孔容与相对压力呈线性关系，这为后来孔隙度测定提供了依据。20世纪40年代，学者开始使用CO_2作为吸附剂来测定煤岩孔隙，但CO_2吸附能力受温度和压力的影响较大。20世纪50年代末到60年代初，费希尔(Fisher)和库恩勒(Kuhnle)分别使用甲烷和氧气作为吸附剂进行实验，并取得了较为成功的结果。随着物理化学技术的不断发展，吸附温度和压力的稳定控制使得吸附法的测定精度和准确性得到大幅度提高，学者侧重于关注煤岩孔隙结构和性质的表征问题，包括孔径、孔容、孔隙度、孔隙分布、孔隙形态等方面。1951年，美国化学家布鲁诺尔(Brunauer)、埃米特(Emmett)和特勒(Teller)研究了气体吸附的热力学机制和理论，提出了氮气吸附法测定固体孔隙结构的方法，即BET法。同年，英国哈维(Harvey)等首次提出用自由膨胀气体(氦气)吸附法来测定煤岩孔隙结构和性质，测定了不同孔径的煤样的比表面积，并计算出其孔隙度和孔容。1965年，弗雷德里克(Frederick)和吉夫特(Gift)引入了一种称为"氦气膨胀法"的气体吸附法，利用吸附在煤岩孔隙中气体的扩散性，在不同温度下使用不同气体测量煤样的孔隙度。1966年，埃尔图基(El-Toukhy)首次将BET法应用于煤的孔隙分析中，成功地测定了煤岩孔隙的孔径分布和孔隙体积等参数。

随着科学技术的不断进步，气体吸附测试分析方法也得到了更广泛的应用。20世纪70年代，冯克(Vonk)等提出了统计吸附理论，该理论通过统计吸附在孔隙表面的气体分子数，计算出孔隙大小分布和孔隙面积等参数，标志着气体吸附法的理论基础逐渐完善。20世纪80年代，美国西弗吉尼亚大学的赫卡(Hucka)和沃德(Ward)等，利用氩气吸附法精细计算了煤的微孔和介孔孔径分布及其孔隙度。20世纪90年代至今，气体吸附法在测定煤岩孔隙的应用中发展迅速，涉及的领域也越来越广泛，为煤炭、石油、地下水等领域的研究和应用提供了有效的手段和支持。经过了半个世纪的发展，气体吸附法测定煤岩孔隙的方法已经成熟稳定，并广泛应用于煤炭地质、勘探、开发以及煤炭储层结构研究等方面。

1.2.4 压汞测试分析方法

压汞测试分析方法(简称压汞法)是测定煤岩孔隙及小孔隙(直径小于10 nm)的一种方法。在这种方法中，将煤岩样品粉末放入一个密闭的试管中，然后在试管中注入汞。随着汞的注入，煤岩的孔隙逐渐被挤占，直到汞占据了所有的孔隙。当达到平衡状态时，汞的饱和压力等于煤岩孔隙中所能承受的最大压力，汞的体积等于煤岩孔隙的总体积，从而可以计算出煤岩样品的孔隙度。通过压汞法测试，可以得出煤岩样品的孔隙度、孔隙分布(尺寸、形态等)以及孔隙连通性等信息，这些信息对于煤岩的煤层气、煤层压力和渗透性等特性具有重要意义。

压汞法的发展历史可以追溯到20世纪初期，它是一种重要的测定煤岩孔隙度和孔径分布的方法。1917 年，美国油气工程研究院的迪安（Dean）和海恩斯（Haines）首次应用压汞法测定了石油储层岩石及煤的孔隙度。20 世纪初期，德国物理学家科特韦格（Korteweg）首次提出了利用气体在煤岩孔隙中的扩散来测定煤岩孔隙的大小和形态。后来，美国地质学家霍普金斯（Hopkins）和塔利（Tully）在煤的孔隙结构研究中首次采用汞的压强来测定孔隙体积，成了压汞法的开拓者。20 世纪 20 年代，压汞法开始应用于煤、石油和天然气勘探中，通过压汞法测定煤岩孔隙的方法逐渐得到了广泛应用。德国的物理学家和化学家瓦格纳（Wagner）在研究煤和石油的孔隙结构时使用了该方法。美国地质学家米切尔（Mitchell），他在煤炭勘探中广泛使用了压汞法，同时也试图将该方法应用于油气勘探领域。法国矿物学家吉奥（Giot）曾经利用压汞法在研究大理石和方解石中的孔隙结构方面做出了突出贡献。20 世纪 50 年代，压汞法测定煤岩孔隙这一方法发展的推动者主要有三位：美国地质学家路易斯（Lewis）、美国化学家斯佩丁（Spedding）和中国地质学家李四光。路易斯是煤岩孔隙测定中的先驱之一，他在 1956 年首次使用压汞法进行煤岩孔隙度测定，提出了薄片压汞法（thin section-mercury porosimeter theory）。斯佩丁是美国科学界的杰出人物，提出了新的压汞设备以及新的压汞率的解析式，使压汞法能够在实际应用中更加准确和稳定。李四光是我国地质学家中的一位开拓者，他在 20 世纪 50 年代发明了用压汞法测定煤岩孔隙度的方法，他也对压汞率的解析式进行了改进，使之更符合压汞法测量煤岩孔隙度的要求，并提出了“压力分层模型”理论，为煤岩孔隙结构研究提供了新思路。

20 世纪 60 年代初期，压汞法被广泛应用于煤岩地质学和煤炭勘探领域。但是，传统的压汞法存在一些缺陷，如需要高压力下测定、测量结果精度受到汞表面张力影响等。为了解决这些问题，研究者们开始探索改进压汞法。他们发现，将煤样切成较小的块状可以减小测量误差，使得测量结果更加准确。此外，使用高黏度液体也可以减小汞表面张力的影响，从而提高测量精度。随着科学技术的不断进步，压汞法也得到了更多的改进和发展。比如，采用计算机辅助数据处理方法，可以更加精确地处理测量数据，提高测量结果的可靠性。同时，还有研究者通过引入新的测量技术，如低渗透计和煤孔纳米孔结构分析工具等，进一步提高了煤岩孔隙测量的精度。20 世纪 60 年代末期，随着电子计算机的出现，压汞法的数据处理和分析能力得到了很大提高。

20 世纪七八十年代，压汞法主要有以下几个发展：① 自动化技术的应用。传统的压汞法需要手工操作，效率低下。随着计算机技术的不断发展，压汞仪的自动化程度越来越高，操作变得更加简便快捷。② 压汞仪的改进。对于传统的压汞仪，存在一些缺陷，比如汞的流动性不佳、精度不够等。在这个时期，压汞仪得到了技术上的改进，使其更加稳定、精确。③ 压汞法的标准化。压汞法作为一种重要的煤岩孔隙度测试方法，需要有相应的标准。国际上的标准组织开始对压汞法进行规范，制定了一系列标准和方法，方便了压汞法的应用和比较分析。④ 压汞法与其他测试方法的结合。压汞法虽然具有精度高、可重复性好等优点，但也存在一些局限性。压汞法开始与其他测试方法结合，比如比渗法、气体吸附法等，利用它们的优点来弥补压汞法的不足之处，提高了煤炭孔隙度等测试参数的准确性和可靠性。

目前典型的压汞仪如图 1-3 所示。

1.2.5　核磁共振测试分析方法

（1）核磁共振的发展

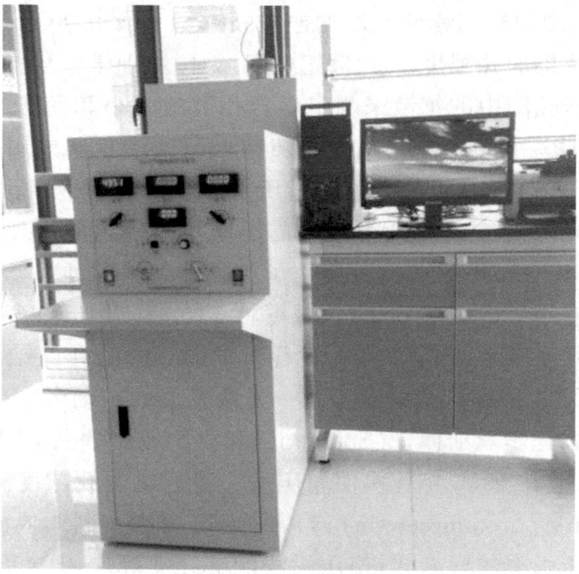

图 1-3 YG-97A 型电容式压汞仪

核磁共振(nuclear magnetic resonance，NMR)兴起于 20 世纪初美国物理学家拉比(Rabi)发明的原子和分子内部结构核磁共振探测方法。20 世纪 60 年代以前的大部分研究都集中在 NMR 技术的物理学、化学和生物学领域。例如，用于研究半导体材料的物理性质，被称为“核磁共振谱学”。1960 年，美国物理学家劳特伯(Lauterbur)发明了空间编码技术，使得磁共振成像(magnetic resonance imaging，MRI)技术实现三维成像。英国物理学家曼斯菲尔德(Mansfield)发明了梯度场技术，使得 MRI 技术可以更精确地控制成像位置和方向。20 世纪 60 年代初期，通过观察强磁场中有机分子中核子的行为和位置，NMR 被用于分析和确定有机化合物的结构。在生物学领域，NMR 被用于研究生物大分子的结构和动态学，促进了分子生物学和生物化学的研究。20 世纪末至 21 世纪初，MRI 技术得到了进一步发展。现代 MRI 设备测试精度高，可以进行对人体内部结构进行功能性成像，如大脑、内脏、关节等，帮助医生进行疾病诊断和治疗，已成为现代科技中不可或缺的分析工具之一。随着科技不断进步，NMR 技术不断改进和升级，相继出现高场核磁共振技术、多维核磁共振技术、人体核磁共振成像技术等。

(2) NMR 谱仪的发展

NMR 谱仪是一种获取物质核磁共振现象的仪器，最早可追溯于 1949 年布洛克(Bloch)及其团队成功研制的第一台 NMR 谱仪，主要用于研究分子结构。后续 NMR 谱仪开始普及，应用范围逐渐扩大。1960 年，Varian 公司推出了第一台商用 NMR 谱仪，标志着 NMR 技术已进入商业化阶段。随着对 NMR 谱仪分辨率和灵敏度需求的不断增大，NMR 谱仪不断迭代更新，逐步推出了多维 NMR 谱仪、高场 NMR 谱仪、固态 NMR 谱仪等新型仪器。如图 1-4 所示。

基于射频场不同的施加方式，NMR 谱仪可分为 SEFT(single-pulse excitation Fourier transform，单脉冲激发傅立叶变换)谱仪、CFT(continuous-wave Fourier transform，连续波傅立叶变换)谱仪和 PFT(pulsed Fourier transform，脉冲傅立叶变换)谱仪。其中，SEFT

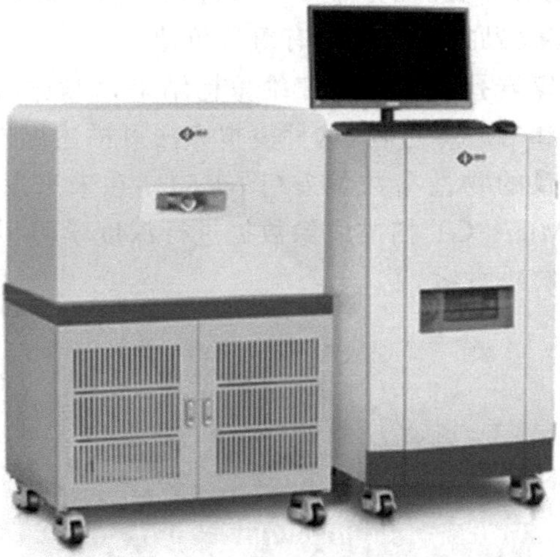

图 1-4 NMR 谱仪

谱仪是最基本的 NMR 谱仪，主要利用单个射频脉冲来激发样品中的核磁矢量沿着不同方向旋转，在接收线圈中获取电压信号，通过对采集到的信号进行傅立叶变换，可以得到 NMR 谱图。CFT 谱仪使用连续的射频波来激发样品中的核磁矢量将在射频场中保持持续的旋转，通过调整射频场强度和频率，可以操纵样品中的核磁矢量，从而产生不同类型的谱图。PFT 谱仪使用一系列的射频脉冲和梯度场来使得样品中的核磁矢量发生旋转，通过调整射频脉冲的时序和强度，可以操纵样品中的核磁矢量，从而产生不同类型的谱图。PFT 谱仪具有比 SEFT 谱仪和 CFT 谱仪更强的灵活性和更高的分辨率，但需要更复杂的硬件和软件支持。

(3) NMR 技术在煤岩测试分析中的应用与发展

随着 NMR 仪器功能的更迭完善，NMR 技术逐步应用于煤岩孔隙结构测试分析工作中，通过测定煤岩结构体内含氢流体的弛豫信号，从而推断出煤岩的孔径分布、孔隙度、渗透率和孔隙连通度等基础信息。与常规煤岩孔隙度测试方法相比，NMR 技术具有测试速度快、测试精度高、无损测试等优势，具体地，NMR 技术能够同时测试分解出固体相和流体相信号，从而确定孔隙分布特征；NMR 技术对样品尺寸要求不高，可最大限度地保持原始煤岩样品结构和孔隙分布真实状态，避免样品准备过程中的破坏和影响；NMR 技术主要是通过施加磁场和脉冲信号来获取煤岩弛豫信号，对样品不会造成损伤破坏；NMR 技术还可同时测试出不同类型流体的信号，如水和油，其 T_1-T_2 二维弛豫分布可为油气开发提供较为精准的测试结果，为储层评价和模拟提供重要信息。

1.2.6 Micro-CT 扫描成像方法

Micro-CT 扫描成像方法是一种三维高分辨率成像技术，能够高精度、高分辨率地呈现煤岩内部的孔隙结构，因不需要对煤岩样品进行切割和处理，因而不会对样品造成物理损伤。通过对大量 Micro-CT 扫描图像进行三维重构，可实现对煤岩孔隙度、孔径分布和孔隙连通性的分析，进而帮助工程师更好地理解和预测煤样的物性和工程响应行为。例如，利用

CT技术可分别对煤样矿物分布、孔径分布等参数进行测试还原，可对煤岩物性和煤层气资源分布进行评估，这对煤层气勘探和开采具有重要价值。

基于CT扫描技术对煤岩孔隙结构的三维重构结果，可通过迭代计算模拟出煤岩多尺度孔裂隙结构中流体渗流和溶解等过程，这种模拟方法可描述煤岩物性的非侵入性特征，可避免因取样的局限性而导致的物性参数偏差(图1-5)。在未来发展趋势中，可结合计算机模拟、数据挖掘等技术对Micro-CT扫描成像数据进行深度学习，从而为现实煤岩资源开发实际问题提供更为精准的解决方案。

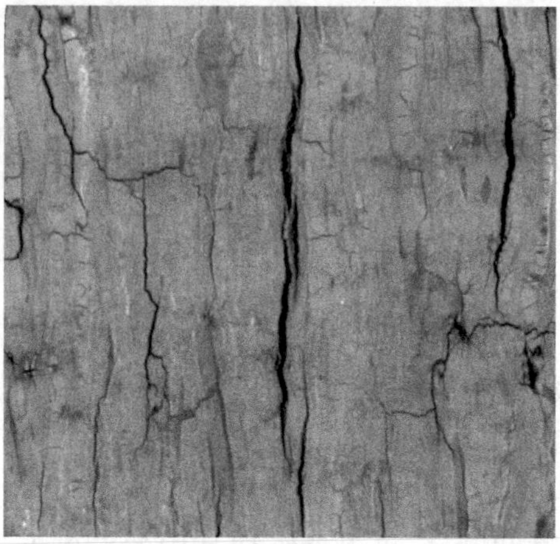

图1-5 Micro-CT扫描下的煤岩表面结构

(1) Micro-CT技术的发展

Micro-CT技术最早起源于20世纪90年代，德国研究者开始利用微弱的X射线对单个化石进行扫描，标志着Micro-CT技术的萌生。随着计算机技术的快速发展，Micro-CT技术的分辨率和处理速度得到大幅提升，日本铃木由纪夫(Yukio Suzuki)发明的商用Micro-CT仪器，开始广泛应用于材料科学、生物医学工程、食品科学和纺织工程等领域。20世纪末，通过开发高分辨率的探测器和优化成像算法，Micro-CT技术加速了三维显微成像技术的发展。进入21世纪，随着计算机技术、散射法探测器和X射线源的不断升级，Micro-CT技术在空间分辨率、时间分辨率、样品对比度、成像速率等方面的性能不断提高。2002年，法国研究学者开发了具备5 μm空间分辨率的Micro-CT技术，可实现活体小鼠的多层次扫描和三维重建。2006年，美国宾夕法尼亚大学相关学者利用Micro-CT技术对燃料电池的微观结构进行了非侵入式三维成像，为燃料电池的无损研究提供了新的手段。

Micro-CT技术因其测试优势逐渐拓展了应用范围，比如，Micro-CT技术可用于帮助文物资料的数字化保护、研究材料的微观结构和力学性质、病理诊断和新药研发等。近年来，Micro-CT技术在成像分辨率、梯度解析能力和成像速度等方面均取得了长足的发展。具体地，Micro-CT技术利用最新的X射线源和探测器，空间分辨率可达到几十纳米以下，可通过图像重建算法来提高分辨率和减少噪声的负面影响；不断提高的梯度解析能力能够帮助Micro-CT技术快速地获得复杂样本内部的微观结构信息，如利用Micro-CT技术可还原人类癌细胞的三维模型，为肿瘤研究提供了重要的工具；Micro-CT 技术可用于研究纳米粒子、材料缺陷、生物分子等物质微观尺度基础参数；Micro-CT 技术还可用于对材料应力和变形过程进行追踪和监测，以描述其快速动态表征。

（2）Micro-CT 技术在煤岩孔隙测定中的应用

Micro-CT 技术应用于煤岩孔隙测定研究最早可追溯到 20 世纪 90 年代（图 1-6），如美国威斯康星大学的库恩（Kuhn）和安德鲁斯（Andrews）等利用 Micro-CT 技术对煤中微孔隙的分布和形态进行了可视化和定量分析；英国萨里大学的威廉姆斯（Williams）和邦纳（Bonner）等利用 Micro-CT 技术对煤的孔隙结构和煤粒尺寸分布进行了研究；美国麻省理工学院的韦特劳弗（Wettlaufer）和萨默维尔（Sommerville）等使用Micro-CT 技术对煤中孔隙结构进行三维可视化，并对煤的渗透性进行了评估。进入 21 世纪，Micro-CT 技术应用范围逐步拓展到煤岩孔隙结构量化分析和建模、气体吸附特性及渗透性演化、渗流特性和力学行为等方面。

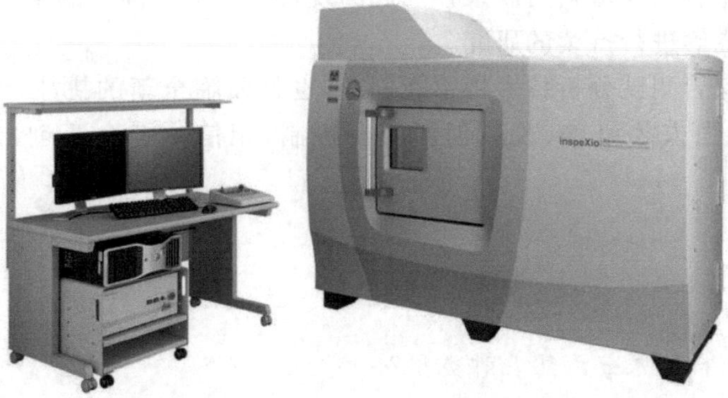

图 1-6 工业 CT 扫描设备

在最新的学术研究成果中，文章《基于 Micro-CT 技术的煤岩裂隙精细表征》中基于 Micro-CT 技术提出了一种对煤岩微观结构多参数的高效分析方法；文章《基于 CT 三维重建的高阶煤孔裂隙结构综合表征和分析》中对 Micro-CT 技术在孔隙结构的三维重建以及孔隙度精确计算方面展开了详尽的研究；此外，文章《基于 CT 三维重建煤骨架结构模型的渗流过程动态模拟研究》深入剖析了 Micro-CT 等尖端技术在煤岩渗透特性、多相流体渗流行为等领域的广泛应用。这些研究全面覆盖了 Micro-CT 技术在孔隙结构的定量分析、三维可视化呈现、孔隙度精确计算以及级联渗流特性探索等多个方面，为 Micro-CT 技术的进一步发展及其功能优化提供了强有力的支撑和助力。

1.3 煤岩测试分析技术的发展趋势

随着科技进步和应用需求的增大，煤岩测试分析技术的发展趋势是多向的，具体可表现为以下几个方面：① 非破坏性测试技术研发。主要体现在煤岩构成分析方面，如激光诱导荧光等技术，可实现对煤岩内在成分及组成的快速、无损分析。② 多种测试手段协同联用。将多种测试技术集成到一起来适用于不同尺度煤岩孔隙结构分析，如 SEM-EDS 和 FIB（离子束)-SEM 技术可实现煤岩孔隙的全尺度分析。③ 测试精度和测试速度互相平衡。未来煤岩物性测试技术将更多地向煤岩非线性和非均质性测试方面进行拓展。④ 大数据处理与分析。未来发展趋势必然是基于海量数据进行量化分析、模拟计算和解释说明，从而更好地解释煤岩内在物理和化学机理。总体来说，未来的煤岩测试分析技术将呈现出全自动化、高准确度、高效、信息化和全维度等发展趋势，这将进一步推动煤岩资源的高效利用和绿色开发，为社会的可持续发展做出贡献。

另外，在煤岩测试分析技术的发展趋势方面，还有以下一些应用前景：① 应用传感技术推动煤矿实现智能化采矿、物流和监测，通过数据采集、传输和分析，实现对煤矿的实时监测和管理。② 将人工智能和机器学习应用到煤岩测试分析领域，以便更好地处理和分析大量的现场数据，实现自动化认知和预测分析。③ 开发多功能、高性能的煤岩测试分析设备及技术，例如传感系统、图像处理设备、计算机视觉技术、虚拟现实技术等，便于在地质构造、孔隙结构、物性等方面获得更准确的数据。④ 将煤炭开采和利用与环境保护有机结合起来，开发出与煤炭开采生产、环保紧密联系在一起的现代化煤矿和高效的煤炭转化技术，并对煤炭深加工、清洁燃烧等进行持续的研究。

总之，未来的煤岩测试分析技术将不断创新，也将面临全新的挑战，但只要不断追求创新、引进新技术、加强人才培养、改革创新科研机制，相信一定会开创出更为广阔的应用前景。

思考题

1. 煤岩测试分析技术分为哪几种类型？
2. 气体吸附测试分析方法的原理是什么？
3. 压汞测试分析方法存在哪些缺点？如何进行弥补？
4. 核磁共振测试分析方法如何测试煤岩孔隙结构？测试原理是什么？

第 2 章　煤岩赋存特征及理化性质

2.1　煤岩体工程地质环境

2.1.1　煤体地质成因

煤是一种广泛存在于地球上的化石燃料，其地质成因复杂，涉及地质学、地球化学和生物学等多个领域。

(1) 植物残骸的堆积和分解

煤的主要成分是碳，而植物是含碳较多的生物体之一。因此，煤的形成与植物有着密切的关系。在地质历史长达几亿年的时间里，大量的植物生长、死亡和腐烂，其残骸堆积在沉积盆地中形成了厚厚的沉积层。这些植物残骸主要由纤维素、半纤维素、木质素和蛋白质等有机物组成。

由于植物残骸在地下受到高温、高压等地质条件的作用，有机质开始逐渐分解和变质。在这个过程中，有机质中的氢、氧和氮等元素逐渐挥发，而碳元素则逐渐富集，最终形成了含碳量较高的煤炭。这一过程被称为煤的"成煤作用"。

(2) 沉积盆地的形成和演化

煤的形成还与沉积盆地的形成和演化密切相关。沉积盆地是指在地质历史中由于地壳运动而形成的地表凹陷，通常由多个地层构成。在这些地层中，煤层通常位于上部，因为它们是由植物残骸在地表上堆积后，经过多次淹没、干涸和压实等作用而形成的。

沉积盆地的形成和演化通常与构造运动、海平面变化、气候变化等因素有关。例如，地壳隆起和断裂造成的地表变形会导致盆地的形成，海平面变化会影响盆地的淹没和干涸，气候变化则影响植物的生长和分解等。

(3) 热液作用和流体作用

除了植物残骸的堆积和分解以外，热液作用和流体作用也是煤的形成过程中的重要因素。热液作用是指在地下水温度和压力变化的影响下，地下水中的溶解物质与岩石发生化学反应并形成新的矿物质。这种化学反应会释放出大量的热量，导致周围岩石和煤层的温度升高。在高温和高压的环境下，有机质可以发生热解反应，产生丰富的烃类物质，这些物质在一定条件下可以形成煤。热液作用对于煤的生成质量和热值等方面有很大影响。

流体作用则是指地下水、天然气和石油等流体在岩层中流动并与其中的有机质发生作用，促使有机质的成熟和热解，进而形成煤和烃类物质。这种作用也是煤的形成过程中不可或缺的一部分。流体作用的影响主要体现在煤的有机质成分、煤的性质和产煤地质环境等方面。

(4) 生物作用

除了上述的作用之外,生物作用也是煤的形成过程中不可忽略的因素之一。生物作用是指微生物在有机质堆积的过程中发挥的作用,这些微生物可以促进有机质的分解和成熟,进而促进煤的形成。不同的微生物对于不同的有机质具有不同的降解能力,因此生物作用也会影响煤的产出和性质。

煤的地质成因是一个复杂的过程,其中多种作用和因素相互作用。对于不同种类的煤,其成因也有所不同,但总的来说,煤的地质成因可以归结为有机质堆积、热液作用、流体作用和生物作用等因素的共同作用。了解这些因素对于煤的采掘和利用都有重要的意义。

2.1.2 地应力

地应力是存在于地层中的未受工程扰动的天然应力,也称岩体初始应力、绝对应力或原岩应力,主要是由岩体的自重、历史地质构造运动、地层结构等所引起的。

地应力的大小主要取决于上覆岩层的重量和构造作用的类型、强度及持续时间的长短等,是一定时间和一定区域内各种应力效应综合作用的结果,是确定工程岩体力学属性、进行围岩稳定性分析、实现岩石工程开挖设计和决策科学化的必要前提条件。

地应力具有双重性,一方面是岩体的赋存条件,另一方面它又赋存于岩体之中,和岩体组成成分一样控制着岩体的特性,是岩体力学性质的组成部分。在工程分析与设计中,不仅需考虑岩石工程的各类边界与载荷条件,更为重要的是,应考虑岩石在成岩过程中已存在的初始应力。初始应力对工程岩体(或地质体)的变形和破坏起重要控制作用,尤其是较高的原岩应力对岩体力学行为及工程稳定性存在显著影响。近几年来很多学者对于初始应力的现场量测和理论研究都做了大量工作,并取得了一定的进展,但仍难以准确描述岩体中初始应力的大小及其分布规律。

2.1.2.1 地应力的基本构成

地应力产生原因及基本构成十分复杂,根据多年来实测与理论分析结果,地应力形成主要与地球动力运动过程有关,其中包括板块边界受压、地幔热对流、地球内应力、地心引力、地球旋转、岩浆侵入等。其中,构造应力场和重力应力场为地应力场的主要组成部分。

(1) 构造应力场

地壳中的各种地质构造,如褶皱、断层、构造节理等,是在地质构造运动作用下形成的。构造地质学家认为,地壳各处发生的一切构造变形与破裂都是地应力作用的结果,因而在地质力学领域把构造体系和构造形式在形成过程中的应力状态称为构造应力场,它是动态的、不确定的。

地质构造运动包括水平运动和垂直运动两种形式。通常,水平方向的构造运动如板块移动、碰撞对岩体构造应力的形成起控制作用,即构造应力以水平应力为主。地质构造运动的历史十分复杂,各次构造运动在原岩体内产生的构造应力相互叠加和影响,使得构造应力场异常复杂。即使在同一工程区域不同地点的地应力状态也可能完全不同。

(2) 重力应力场

由地心引力引起的应力场称为重力应力场,重力应力场的计算大都是建立在假定岩体为均匀连续介质基础上的。1912 年瑞士地质学家海姆(Heim)提出地应力的概念,并假定地应力是一种类似静水压力状态(即各向处于等压状态,也称静岩应力状态),且等于单位面积上覆岩层的重力,即

$$\sigma_h = \sigma_v = \gamma H \tag{2-1}$$

式中　σ_h——水平应力,kPa;

σ_v——自重应力(垂直应力),kPa;

γ——上覆岩层的重力密度,kN/m^3;

H——距离地表的深度,m。

1926 年,苏联学者金尼克修正了海姆的静水压力假设,认为在自重应力作用下,地下岩体在水平方向上受到相邻岩体的约束作用,不可能发生横向变形;地壳中各点的垂直应力等于上覆岩层的重力,而侧向应力(水平应力)与岩体侧胀性能有关,它取决于泊松效应,其值应为 γH 乘以一个修正系数。基于弹性理论,金尼克认为该修正系数 $\lambda=\nu/(1-\nu)$,即

$$\begin{cases} \sigma_v = \gamma H \\ \sigma_h = \lambda\gamma H = \dfrac{\nu}{1-\nu}\gamma H \end{cases} \tag{2-2}$$

式中　λ——侧压系数(水平应力与垂直应力的比值);

ν——上覆岩层的泊松比。

根据式(2-2),当垂直应力已知时,水平应力的大小取决于岩体的泊松比 ν。大多数岩体的泊松比 ν=0.15～0.35。因此依据金尼克假说,在自重应力场中水平应力通常小于垂直应力。

重力作用和构造运动是引起地应力的主要原因,其中尤以水平方向的构造运动对地应力的形成影响最大。多次构造运动的应力场叠加、牵引和改造及其他多种因素,共同造成了地应力状态的复杂性和多变性。

2.1.2.2　浅部地应力分布的一般规律

虽然地壳浅部地应力场分布规律复杂,但浅部地壳的地应力场分布仍呈现一定的规律性,主要包括五点:

(1) 地应力是具有相对稳定性的非稳定应力场,是时间和空间的函数

地壳浅层地应力在绝大部分地区是以垂直应力和水平应力为主的三向不等压应力。三个主应力的大小和方向随空间和时间而变化,属于非稳定应力场。地应力在空间上的变化,小范围内变化明显,在空间上受岩体不均一性和各向异性影响显著,其量值和方向都会发生变化。但就某个地区整体而言,初始应力场的状态相对稳定,如我国的华北地区,初始应力场的主导方向为北西到近于东西的主压应力。

在某些地震活动活跃的地区,初始应力的大小和方向随时间的变化很明显。地震前应力处于积累阶段,应力值不断升高,地震使集中的应力得到释放,应力值突然大幅度下降。主应力方向在地震发生时会发生明显改变,在震后一段时间逐步恢复到震前状态。

(2) 实测垂直应力基本等于上覆岩层重力

世界各地实测垂直应力 σ_v 值随深度 H 变化的规律如图 2-1 所示,在一定深度范围内,σ_v 呈线性增长,大致相当于按平均重力密度 γ=27 kN/m^3 计算的重力 γH。但在某些地区的测量结果有一定的偏差,除测量误差外,板块移动、岩浆对流和侵入、扩容、不均匀膨胀等也都会产生一定程度的垂直应力异常,在世界多数地区并不存在真正意义上的垂直应力,即没

有一个主应力的方向完全与地表垂直。

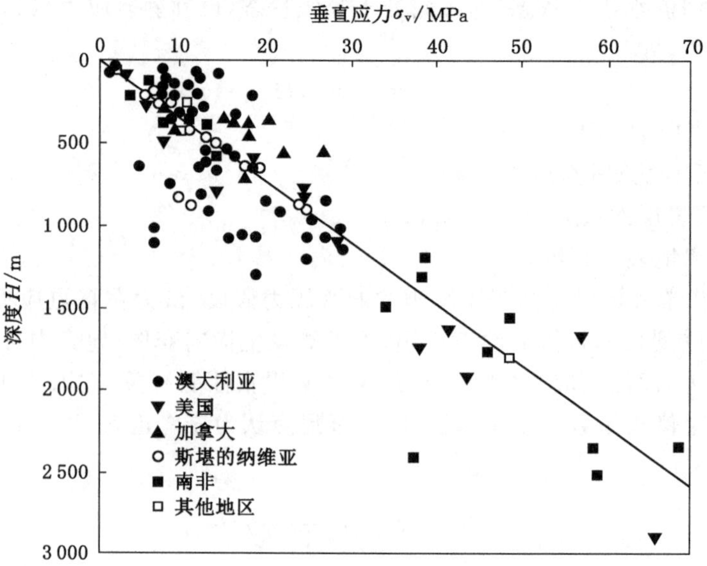

图 2-1 世界各地实测垂直应力 σ_v 值随深度 H 变化规律

(3) 水平应力普遍大于垂直应力

1 000 m 以浅的地应力实测资料表明，绝大多数地区均有两个主应力位于水平或接近水平的平面内，其与水平面的夹角一般不大于 30°，最大水平主应力普遍大于垂直应力，比值一般介于 0.7～5.5 之间，且多大于 2。垂直应力在多数情况下为最小主应力或者中间主应力，只有个别情况下为最大主应力。

(4) 水平应力与垂直应力的比值随深度增加而减小

根据地应力实测结果，侧压系数 λ 普遍大于 1，表 2-1 和图 2-2 表明，越靠近地壳浅部，侧压系数越大且分布越离散。

表 2-1 不同地区平均水平应力与垂直应力比值

国家与地区	不同 $\sigma_{h,av}/\sigma_v$ 的频度分布			$\sigma_{h,max}/\sigma_v$
	<0.8	0.8～1.2	>1.2	
中国	32	40	28	2.09
澳大利亚	0	22	78	2.95
加拿大	0	0	100	2.56
美国	18	41	41	3.29
挪威	17	17	66	3.56
瑞典	0	0	100	4.99
南非	41	24	35	2.50
苏联	51	29	20	4.30
其他地区	37.5	37.5	25	1.96

注：$\sigma_{h,av}$为平均水平应力；$\sigma_{h,max}$为最大水平主应力。

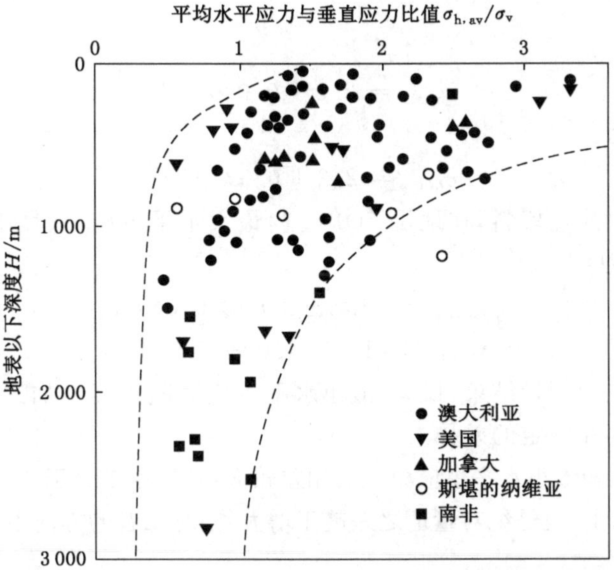

图 2-2　侧压系数与深度的关系

根据图 2-2 的实测结果，霍克（Hoek）和布朗（Brown）给出了平均水平应力随深度变化的关系式：

$$\frac{100}{H}+0.3\leqslant\frac{\sigma_{h,av}}{\sigma_v}\leqslant\frac{1\,500}{H}+0.5 \tag{2-3}$$

我国学者依据 1 780 条二维水压致裂和应力解除的地应力测量数据，建立了侧压系数随深度变化的关系：

$$\begin{cases}\lambda_{h,max}=\dfrac{250}{H}+0.92\\[2mm]\lambda_{h,av}=\dfrac{200}{H}+0.40\\[2mm]\lambda_{h,min}=\dfrac{160}{H}+0.56\end{cases} \tag{2-4}$$

式中　$\lambda_{h,max}$——最大水平主应力与垂直应力之比；

$\lambda_{h,av}$——平均水平应力与垂直应力之比；

$\lambda_{h,min}$——最小水平主应力与垂直应力之比。

国内外地应力实测结果表明，随深度增加，地应力状态逐渐从浅部的构造应力主导状态向深部静水压力状态转变，这是深部工程岩体应力状态的典型基本特征。

(5) 最大水平主应力和最小水平主应力随深度线性增长且二者相差较大

与垂直应力不同的是，在水平主应力线性回归方程中的常数项比垂直应力线性回归方程中的常数项的数值要大些，反映出某些地区近地表处仍存在显著水平应力的事实。

1986 年，斯蒂芬森（Stephansson）根据实测结果给出了芬诺斯堪的亚古陆最大水平主应力和最小水平主应力随深度变化的线性方程。随后，世界应力图计划汇编了全球地壳实地应力测量数据库，结果表明，芬诺斯堪的亚的应力场存在一些偏差。1993 年，斯蒂芬森采用水力压裂数据重新给出了芬诺斯堪的亚古陆最大水平主应力和最小水平主应力随深度变化的线性方程。

最大水平主应力：

$$\sigma_{h,max} = 2.8 + 0.0399H \tag{2-6}$$

最小水平主应力：

$$\sigma_{h,min} = 2.2 + 0.0240H \tag{2-7}$$

根据我国地应力测量资料，在地层 500 m 内最大水平主应力、最小水平主应力随深度 H 变化规律可归纳为：

$$\begin{cases} \sigma_{h,max} = (4.5 \pm 2.5) + 0.049H \\ \sigma_{h,min} = (1.5 \pm 1.0) + 0.030H \end{cases} \tag{2-8}$$

对比国内外地应力测量结果，最大、最小水平主应力随深度增加这一规律是相同的，不同点在于增加幅度存在一定的差异。

最大水平主应力和最小水平主应力一般相差较大，其比值多介于 1.2～2.5 之间。二者之比随深度增加逐步减小，但是绝对量值之差趋于增大，同时二者的方向主要受地质构造影响。

2.1.2.3　地应力测量方法简介

随着地应力测量工作的不断开展，各国科学家提出了数十种地应力测试方法，将其按照数据来源进行归类，总体可分为五大类：基于岩芯的方法、基于钻孔的方法、地质学方法、地球物理方法（或地震学方法）、基于地下空间的方法。以下对常用的全应力解除法、钻孔水压致裂法（均为基于钻孔的方法）进行简要介绍。

（1）全应力解除法：通过在岩壁上挖环形槽或在岩体内打钻使一定大小的岩块从周围岩体内孤立出来，该处的应力即被解除，用应变计测量解除后的应变，计算对应于该应变的应力。从理论上讲，不管套孔的形状和尺寸如何，套孔岩芯中的应力都将完全被解除。但是，若测量探头对应力解除过程中的小孔变形有限制或约束，它们就会对套孔岩芯中的应力释放产生影响，此时就必须考虑套孔的形状和大小。一般来说，探头的刚度越大，对小孔变形的约束越大，套孔的直径也就越大。对绝对刚性的探头，套孔的尺寸必须无穷大，才能实现完全的应力解除。这就是刚性探头不能用于应力解除测量的缘故。对于孔径变形计、孔壁应变计和空心包体应变计等，由于它们对钻孔变形几乎没有约束，因此对套孔尺寸和形状的要求就不太严格。一般只要套孔直径超过小孔直径的 3 倍以上即可。而对实心包体应变计，套孔的直径就要适当大一些。

（2）钻孔水压致裂法：通过高压泵向钻孔内密封的拟定测量深度处加液压将孔壁岩体压裂，测定压裂过程中各特征点的压力及开裂方位，根据记录的压力-时间曲线的特征压力点和裂缝方位，计算测点附近岩体中地应力大小和方向。该方法是国际岩石力学学会和国内各类行业标准推荐的主要地应力测量方法。水压致裂测量结果只能确定垂直于钻孔平面内的最大主应力和最小主应力的大小和方向，所以从原理上讲，它是一种二维应力测量方法。若要确定测点的三维应力状态，必须打互不平行的交会于一点的 3 个钻孔，这是非常困难的。一般情况下，假定钻孔方向为一个主应力方向，如将钻孔打在垂直方向，并认为垂直应力是一个主应力，其大小等于单位面积上覆岩层的重力，则由单孔水压致裂结果就可以确定三维应力场。但在某些情况下，垂直方向并不是一个主应力的方向，其大小也不等于上覆岩层的重力。如果钻孔方向和实际主应力的方向偏差 15°以上，那么上述假设就会对测量结果造成较为显著的误差。

钻孔水压致裂法认为初始开裂发生在钻孔壁切向应力最小的部位，即平行于最大主应力的方向，这是基于岩石为连续、均质和各向同性的假设。如果孔壁本来就有天然节理裂隙存在，那么初始裂痕很可能发生在这些部位，而并非切向应力最小的部位。因而，钻孔水压致裂法较为适用于完整的脆性岩石中。

2.1.3　孔隙流体

岩石是一种多孔介质，这是岩石最重要的结构特征，也是区别于金属等材料的主要特征之一。用显微镜可以清楚地观察到岩石内部存在着孔洞(近圆形的)和裂纹(狭长的)。这些孔洞和裂纹，统称为岩石中的孔隙。岩石的孔隙中往往充满了诸如水、石油、天然气等流体，一方面使得地下有可能赋存地下水、天然气和石油等资源，也使得某些依赖于流体富集成矿作用的矿产得以存在；另一方面，它使得地下的岩石成为一种两相体。岩体孔隙中的流体对岩体力学性质的影响主要体现在以下两个方面：

(1) 孔隙流体的存在降低了岩体强度，同时可以促进矿物在地应力作用下的溶解迁移和重结晶，促进岩石的塑性变形，岩体的变形反过来影响流体运动，改变流体载荷的分布和大小，应力和渗流的相互影响形成了岩体的流固耦合作用。

(2) 产生孔隙流体压力效应。岩体孔隙内流体的压力称为孔隙压力，快速沉积、构造运动、水热增压等原因，会使得孔隙压力异常增大。

2.1.4　温度

地球内热是推动整个地球发展和演化的原动力，岩石中放射性同位素的热核反应、地幔顶部岩层的热对流、地幔岩浆嵌入的热交换以及太阳的热辐射等是地壳中地热的主要来源。受大地构造特征、地壳运动、岩浆活动和岩性等因素的影响，地壳内的温度分布不均匀。在地壳中，一般深度每增加 100 m，温度升高 2～3 ℃，岩石长期处于地温梯度场中，随深度增加，温度对岩石物理力学性质的影响显著增大。

温度对岩石性质的影响主要体现在两个方面：一方面，由于温度变化，岩石孔隙结构、矿物结构及成分发生改变；另一方面，在温度作用下，成岩矿物之间的热膨胀系数存在一定差异，矿物颗粒之间相互约束，导致热膨胀系数高的矿物受到压缩，而热膨胀系数低的矿物受到拉伸，岩石内部产生温度应力，温度应力会降低岩石强度和弹性，使岩石的变形特征从脆性向塑性变化。

随着岩体工程向地层深处发展，温度对岩石物理力学特性的影响不可忽视，在核废料贮存、深部矿产资源开采、地热资源开发、地温异常区工程建设等领域，岩体工程中的施工环境、建筑材料、机械设备以及工程后期运营维护等应考虑温度对岩石物理力学性质的影响。

2.2　煤岩体物理力学性质

2.2.1　密度

煤的密度是单位体积煤的质量，单位是 g/cm^3 或 t/m^3。该值是反映煤的物理性质和结构的重要常数，而分子之间的相互作用是分子之间距离的函数，密度的大小取决于分子结构和分子排列的紧密程度。煤的密度根据研究目的和用途不同，可分为真相对密度、视相对密度、散密度。

真相对密度：煤的真密度是指 20 ℃时单位体积煤的质量，用 TD 表示，单位 g/cm^3 或 kg/m^3。但煤质分析中用相对密度，是指在 20 ℃时，单位体积（不包括煤的内外表面孔隙）煤的质量与同体积水的质量之比，为煤的真相对密度，用 TRD 表示。在研究煤的分子架构、确定煤化程度、制定煤的分选密度时，都会用到煤的真相对密度。影响真相对密度的因素有成因类型、煤岩组成、矿物质成分、煤化程度等。

视相对密度：20 ℃时单位体积煤（含煤的孔隙）的质量与同体积水的质量之比，为煤的视相对密度，用 ARD 表示。煤的视相对密度可用来计算煤的埋藏量。

根据煤的真相对密度和视相对密度还可算出煤的孔隙度：

$$\text{孔隙度} = \frac{\text{TRD} - \text{ARD}}{\text{TRD}} \times 100\% \tag{2-9}$$

散密度：散密度又称堆密度，是指 20 ℃下单位体积（包括煤的内外孔隙和煤粒间的空隙）煤的质量，用 BD 表示，单位 g/cm^3。散密度的大小除了与煤的真相对密度有关外，主要决定于煤的粒度组成和堆积的密实度。散密度对煤炭生产和加工利用部门在设计矿车、煤仓、炼化焦炉室和气化炉的装煤量及估算煤堆质量等方面有很大的意义。

2.2.2 抗压强度

岩石单轴抗压强度是指岩石试件在无侧压条件下，受轴向压力作用至破坏时，单位面积上所承受的最大载荷，即

$$\sigma = \frac{P}{A} \tag{2-10}$$

式中 σ——岩石单轴抗压强度，MPa；

P——岩石破坏时的载荷，N；

A——试件截面面积，mm^2。

岩石单轴受压条件下的全程应力-应变曲线可划为五个阶段（图 2-3）：

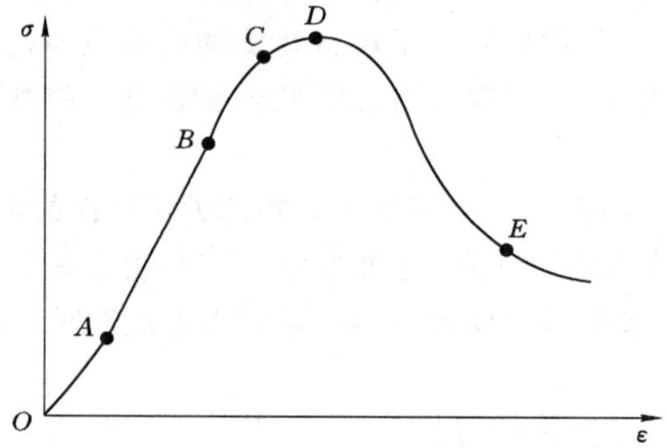

图 2-3 岩石的全程应力-应变曲线

(1) O—A 段，原始孔隙压密阶段，岩石应力-应变曲线呈上弯形。此段变形模量较小且不是一个常数。

(2) A—B 段，线弹性阶段，岩石应力-应变曲线呈直线形。B 点对应的应力值称为弹性

极限。

(3) B—C 段，弹塑性过渡阶段，岩石的应力-应变曲线从 B 点开始偏离直线，当应力到 $0.6\sigma_{max}$ 时，岩石开始有微破裂不断产生，岩石的体积由压缩转向膨胀。C 点对应的应力值称为屈服极限。

(4) C—D 段，塑性阶段，当应力超过屈服极限后接近 $0.95\sigma_{max}$ 时，岩石破裂速度加快，岩石的应力-应变曲线继续向右上方延伸，岩石的体积膨胀加速，变形也随应力增长而迅速增长，直到 D 点破坏。D 点对应的应力值称为岩石的强度极限(σ_{max})或峰值强度。

(5) D 点以后为破坏阶段，又称后破坏阶段。这段峰后曲线说明，岩石达到强度极限后，破坏的发展要经历一个过程，最终达到完全破坏。后破坏阶段的岩石仍有一定的承载能力，只是保持一较小值，E 点对应的应力值称残余强度。D 点后的峰后区表现出应变软化特性。

与单轴压缩试验相比，在三轴压缩试验中试样除受轴向载荷外，还受侧向载荷作用。岩石三轴抗压强度是指岩石在三向载荷作用下，试件破坏时所承受的最大轴向应力。常用式(2-11)表示最大主应力与中间主应力、最小主应力的关系：

$$\sigma_1 = f(\sigma_2, \sigma_3) \tag{2-11}$$

式中　$\sigma_1, \sigma_2, \sigma_3$——最大主应力、中间主应力和最小主应力，MPa。

岩石三轴压缩试验根据不同的三向应力状态分为常规三轴压缩试验和真三轴压缩试验，试件所受应力状态见图 2-4。

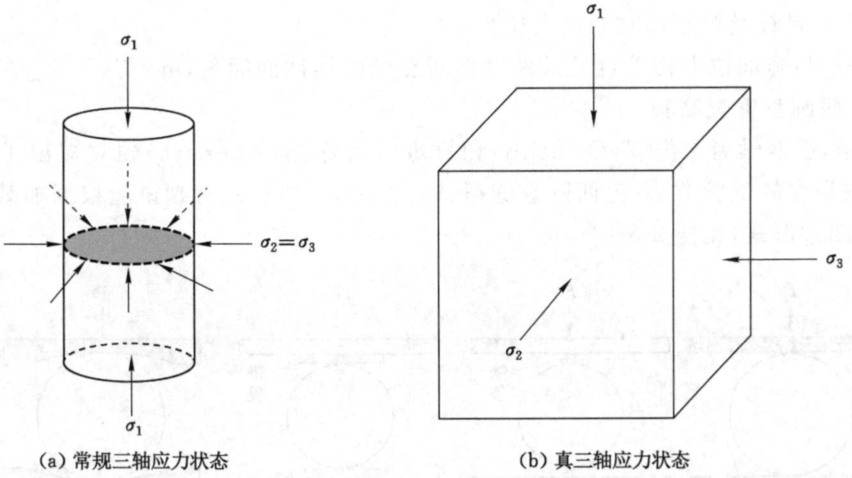

图 2-4　岩石三轴压缩试验应力状态示意图

常规三轴压缩试验是指等侧压条件下($\sigma_1 > \sigma_2 = \sigma_3$)测定岩石力学性质的试验，试件最大主应力按下式计算：

$$\sigma_1 = \frac{P}{A} \tag{2-12}$$

式中　P——试件破坏时的最大轴向应力，N；

　　　A——试件的初始横截面面积，mm^2。

真三轴压缩试验是指在相互独立且互不平等的三向载荷作用下($\sigma_1 > \sigma_2 > \sigma_3$)测定岩石

力学性质的试验，试件常制备成长方体或正方体。作用在试件表面的三个方向主应力按下式计算：

$$\sigma_i = \frac{P_i}{A_i} \tag{2-13}$$

式中 σ_i——试件的第 i 主应力，MPa；

P_i——第 i 主应力方向的载荷，N；

A_i——载荷 P_i 对试件的作用面积，mm^2；

i——1，2，3。

2.2.3 抗拉强度

岩石抗拉强度是指岩石试件在拉伸载荷作用下达到破坏时所能承受的最大拉应力。抗拉强度试验分为直接拉伸试验和间接拉伸试验，间接拉伸试验主要包括巴西圆盘劈裂试验、弯曲梁试验等。

（1）直接拉伸试验

将制备的岩石试件置于专门夹具中，通过试验机对试件施加轴向拉力直至破坏。岩石抗拉强度按下式计算：

$$R_t = \frac{P_t}{A} \tag{2-14}$$

式中 R_t——岩石抗拉强度，也常用 σ_t 表示，MPa；

P_t——岩石受拉破坏时的最大拉力，N；

A——与施加拉力相垂直且试件发生断裂处的横截面面积，mm^2。

（2）巴西圆盘劈裂试验

1943 年，巴西学者卡内罗（Carneiro）和日本学者赤泽（Akazawa）独立提出了用于测量混凝土抗拉强度的试验方法（巴西圆盘劈裂试验方法）。典型的劈裂试验根据加载装置的不同，主要有四种形式，见图 2-5。

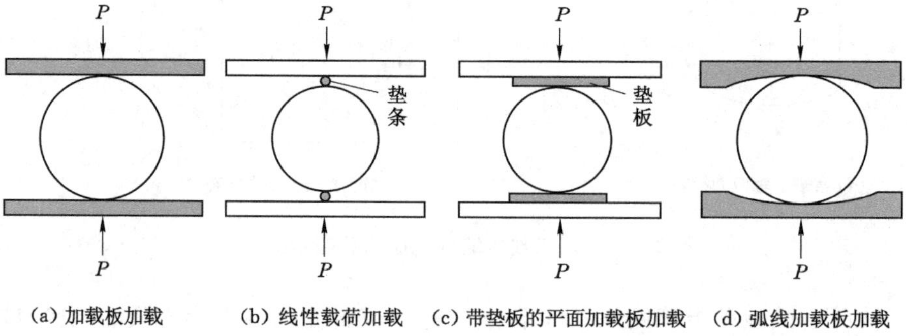

图 2-5 典型的巴西圆盘劈裂试验加载方式

《工程岩体试验方法标准》（GB/T 50266—2013）中建议巴西圆盘劈裂试验方法采用线性载荷加载方式。如图 2-5 所示，通过垫条对圆柱体试件施加径向线性载荷直至破坏，从而间接求取岩石的抗拉强度：

$$R_t = \frac{2P}{\pi Dt} \tag{2-15}$$

式中　R_t——试件抗拉强度，MPa；

P——试件破坏时最大载荷，N；

D——试件直径，mm；

t——试样厚度，mm。

2.2.4　抗剪强度

岩石的抗剪强度指岩石抵抗剪切破坏的极限强度(剪切面上的切向应力)，是岩石力学性质中重要的指标之一。根据剪切试验时加载方式的不同(图 2-6)，可分为抗切强度、抗剪强度和摩擦强度。

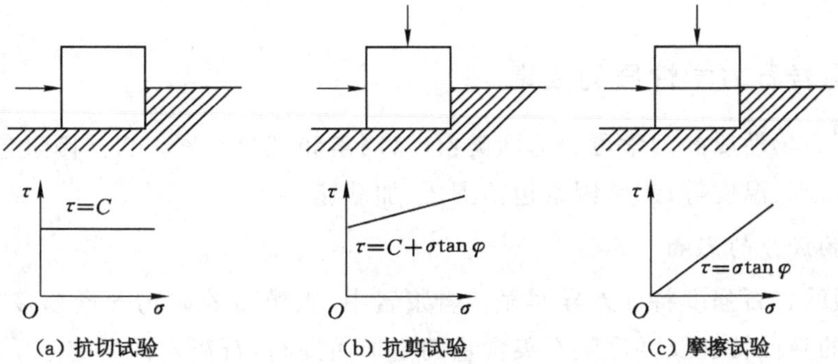

图 2-6　岩石剪切试验不同的加载方式及强度特征

岩石的抗切强度(纯剪强度)是指剪切面上不加法向载荷，而只在水平方向施加剪切力直到岩石剪断为止。抗切强度等于剪切破坏面上岩石的内聚力 C。

岩石试样在一法向压应力作用下，并且在水平方向施加一能抗剪切滑动的最大剪应力，这就是岩石的抗剪强度。抗剪强度是一个变量，它与岩石试样破坏时作用在剪切面上的法向压应力有关，而与岩石的内聚力关系不大。

岩石的摩擦强度是指岩石试件内已经有断裂面存在时，在某一法向压应力和水平方向施一剪切力的作用下能够抵抗的最大剪应力。此时由于岩石试件已被剪断(即岩石试件内聚力 $C=0$)，仅因内摩擦力而起抵抗外力的作用，故称为摩擦强度，又称残余抗剪强度。

测定岩石抗剪强度一般是在实验室采用直接剪切仪进行的直接剪切试验、采用楔形剪切仪进行的楔形剪切试验或采用三轴压力仪进行的三轴压缩试验。

采用楔形剪切仪测定岩石的抗剪强度的楔形剪切试验，又称为倾斜压模法。通过这种方法可得出岩石的内摩擦角 φ 和内聚力 C，剪切破坏面上的正应力 σ 和剪应力 τ。可在 σ-τ 坐标系上作出反映岩石发生剪切破坏时的 σ-τ 关系曲线(图 2-7)。为便于工程应用，一般将其简化为直线，这样岩石的抗剪强度 τ 与压应力 σ 之间就有以下关系：

$$\tau = \sigma\tan\varphi + C \tag{2-16}$$

式中　$\tan\varphi$——岩石抗剪内摩擦系数；

C——岩石的内聚力。

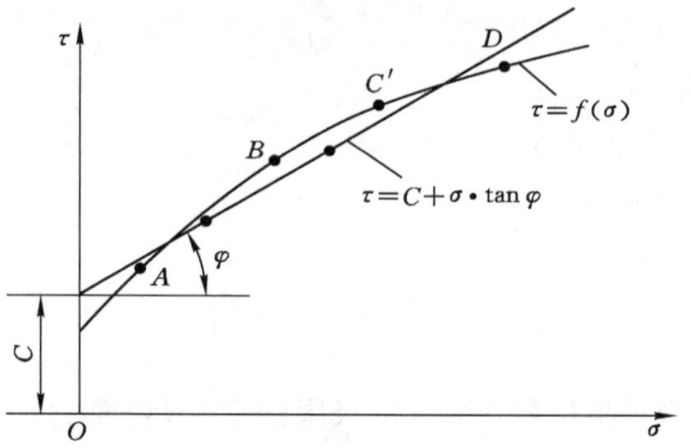

图 2-7 岩石的抗剪强度-压应力曲线

2.2.5 影响岩石力学性质的因素

影响岩石力学性质的因素可分为两类:自然因素和试验因素。自然因素包括矿物成分、岩石结构构造、水、温度等;试验因素包括围压、加载速率等。

2.2.5.1 *矿物成分的影响*

不同类型的岩石强度特征差异明显。岩浆岩中,橄榄石等矿物含量越多,强度越高;沉积岩中,砂岩的弹性特性及强度随石英含量的增加而提高,石灰岩强度随硅质矿物含量的增加而提高;变质岩中,含硬度低的矿物(如云母、滑石、蒙脱石、伊利石、高岭石等)越多,强度越低。

不稳定矿物对岩石强度影响显著。不稳定矿物含量越多的岩石,力学性质随时间的变化越不稳定,如含有黄铁矿、霞石等矿物成分的岩石具有化学不稳定性;含有石膏、滑石、钾盐等易溶于水的盐类岩石具有易变性;含蒙脱石、伊利石等黏土矿物的岩石,遇水易膨胀和软化,降低岩石强度。

矿物颗粒胶结程度对岩石强度也有较大影响。当矿物颗粒间胶结程度较强时组成岩石的矿物颗粒的强度越高,岩石强度也越高;岩石强度随石英含量增高而增高,随黏土矿物含量增高而降低。

2.2.5.2 *岩石结构与构造的影响*

(1) 岩石结构的影响

岩浆岩一般呈粒状结构、斑状结构、玻璃质结构;沉积岩一般呈粒状结构、片架结构、斑基结构;变质岩一般呈板理结构、片理结构、片麻理结构。结构的差异导致了岩石力学性质的不同,在粒状结构中,等粒结构比非等粒结构强度高;在等粒结构中,细粒结构比粗粒结构强度高。

(2) 岩石构造的影响

岩浆岩颗粒排列一般无一定方向,多呈块状构造;沉积岩多呈层理、页片状构造;变质岩多呈板状、片理、片麻理构造。层理、片理、板理和流面构造等统称为层状构造。宏观上块状构造的岩石多表现为各向同性,层状构造的岩石表现为各向异性。

2.2.5.3 水的影响

岩石中的水主要包括结合水、自由水、固态水，对岩石力学性质具有不同的影响。

(1) 结合水的影响

结合水是指由于矿物对水分子的吸附力超过重力而被束缚在矿物表面的水，水分子运动主要受矿物表面势能的控制。对岩石力学性质的影响体现在联结作用、润滑作用和水楔作用三个方面。

① 联结作用。束缚在矿物表面的水分子通过吸引力将颗粒紧密联结，在松散土中表现明显；由于岩石颗粒间的黏结强度远高于水的联结作用强度，岩石力学性质受到的影响微弱。

② 润滑作用。由可溶盐、胶体矿物黏结的岩石，当有水浸入时，可溶盐溶解，胶体水解，使原有的黏结变成水胶联结，导致矿物颗粒间黏结力减弱，摩擦力降低，水起到润滑剂的作用。

③ 水楔作用。当水分子补充到岩石表面时，岩石颗粒利用表面吸附力使水分子向颗粒缝隙挤入，这种现象称为水楔作用。一定条件下，水分子从接触点挤出，产生膨胀压力或润滑作用，降低岩石强度。

岩石结合水的能力取决于矿物的亲水性。蒙脱石、伊利石、高岭石等黏土类矿物的亲水性最强，黏土岩在浸水后其强度降低最高可达90%；花岗岩、石英岩等亲水性差的岩石，浸水后强度变化较小。

(2) 自由水的影响

自由水的运动主要受重力作用控制。对岩石力学性质的影响体现在孔隙水压力作用和溶蚀、潜蚀作用。

① 孔隙水压力作用。当岩石孔隙和微裂隙中含有自由水，突然受载时岩石孔隙或裂隙中将产生很高的孔隙水压力，减小颗粒间的正应力，降低岩石抗剪强度。

② 溶蚀、潜蚀作用。自由水在流动过程中可将岩石中可溶物质溶解搬运，称为溶蚀作用；若自由水将岩石中小颗粒冲走，使岩石强度降低、变形加大，称为潜蚀作用。在岩体中有酸性或碱性水流时，极易出现溶蚀作用；当水力梯度较大时，孔隙度大、黏结差的岩石易产生潜蚀作用。

(3) 固态水影响

岩石孔隙、微裂隙中的水在冻融时的胀缩作用显著影响岩石的力学性质。

2.2.5.4 温度的影响

在地壳中，一般深度每增加1 000 m，温度升高20～30 ℃。岩石内部温度不同而产生温度应力。升温产生的温度应力会降低岩石强度，可能导致岩石的破坏形式从脆性转化为延性。当温度在90 ℃以内时，对岩石不会产生显著影响。但在核废料贮存、深部资源矿产资源开采、地热资源开采、地温异常区工程建设等领域，均不可忽视温度对岩石力学特性的影响。

2.2.5.5 围压与加载速率的影响

(1) 围压的影响

岩石的脆性和延性随着受力状态的改变可以相互转化，岩石的峰值强度和破坏时的变形量均随围压增大而显著增加。在三轴压缩条件下，岩石的变形、强度和弹性极限都显著增大。

(2) 加载速率的影响

在加载试验中，加载速率对岩石的变形和强度均有显著影响。一般加载速率越大，岩石的强度指标和弹性模量越大，但不同岩石对加载速率的敏感程度存在差异。对于多数岩石，在弹性变形阶段，加载速率对岩石力学性质影响不明显，而裂纹发展阶段影响显著。

2.3 煤岩体微观孔隙特征

2.3.1 孔隙

煤岩体是一种多孔介质，孔隙极为发育，其表面和本体遍布由矿物质、有机质形成的不同孔径的孔。国内外学者按照孔径尺寸大小，将煤岩孔隙进行了划分，目前普遍应用的是霍多特提出的十进制分类标准，即微孔（<10 nm）、小孔（10～100 nm）、中孔（100～1 000 nm）和大孔（>1 000 nm）。测试煤岩中孔隙尺寸大小，普遍使用的方法包括流体侵入法和物理吸附法，主要有压汞法、低温氮气（77 K）吸附法、CO_2吸附法等。

含瓦斯煤岩作为一种复杂的多孔介质，其孔隙结构对于煤岩中瓦斯的吸附性、煤岩的渗透性和强度特征都有重要影响。在煤层中，孔隙是煤岩中瓦斯吸附储存和扩散运移的主要场所，因此煤岩的孔隙特征是影响煤岩中瓦斯气体储存和运移的主要因素之一。依据煤岩中孔隙的连通性，可分为封闭孔、半封闭孔、交联孔和通孔，如图 2-8(a)所示；依据其形状可分为层状孔、柱状孔、墨水瓶孔、锥形孔和间隙孔，如图 2-8(b)所示。

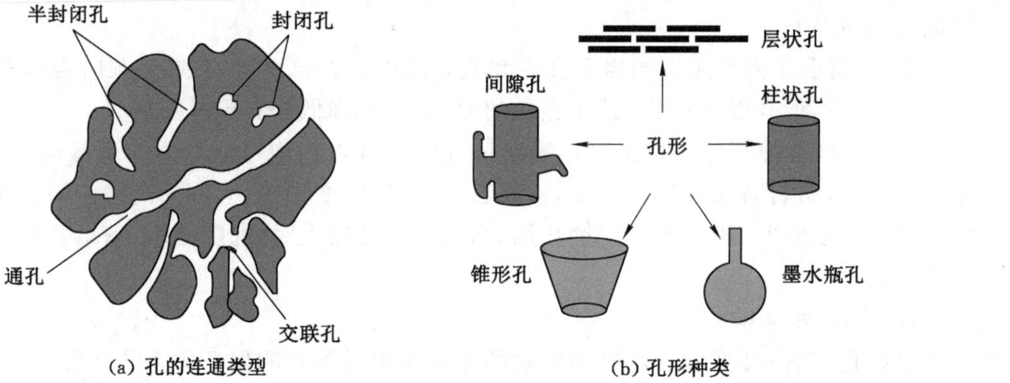

(a) 孔的连通类型　　(b) 孔形种类

图 2-8　常见孔隙类型及形状

反映煤岩孔隙特征的参数有孔比表面积、孔容、分形维数、孔长、孔径分布以及孔隙连通情况等。煤岩中的微孔和小孔是瓦斯吸附赋存的主要场所，而大孔（包括裂隙）是煤层气开发和瓦斯抽采过程中，甲烷分子由煤基质孔隙扩散至裂隙系统后形成渗流运移的主要通道。此外，煤层气开发和瓦斯抽采过程中煤储层孔隙度是动态变化的，随着煤储层压力的降低，煤岩受应力增加的压缩效应和甲烷分子解吸的基质收缩效应，都会引起煤储层孔隙度的变化。

2.3.2 裂隙

煤岩的裂隙是指成煤过程以来煤岩受到自然界各种应力作用产生的破裂形迹，按成因不同可划分为内生裂隙和外生裂隙。内生裂隙是在煤化作用过程中，由于煤脱水、脱挥发分、煤体积收缩等作用产生的裂隙，或者煤岩化作用生成的水、气体及温度升高，孔隙产生膨胀，形成异常高压产生的裂隙。外生裂隙是在煤层形成之后，煤在构造变形时期，因为应力作用产生的裂隙。

如图2-9所示，煤岩的内生裂隙也称为割理。割理有大致互相垂直的两组，其中较发育的一组为面割理，另一组为端割理。面割理与层理面近似平行，一般呈板状延伸，连续性较好，是煤层中的主要内生裂隙。端割理只发育于两条相邻的面割理之间，与层理面近似垂直，连续性一般较差，缝壁不规则，是煤层中的次内生裂隙。原始煤层裂隙结构以割理系统为主，而构造作用将会促进煤层变形、裂隙发育，破坏裂隙系统的规则性。

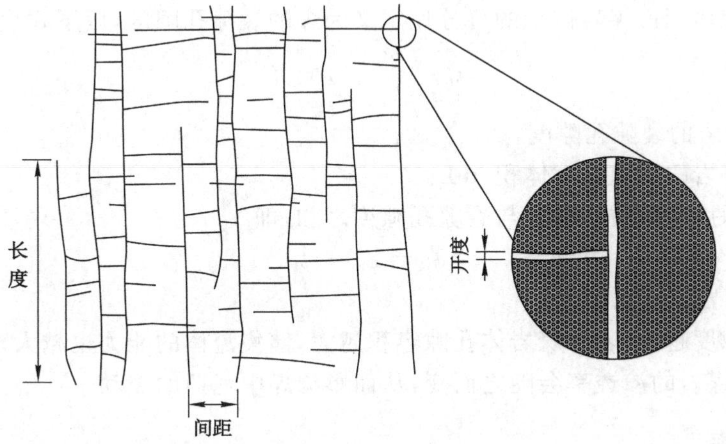

图2-9　平行面割理平面图

煤岩中裂隙由内外多种作用力形成，形态分布十分复杂。面割理与端割理发育程度和成因不同，在空间上具有多种组合类型。根据我国不同煤田煤割理裂隙的分布形态，可将割理裂隙系统划分为网状型、多边型、孤立型和随机型裂隙。

外生裂隙是构造应力作用的产物，可以以任何角度与煤层层面相交。因此，根据外生裂隙与层面的关系可将其划分为三类：① 与层面水平的水平裂隙，包括原生沉积的层面裂隙（成岩裂隙）和构造作用产生的层间裂隙；② 与层面垂直的垂直裂隙；③ 与层面有一定角度的斜交裂隙。

煤层中的裂隙能大大增强煤层孔隙的连通性，增强了含瓦斯煤岩的透气性。裂隙构成了瓦斯气体运移的主要通道，同时对含瓦斯煤岩的力学特性产生很大的影响。同时，由于地应力的作用，使裂隙闭合，又增加了游离瓦斯气体的存储空间。煤中孔隙和裂隙直接影响含瓦斯煤岩的力学特性，在煤矿开采过程中以及瓦斯抽采中，由于应力的变化，煤岩体将产生断裂变形，使裂隙产生扩展或压缩。所以，含瓦斯煤岩中裂隙的发育和变化程度将直接影响煤层瓦斯的赋存、运移以及钻孔瓦斯抽采的难易程度和钻孔抽采量的大小。

2.3.3　孔隙度

为了更好地研究瓦斯在煤岩中的流动状态，人们将煤岩视为孔隙-裂隙双重介质，即煤基质孔隙和裂隙孔隙。将瓦斯运移符合菲克扩散定律的孔隙定义为基质孔隙，而瓦斯运移符合达西渗流定律的孔隙为裂隙孔隙(简称裂隙，包括宏观裂隙和微观裂隙)，裂隙可以视为分割基质的边界。煤岩的孔隙体积为基质孔隙体积和裂隙孔隙体积之和，煤岩的孔隙体积占煤岩体积的百分比定义为煤岩的孔隙度，其中，煤基质孔隙体积占煤岩体积的百分比定义为煤岩的基质孔隙度，用下式表示：

$$\phi_m = \frac{V_m}{V_t} \times 100\% \tag{2-17}$$

式中 ϕ_m——煤岩的基质孔隙度，%；

V_m——煤岩的基质孔隙体积，mL；

V_t——煤岩的总体积，mL。

煤裂隙孔隙体积占煤岩体积的百分比定义为煤的裂隙孔隙度，用下式表示：

$$\phi_f = \frac{V_f}{V_t} \times 100\% \tag{2-18}$$

式中 ϕ_f——煤岩的裂隙孔隙度，%；

V_f——煤岩的裂隙孔隙体积，mL。

煤岩的孔隙度为基质孔隙度与裂隙孔隙度之和，即

$$\phi_t = \phi_m + \phi_f \qquad 2\text{-}19)$$

式中 ϕ_t——煤岩的孔隙度，%。

煤岩的孔隙度越大，表示煤岩体孔隙容积越大，储集流体的能力也越大。当煤岩的孔隙度发生变化时，煤岩的渗透率会随之而变，从而影响煤中瓦斯的流动。

2.3.4 渗透率

煤岩是一种典型的多孔介质，在一定的条件下，流体可以在煤体内流动。煤岩体允许瓦斯通过的能力称为渗透性。煤层中瓦斯流动的难易程度用煤层渗透率(k)来衡量，包括绝对渗透率、相渗透率和相对渗透率，其物理意义分别为：

(1) 若孔隙-裂隙中只存在一相流体，则煤允许其通过的能力称为绝对渗透率；

(2) 若孔隙-裂隙中存在几相流体，则煤允许每一相流体通过的能力称为每相流体的相渗透率，也称有效渗透率；

(3) 相渗透率与绝对渗透率的比值称为相对渗透率。

渗透率 k 是多孔介质的固有属性，只与多孔介质的骨架性质(颗粒成分、颗粒分布、颗粒大小、颗粒充填、比表面积、弯曲度和孔隙度等)有关。

根据达西定律，流体的流速与其压力梯度成正比，即

$$v = \frac{Q}{A} = KJ = K\,\frac{\Delta h}{l} \tag{2-20}$$

式中 v——流体流速，m/s；

Q——单位时间流过横截面积为 A 的多孔介质的流量，m^3/s；

A——多孔介质的横截面面积(垂直流动方向)，m^2；

K——渗透系数，m/s；

J——沿流动方向的水力坡度；

Δh——沿流动方向的水头差，m；

l——产生水头差 Δh 对应的流程，m。

渗透系数的大小不仅与多孔介质的物性有关，而且与流体的性质有关。人们对渗透系数描述多孔介质渗透能力不是很满意，希望将多孔介质对渗透率的影响和流体的影响分开，提出

$$K=\frac{k\rho g}{\mu} \tag{2-21}$$

式中　k——煤的渗透率，m^2；

ρ——流体密度，kg/m^3；

μ——流体动力黏度，Pa·s。

将式(2-21)代入式(2-20)，考虑到流体流动方向与压力梯度方向相反，得

$$v=-\frac{k}{\mu}\frac{\partial p}{\partial x} \tag{2-22}$$

式中　$\frac{\partial p}{\partial x}$——流动方向的压力梯度，Pa/m；

p——流体压力，Pa；

"$-$"——流体流动方向与压力梯度方向相反。

渗透率是评价煤岩内部瓦斯流动难易程度的重要参数，在石油天然气开发、煤层气开采、地下工程等领域应用广泛。但在工程中，我国通常采用煤层透气性系数(λ)反映煤层中瓦斯流动的难易程度。瓦斯为可压缩性流体，因此流速应换成标准压力下的量，按等温过程 $pv=p_n v_n$ 代入式(2-22)中，得

$$v_n=-\frac{k}{2\mu p_n}\frac{dp^2}{dx}=-\lambda\frac{dp^2}{dx} \tag{2-23}$$

式中　λ——煤层透气性系数，$m^2/(MPa^2\cdot d)$；

p_n——标准状态下大气压力，0.101 325 MPa；

v_n——换算成标准压力下的流速，m/d。

透气性系数的物理意义是，在 1 m^3 煤岩的两侧，瓦斯压力平方差为 1 MPa^2 时，通过 1 m 长度的煤，在 1 m^2 煤面上每日流过的瓦斯量(t ℃，标准大气压)。

此外，在矿井开采过程中，由于采掘工程的影响，煤岩体原岩应力场和原始瓦斯压力的平衡被打破，在采掘空间周围引起应力的重新分布和瓦斯流动状态的改变，进而影响瓦斯流动的基本参数(主要是指地应力、瓦斯压力、煤层的渗透率和瓦斯含量)。对于煤储层的渗透性而言，表现在煤层的渗透率会随着应力和瓦斯压力的改变呈现出一定规律的演化特征，并非固定不变。

2.4　煤岩体化学成分测定

2.4.1　矿物组分

煤中的矿物质是煤中无机物的总称，既包括在煤中独立存在的矿物质，如高岭土、蒙脱石、硫铁矿、方解石、石英等，也包括与煤的有机质结合的无机元素，它们以羧基盐的形式存在，如钙、钠等的盐。此外，煤中还有许多微量元素，有的是有益或无害的元素，有的则是有

毒或有害元素。

煤中的矿物质种类十分复杂，含量差异很大，它们与煤的有机质结合得很紧密，很难彻底分离，要准确测定其组成成分是比较困难的。煤中常见的矿物质有以下几种：

(1) 黏土矿物

黏土矿物是煤中最主要的矿物质，其含量明显高于其他矿物含量，常见的有高岭石、伊利石、蒙脱石等。随煤化程度的提高，黏土矿物也随之发生变质作用。在一些高变质的煤中（如贫煤、无烟煤等），高岭石常转化为地开石，它是一种高结晶度的高岭石族矿物，说明煤中矿物质与有机质一样，在煤变质过程中，其结晶度和有序度都在不断提高。高岭石可以呈碎屑方式由风和水的搬运作用在泥炭沼泽中沉积而形成，一般认为是远离海相沉积的陆源矿物；也可由铝硅酸盐（长石和云母）经风化作用，在泥炭沼泽中沉淀而产生。

黏土矿物主要呈微粒状、团块状、透镜状、薄层状或不规则状产出，常见其充填于基质镜质体、结构半丝质体及结构丝质体细胞腔中或分散在无结构的镜质体中。团块状、透镜状和薄层状黏土集合体的大小变化范围很大，可由十几微米到 1 mm 左右。黏土矿物在薄片中呈无色，有时因腐殖酸作用而略带褐色，在干物镜下呈灰色、棕黑色、暗灰色或灰黄色，轮廓清晰，表面不光滑，呈颗粒状及团块状结构，不显凸起或微凸起。反光油浸镜下呈黑色，轮廓及结构往往不清楚，难以辨认；具有微弱的荧光，呈暗灰绿色，不太清晰。煤中的黏土矿物，在光学显微镜下很难区分其矿物成分，必须配合差热分析、X 射线衍射和红外光谱等方法才能准确鉴定。

对煤中黏土矿物的成分和产状的研究有助于对成煤古地理环境进行分析。由于黏土矿物受后生作用的影响显著，因此黏土矿物的成因比其他矿物的成因难以确定。一般认为，高岭石是在温暖潮湿气候的酸性介质条件下形成的；蒙脱石主要产于干燥、温暖气候的碱性介质条件下，并且其形成与基性火山岩有关；伊利石的形成是在温和至半干燥气候条件下由风化作用形成，而自生伊利石常与富钾的碱性介质条件有关。

(2) 石英

石英是煤中最常见的矿物之一，分布广泛，其含量可达有机和无机显微组分总量的 5%～10%以上。煤中的石英大部分是陆源矿物，被水或风等带入泥炭沼泽，并保存在煤层中，但也有一些石英是煤化过程中产生的自生石英。煤中的石英一般为粉砂级，显微镜下常常表现为棱角或半棱角状，与细分散状的黏土矿物及其集合体伴生，长轴方向与层理方向相近；化学成因的石英、玉髓和蛋白石为二氧化硅的溶液凝聚而成，一般呈无定形状态分布于煤中，其中玉髓和蛋白石数量很少。煤层形成后，由于地下水或岩浆的活动，也可生成石英多呈脉状或薄膜状充填在裂隙或孔洞中。陆相沉积的煤中，石英含量一般较高。石英类在原煤中含量较高，煤燃烧后的灰中，石英含量仍然较高，但在煤灰中其 X 射线衍射强度有所减弱，可能有少量石英同 Al_2O_3、CaO 等其他成分在煤燃烧过程中发生反应，并生成了一些新的矿物质或非晶质的玻璃体物质，从而降低了其衍射峰强度。

(3) 碳酸盐矿物

煤中碳酸盐矿物主要有方解石、白云石、菱铁矿等。碳酸盐矿物是煤中较常见的矿物，特别是在近海相沉积环境或海陆交互相沉积环境中，碳酸盐矿物含量相当丰富，如山东济宁煤田太原组与山西组煤层中，太原组 16 煤层与 17 煤层，为海陆交互相沉积，其煤层顶板为碳酸盐岩，裂隙较发育，因此，该煤层中方解石含量较高。而山西组 3 煤层为陆相沉积，煤层顶底板多为黏土岩和砂岩，因而3煤层的碳酸盐矿物含量明显低于同一钻孔中太原组煤层的碳酸盐矿物含量。

在煤燃烧过程中，方解石($CaCO_3$)全部分解变成了CaO，菱铁矿转变为Fe_2O_3，菱镁矿转变为MgO。

(4) 硫化物和硫酸盐矿物

煤中的硫化物主要以黄铁矿为主，也含有极少量的其他硫化物和硫酸盐矿物。在煤燃烧过程中，黄铁矿(FeS_2)主要变成了赤铁矿(Fe_2O_3)。黄铁矿是煤中主要的硫化物矿物，主要存在于海相和海陆交互相煤中，而内陆条件下形成的煤层，其黄铁矿含量较低。后生黄铁矿多呈薄膜状、脉状充填在煤的裂隙中，往往与地下水或岩浆热液的活动有关。黄铁矿为浅铜黄色，条痕绿黑色；透射光下为黑色，反光油浸镜下为强亮黄白色或亮黄白色，凸起很高，轮廓清楚，表面不太平整；常呈结核状、浸染状及霉球菌状集合体，或充填于裂隙及孔洞中，有时充填于有机显微组分细胞腔中或镶嵌其中。黄铁矿在氧化条件下不稳定，易氧化为褐铁矿。

煤中矿物组分的识别和测定方法一般有：计算机控制扫描电镜法(CCSEM)和X射线衍射法(XRD)。

(1) 计算机控制扫描电镜法(CCSEM)

应用常规光学显微镜可以有效地识别煤中无机矿物的种类和形态，但是过程繁杂，包括前期复杂的制样环节，还需要丰富的矿物质光学基础知识，而对于颗粒过小的矿物质，光学显微镜也无能为力。带能谱的扫描电镜(SEM-EDX)不仅可以准确地识别无机矿物的种类，确定其形态，而且，由于近年来图像识别和计算机处理能力的不断提高，已经能够确定煤中各种无机矿物的含量和形态分布。

CCSEM技术始于20世纪80年代，它源于基本的扫描电镜(SEM)，初期主要用于分析粉煤颗粒中的矿物分布特性。其分析对象为粉煤抛光样品，根据电镜下的背散射图像中煤基质与不同矿物间图像的明暗差异，用图像分析软件结合能谱仪，判定矿物质颗粒的大小和种类，通过对大量扫描区域的统计分析，最终得出煤中矿物质的种类、含量和粒度分布。

(2) X射线衍射法(XRD)

利用X射线粉晶衍射进行晶相的定性分析是一项比较成熟的技术，它主要是基于任何一种晶态物质都有自己独特的XRD谱线，通过对比测定谱图与数据库中不同晶相的标准卡片来识别晶相。由于煤中的矿物质是在漫长的地质历史时期中在一定的温度条件下逐渐沉积形成的，因此无机矿物一般呈晶态与有机质混合或充填在煤基质空腔和裂隙中，所以X射线衍射法一直用于煤中矿物质的定性研究。

2.4.2　官能团

煤中除了含有碳、氢、氧元素之外，还含有氮、硫等元素。但是氮、硫元素的含量较少，而氧的含量较多。因为煤的含氧量及氧的存在形式对于煤的性质、结构及加工利用等方面的影响很大，因此进行官能团分析时，通常把重点放在含氧官能团上。许多研究者在不同种类的煤中发现了以下的官能团：

(1) 羟基(—OH)。多数人认为在煤有机质中羟基含量较多，且其中颇多的一部分是属于酚性的，羟基的含量随煤化程度的加深而减少。

(2) 羧基(—COOH)。主要存在于泥炭、褐煤及风化煤中，在烟煤中已几乎不存在了，即使有也是非常少的。在含碳大于78%的烟煤中基本上不存在羧基。

(3) 羰基(＞C═O)。含量虽少，但随煤化程度的增加而减少的幅度较小，因此在高煤化程度的煤中仍有残存。即在不同煤化程度煤中都有羰基存在，但可以认为在煤化程度较深的煤中，羰基大部分以醌的形式存在。

(4) 甲氧基(—OCH_3)。随着煤化程度的加深，甲氧基的消失比羧基的消失还快。与羧基相似，在烟煤中甲氧基的含量已等于零或非常少。

(5) 非活性氧(—O—)。相关研究指出，煤有机质中的氧相当大一部分是以非活性氧状态(即比较不易引起化学反应和不易热分解的那部分氧)存在，这一部分氧不能用直接的方法测定。某些人指出，非活性氧中有一部分经 KOH 的酒精溶液水解之后可以变成活性氧，因为它们变成了羰基和羧基。

(6) 含氮官能团。这方面的研究工作进行得较少。经过研究，发现煤中氮大部分以杂环的形式存在，还有以桥状或—NH_2的形式存在。

(7) 含硫官能团。煤中有机硫主要以下列形式存在：硫醇(R—SH)、硫醚(R—S—R′)、二硫醚(R—S—S—R′)、硫醌及杂环硫等。

2.4.3 煤分子结构

煤的分子是一种高分子聚合物，但不像一般的聚合物那样由若干化学结构相同的单体聚合而成，而是由若干化学结构相似但不尽相同的单体聚合而成，这些相似而又不尽相同的单体，我们称之为煤的基本结构单元。也就是说，煤分子是由若干基本结构单元组合而成的高分子聚合物。

(1) 基本结构单元的主体部分

主体部分由若干个芳环(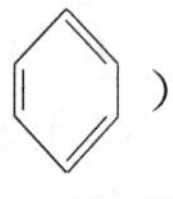)及个别的脂环(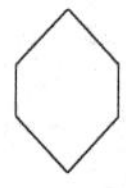)或杂环(如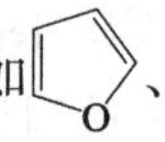、)缩合而成。环的个数由几个到十几个不等，其规律是随煤化程度的增高而增多。例如，褐煤的一个基本结构单元仅有1～2个环，烟煤一般3～5个，无烟煤则有7～8个，甚至十几个环缩合而成。

(2) 基本结构单元的边缘部分

边缘部分主要是烷基侧链和各种官能团。烷基侧链如：甲基(—CH_3)、乙基(—CH_2CH_3)、丙基(—$CH_2CH_2CH_3$)等；官能团如：羟基(—OH)、羧基(—COOH)、羰基(＞C═O)、甲氧基(—OCH_3)、硫醇(—SH)、氨基(—NH_2)等。每个基本结构单元边缘的侧链和官能团的多少和种类不同，但随着煤化程度变化呈现规律性变化，煤化程度越高，侧链和官能团越少，且侧链变短(侧链中碳原子数减少)，如表 2-2 所列。

表 2-2　煤中烷基侧链的长度

煤中碳含量 φ_C/%	65.1	74.2	80.4	84.3
烷基侧链平均碳原子数	5.0	2.3	2.2	1.8

(3) 基本结构单元之间的联结

基本结构单元之间有多种桥键相互联结，形成三度空间的大分子。桥键的形式主要有醚键（—O—）、硫醚键（—S—）、次甲基键（$—CH_2—$、$—CH_2—CH_2—$）、次甲基醚键（$—CH_2—O—$）、芳香碳-碳键（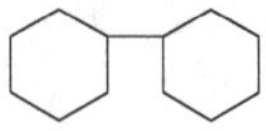）等。一般认为，中等煤化程度的煤由 5～10 个基本结构单元组成。

(4) 煤的化学结构模型

煤的化学结构模型是根据研究所得煤的结构参数加上必要的假设提出来的。它可以直观地表达煤的结构概念，但它只是一个平均统计概念，而不能看作是煤中客观存在的真实分子形式。不少人根据自己的研究结果提出了许多不同的结构模型，图 2-10 是一组煤炭的结构单元的化学结构模型（φ_C 为碳含量，φ_H 为氢含量，V 为挥发分的质量分数）。该图大致反映了各种煤的结构单元的特点和立体结构，缺点是没有包括所有杂原子以及各种可能存在的官能团和侧链。

	干燥基/%	干燥无灰基/%
φ_C	64.50	72.60
φ_H	4.30	4.90
V	40.80	45.90

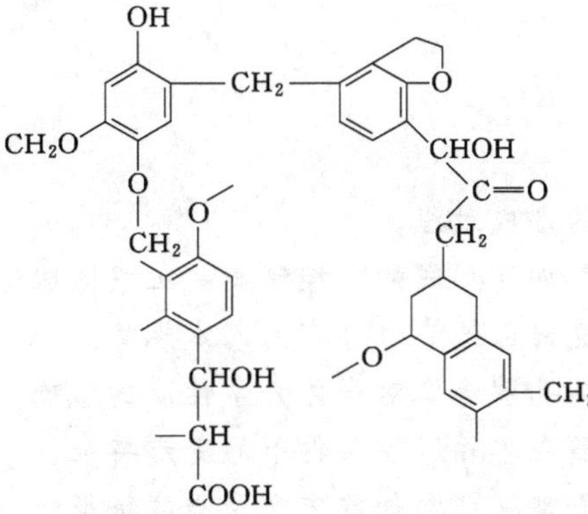

(a) 褐煤

	干燥基/%	干燥无灰基/%
φ_C	72.90	76.70
φ_H	5.30	5.60
V	41.50	43.60

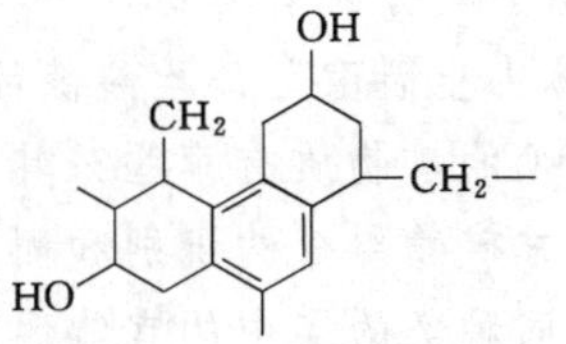

(b) 次烟煤

	干燥基/%	干燥无灰基/%
φ_C	77.10	84.20
φ_H	5.10	5.60
V	36.50	39.90

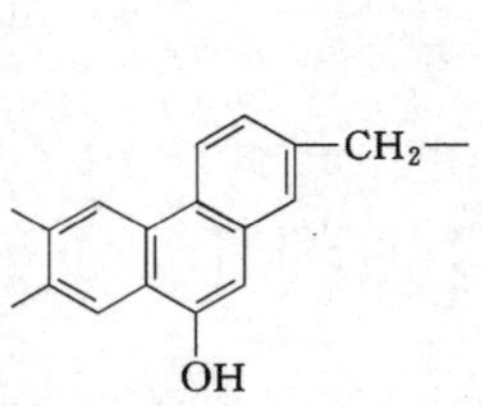

(c) 高挥发分烟煤

图 2-10　不同煤的结构单元（或部分结构）模型

干燥基/%	
φ_C	83.80
φ_H	4.20
V	17.50

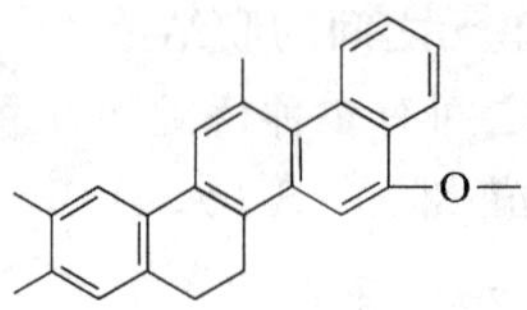

(d) 低挥发分烟煤

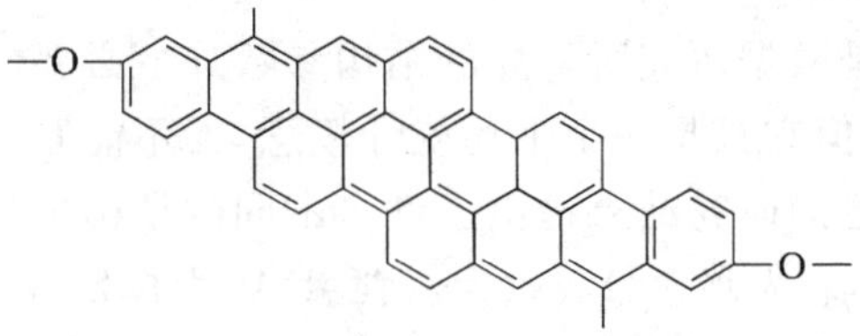

(e) 无烟煤

图 2-10 (续)

思考题

1. 简述煤的形成过程。
2. 地应力是如何形成的？控制某一工程区域地应力状态的主要因素是什么？
3. 简述地壳浅部地应力分布的基本规律。
4. 简述岩体孔隙流体对岩体力学性质的影响。
5. 简述岩石在单轴压缩条件下的变形特征。
6. 简述岩石剪切试验加载方式及强度特征。
7. 影响岩石力学性质的主要因素有哪些？是如何影响的？
8. 煤的孔隙分类方法有哪些？
9. 简述煤体内生裂隙与外生裂隙的主要特征。
10. 煤中常见的矿物质有哪些？其主要特征是什么？
11. 简述煤中矿物组分的识别和测定方法。
12. 简述不同种类的煤中的官能团种类。
13. 简述煤分子的基本结构单元。

第3章　煤岩孔隙常规测试方法

煤岩为复杂的多孔介质，内含大量的层理、节理、裂隙和孔洞等孔隙空间。孔隙度为煤岩内部全部孔隙的体积占煤岩表观体积的比例，通常用百分数表示。孔隙度对于瓦斯的吸附/解吸、扩散、渗流和煤岩的变形破坏有重要影响，是煤岩储层评价的重要参数。煤岩孔隙的常规测试方法主要为获得煤岩样本的孔隙度或评价孔隙的发育程度，包含质量法、气测法、超声检测法和电阻率检测法等。

3.1　质量法

质量法通过分别测量煤岩样本在干燥和饱和水状态下的质量差异计算孔隙度。具体操作步骤如下：

(1) 取一定质量的煤岩，进行样本制备，一般要求样本制备过程中不能破坏煤岩的原始孔隙结构，对于样本的形状和尺寸无明确要求。

(2) 将样本放入干燥箱中，在恒温下干燥至恒定质量，即样本的质量变化率不超过0.1%，称为干煤岩质量 m_1。

(3) 将干煤岩样本放入水中，使用真空泵或加压泵使其充分饱和，并除去表面气泡，然后取出称重，得到煤岩样本在饱和状态下的质量 m_2。

(4) 计算孔隙度 φ，公式为：$\varphi=(m_2-m_1)/m_2$。

质量法操作较为简单，经济实惠，无须复杂试验仪器，测试孔隙结果相对准确，广泛用于煤岩孔隙度的快速测定。当然，质量法在测试煤岩孔隙度时也存在如下局限性：

(1) 依赖样本饱和度：质量法的原理是测量样本在干燥和完全饱水状态的质量差计算孔隙度，测试结果依赖样本的饱水程度。如果样本没有完全饱水或有气泡残留，会导致孔隙度测试结果偏低。

(2) 忽略微观孔隙度：由于毛细管力影响，水较难进入煤岩内部微小孔隙，导致部分微小孔隙不被包含。

(3) 受样本干燥状态影响：样本的干燥状态可能会受干燥温度、环境湿度等影响。尤其对于低变质程度的褐煤，过高的干燥温度极易导致开裂，产生次生孔隙，对测试结果造成较大影响。

(4) 受水敏矿物含量影响：煤岩内部的一些水敏矿物会吸水膨胀，导致孔隙或喉道空间缩小，孔隙度结果不准确。尤其当水敏矿物的含量较高时，对测试结果的影响较大。

3.2 气测法

气测法也是一种常用的煤岩孔隙度测量方法。该方法基于煤岩内部的孔隙与大气间可透气性的差异,利用氦气等气体在煤岩中的快速渗透充满孔隙空间从而进行孔隙度测量。

具体的测量步骤如下:

(1) 取一定量的煤岩样本,通过真空处理,使其内部的气体排出。

(2) 将经过真空处理的煤样放入装置中,然后将其加压至一定的氦气压力。

(3) 保持一定的氦气压力并静置一段时间,直到煤样内部的氦气浓度趋于平衡状态。

(4) 测量煤样内部氦气的浓度,利用测得的氦气浓度和加压前的煤样密度,计算出样本的孔隙度。

需要注意的是:氦气置换法适用于孔径在微观孔隙范围内的孔隙度测量,不适用于宏观孔隙度的测量。同时,该方法还需要考虑氦气的渗透速率和样本的渗透性等因素,以保证测量的准确性和可靠性。

3.3 超声检测法

超声检测法是一种研究煤岩内部孔隙整体发育状况的无损测试方法,其原理是超声波经过煤岩内部的孔裂面等缺陷面时,会发生反射、折射和散射,造成超声波的能量削弱,波速减小、波形失真、频率衰减,通过分析经过煤岩芯的超声透射波的传播速度和波形特征可以从侧面反映煤岩孔隙的发育程度。

3.3.1 波速变化

岩芯透射波的速度变化与孔隙度呈负相关关系,波速越低,孔隙度越高。超声波在岩芯中传递的时差(Δt)可由下式表示:

$$\Delta t = (1-\varphi)\Delta t_s + \varphi \Delta t_p \tag{3-1}$$

式中 φ——岩芯孔隙度;

Δt_s——骨架的声波时差;

Δt_p——孔隙流体的声波时差。

声波在岩芯中的传递受三方面影响:① 基质骨架颗粒的种类、胶结程度、密度、各向异性和体积模量等;② 孔隙流体的密度、黏度和体积模量;③ 孔隙结构,包含孔隙度、弯曲度、渗透率、孔隙半径、体积模量和剪切模量等。

为了综合分析超声波波速对损伤岩芯骨架、孔隙和流体的响应,可以测试煤岩样本在4种状态下的波速变化(图3-1),分别为:① 饱水状态轴向P波;② 干燥状态轴向P波;③ 干燥状态径向P波;④ 干燥状态轴向S波。煤岩样本在不同状态、不同方向的波速比可以反映不同的物理性质信息。

S/P波波速比(v_S/v_P)是反映岩芯波速特征的重要参数,其值的大小可以反映岩芯的完整性、稳定性和坚固性。根据田雨杭等学者的研究,当$v_S/v_P<0.3$时,为松散破碎岩体;当$0.3\leqslant v_S/v_P<0.6$时,为层状结构岩体;当$v_S/v_P\geqslant 0.6$时,为固结岩体。轴向/径向P波波速

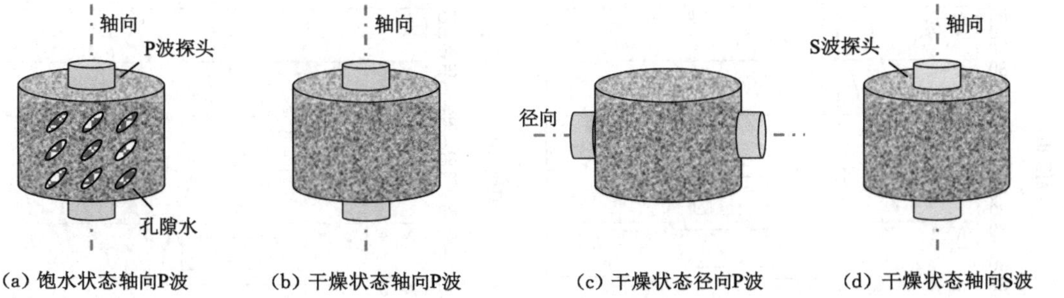

图 3-1　不同条件下超声波波速测试示意图

比代表岩芯的各向异性,其值越接近 1 则岩芯的各向异性越弱。

岩芯的波阻抗为使质点在岩石扰动下以单位速度振动所需的应力。波阻抗是岩石动力学性质的基本参数之一,反映了超声波在岩石中穿透和反射,其值的大小等于岩石密度与纵波波速的乘积。煤岩内部微裂隙较多时,会使声波波速衰减、密度减小,而波阻抗可以结合波速与密度变化,反映岩芯损伤。有学者分别比较了同一岩芯的 P 波波速、密度和波阻抗在损伤过程的变化,发现波阻抗变化幅度较 P 波波速和密度变化幅度更加明显。

3.3.2　时域谱分析

根据赵坚等人的研究,当声波穿过裂隙岩石时,会被衰减和减慢;同时,反射波与透射波的叠加会使接收波变得不规则。与完整岩芯相比,损伤岩芯的孔裂隙中充填空气,而超声波在固、气两种介质中传递时存在很大差异。介质的密度、黏度和体积模量会影响波的衰减。进一步,奥斯特兰德(Ostrander)证实声波的反射和透射会受传播方向与两相介质界面(裂隙面)夹角的影响。当岩芯存在多个裂隙面时,超声波的衰减和失真会进一步增强。因此,通过分析接收波波形变化,可从一定程度上评价岩芯损伤程度。

当煤岩较为完整时,波较为完整、形状规则,幅值较高。当煤岩轻微损伤时,首部波到达时间略微滞后,首部波的幅值减小,但波形没有明显失真,主要对应微裂隙发育,如图 3-2(a)所示。当煤岩中度损伤时,波逐渐失真,变得不规则:中部及尾部波幅值减小,尾部波翘起,部分波表现为反射波与透射波的叠加,个别波的宽度增加、频率减小。这与赵坚等人模拟计算得到的平行裂隙面接收波极为相似,说明此时岩芯的平行大尺寸贯穿裂隙面发育,岩芯产生中度损伤,完整性破坏。

当岩芯重度损伤时,首部波到达时间显著滞后;波的幅值明显减小,且幅值的减小逐渐由单个波扩展为全部波;波失真严重,波形十分不规则和杂乱;波的宽度增加,频率衰减明显。如图 3-2(b)所示。这些变化说明超声波在岩芯内部的透射能量大幅减小,反射、吸收能量大幅增加。岩芯重度损伤,由单裂隙结构转变为更为复杂的网状裂隙结构,同时局部破碎区吸能效应显著。

3.3.3　频域谱分析

通常对时域内的超声波波形进行分析,但部分损伤特征并不明显,将时域转换为频域后,其特征就会很显著。接收波的频率响应能够反映煤岩内部的损伤状态。当煤岩介质完

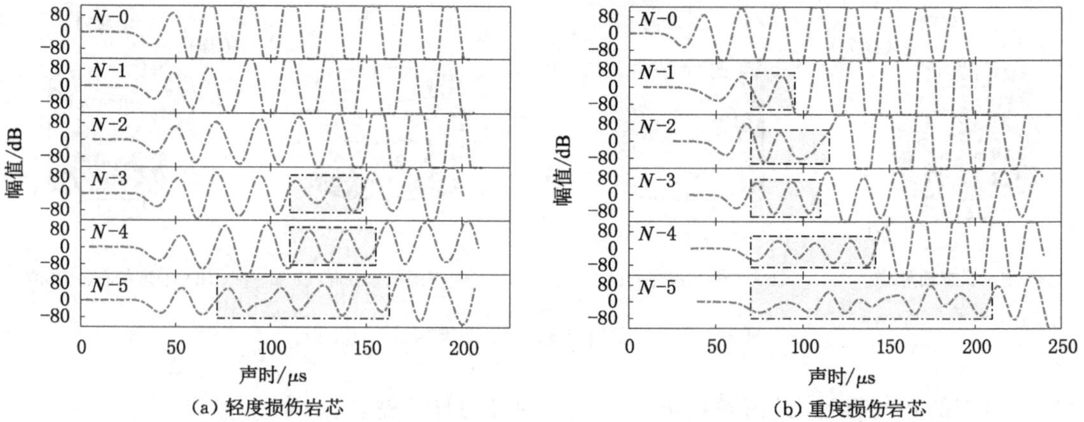

图 3-2 损伤岩芯的超声波波谱(虚线框内代表波形失真部分)

整、连续时,超声波在传递过程的反射和折射较少,接收波频率分布较为集中且强度较高;当煤岩介质内部存在较多的孔裂隙等不连续点和面时,超声波在传递过程的反射和折射较多,使接收波频率减小、分散和漂移。

离散傅立叶变换可以将信号由时域转换为频域。对于复数序列 $x_0,x_1,\cdots,x_{n-1}$,其离散傅立叶变换的公式如下:

$$X_k = \sum_0^{N-1} x_n e^{-2\pi k_i n/N} \quad (k_i = 0,1,\cdots,N-1) \tag{3-2}$$

式中 X_k ——序列 x_n 的 N 点离散傅立叶变换序列;

$e^{-2\pi k_i n/N}$ ——e 的 N 次单位复根;

k_i ——取样点,从 0 到 $N-1$。

而快速傅立叶变换(FFT)是离散傅立叶变换(DFT)的快速计算方法,通过快速傅立叶变换将超声波时域谱转变为频域谱,从而进一步从频率角度分析超声波对岩芯损伤过程的响应,如图 3-3 所示。

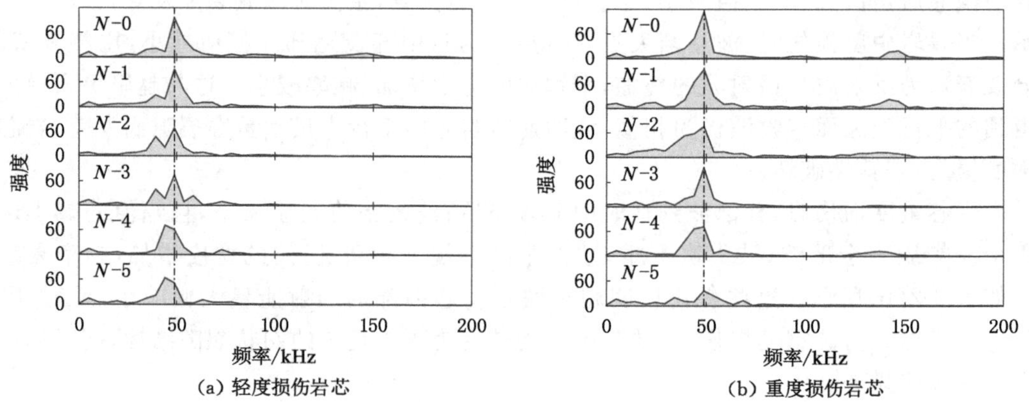

图 3-3 损伤岩芯的超声频谱

初始状态时,信号频率集中,且主频峰强度较高,存在高频峰和少量低频信号。当岩芯轻度损伤时，主频峰强度小幅减小，高频信号左移，低频带宽增加；当岩芯中度损伤时，主频峰左分支占比增加，分解出次频峰，主频向低频方向小幅偏移，高频峰减小，低频峰数量增加；当岩芯重度损伤时，频率强度显著减小，主频峰占比减小，与次频峰相当或主频峰剧烈漂移至低频，低频峰占据主导，高频峰消失。岩芯损伤过程的频率谱变化总体呈现出强度减小、分散化和低频化的特点。

频率能够反映煤岩对声波的吸收与过滤特性。超声波在煤岩传播过程中由于孔隙介质的吸收会使主频衰减、漂移。当煤岩孔隙度越大时，频率漂移越明显。由于岩体介质的阻尼特征，超声波中的高频成分衰减较快，低频成分衰减较慢，煤岩充当"低频滤波器"的作用。损伤煤岩内部生成了大量的孔裂隙，使波阻抗不均、异质界面增加、传播路径复杂化，因而超声波在传播过程中的反射、生热和吸收增加，透射波能量大幅衰减。而声能衰减越大，频率强度越低。当裂隙数量越多、尺寸越大、方向越复杂时，这种频率的衰减和漂移就越强。

3.3.4　小波包能量特征

小波包分解首先将输入信号通过小波基分解为低频和高频组分，然后同时将低频和高频组分再次进行分解，得到下一级的低频和高频组分，依次类推（图 3-4）。分解的级数越高，其在频域上的分辨率就越高，并且对低频和高频组分均具有较高的分辨率。通过对不同条件下的超声波信号进行小波包分解，可以分析超声波的能量分布特征随岩芯损伤过程的演化。

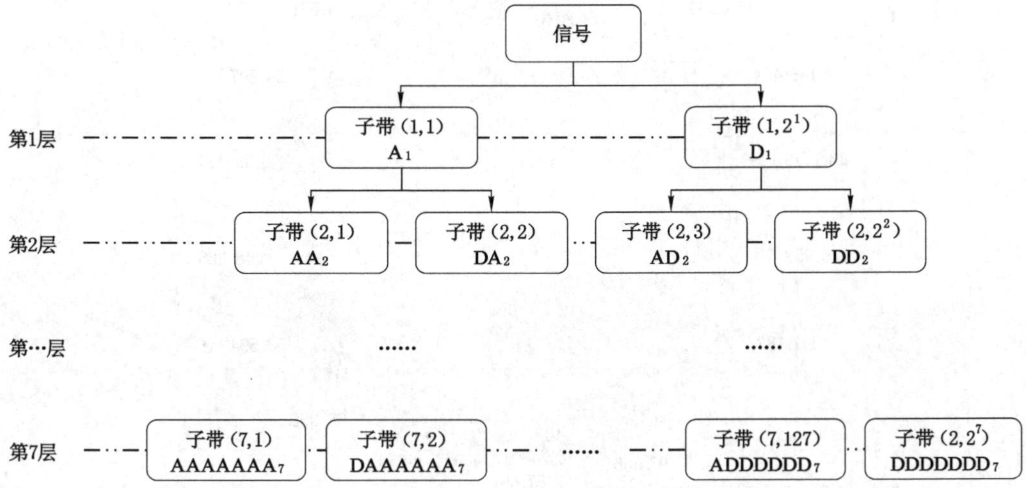

A—低频（近似）子带；D—高频（细节）子带。

图 3-4　7 层小波包树

在对信号进行小波包分解时，采用不同的小波基函数往往会有不同的分析结果，因此小波基的选择是首要的。(dbN)小波基常用来分析超声信号，具有较好的紧支性、近似对称性和平滑性。分别使用 db 3～db 15 小波基对超声信号进行了 7 层小波包分解与重构，对不同小波基的重构误差进行了比较，最终选择 db 6 小波基。在本书中，超声波的采样频率为 2.5 MHz，则其奈奎斯特频率为 1.25 MHz。波形被分解为 7 层，则第 7 层共有 128 个子频带，每个子频带的带宽为 9.766 kHz。在第 7 层中第 i 个子频带的信号 $S_{7,i}$ 对应的频率范围是：

$$S_{7,i} \in 9.766[i-1,i] \tag{3-3}$$

在第 7 层中第 i 个子频带对应的能量 $E_{7,i}$ 为：

$$E_{7,i} = \int |S_{7,i}|^2 \mathrm{d}t = \sum_{j-1}^{k} |x_{i,j}|^2 \quad (i = 1,2,\cdots,2^7) \tag{3-4}$$

式中 k——每个子频带内的采样点数量；

$x_{i,j}$——信号 $S_{7,i}$ 中第 j 个离散点的强度。

分析信号的总能量 E_{T} 为：

$$E_{\mathrm{T}} = \sum_{i=1}^{2^7} E_{7,i} \tag{3-5}$$

第 7 层中第 i 个子频带的归一化能量占比 $P_{7,i}$ 为：

$$P_{7,i} = \frac{E_{7,i}}{E_{\mathrm{T}}} \tag{3-6}$$

根据小波包分解结果，忽略能量占比很小的高频部分，重点对第 7 层 1～16 号子频带的能量分布特征进行分析，子频带对应的频率范围如图 3-5 所示，分析结果如图 3-6 所示。特别地，划分第 1～3 号子频带为低频带，第 4～6 号子频带为中频带，第 6 号及以上子频带为高频带。

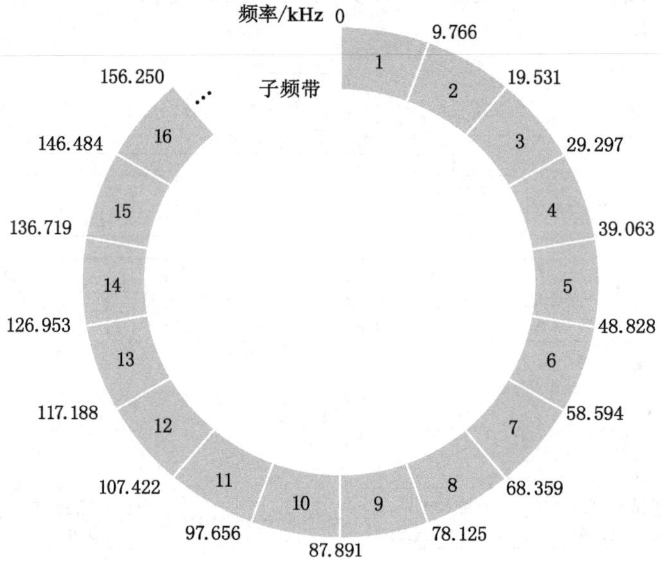

图 3-5　第 7 层 1～16 号子频带对应的频率范围

由于损伤岩芯的非弹性、非均质、不连续和黏滞性，岩石的阻尼作用使声波在传播过程中产生能量损耗。高频能量衰减较快，低频能量衰减较慢。在微观尺度，煤岩是矿物晶粒、微孔隙和微裂隙的聚合体，声波的振动造成不同区块非均匀的应变，产生温度差导致声能以热能形式耗散。随着损伤程度的加剧，大尺寸裂隙面发育。声波在经过裂隙面时由于波阻抗差异产生反射和折射，使接收能量减小和分散；同时声波在平行裂隙面的应力分量还会引起裂隙面微滑动，造成做功损耗。能量的损耗和分散程度取决于裂隙面的数量、方向和尺寸

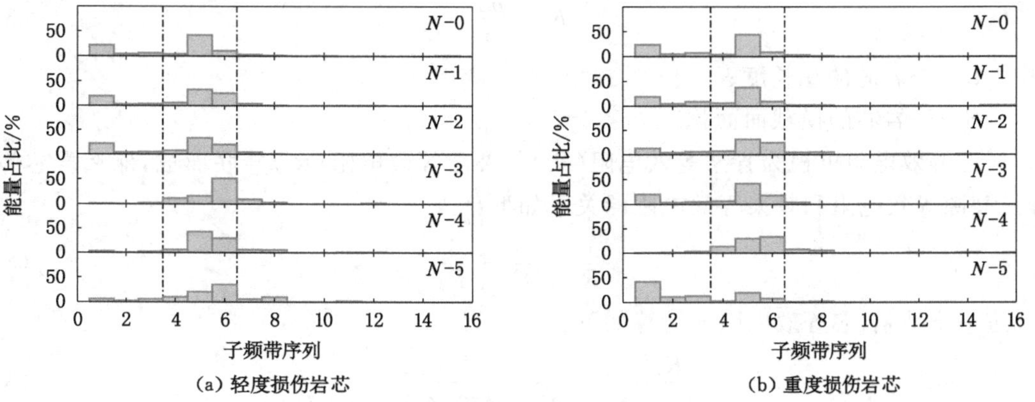

图 3-6　损伤煤岩的小波包分布特征

等。此外，局部破碎区内的矿物晶体不规则排列，在声波的驱动下产生振动，继而引起声波能量的衰减。

3.4　电阻率检测法

电阻率检测法与超声检测法类似，通过煤岩内部的电阻率变化反映煤岩裂隙的发育程度。常温、常压环境下饱水岩芯的电阻率受以下因素影响：① 基质所含矿物种类及含量；② 孔隙度、孔裂隙网络发育状态及孔裂隙纵横比等；③ 孔裂隙水含量及矿化度。骨架导电矿物含量越高，孔裂隙网络越发育，裂隙水充填越多，则岩芯电阻率越小。根据渡边辙(Tohru Watanabe)等人的研究，岩石的电阻率主要由孔裂隙网络的有效电阻率决定，平行的连通孔隙和裂隙可作为传导路径，而导电性由大纵横比孔裂隙的连通路径控制。饱和水岩芯的电阻率可以反映岩石损伤过程中连通孔裂隙通道的变化。

将岩芯视为由骨架-裂隙组成的多孔介质，假设导电裂隙通道主要沿岩芯轴向产生，参考胡千庭等人的电阻率模型，建立了岩芯骨架-裂隙电阻率模型，如图 3-7 所示。平行于测试方向(轴向)的裂隙与骨架可视为并联电路，其中骨架等效电阻为 R_s，裂隙等效电阻为 R_f。平行于轴向的裂隙可视为宽度为 d_f 的圆环(d_f 远小于岩芯的直径 $2r$，可视为积分宽度)。

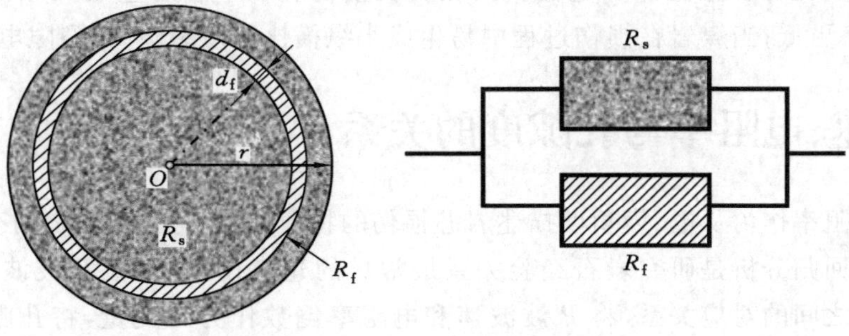

图 3-7　岩芯骨架-裂隙电阻率模型

岩芯等效电阻(R)与电阻率(ρ)的关系如下：

$$R = \frac{\rho L}{S} \tag{3-7}$$

式中 L——岩芯的总长度；

S——岩芯的横截面面积。

岩芯等效电阻可视为骨架等效电阻(R_s)与裂隙等效电阻(R_f)并联而成，那么岩芯等效电阻、裂隙等效电阻和骨架等效电阻的关系如下：

$$\frac{1}{R} = \frac{1}{R_s} + \frac{1}{R_f} \tag{3-8}$$

进一步地，岩芯等效电阻的计算如下：

$$R = \frac{R_s R_f}{R_s + R_f} = \frac{\rho_s \rho_f L}{\pi r (r\rho_f - 2\rho_f d_f + 2\rho_s d_f)} \tag{3-9}$$

式中 ρ_s，ρ_f——骨架与裂隙的电阻率；

r——岩芯半径。

电阻率可由下式计算：

$$\rho = \frac{\rho_s \rho_f r}{r\rho_f - 2\rho_f d_f + 2\rho_s d_f} \tag{3-10}$$

岩芯的孔隙度可由下式表达：

$$\varphi = \frac{2\pi r d_f}{\pi r^2} = 2\,\frac{d_f}{r} \tag{3-11}$$

结合式(3-10)与式(3-11)，可得岩芯电阻率与孔隙度的关系式如下：

$$\rho = \frac{\rho_s \rho_f}{(1-\varphi)\rho_f + \varphi\rho_s} = \frac{\rho_s \rho_f}{\rho_f + \varphi(\rho_s - \rho_f)} \tag{3-12}$$

对上式两端取倒数，可得电阻率的倒数(电导率)与孔隙度存在线性关系：

$$\frac{1}{\rho} = (\frac{1}{\rho_f} - \frac{1}{\rho_s})\varphi + \frac{1}{\rho_s} \tag{3-13}$$

根据卡勒曼(Kahraman)等人研究发现，电阻率相较于波速对孔隙度变化更加敏感。电阻率的倒数(电导率)与孔隙度存在较好的线性正相关关系，孔隙度越大，电阻率越低。根据式(3-13)，对于同种岩芯，拟合直线的截距为 $1/\rho_s$，斜率为($1/\rho_f - 1/\rho_s$)，因此可以获得岩芯的骨架和裂隙电阻率。骨架电阻率主要取决于其所含矿物导电性，而裂隙电阻率取决于孔裂隙网络连通状况和裂隙流体导电性。当煤岩在损伤过程中容易生成大纵横比的长裂隙时，裂隙电阻率更低；当煤岩在损伤过程中易生成小纵横比的短裂隙时，裂隙电阻率更高。

3.5 波速、电阻率与孔隙度的关系

波速和电阻率作为从电、声角度描述岩芯损伤的特征参数，与孔隙度之间存在着一定的关联性。多元回归分析是研究岩石经验关系最常见的建模技术，根据 P 波波速、岩石的孔隙度和电阻率之间的对应关系，将 P 波波速和电阻率倒数作为自变量，将孔隙度作为因变量，通过多元线性回归分析，建立了声、电、孔隙参数之间的耦合关系。

选取了三种代表性岩芯 A、B 和 C，其多元线性回归分析结果如图 3-8 所示。由图 3-8 和线性回归方程可知，岩石的孔隙度与电阻率倒数正相关，与 P 波波速负相关。回归方程

的相关系数 R^2 均较高，说明岩石的孔隙度与 P 波波速和电阻率倒数之间存在较强的相关性。在描述岩芯的孔隙损伤时，可以结合电阻率、波速和孔隙度等多个参数，提高岩芯损伤破坏表征的准确性和丰富性，比较和验证不同参数测试结果的准确性。通过建立的相关性模型，难测参数，如孔隙度等，可以通过易测参数（更多样本的波速）进行预测。在未来煤岩原位测试时，相对容易测试参数（如波速和电阻率等）可以用来预测更多的储层特征。

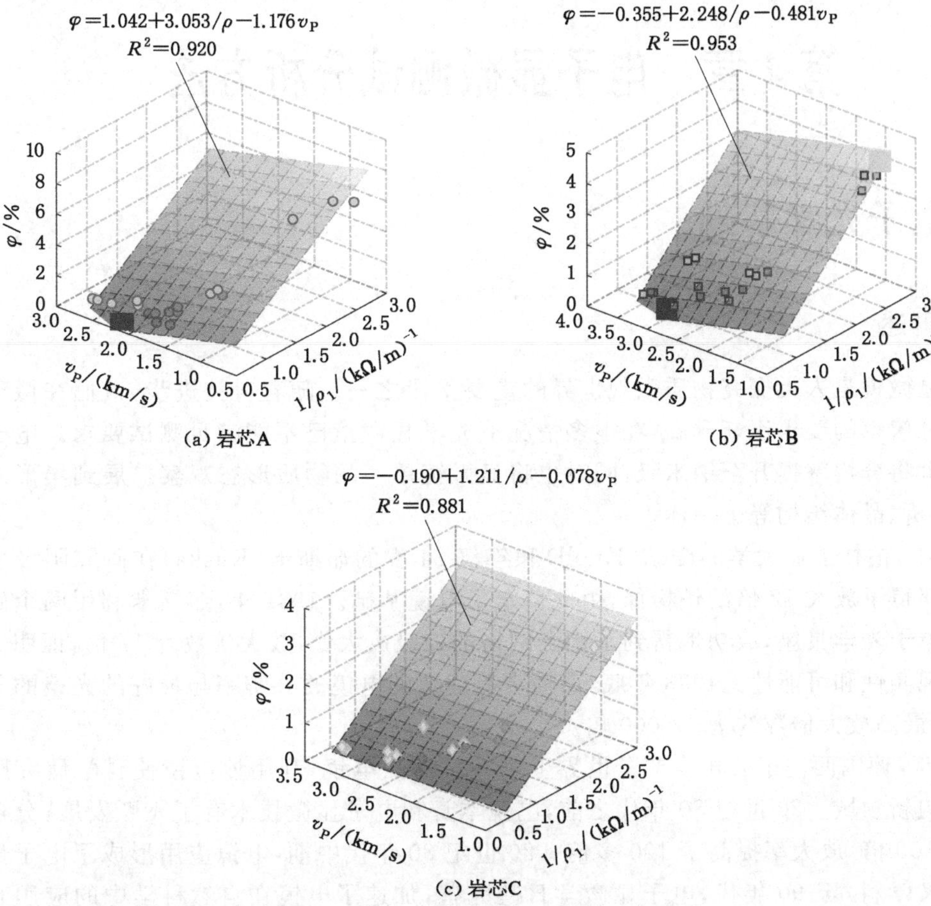

图 3-8　波速、电阻率和孔隙度回归分析

思考题

1. 简述质量法测试煤岩孔隙的局限性。
2. 简述气测法测试煤岩孔隙度的原理。
3. 简述经过岩芯的超声透射波形态与岩芯孔隙发育程度的对应关系。
4. 简述超声检测法与电阻率检测法的区别。
5. 简述超声波波速、岩石的电阻率和孔隙度的关系。

第4章 电子显微测试分析方法

4.1 电子光学基础

4.1.1 概述

光学显微镜是人类探究物质微观世界的重要手段之一。随着科技进步，人们在微观分析中对于分辨率的要求逐渐升高，在很多情况下光学显微镜已不能满足测试要求。电子显微镜的问世将分辨率提升至纳米级，同时也将显微镜单一的物质形态观察扩展到集形态观察、成分分析、晶体结构等于一体。

1928 年，柏林工业大学的诺尔(Knoll)和年仅 24 岁的茹斯卡(Ruska)在研究阴极射线示波器时获得了放大 12 倍的铂格像，由此奠定了电镜基础。1931 年，茹斯卡利用两个磁透镜组成的电子光学具座，成功地得到了铂金网格的二级放大像，放大倍数为 17 倍，证明了电镜制造的现实性和可能性。1933 年底，茹斯卡等建成的电镜的分辨率与最好的光镜的分辨率相当，其最高放大倍数约为 12 000 倍。

1939 年，德国西门子公司生产了世界上第一批商品电镜，利用该电镜使科学研究跨入了超微结构新领域。20 世纪 80 年代之前，电镜本身和电子显微技术有了飞跃发展，分辨率提高了近 100 倍，放大率提高了 100 多倍。20 世纪 80 年代中期，电镜应用形成了电子显微学这一交叉学科，至 90 年代，电子显微学日趋完善，加速了电镜在自然科学中的应用和发展。同时，由扫描电镜派生出的隧道扫描电镜、环境扫描电镜、原子力显微镜等以超高分辨的优势向自然学科中的各个领域渗透。尤其是原子力显微镜、近场扫描光学显微镜、磁力显微镜、分子力显微镜等，不但可通过样品与悬臂之间的作用力(原子力)观察到样品表面的形态，还可对样品表面的光洁度、磁力、力、静电力等进行测量。除此之外，还可借助原子力显微镜对物质原子结构进行重新排列。

4.1.2 光的折射和光学透镜成像

光的折射[图 4-1(a)]是指光在均匀介质中直线传播，当从某一介质传播到另一介质时，因光的传播速度随介质改变，光的传播方向在两介质分界面发生突变。光在不同介质中的频率是恒定不变的。其中入射角与折射角有如下关系：

$$\frac{\sin\theta}{\sin\gamma}=\frac{v_1}{v_2}=\frac{n_1}{n_2}=\frac{\lambda_1}{\lambda_2} \tag{4-1}$$

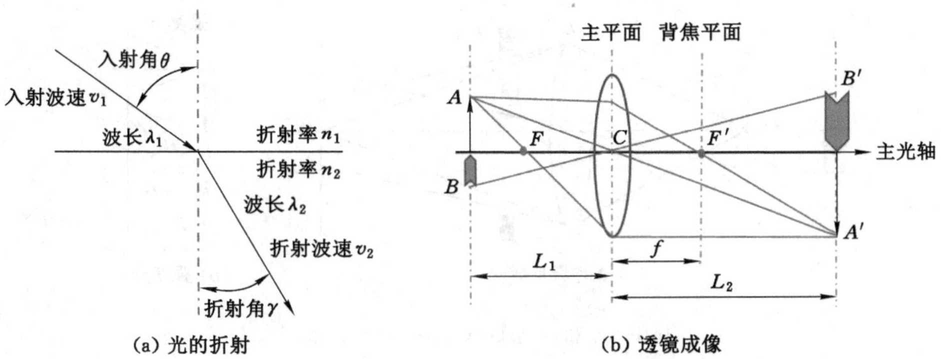

图 4-1　光的折射及透镜成像示意图

光的折射是可见光聚焦成像的基础，一束平行于主光轴的光通过透镜后汇聚于透镜另一侧的主光轴上的某一点 F(焦点)，前焦点处的光散射经透镜后变成一束平行于主光轴的平行光，在经过透镜中心 C 的光线不发生折射。透镜成像[图 4-1(b)]遵循如下关系：

$$\frac{1}{L_1}+\frac{1}{L_2}=\frac{1}{f} \tag{4-2}$$

$$M=\frac{A'B'}{AB}=\frac{L_2}{L_1} \tag{4-3}$$

式中　L_1——物距；
L_2——像距；
f——焦距；
M——放大倍数。

4.1.3　光的衍射与显微镜分辨率

透镜将光折射到像平面上时，会与周围的光波产生衍射现象。理想的点光源通过透镜成像时，受到衍射效应影响，无法得到一个理想的像点，而是形成了一个中央亮斑和明暗相间的圆环，称为 Airy 斑。研究表明，Airy 斑的 84%强度集中在中心亮斑上，其余分布在周围的亮环上。由于周围亮环的强度较低，肉眼无法分辨出来，只能看到中心亮斑。因此，学者们通常用 Airy 斑的第一暗环半径 R_0来衡量其大小，其表达式为：

$$R_0=\frac{0.61\lambda}{n\sin\alpha}\cdot M \tag{4-4}$$

式中　λ——照明源波长；
α——孔径半角；
n——物方介质折射率；
M——透镜放大倍数。

如图 4-2 所示，光的衍射使得物平面内的点 O_1、O_2在像平面形成 B_1、B_2斑(Airy 斑)。O_1、O_2靠得太近则会过分重叠，影响图像的清晰程度。当两个 Airy 斑间距为 R_0时，物平面上的两个物点能够区分开来。定义透镜分辨率为透镜能分辨的两物点的最小间距 Δr_0：

$$\Delta r_0=\frac{R_0}{M}=\frac{0.61\lambda}{n\sin\alpha} \tag{4-5}$$

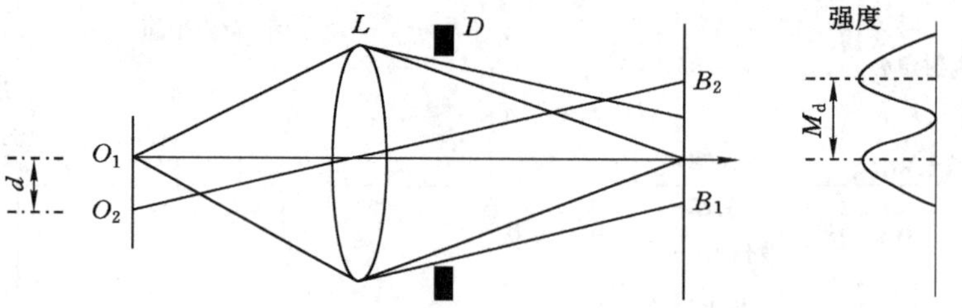

(a) Airy斑形成　　(b) 强度分布

M_d—O_1 和 O_2 形成 Airy 斑的强度大小。

图 4-2　光的衍射导致 Airy 斑形成示意图

4.1.4　电磁透镜

电磁透镜是电子显微镜的重要部件,可以分为静电透镜和磁透镜。静电透镜利用静电场对带负电的运动电子进行调控,实现电子束的聚焦和发散。在电子显微镜中,电子枪原理就是通过静电透镜进行聚焦。而磁透镜利用磁场对电子进行方向偏转,可以实现其聚焦和发散,被制成的透镜为磁透镜。电磁透镜实际上是通过通电线圈产生磁场来实现电子波聚焦成像的一种装置。电磁透镜与静电透镜相比如表 4-1 所列。

表 4-1　电磁透镜与静电透镜的比较

电磁透镜	静电透镜
通过改变通电线圈的电流强度调节焦距和放大倍数	通过改变加速电压才能够调整焦距和放大倍数
通电线圈电压较小,通常为 60～100 V,无击穿现象	通常需要数万伏电压,易产生击穿现象
像差较小	像差较大

电磁透镜的成像原理与光学玻璃透镜的相似,物距 L_1、像距 L_2 和焦距 f、放大倍数 M 之间关系式为:

$$M = \frac{f}{L_1 - f} \tag{4-6}$$

焦距 f 可由下式求得:

$$f \approx K \frac{U_r}{(IN)^2} \tag{4-7}$$

式中　K——常数;

U_r——校正后的电子加速电压;

I——通电线圈电流强度;

N——通电线圈每厘米长度的匝数。

通过上式可知,无论激磁方向如何,电磁透镜的焦距总是正的。改变激磁电流,电磁透镜的焦距和放大倍数发生相应变化。因此,电磁透镜是一种变焦距或变倍率的汇聚透镜,这是其区别于光学玻璃凸透镜的一个特点。

4.1.5　电磁透镜的像差

由于像差的存在，电磁透镜存在实际分辨距离往往远小于理论分辨距离的缺陷。像差的影响机制主要体现在几何像差（球差、像散等）和色差两个方面，其中几何像差是由于透镜在磁场几何形状上存在缺陷而造成的，降低成像精度；色差则是由于电子波的波长或能量发生一定程度的改变而引起的误差。

（1）球差

电磁透镜球差（图 4-3）是由于透镜中心和边缘区域对电子的汇聚能力不同造成的。离主轴较远的电子被折射的程度比主轴附近的电子被折射的程度大。因此，在物点 P 通过透镜成像时，电子无法聚焦在同一点上，形成了散焦斑。

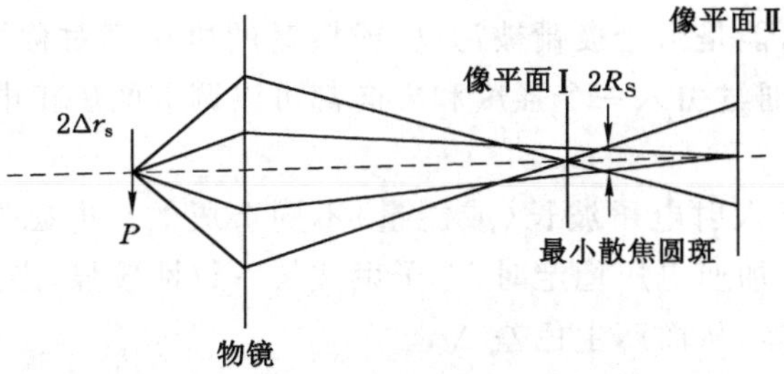

图 4-3　球差示意图

像平面上最小散焦圆斑的半径 R_S 为：

$$R_S = \frac{1}{4}MC_S\alpha^3 \tag{4-8}$$

还原到物平面，则：

$$\Delta r_s = \frac{R_S}{M} = \frac{1}{4}C_S\alpha^3 \tag{4-9}$$

式中　Δr_s——球差；

C_S——球差系数，相当于焦距的大小，随透镜激磁电流增大而减小；

α——孔径半角，透镜分辨本领随 α 增大而迅速降低；

M——放大倍数。

由上式可知，减小球差系数和孔径半角均可减小球差，特别是减小孔径半角，可显著减小球差。

（2）像散

像散（图 4-4）是由透镜磁场的非旋转对称所引起的，这种非旋转对称磁场会使其在不同方向上的聚焦能力出现差别，导致成像物点 P 通过透镜后不能在像平面上聚焦成一点。

像平面上最小散焦圆斑，其平均半径 R_A 为：

$$R_A = M\Delta f_A\alpha \tag{4-10}$$

还原到物平面，则：

$$\Delta r_A = \Delta f_A\alpha \tag{4-11}$$

式中　Δr_A——像散；

Δf_A——像散引起的最大焦距差；

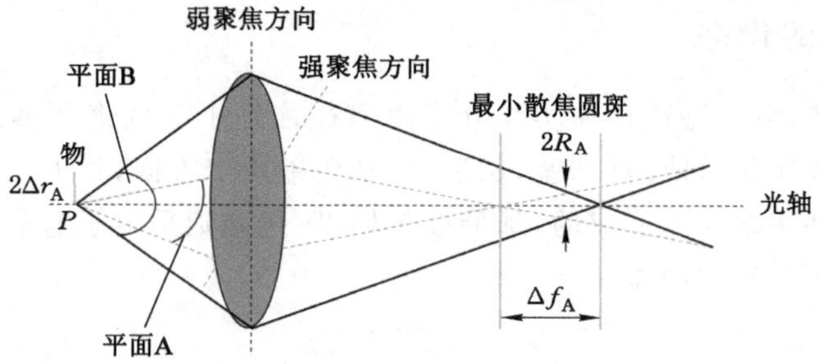

图 4-4　像散示意图

M——放大倍数。

透镜磁场不对称，可能是由于极靴被污染，或极靴的机械不对称性，或极靴材料各向磁导率差异引起。像散可通过引入一个强度和方向都可以调节的矫正电磁消像散器来矫正。

(3) 色差

色差(图 4-5)是由于入射电子波长(或能量)不同造成的。电磁透镜的光源是电子束，其波长随加速电压变动，加速电压稳定时，电子束波长一致性较强，当加速电压不稳定时，电子束波长的一致性就很差，从而产生色差 Δr_C。

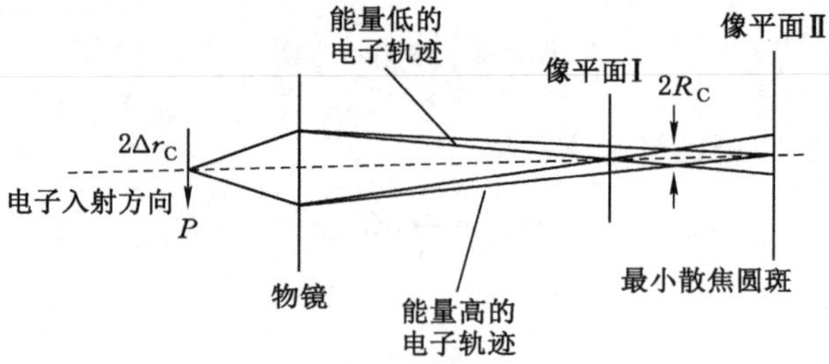

图 4-5　色差示意图

像平面上最小散焦圆斑半径 R_C 为：

$$R_C = C_C\alpha\left|\frac{\Delta E}{E}\right| \tag{4-12}$$

式中　C_C——透镜的色差系数，随透镜激磁电流增大而减小；

α——孔径半角；

$\left|\frac{\Delta E}{E}\right|$——电子束能量变化率。

能量变化率与加速电压的稳定性和电子穿过样品时发生的弹性散射有关，一般情况下，薄样品的弹性散射影响可以忽略，因此，提高加速电压的稳定性可以有效地减小色差。

除了球差外，像散和色差均可通过适当的方法来减小甚至可基本消除其对透镜分辨率的影响，因此球差成了像差中影响分辨率的控制因素。球差与孔径半角的三次方成正比，减小孔径半角可有效地减小球差。然而孔径半角的减小却增大了 Airy 斑尺寸，降低透镜分辨率，因此，寻找最佳的孔径半角对提高透镜分辨率具有重要意义。

在衍射效应中，分辨率与孔径半角的关系为 $\Delta r_0 = \frac{0.61\lambda}{n\sin\alpha}$。而在像差中，球差为控制因素，分辨率的大小近似为 $\Delta r_s = \frac{1}{4}C_S\alpha^3$，令 $\Delta r_0 = \Delta r_s$，得如下方程：

$$\frac{0.61\lambda}{n\sin\alpha} = \frac{1}{4}C_S\alpha^3 \tag{4-13}$$

因为在真空中，所以 $n=1$，又因为电镜的孔径半径很小，一般仅有 $10^{-2}\sim10^{-3}$ rad，故 $\sin\alpha\approx\alpha$。则由上式可以得到：

$$\alpha^4 = 2.44\left(\frac{\lambda}{C_S}\right) \tag{4-14}$$

所以：

$$\alpha = \sqrt[4]{2.44}\left(\frac{\lambda}{C_S}\right)^{\frac{1}{4}} = 1.25\left(\frac{\lambda}{C_S}\right)^{\frac{1}{4}} \tag{4-15}$$

此 α 即为电磁透镜的最佳孔径半角，用 α_0 表示。

此时电磁透镜的分辨率为：

$$\Delta r_0 = \frac{1}{4}C_S\alpha_0^3 = \frac{1}{4}C_S\,1.25^3\left(\frac{\lambda}{C_S}\right)^{\frac{3}{4}} = 0.488C_S^{\frac{1}{4}}\lambda^{\frac{3}{4}} \tag{4-16}$$

一般地，综合各种影响因素，电磁透镜的分辨率可统一表示为：

$$\Delta r_0 = AC_S^{\frac{1}{4}}\lambda^{\frac{3}{4}} \tag{4-17}$$

式中　A——常数，通常取值为 0.40～0.55。

4.1.6　电磁透镜的场深和焦深

电磁透镜的孔径半角非常小，具有场深大、焦深长的特点。电镜操作和调整较为方便，场深和焦深参数是用户选择电镜的重要指标。

(1) 场深

样品通常具有一定厚度，只有一层与透镜物面相符合，因处于正焦位置而产生清晰图像。而在此层上下均会产生不同程度的失焦现象，若失焦所造成的误差不超过透镜分辨率时，物面上的样品层像仍是清晰的，这个范围即为场深。试样在场深范围内沿镜轴上下移动，图像保持清晰。对于扫描电镜来讲，场深越大，图像的立体感越强，成像质量越好。场深的计算公式：

$$D_f = \frac{2\delta}{\alpha} \tag{4-18}$$

式中　D_f——场深；

δ——分辨率；

α——孔径半角。

上式表明要加大场深必须做到两点：一是提高分辨率；二是减小孔径半角。

(2) 焦深

当透镜焦距和物距一定时，像平面在一定的轴向距离内平移，也会引起失焦。如果失焦斑尺寸不超过透镜衍射和像差引起的散焦斑，则像平面在一定的轴向距离内移动，不影响透镜像的分辨率，这个像平面允许的轴向偏差为透镜的焦深。像平面在焦深范围内移动，图像仍保持清晰。对于透射电镜来说，焦深大是获得清晰图像的重要保证。焦深的计算公式：

$$D_s = M^2 D_f \tag{4-19}$$

式中 D_s——焦深；

M——放大倍数；

D_f——场深。

综上，电磁透镜的场深和焦深都反比于孔径半角。因此减小孔径半角（如插入小孔光阑），可显著增大电磁透镜的场深和焦深。

4.2 透射电镜显微分析

4.2.1 透射电镜成像原理

（1）透射电镜成像原理

透射电子显微镜（transmission electron microscope，TEM），简称透射电镜（图 4-6），通过将具有一定速度的电子束投射到待测样品表面，电子和样品表面的原子进行碰撞后方向发生改变，导致立体角散射。由于不同样品的密度、厚度直接影响散射角的大小，所以不同的物质能够形成亮度不同的影像，经放大、聚焦之后显示在成像器件上。

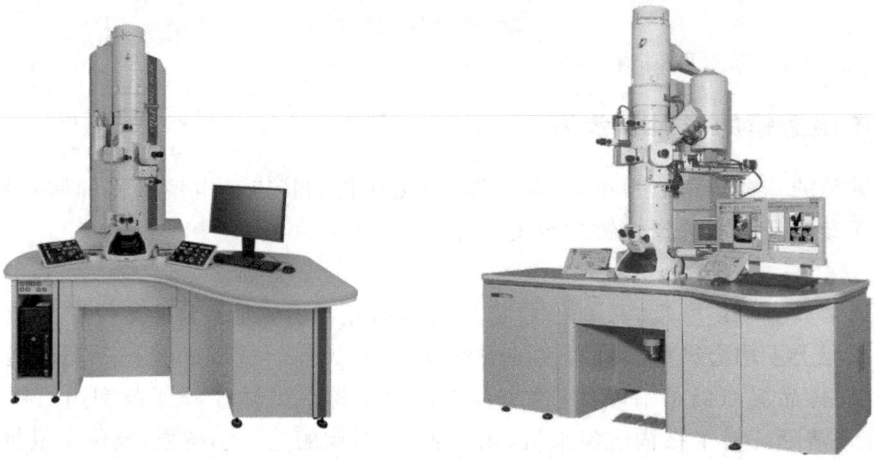

图 4-6 透射电镜实物图

电子的物质波波长非常短，因此透射电镜拥有超高分辨率，能够达到 0.1～0.2 nm，而普通的光学显微镜分辨率只能达到百纳米级。在超高分辨率下，透射电镜能够清晰地观察到样品表面的精细结构，甚至能够观察到原子的排列结构，可以将普通光学显微镜所能观察到的最小结构放大数千倍。目前，透射电镜被广泛应用于矿业工程、材料科学、半导体研究、病毒学等多个科学领域。

在低放大倍数下，扫描电镜成像主要根据不同材料的厚度和成分差异性来改变电子不同程度的吸收。在较高放大倍数下，扫描电镜成像的亮度受复杂波动影响较大。通过扫描电镜不同的模式，能够通过物质的电子结构、晶体方向、化学特性、电子相移以及电子吸收特点对所测样品进行成像。

（2）透射电镜组成部分

透射电镜的主体由照明系统、成像系统和观察记录系统三部分组成，典型的透射电镜组成结构如图 4-7 所示。

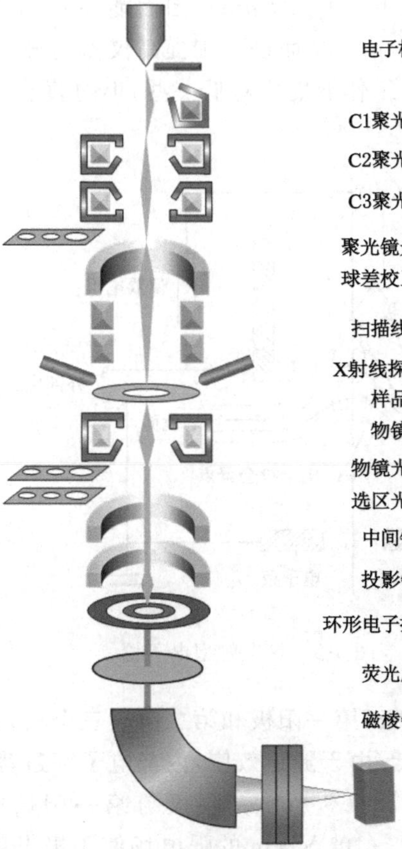

图 4-7　典型的透射电镜组成结构图

① 照明系统

照明系统主要由电子枪和聚光镜组成，电子枪发射电子形成照明光源，聚光镜是将电子枪发射的电子汇聚成亮度高、相干性好、束流稳定的电子束照射样品。

A. 电子枪

电子枪就是产生稳定电子束流的装置，根据产生电子束原理的不同，可分为热发射型和场发射型两种。

热发射型电子枪主要由阴极、阳极和栅极组成。阴极为钨丝或硼化单晶体制成的灯丝，在外加高压作用下发热，升至一定温度时发射电子，热发射的电子束为白色。如图 4-8 所示，阴极由直径为 1.2 mm 的钨丝弯制成 V 形，尖端的曲率半径为 100 μm(发射截面)，阴极发热体在外加高压的作用下升温至一定温度(2 800 K)时发射电子，电子通过栅极后穿过阳极小孔，形成一束电子流进入聚光镜系统。在电镜最初的使用中，V 形钨丝热发射电子枪一直占主导地位，但由于其发射面大，致使光源亮度低、束斑直径大和能量发散多，故需开发更优的发射极材料。布鲁斯(Broers)提出由六硼化镧(LaB6)单晶体用作发射极材料，并加工成锥状，由于其功函数远低于钨的，发射率比钨的高得多。当阴极的温度为 1 800 K 时，所获得电子束亮度是 V 形钨丝在 2 800 K 时获得的 10 倍，而直径仅为前者的 1/5。LaB_6 阴极尖端的曲率半径可以加工到很小（10～20 μm），因而能在相同束流时获得比钨丝更细更亮的电子束斑光源，直径为 5～10 μm，从而进一步提高仪器的分辨率，特别适合于分析型透射电镜。与 V 形钨丝相比，LaB_6 工作温度相对低一些，但对真空度的要求高，加工困难，制备成本也高。

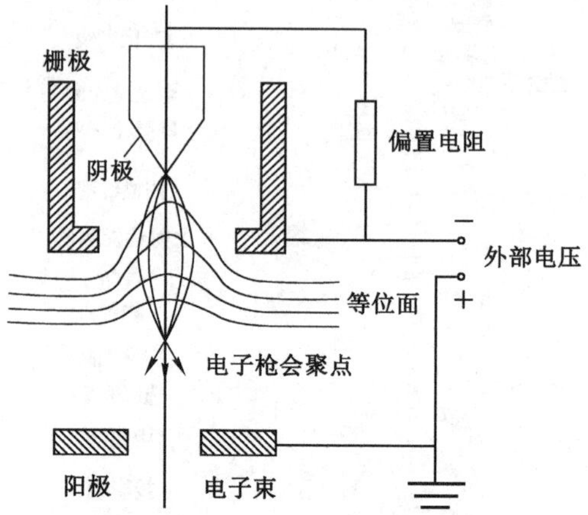

图 4-8　热发射型电子枪

场发射型电子枪主要包括阴极、第一阳极和第二阳极三个极，无须偏压（栅极）。在强电场作用下，发射极表面的势垒降低，由于隧道效应，内部电子穿过势垒从针尖表面发射出来，这种现象称场发射，结构原理如图 4-9 所示。阴极与第一阳极的电压较低，一般为 3～5 kV，可在阴极尖端产生高达 10^7～10^8 V/cm 的强电场使阴极发射电子。阴极与第二阳极的电压较高，一般为数十千伏甚至数万千伏，阴极发射的电子经第二阳极后被加速聚焦成直径为 10 nm 左右的束斑。

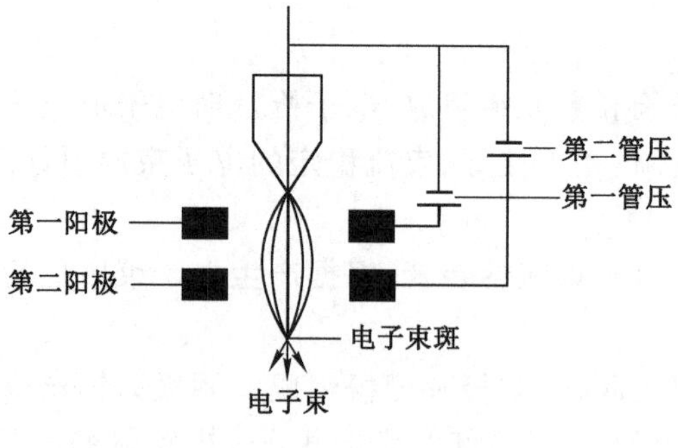

图 4-9　场发射型电子枪

场发射又可分为冷场和热场两种，电镜一般多采用冷场。冷场发射无须任何热能可在室温下使用，阴极一般采用定向生长的单晶钨，针尖曲率半径为 0.1～0.5 μm，其功函数低、能量发散小（0.3～0.5 eV）和电子发射率高，但冷场发射存在以下不足：因低功函数要求表面干净，无外来原子，故要求具有极高的真空度（10^{-5} Pa 或更低）；室温环境下发射极上易有残留气体吸附层，产生的背底噪声导致发射电流下降，降低电子束亮度，需定期进行闪光处理，即瞬时加大发射电流，使发射极产生瞬间高温来蒸发阴极表面吸附的分子层，净化发射表面。

热场发射可克服以上冷场发射的不足，在强电场中，发射极表面势垒降低，在低于热发射温度时仍能发射电子，这种现象称为肖特基发射，利用该原理工作的电子枪称肖特基电子枪。斯旺森(Swanson)于 20 世纪 70 年代开发了 ZrO/W(100)新型发射极材料，ZrO 融覆在 W 表面，ZrO 的逸出功小(仅为 2.7～2.8 eV)，W(100)的逸出功为 4.5 eV，具有发射表面干净、噪声低、光源亮度高、束斑直径小、稳定性好的特点，成了高分辨电子显微镜的首选。该种电子枪又称扩展型肖特基电子枪。

B. 聚光镜

电镜一般都采用双聚光镜系统工作，见图 4-10。第一聚光镜是强磁透镜，焦距 f 很短，放大倍数为 1/50～1/10，通过将电子束进一步汇聚、缩小，形成直径为 1～5 μm 的电子束斑；第二聚光镜是弱透镜，焦距很长，其放大倍数一般为 2 倍左右，通过二级聚光后，可形成直径为 2～10 μm 的电子束斑。

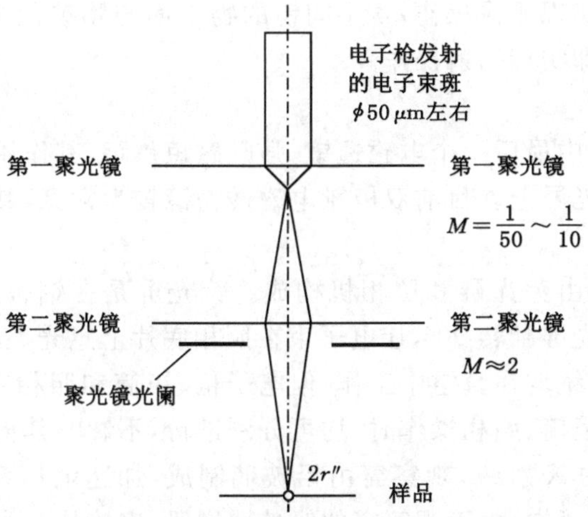

图 4-10　双聚光镜原理图

双聚光镜具有以下优点：

——可在较大范围内调节电子束斑大小；

——当第一聚光镜的后焦点与第二聚光镜的前焦点重合时，通过二级聚光后的电子为平行光束，大大减小了电子束的发散度；

——第二聚光镜与物镜的间隙大，便于安装其他附件，如样品台等；

——通过安置聚光镜光阑，可使电子束的孔径半角进一步减小，便于获得近轴光线减小球差，提高成像质量。

② 成像系统

成像系统由物镜、中间镜和投影镜组成。

A. 物镜

物镜是电子束在成像系统中通过的第一个电磁透镜，强励磁短焦距(f=1～3 mm)，放

大倍数 M_o 一般为 100～300 倍，分辨率高的可达 0.1 nm 左右。其质量好坏直接影响整个系统的成像质量。物镜未能分辨的结构细节，中间镜和投影镜同样不能分辨，它们只是将物镜的成像进一步放大而已。因此提高物镜分辨率是提高整个系统成像质量的关键。

提高物镜分辨率的常用方法有：a. 提高物镜中极靴内孔的加工精度，减小上下极靴间的距离，保证上下极靴的同轴度。b. 在物镜后焦面上安置物镜光阑，以减小孔径半角，减小球差，提高物镜分辨率。

B. 中间镜

中间镜是电子束在成像系统中通过的第二个电磁透镜，位于物镜和投影镜之间，弱励磁长焦距，放大倍数 M_i 在 1～20 倍之间。

中间镜在成像系统中具有以下作用：

a. 调节整个系统的放大倍数。设物镜、中间镜和投影镜的放大倍数分别为 M_o、M_i、M_p，总放大倍数为 $M(M=M_o \times M_i \times M_p)$，当 $M_i>1$ 时，中间镜起放大作用；当 $M_i<1$ 时，则起缩小作用。

b. 进行成像和衍射操作。通过调节中间镜的励磁电流改变其焦距，使中间镜的物平面与物镜的像平面重合，实现成像操作；若中间镜的物平面与物镜的后焦面重合，可在荧光屏上获得电子衍射花样，即实现衍射操作。

C. 投影镜

投影镜是成像系统中最后一个电磁透镜，强励磁短焦距，其作用是将中间镜形成的像进一步放大，并投影到荧光屏上。目前双极靴电磁透物镜较为常见，其场强可达 2 T。

③ 观察记录系统

观察记录系统主要由荧光屏和照相机构成。荧光屏是在铝板上均匀喷涂荧光粉制得的，当需要拍照时将荧光屏翻转 90°，让电子束在照相底片上感光数秒钟即可成像。

整个电镜的光学系统均在真空中工作，但电子枪、镜筒和照相室之间相互独立，均设电磁阀。更换灯丝、清洗镜筒、照相操作时，均可分别进行，不影响其他部分的真空状态。为了屏蔽镜体内可能产生的 X 射线，观察窗由铅玻璃制成，加速电压愈高，配置的铅玻璃就愈厚。在超高压电子显微镜中，由于观察窗的铅玻璃增厚，直接从荧光屏观察微观细节比较困难，此时可运用安置在照相室中的 TV 相机来完成，曝光时间由图像的亮度自动确定。

(3) 扫描透射电子显微模式

扫描透射电子显微(scanning transmission electron microscope，STEM)是目前透射电镜常用的一种成像模式。在 STEM 模式中，电子枪发出的电子束在聚光镜和物镜的协同作用下汇聚成电子探针。电子探针经过扫描线圈的精准控制逐行扫描样品表面，部分电子穿透样品后由下方的电子探测器接收并形成电流强度信号。STEM 像是电子经过样品表面所有扫描点形成的信号强度通过灰度表达出来的图像。电子探测器通过接收样品表面不同位置的透射电子进行成像，成像的类型可以根据接收角从大到小分为高角环形暗场像(high angle annular dark field，HAADF)、环形暗场像(annular dark field，ADF)、环形明场像(annular bright field，ABF)及明场像(bright field，BF)等几种。由于 STEM 像中所有点的信息都来源于样品表面对应每一点处的透射电子信号，因此可在实空间中准确定位样品各部分。在 STEM 模式下，电子探针的汇聚大小直接决定分辨率大小，现代透射电镜能够将电子束汇聚到原子甚至亚原子级别，可以获得与 TEM 图像相当甚至更高的分辨率。

图 4-11 为透射电镜两种模式下成像示意图。

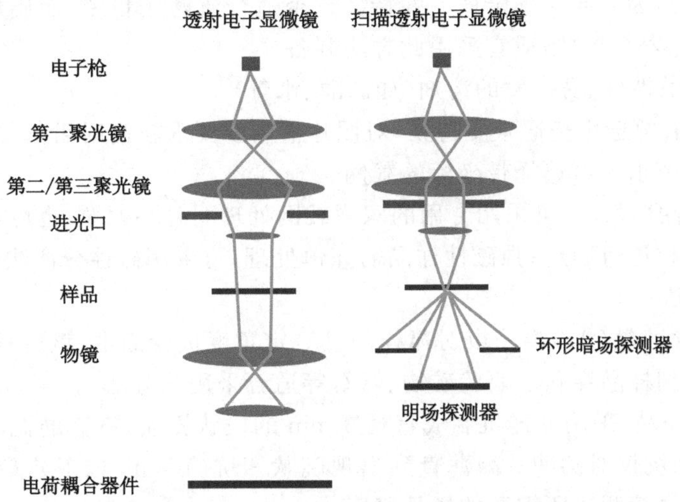

图 4-11　TEM 与 STEM 成像原理示意图

4.2.2　透射电镜样品制备

(1) 透射电镜测试对样品的要求

① 样品观测区域必须能够穿透样品本身。低分辨率电镜样品的厚度通常在 100 nm 以下，而高分辨率电镜样品的厚度须小于 10 nm。

② 样品必须固定。样品必须固定，能经得住电子束的冲击，有效预防装卸过程中由于振动产生的损坏。易碎块状样品须粘在铜网上进行加固，粉末样品可分散在附有支持膜(如火棉胶膜)的铜网上，二者对样品起到支撑和黏附作用。

③ 样品必须具导电性，非导电样品则须在样品表面喷涂碳膜，为了防止电荷积累，碳膜不宜过厚。

④ 样品不能被污染。样品内部的超微结构在制样过程中必须保存完好，应防止制样时样品被污染或者发生物理、化学性质的改变(如相变、氧化等)。

(2) 透射电镜测试样品制备方法

样品制备是 TEM 测试工作的重要步骤，样品制备的质量是决定测试结果好坏的主要因素。因此，必须针对样品特点及适用范围选择合适的制样方法。目前常用的 TEM 制样方法有粉末法、离子减薄法、聚焦离子束法等。

① 粉末法

该方法是将样品进行研磨之后分散在液体试剂中从而得到满足 TEM 测试要求的粉末颗粒悬浮液。先将样品研磨成超细粉末，取适量粉末置于离心管中，然后添加适量溶剂，将离心管置于超声波分散仪中进行粉末分散。分散结束后，将适量悬浮液滴于载网晾干即可。超声完毕后，通过滤膜筛分合适的测试粒径，也可将悬浮液静置片刻，待大颗粒沉降后取上层悬浮液滴于载网上。

选用粉末法之前需要注意的是：

a. 不易研磨的高硬度矿物(如石英、长石)不适合采用此方法制备,研磨时极高的应力容易损伤矿物结构,因此要先确定样品的特性是否适合研磨成粉末,而质地较软的材料(如黏土岩、土壤、风化岩石等)则适宜采用此方法制备。

b. 应选择分散性好、易挥发的溶剂(如乙醇、水等)。

c. 支撑载网通常选用普通碳支持膜,对照片清晰度要求较高时可选择超薄碳膜或微栅膜,对样品位置有要求时可选择带坐标的载网。

d. 在处理磁性样品时,可采用专用的双联载网处理弱磁小颗粒,也可以采用隔离液(如氯仿溶液)对小颗粒进行固定;强磁性样品需谨慎处理,可采用磁性分离法进行制样。

② 离子减薄法

该方法通过加速氩(Ar)离子束对薄样品呈一定角度进行轰击,该过程能够使样品表面原子逐渐剥离,直到样品穿孔。块状矿物、岩石等适合采用此方法。

a. 对于均质样品,采用冲样机制成直径 3 mm 的柱状样品,将其磨抛成圆薄片(厚度小于 50 μm),采用凹坑仪对圆薄片减薄直到出现碗状凹坑(15 μm 以下),最终采用离子减薄仪进行减薄,得到电镜测试所需要的样品薄区。

b. 对于非均质样品,须将样品制成厚度 30 μm 左右能使用光学显微镜观察的光薄片。利用光学显微镜观察目标矿物,确定样品的精确取向及需要观察的区域,用 AB 胶将支撑载网附着在样品上,保证目标观测区位于载网中心位置附近,采用金刚石刻刀将载网多余的样品剔除。加热载玻片(须为可熔化且溶于丙酮的胶),取下样品,将样品上载玻片熔化残留胶用丙酮擦掉,最终放进离子减薄仪进行减薄。

选用离子减薄法需要注意的是:第一,综合考虑样品特性避免离子束轰击导致的样品表面损伤、观测假象以及加热等对结果产生的影响;第二,对于本身不导电的矿物样品,在进行离子减薄后,须在样品表面喷涂一层薄碳增加其导电性。

③ 聚焦离子束法

聚焦离子束法是指在电镜的可视条件中采用极细的镓(Ga)离子束定点显微切割样品观察区域,根据需要调整切割薄片的尺寸和厚薄。该方法可有效节省大量材料,处理过程简易,产生较少的样品污染和损坏,可实现精确的可视切割,制样效率更高。但该方法也存在一些缺陷:第一,由于无法预先确定矿物样品的取向,使得试样在透射电镜中观测和后期分析变得困难;第二,须考虑样品在镓粒子冲击下的损伤情况及污染程度。由于聚焦离子束系统较为昂贵,其制样成本也远高于其他方法的制样成本。

4.2.3 透射电镜测试步骤

(1) 开机程序。打开总电源开关,电压指示应为 220 V;开启循环水装置,冷却温度一般在 19~22 ℃。启动主机真空开关;主机开启约 20 min 后,等待高真空指示灯及照相室指示灯亮。

(2) 电镜观察。将样品送进样品室,将放大倍数调至 700 倍后寻找视野,将目标切片移到观测视域中央。精确控制放大倍率、亮度、样品台移动位置以及调焦等提高图像清晰度,以达到最佳的观察效果。选定目标区域并精确调焦后,进行拍照。

(3) 关机程序。测试完成后,进行关机。先将放大倍数恢复至 700 倍,依次关闭计算机、主机电源、循环水装置,最后断开总电源。

4.2.4 透射电镜图像分析

（1）二维形貌分析

透射电镜常规功能是利用电子束穿透试样给物体“照相”，反映其表面形貌以及内部结构信息。现代透射电镜可同时提供 TEM 和 STEM 两种成像模式，在 TEM 模式下，平行入射的电子束穿过样品后，因样品质量厚度差异或晶体材料各部分对入射电子的衍射能力不同，在电子图像上出现强度（明暗）变化，属于低分辨 TEM 成像，主要包括明场像、暗场像和中心暗场像。

STEM 将入射电子束汇聚形成很细的电子束（<0.2 nm），在薄试样上做扫描成像。若在具备 STEM 模式的透射电镜上配置二次电子探测器时，可利用电子束照射在样品上产生的二次电子参与成像，获得样品的二次电子像，用于反映更表面的样品形貌信息。基于样品下方的环形探测器收集不同散射角度的透射电子，可获得低倍下的 HAADF、LAADF（低角环形暗场像）和 ABF 图像等，用于定性反映样品中与原子序数有关的轻、重元素的分布情况。

（2）三维重构像

中央截面定理（the central section theorem）指出实空间三维物体沿电子束方向投影的傅立叶变换是该物体所对应的傅立叶空间中通过中心且垂直于投影方向的一个截面。基于这一理论，当采集足够数量的、来自不同方向的投影时，运用数学计算可实现 TEM 电子三维重构。目前三维重构方法包括单颗粒分析（single particle analysis，SPA）、电子晶体学（electron crystallography，EC）以及电子断层扫描（electron tomography，ET）。

其中，SPA 主要基于冷冻透射电子显微镜（cryo-TEM），通过获取随机取向颗粒的平面视图，根据图像的噪声特性和算法确定颗粒平面投影的相对方向，再进行颗粒对比并取平均值，从而进行三维重构，可反映近原子分辨率的结构表征，主要用于分析生物样品，如蛋白质、病毒等的结构。EC 通过倾斜样品获得不同角度的分子视图，结合获得的电子衍射和明场照片进行三维重构计算，主要针对具有二维结晶结构的生物样品，如膜蛋白分子等。ET 将样品按照固定倾角转轴，每隔一定角度拍摄一张二维 TEM 图像，样品可以从 $-70°$ 转到 $70°$，通过系列的 TEM 图像重构出样品的三维结构。新发展的原子电子三维重构技术（atomic electron tomography，AET），也称原子电子断层摄影术，能在原子尺度分辨率下对纳米粒子、晶界、堆积层错等进行三维结构成像，精确确定单个原子的三维坐标，可直接测量原子位移和材料中的全应变张量（图 4-12）。

（3）晶体结构与缺陷

当入射电子束与晶面簇的夹角 θ、晶面间距 d 和电子束波长 λ 三者之间满足布拉格公式（$2d\sin\theta=n\lambda$，$n=0,1,2\cdots$，其中 n 为衍射级数）时，则沿此晶面簇对入射电子束的反射方向有衍射束产生。

对于不同试样，当采用不同的衍射方式时，可以观察到多种形式的衍射结果。一般来讲，单晶体的电子衍射图呈规则分布的斑点[图 4-13(a)]，多晶的电子衍射图呈一系列同心圆环[图 4-13(b)]，非晶态物质的电子衍射图呈一系列弥散的同心晕环[图 4-13(c)]，单晶体的汇聚束电子衍射图则呈规则分布的衍射圆盘[图 4-13(d)]。当晶体较厚且甚完整时，可以得到一种由非弹性散射效应形成的衍射图，这时的电子衍射图由许多对相互平行的黑、白线所组成，这种衍射图称菊池衍射图，可以用来精确测定晶体的取向。

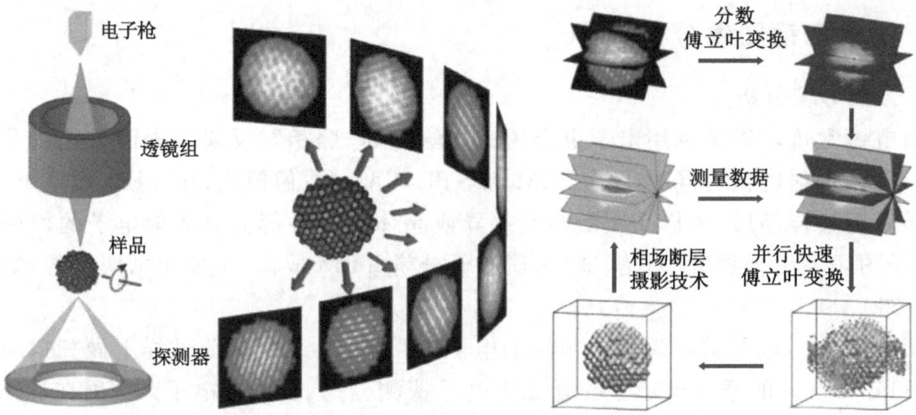

图 4-12　原子电子三维重构原理

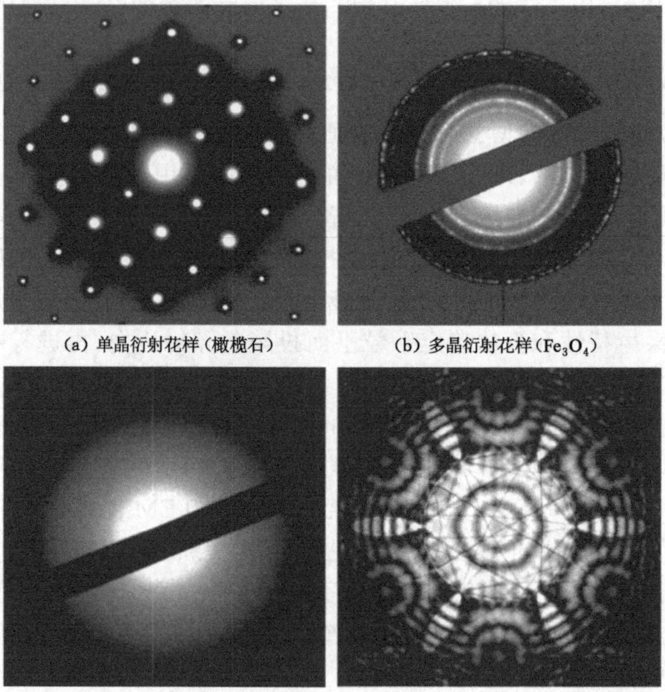

(a) 单晶衍射花样(橄榄石)　　(b) 多晶衍射花样(Fe_3O_4)

(c) 非晶衍射花样(长石)　　(d) 汇聚束衍射花样(晶体材料)

图 4-13　不同物质的衍射结果

4.3　扫描电镜显微分析

4.3.1　扫描电镜构成及成像原理

扫描电子显微镜(scanning electron microscope,SEM)简称扫描电镜,是一种介于光学显微镜和透射电子显微镜之间的电子显微镜。其采用高聚焦电子束扫描样品,借助光束与物质作用，激发出各类物理性质数据，反映物体微观形貌表征。该技术具备景深大、成像直观、分辨率高、放大倍数高且样品能够随意进行三维空间旋转等优点。SEM 常与其他分析仪协同测试，能在研究样品微观形态的同时对目标区域进行物质微区成分分析。目前，SEM 已被广泛应用于岩土工程、地球科学、材料学以及工业生产等领域的微观研究，尤其在地球科学应用领域方面，常应用于沉积学、结晶学、工程地质、矿床学、油气地质等，在物质的微观形态观测上起到了不可替代的作用。扫描电镜实物图如图 4-14 所示。

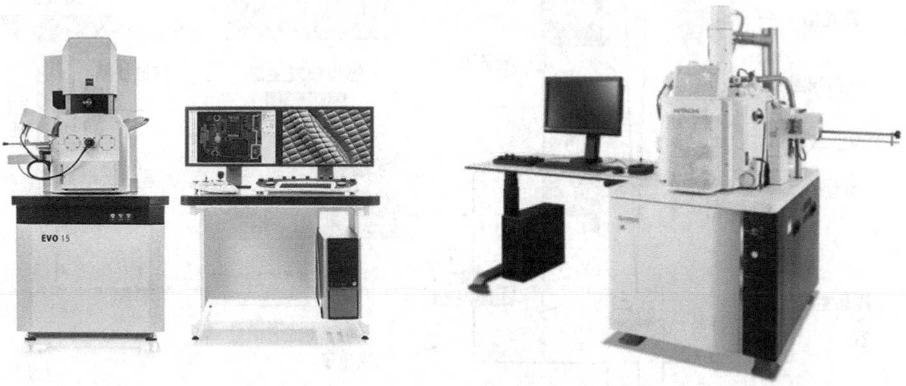

图 4-14 扫描电镜实物图

（1）SEM 组成结构

SEM 主要由电子光学系统（镜筒）、信号检测及显示系统、真空系统、电源系统和摄像系统组成，具体结构如图 4-15 所示。

① 电子光学系统（镜筒）

电子光学系统（镜筒）位于主机的上部，主要由电子枪、聚光器、扫描线圈、消像散线圈、样品室等部件组成。其作用是产生束斑小，强度高的电子束流，以轰击样品使其激发出结构信息电子。其中，电子枪构造和用途与透射电镜的相似，用于产生电子束源，加速电压可在 1～30 kV 中选用，生物样品常用 5～20 kV，六硼化镧灯丝或钨单晶场致发射枪性能更佳。聚光器则是通过电子枪下方装有的 3～4 级磁透镜，将电子枪发射出的 20～50 μm 的斑汇聚成1～10 μm 的细小探针。扫描线圈也叫偏转线圈，由两组小电磁线圈构成，可控制电子束在 X、Y 轴两个方向上有规律的偏转，其装在镜筒中末级聚光器的极靴内和观察及摄影用的显像管中，分别实现电子探针以不同的速度和方式扫描样品表面和控制显像管中的电子束在荧光屏上做同步扫描运动。样品室位于镜筒下端，内装各种检测器及样品微动装置，样品微动装置能在水平方向移动 30 mm，在垂直方向上升降 5～40 mm，可旋转 360°。

② 信号检测及显示系统

a. 增幅器：可将探头检测到的各种电信号进行放大，提供给显示系统作为调制信号。SEM 有二次电子增幅器、背散射电子增幅器和吸收电子增幅器等。SEM 图像质量很大程度取决于增幅器的好坏，应特别注意保护。

b. 亮度调节由监视器的亮度旋钮控制，凡是比该电平低的信号，将得不到放大和显示，如基始电平太高，即使无信号输入，也会产生一个明亮的背景。确定基始电平时，以无信号输入时荧光屏上见不到亮为准。

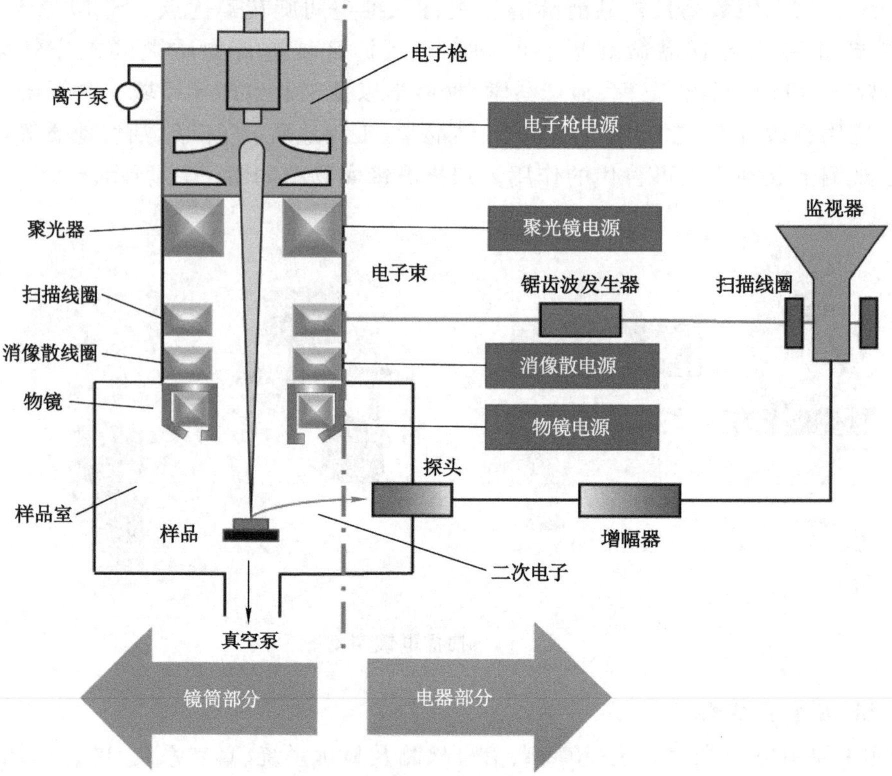

图 4-15　扫描电镜组成结构

③ 摄像系统

摄像系统由观察显像管、摄影显像管、照相机、计数器等组成。其作用是将调制信号通过显像管转换成图像。观察显像管和摄影显像管分别是长余辉管和短余辉管，二者显示图像均是与电子束扫描同步。

（2）扫描电镜成像原理

由电子枪发出的电子束，在聚光器及物镜的汇聚、缩小作用后形成直径约为 5 nm 的电子束聚焦在样品表面。在聚光器和物镜之间扫描线圈的作用下，汇聚后的电子束在样品表面进行光栅状扫描，同步探测电子束对样品激发散射出来的各种与样品特性相关的电子和光子信号，由探头捕获后经增幅器的放大、转换，最终成为被传输至显像管栅极的电压信号。镜筒中的入射电子束与显像管中的电子束在样品表面做同步扫描，得到衬度与信号强度相对应的 SEM 像，获得材料的表面形貌和成分分析。

4.3.2　扫描电镜样品制备

（1）扫描电镜样品要求

① 样品必须为在真空环境下能保持稳定的块状或粉末状颗粒样品；

② 样品表面必须干净、无损伤、无污染；

③ 在高真空环境中观测，样品须干燥充分，不含易挥发物质（如水、溶剂油脂等）；

④ 样品应具有导电性；

⑤ 样品尺寸与样品台相适应，方便放置和移动，较大尺寸的样品要根据测试要求对目标部分进行切割；

⑥ 样品本身具有磁性的，在观测前应先进行去磁处理。

(2) 扫描电镜制样方法

对于导电块状样品，要求其大小要适合仪器样品座尺寸(如试样直径最大为 25 mm，最厚不超过 20 mm 等)，用导电胶把试样黏结在样品座上，即可进行观察；对于块状非导电或导电性较差的材料样品，可先进行镀膜处理使表面形成一层导电膜。对于导电的粉末样品，将导电胶黏结在样品座上，将粉末均匀地分散在导电胶上并均匀铺平一层，用洗耳球轻轻拂去多余的粉料后，即可进行电镜观察。针对不导电或导电性较差的粉末样品须喷镀一层导电膜再进行观察。粉末样品要尽可能地保持自然形态，且厚度要均匀，粉末量不能过多，通常 1 g 左右，样品过厚容易弱化底部导电性能，影响观察效果。

4.3.3　高质量 SEM 图像的获取

(1) 获得优质图像的必备条件

① 足够的分辨本领。SEM 分辨本领取决于电子束斑点的大小，小于斑点尺寸的细节是不能被辨清的，故分辨本领不能小于束斑尺寸。如分辨率为 30 Å(1 Å＝0.1 nm)的电镜，斑直径必须在 30 Å 之内。

② 丰富的像素。SEM 图像由许多明暗相间的像素组成。像素越多，图像质量越好，反之图像越粗糙，缺少细节。

③ 充足的扫描线条。电子束通常采取从左到右(行扫描)、自上而下(帧扫描)方式对样品进行扫描。对于 1 000 条扫描线的图像，行扫描完成一行时，帧扫描仅完成一格即 1/1 000 的距离，行扫描转行时留下的痕迹称之为“扫描光栅”，光栅越密，行间间隔越小，能呈现出的细节也越多。

(2) 影响二次电子图像质量的主要因素

① 倾斜效应。当入射电子束强度一定时，二次电子信号强度随样品倾斜角的增大而增大，称为倾斜效应。任何样品表面不同程度的起伏，对电子束有不同程度的倾斜，其发出的二次电子量也不相同，即在显像管上显示相应的亮度差异。

② 原子序数效应。二次电子的激发量随原子序数的增大而增大。利用电子束进行轰击时，重金属元素处亮，而原子序数小之处则暗，在图像上产生了原子序数衬度。在样品表面镀上一层原子序数高的金属膜，就是利用原子序数效应改善像质的一种有效措施。

③ 加速电压效应。加速电压越低，SEM 图像信息越限于表面，图像越显得自然丰满。反之，加速电压越高，电子探针越容易聚焦变细，分辨率越高，放大倍数也越大，但噪声也随之增加，图像会显得不自然。因此在放大倍数能达到要求的前提下，尽可能地选用较低的加速电压。

④ 边缘效应。样品边缘和尖端在受到电子束轰击时，极易造成二次电子脱落，出现异常明亮现象称之为边缘效应，边缘效应既影响图像质量，又影响观察效果，严重时会使人难以看到样品的形貌细节。在实际工作中可通过减小电子束能量、降低加速电压等措施来减少边缘效应的影响。

⑤ 充放电效应。该效应是非导电样品的通病，主要是入射电子不能在样品中构成回路导入大地所致。堆积在样品上的入射电子造成负电荷区，产生突然放电现象或排斥后续电子，严重影响观察和图像质量，是必须避免和消除的现象。通常采用导电胶粘贴、填实和镀膜的方法进行解决。

4.3.4 扫描电镜测试步骤

(1) 开机准备。接通电源，启动扫描电镜，打开计算机，开启冷却循环水装置；打开扫描电镜测试软件，真空泵自动将电子枪和样品室抽真空；将试样放入样品室并进行抽真空后，加高压和灯丝电流。

(2) 图像观察。通过四个轴向的调正确定样品的位置，再将倍数放大并调正样品位置直到最清楚；将放大倍数调至 30 倍并找到最佳拍照位置后，根据材料特性将图像放大至合适倍数，之后调节聚焦至图像最清晰；调整对比度与亮度找到最佳观察亮度(样品表面凸起出不耀眼，凹陷处不太暗为最佳)；根据测试要求进行观察和拍照。

(3) 关机程序。待测试结束后，按顺序依次关闭灯丝电流、高压、主机、真空开关、循环水、电源。

4.3.5 扫描电镜显微图像分析

(1) 二次电子成像

高能入射电子与样品原子核外电子相互作用使其发生电离形成自由电子，并克服材料的逸出功，离开样品的信号电子即为二次电子，其产额为每个入射电子所激发出的二次电子平均个数。由于其能量较低且容易损失，只有样品表面或亚表面区域所产生的二次电子才能离开样品到达探测器，因此二次电子是扫描电镜中应用最多的信号电子。图 4-16 展示了不同表面形貌，如尖端、平面、斜面、孔洞、颗粒等。表面形貌的变化对二次电子产额影响较大，凸出的尖端、较为倾斜的面以及颗粒在经电子束照射后逃逸的二次电子较多。在成像时，二次电子产额较多的表面形貌通常更亮。

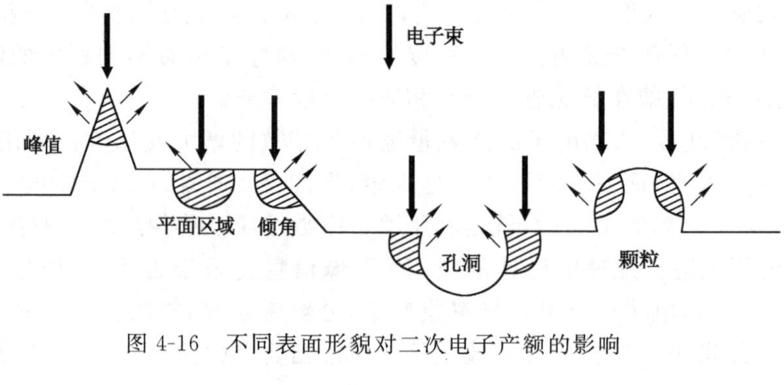

图 4-16 不同表面形貌对二次电子产额的影响

(2) 背散射电子成像

高能入射电子受到样品原子核的散射而大角度反射回来的电子称为背散射电子(BSE)，其产额为样品所激发的背散射电子数与入射电子数的比值。当加速电压大于 5 kV 时，背散射电子产额表示为：

$$\eta(Z,\varphi)=0.89\left(\frac{\eta(Z,0)}{0.89}\right)^{\cos\varphi} \tag{4-20}$$

式中　φ——样品倾斜角；

　　　Z——原子序数。

背散射电子产额随样品倾斜角和原子序数的增加而增加，尤其原子序数越高时，其对应的背散射电子图像越亮。通过在高分辨 SEM 平台上搭配背散射电子探测器，不仅可以对高分子材料的总体相形态进行分析，还可以显示出更细节的片晶结构。图 4-17(a)为普通光学显微镜下的照片(单偏光)，成分难以识别，尤其以点 2 为代表的泥粉晶区域。图中石膏假晶(点 3)、结核(点 1)的形态可以初步识别，成分却模糊。但背散射电子图像上非常清晰地显示出了成分与结构的微观特征，如图 4-17(b)～(d)所示。

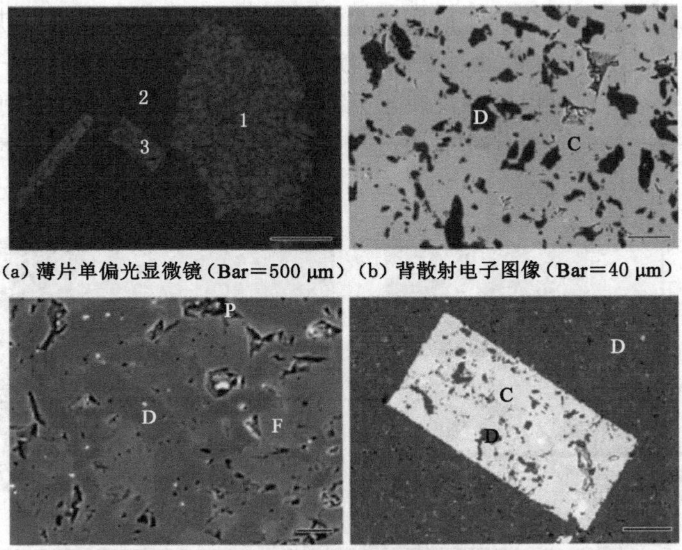

(a) 薄片单偏光显微镜(Bar=500 μm)　(b) 背散射电子图像(Bar=40 μm)

(c) 背散射电子图像(Bar=10 μm)　(d) 背散射电子图像(Bar=100 μm)

1—石膏结核；2—泥粉晶白云石；3—石膏结晶；

D—白云石；F—含铁白云石；C—方解石；P—孔隙。

图 4-17　泥粉晶云岩的背散射电子图像

(3) X 射线能谱分析

高能入射电子作用样品后，部分入射电子打到核外电子上，使原子的内层(如 K 层)电子激发并脱离原子，而邻近外层(如 L 层)电子会填充电离出的电子穴位，同时产生特征 X 射线，如图 4-18 所示。该 X 射线的能量为邻近壳层的能量差。由于不同原子壳层间的能量差值不同，因此利用能量色散 X 射线光谱仪对特征 X 射线的能量进行分析，可研究样品的元素和组成。EDX(X 射线能谱分析)通常用于分析原子序数比硼的大，含量在 0.1%以上的样品，且加速电压必须大于被测元素线系的临界激发能，加速电压对分析的深度、面积、体积等起到重要影响。

EDX 包括点分析、线扫描分析及面分布分析 3 种分析方法。点分析是指高能入射电子固定在某个分析点上进行定性或定量的分析，当需要对样品中含量较低的元素进行定量分析时，通常只能选用点分析方法；线扫描分析可以分析样品中特定元素的含量随特征显微结

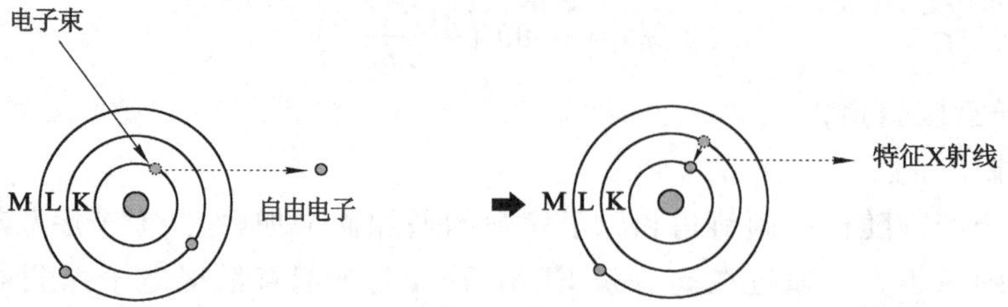

图 4-18　特征 X 射线的产生机制

构的变化关系，是电子束沿线逐点扫描的结果；面分布分析则是指高能入射电子在某一区域做光栅式扫描得到元素的分布图像，又称 Mapping 图。在 Mapping 图中，不同元素可以用不同颜色进行区分，元素富集程度不同则元素的颜色深度不同，因此可以获得彩色的衬度图像(元素衬度)。背散射电子像可通过图像衬度粗略反映出所含元素的原子序数差异，而特征 X 射线的 Mapping 图则可以精确反映出元素构成及其富集状态。其中点分析灵敏度最高，面分布分析灵敏度最低。具体实验中，应根据样品自身特点及分析目的等选择合理的分析方法。图 4-19(a)、(b)和图 4-19(c)～(e)分别为典型的 EDX 点、线、面分析结果。

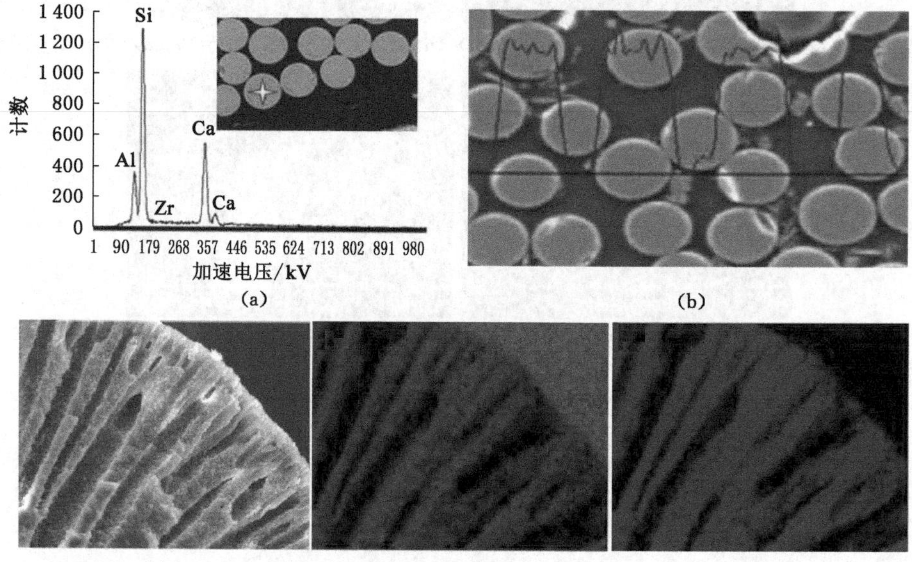

图 4-19　典型的 EDX 点、线、面分析结果

4.4　电子探针显微分析

4.4.1　电子探针成像原理

(1) 电子探针成像原理

电子探针显微分析仪(electron probe microanalysis，EPMA)，简称电子探针，它通过聚

焦的细电子束(探测针)作为 X 射线的激发源对物质进行显微 X 射线分析,可对物质的组成元素进行定性和定量的分析,图 4-20 为电子探针实物图。

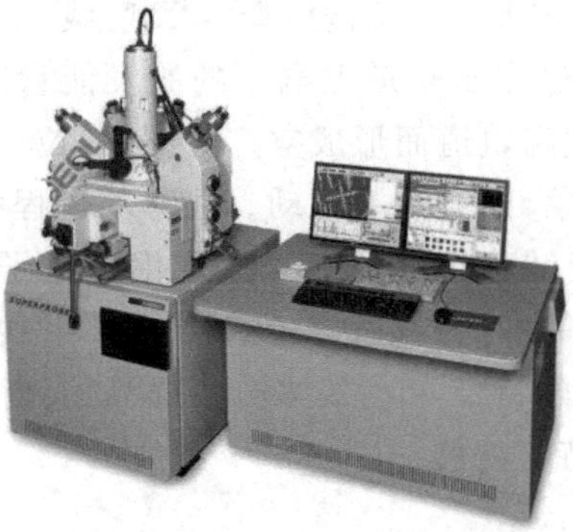

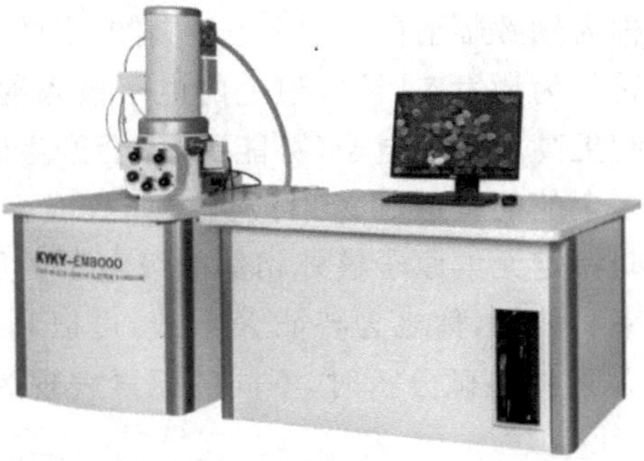

图 4-20　电子探针实物图

当电子束通过物质表面时,会与样品内部原子相互作用,改变电子速度、方向以及能量,作用过程贯穿于电子穿透样品整个路径。电子与原子的相互作用可以分为弹性和非弹性两种。在弹性碰撞中,入射电子与靶原子相互之间不会产生能量转化。在非弹性碰撞中则会进行能量转化,转化过程中产生二次电子、特征 X 射线、连续 X 射线、背散射电子、俄歇电子以及阴极发光等,如图 4-21 所示。

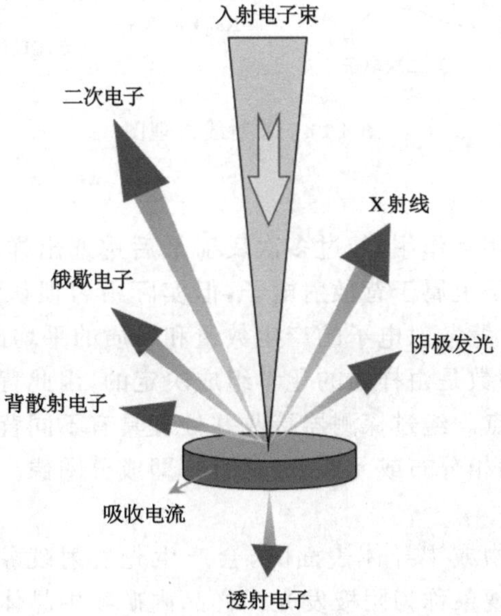

图 4-21　入射电子与靶原子相互作用产生的主要信息

① 二次电子

二次电子是指入射电子与物质的原子核外具有弱束缚价态电子发生非弹性碰撞而散射出的电子。二次电子是所有能量低于 50 eV 电子的统称,其能量值较低,对样品的穿透能力十分有限,仅能够激发出样品表面以里 5～10 nm 范围内的电子,由于二次电子主要来源于样品表面,因此能够通过捕捉二次电子信号从而获得具有高分辨率的样品表面形态特征图像。

② X 射线

由于电场的加速度，入射电子被赋予较高的速度，当电子束轰击样品时，会受到原子核库伦场的影响而减速，这种减速过程会导致能量损失从而产生辐射，释放 X 射线，这种辐射现象被称为轫致辐射（图 4-22）。入射电子的能量超过原子轨道上电子的激发能量时，原子由基态转化为激发态，该轨道上的电子被入射电子撞离轨道而形成空穴。同时，位于该轨道外层具有更高能级的电子（势能更高）会产生跃迁现象，向空穴中移动。在移动过程中，高能级电子多余的能量形成 X 射线进行释放或多余能量转移给其他电子形成俄歇电子进行释放。某些特定元素原子核外相邻能级电子的能量差是不变的，所以辐射出的 X 射线具有固定的频率和波长，称之为特征 X 射线，可以利用不同的特征 X 射线来分析样品的元素组成，在进行 X 射线显微分析时，不同的元素表现为多个特定的峰。

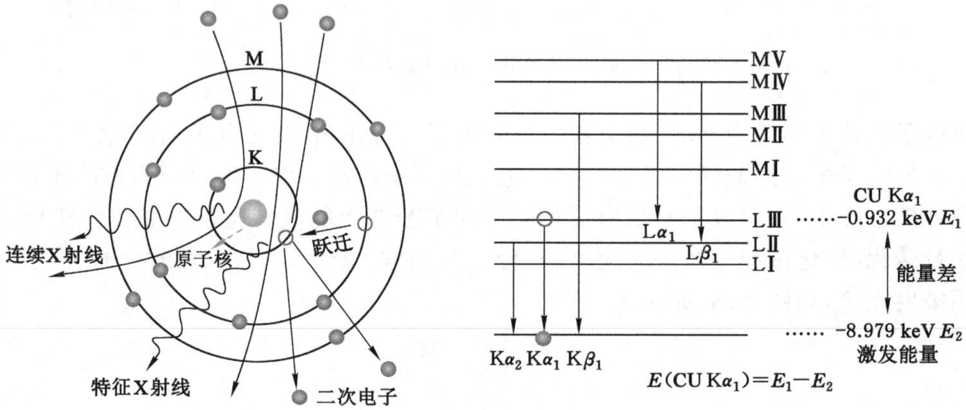

图 4-22　X 射线机理图

③ 背散射电子

入射电子与样品原子相互作用，经过多次反射最后逃逸出样品表面的所有电子称为背散射电子。理论上二次电子也属于背散射电子，但实际中习惯认为背散射电子能量大于二次电子的能量（＞50 eV）。背散射电子的产生数量和物质的平均原子序数密切相关，二者呈正相关关系，而平均原子序数是由样品的化学组成决定的，因此背散射电子的信号强度主要来源于样品的化学组成特点。经过探测器接收并处理具有不同背散射电子信号强度的化学组成，即可得到样品表面的相分布或元素分布图像，即成分图像。

④ 阴极发光

当电子束轰击到氧化物或半导体表面时，会产生光发射现象，发射的波长范围为紫外光、红外光或可见光，这种现象称为阴极发光。样品内矿物中晶体缺陷的类型和数量控制了阴极发光的发光强度、发光能力和发光波长，这些晶体缺陷是由晶格空位、元素过剩等导致，称为“激活剂”。因此，阴极发光可用来分析样品中的杂质元素。由于阴极发光现象对微量元素较为敏感，因此可以将阴极发光作为样品电子束微区分析的一个补充。此外，样品矿物中杂质元素的分布特征可以通过阴极发光的强度的差异性来判断。

⑤ 吸收电流

入射电子冲击样品的过程会使部分电子能量消耗殆尽，这些电子被称为吸收电流。背散射电子信号强度越大，能量耗尽的电子越少，吸收电流的信号强度也就越小。吸收电流的信号强度受其他因素影响较大，因此其像分辨率不及背散射电子像分辨率，往往不用来观察图像。

(2) 电子探针组成部分

电子探针包括光学显微系统(OM)、X 射线谱仪、电子光学系统(EOS)、控制系统、样品室等部分(图 4-23)。X 射线谱仪由能谱仪(EDS)、波谱仪(WDS)两部分组成，通过波谱仪能够完成电子探针的定量分析，能谱仪分析的准确度不如波谱仪分析的准确度，因此在分析中主要作为辅助工具，但其分析速度快于波谱仪的分析速度。波谱仪包括分光晶体和 X 射线探测器，二者安装在同一罗兰圆上。

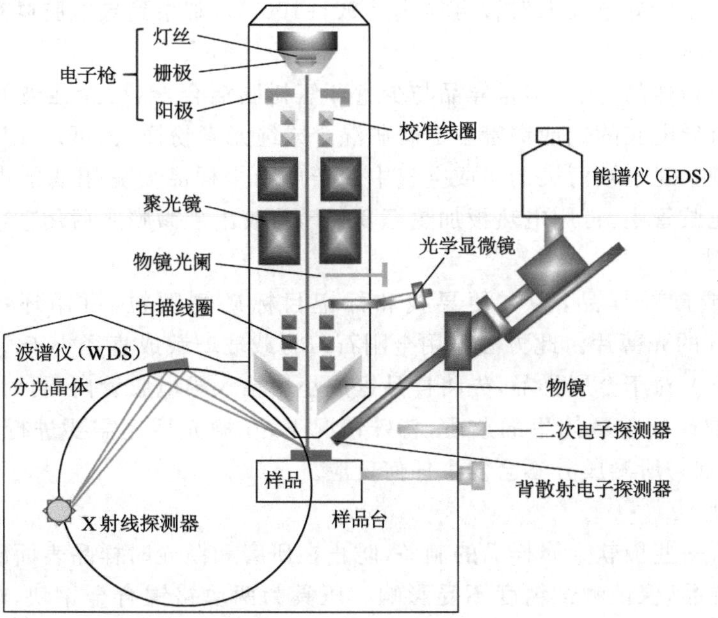

图 4-23　电子探针基本结构图

电子光学系统由电子枪、电磁透镜等组成，其中电子枪包括灯丝、栅极和阳极，用来发射电子束。电磁透镜包含物镜和聚光镜，物镜和聚光镜都配有光阑，物镜光阑用来减少球差的影响，将样品表面的入射电子束限制于一定的张角范围内，以提高景深。聚光镜光阑用来挡除电子束中散射角较大的电子，防止这些电子污染电子光学系统。

4.4.2　电子探针样品制备

(1) 电子探针测试样品要求

电子探针测试前须先将样品制成一定规格的导电光片，通常来讲样品的规格为：直径 6 mm、10 mm、20 mm 或 25 mm，高 6～8 mm。对于导电的大块样品研磨成符合要求的规格即可测试，对于非导电样品需要先磨成光片，再在光片表面喷镀一层厚 300～500 Å 的碳膜或铝膜。粉末或小颗粒样品需要使用纯细的石墨粉和环氧树脂与配制的导电胶将样品粘在铜管内再进行研磨。

(2) 电子探针测试粘样方法

① 电炉加热压片法

对于多量砂粒或小块样品，覆以导电胶通过磨具制成 ϕ20 mm 或 ϕ25 mm 的块状样品。在模具内衬一层薄纸后，将 10 g 导电胶加入样品中，置于电热板上进行加热以软化导电胶(以 90～100 ℃为宜)，将样品取下后用压平机加压(一般为 3～5 kg)，再用凉水冲冷后取出。此方法粘样多，易于样品的镜下观察和选择样品。

② 铝或铜管灌注导电胶法

此方法适合少量小颗粒样品的制备，粒度可小至 0.01～3 mm，颗粒数可少至 1～2 粒，铝或铜管规格为 ϕ6 mm、ϕ10 mm 或 ϕ20 mm。将铝或铜管切割成长 6～8 mm 小段，用电热板加热至 90～100 ℃，将导电胶置入管中。待冷却后在磨片机上用 W20 号金刚砂磨平。将样品颗粒置于管中的导电胶上对管再加热至 90～100 ℃，观察到导电胶微有膨胀时，用玻璃载片迅速将样品压入胶内。

对于多量微粉样品，先将多量样品与少量环氧树脂混合，然后涂在玻璃片上，经加热固定后再粘入铸有导电胶的铝或铜管中。岩矿混合或纯元素粉样，也可以先压成块，用导电胶粘入铝或铜管中。对于被污染的水或空气中的杂质粉尘样品要先用滤纸进行吸附，烘干后均匀铺撒在导电胶管中，再用电热板加热至 80 ℃，待胶出现微膨胀后用玻璃载片压平即可。

③ 光薄片法

对于岩矿或砂粒样品，为方便寻找和标记目标矿物颗粒，可用环氧树脂制成厚度 0.03～0.04 mm 的光薄片。此方法需用金刚石刀将载玻璃裁成直径小于 25 mm 的小块，经真空镀膜后即可。对于金属样品，先将样品锯成小块粘入导电胶管内，再对样品研磨、抛光。对于一些金属或矿物包裹体里的杂质，特殊情况下，在抛光后还需要进行化学浸蚀才能测试，确保浸蚀溶剂与所测成分不会发生任何反应。

④ 压制光片法

此方法适合一些极软金属样品的制备，防止在研磨和抛光时样品表面出现条痕、抛光粉或金刚砂粘入样品，保证测试精度不受影响。压具为两块铬镍合金钢块，规格为 40 mm×30 mm×10 mm。将两个压具分别进行研磨、抛光出一个光面，再切取一块待测金属，用压力机通过两个压具的光面对待测金属加压(一般为 60 kg)。将样品压成光薄片后再将样品裁成合适的尺寸，最后用导电胶粘在铝或铜管上。该方法制备的样品质量好，制样效率也高。

⑤ 其他方法

对于一些采用蒸发法制成的极薄(通常厚 1 000～2 000 Å)的薄膜样品，需用底衬支平。底衬要有足够的机械强度，不能含有样品成分，表面要平光。底衬通常选用以下材料：纯铝(99.99%)、铜网或固化的环氧树脂胶片等。

4.4.3 电子探针测试步骤

(1) 开机准备。打开氮气瓶主阀，开启循环冷却水装置，开启稳压电源。启动设备，进行抽真空操作，打开气瓶阀门，待电镜准备就绪。

(2) 观察图像。将样品放入交换室并注意“O”形圈，扣好金属锁扣，再拉开定位销，选择对应的样品台类型。先释放电子束，旋转物镜光阑使图像同心放大，将图像聚焦至无变形后，通过消像散调节按钮将图像调至最佳观察效果。根据测试需求对样品成分进行分析，包括：定点分析、线分析、面分析、定量分析。

(3) 关机程序。待测试完成后，先卸掉加速电压，依次关闭检测器开关、气瓶阀门、循环冷却水阀门、稳压开关，最后关闭氮气瓶阀门。

4.4.4　电子探针显微图像分析

(1) 定性分析

① 定点分析

将电子束作用于样品上的某一点，波谱仪分析时改变分光晶体和探测器的位置，收集分析点的特征 X 射线，由特征 X 射线的波长判定分析点所含的元素；采用能谱仪工作时，几分钟内可获得分析点的全部元素所对应的特征 X 射线的谱线，从而确定该点所含有的元素及其相对含量。

② 线分析

将探针中的谱仪固定于某一位置，该位置对应于某一元素特征 X 射线的波长或能量，然后移动电子束，在样品表面沿着设定的直线扫描，便可以获得该种元素在设定直线上的浓度分布曲线。改变谱仪位置，则可获得另一种元素的浓度分布曲线。

③ 面分析

将谱仪固定于某一元素特征 X 射线信号（波长或能量）位置上，通过扫描线圈使电子束在样品表面进行光栅扫描，用检测到的特征 X 射线信号调制成荧光屏上的亮度，就可获得该元素在扫描面内的浓度分布图像。图像中的亮区表明该元素含量高。若将谱仪固定于另一位置，则可获得另一元素的面分布图像。

(2) 定量分析

定量分析的具体步骤如下：

① 测出试样中某元素 A 的特征 X 射线的强度 I'_A；

② 同一条件下测出标样纯 A 的特征 X 射线强度 I'_{A0}；

③ 消除背底和计数器时间对所测值的影响，得相应的强度 I_A 和 I_{A0}；

④ 计算元素 A 的相对强度 K_A：

$$K_A = \frac{I_A}{I_{A0}} \tag{4-21}$$

理想情况下，K_A 即为元素 A 的质量分数 m_A。一般情况下，通常还需要考虑样品原子序数、吸收和二次荧光等因素的影响。K_A 需适当修正，即

$$m_A = Z_b A_b F Z K_A \tag{4-22}$$

式中　Z_b——原子序数修正系数；

A_b——吸收修正系数；

F——二次荧光修正系数；

Z——原子序数。

一般情况下，原子序数 $Z > 10$，质量浓度大于 10%，修正后的浓度误差可控制在 5% 以内。

4.5　电子显微图像的应用

4.5.1　透射电镜图像的应用

(1) 样品微观形貌特征分析

粉末颗粒样品粒度在埃级到微米级均可以通过透射电镜观察，能够利用透射电镜对样品中颗粒形状、大小、粒度分布等清晰查看。图 4-24 为 PdCu NC 颗粒在 1.0×10^5 Pa 的 H_2 中 600 K 处理不同时间后对应的透射电镜图像，PdCu NC 为球形颗粒，随着加热时间的延长，颗粒开始旋转并出现一些一定曲率的表面，最终变成截角立方体。每张电镜照片都有确定的放大倍数，能够计算出视野中颗粒的大小，还可以对多颗粒图片进行粒度分布的计算。

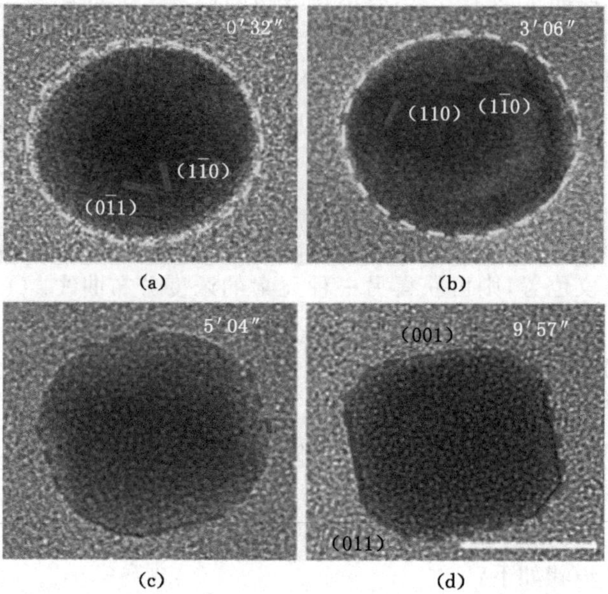

图 4-24 PdCu NC 颗粒在 1.0×10^5 Pa 的 H_2 中 600 K 处理不同时间后对应的透射电镜图像

材料的某些微观结构特征能由表面的起伏现象表现，或者通过某种腐蚀的办法（化学腐蚀、离子蚀刻等），将材料内部的结构特点转化为表面起伏的差异，利用复型的制样方法，在透射电镜中显示试样表面的浮雕特征。图 4-25 为塑料性断口二次复型的透射电镜照片，通过断裂表面特征的分析，可以提示断裂过程的机制，研究影响断裂的各种因素，为失效分析提供依据。

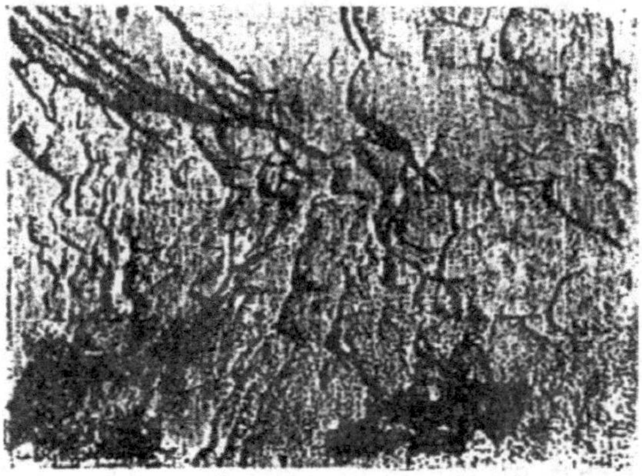

图 4-25 塑料性断口的韧窝结构

(2) 矿物晶体电子衍射特征分析

利用电子衍射方法能够确定晶体的点阵结构、测定点阵常数、分析晶体取向及研究与结晶缺陷有关的问题。图 4-26 显示的不同种磁铁矿颗粒的透射电镜图像及相应的电子衍射谱，单个磁铁矿颗粒呈一定几何图形分布排列规则的衍射斑点，反映结构的对称性，而八面体的磁铁矿颗粒呈现正六边形排列的衍射斑点。

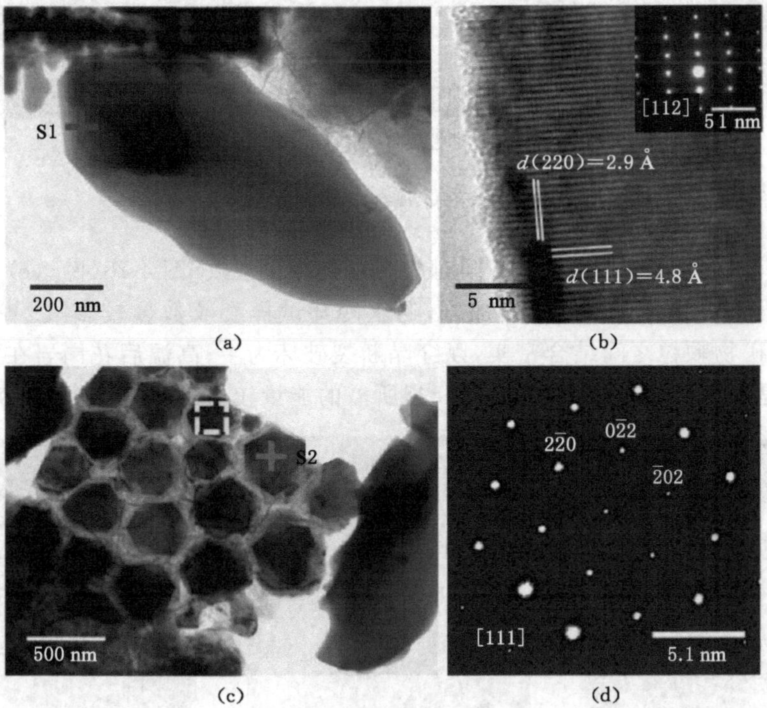

图 4-26　单个磁铁矿颗粒透射电镜图像

4.5.2　扫描电镜图像的应用

(1) 煤岩体微观成分分布

扫描电镜技术常被用于观察煤岩体的显微构造特征，观察煤岩体基质、矿物包裹体和预先存在的不连续性孔隙(如煤体割理、裂缝和孔隙空间)等各个成分在试样中的分布情况以及各类孔裂隙的尺寸大小，如图 4-27 所示。其中白色区为黏土矿物，大部分黏土矿物分布在煤基质中，少量黏土矿物分布在孔裂隙中。孔隙分为原生孔隙和次生孔隙，其中原生孔隙主要为单元体内孔隙，分布在颗粒胶结物内部，孔径小于 0.1 μm。

(2) 煤岩体微观破裂特征

煤岩体的宏观裂纹归根结底是矿物颗粒晶体的破坏，而矿物晶体的破裂主要有沿晶断裂、穿晶断裂以及沿晶穿晶耦合断裂三类，通过 SEM 能够分析煤岩体破坏模式及断裂形貌，揭示不同工况作用下煤岩体的断裂机理。图 4-28 为高温后花岗岩试样破裂面 SEM 图像，在常温条件下花岗岩一部分颗粒表面光滑，无明显棱角，断面颗粒保持较为完整，呈现为沿晶断裂。另一部分颗粒表面有明显被切割或撕裂痕迹，呈现为穿晶断裂[图 4-28(a)]；随着温度升高，

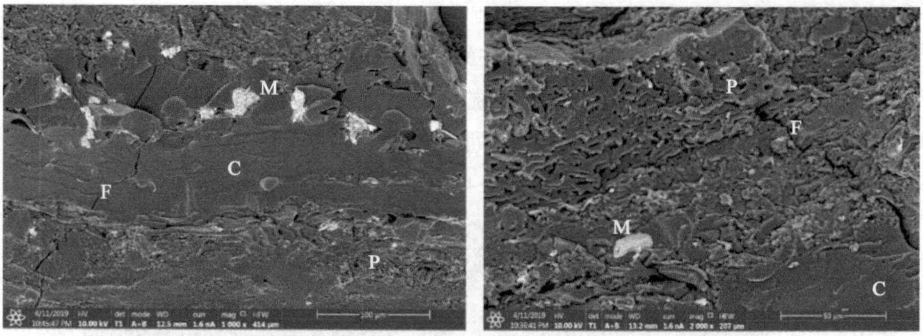

C—煤基质；F—连通性裂隙；M—黏土矿物；P—孤立孔。

图 4-27　SEM 观察下煤体成分分布

400 ℃作用后花岗岩以沿晶断裂为主，同时能观察到少量裂纹[图 4-28(b)、(c)]；当温度增大至 800 ℃时，花岗岩的破裂程度明显加剧，遇水冷却试样裂纹数量较多[图 4-28(d)、(e)]。常温下花岗岩矿物颗粒之间结合密实，以穿晶断裂破坏为主；高温后花岗岩在加载前已经产生了微破裂，呈现为沿晶断裂为主，沿晶断裂所需的能量较小，高温后花岗岩断裂韧度降低。

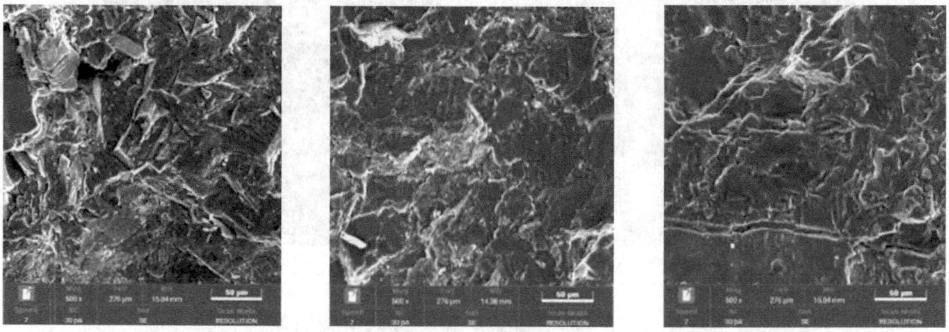

(a) 常温条件　　(b) 400 ℃自然降温　　(c) 400 ℃遇水冷却

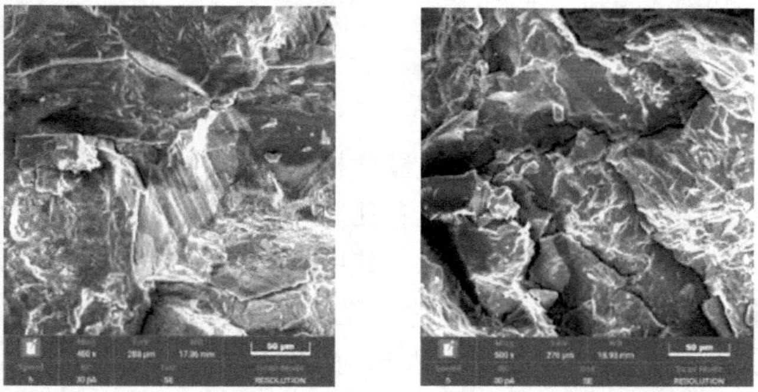

(d) 800 ℃自然降温　　(e) 800 ℃遇水冷却

图 4-28　高温后花岗岩试样破裂面 SEM 图像

(3) 多技术结合的煤岩储层特征精细评价

扫描电镜常与其他图像处理技术相结合，能方便、全面且准确地刻画出各类矿物相关的孔隙形态、结构等，达到精细评价的目的。图 4-29 为利用 Atlas 软件将不同岩石高精度小视域 SEM 图像进行成像视域拼接所获得的高精度大视域的成像图。将成像图片区域进行背散射成像与能谱分析，运用 Amics 软件获得相应高精度大视域成像图片所对应的矿物分布图。由图 4-30 可以看出，不同类型岩石的微观非均质性存在明显差异，其中砂岩微观非均质性＞粉砂质泥岩和页岩微观非均质性＞泥岩微观非均质性。可通过一系列图像处理来定量分析视域中各类矿物占比或各类孔隙占比从而定量评价不同储层特征。

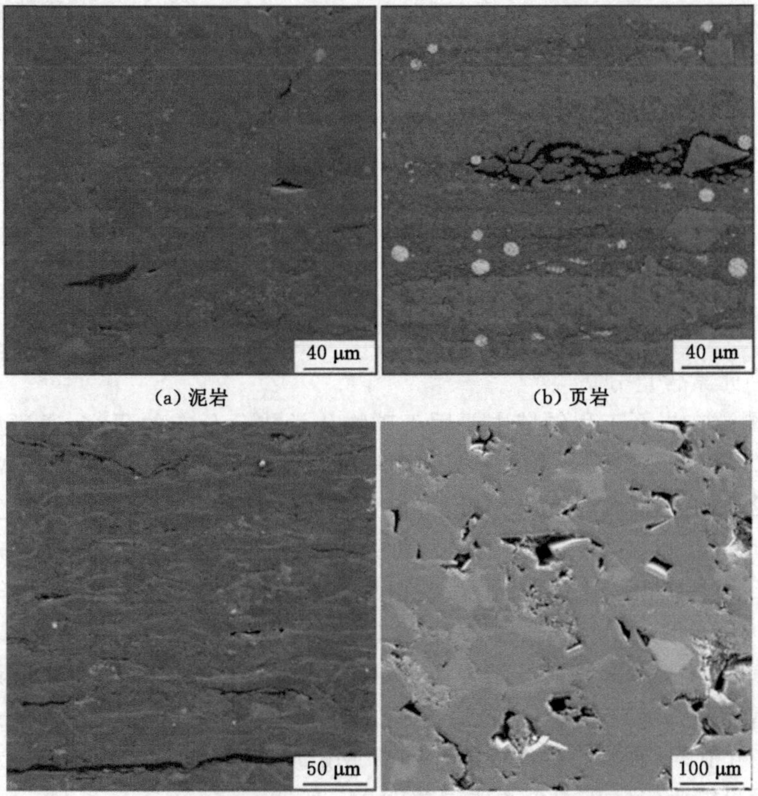

(a) 泥岩　(b) 页岩

(c) 粉砂质泥岩　(d) 砂岩

图 4-29　SEM 图像高精度大视域拼图

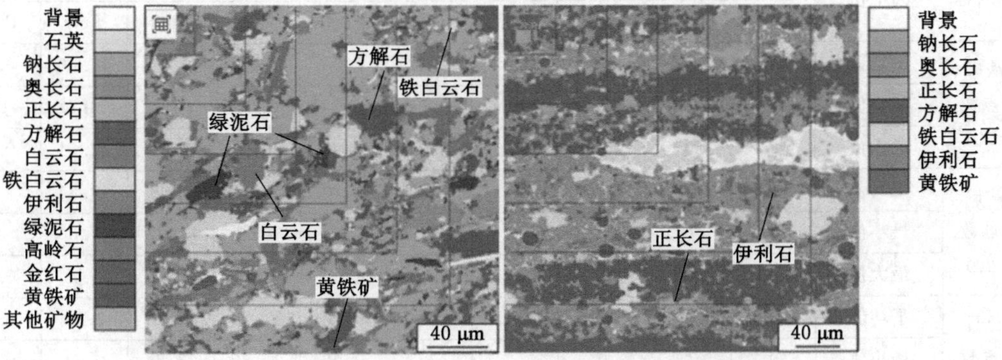

(a) 泥岩　(b) 页岩

图 4-30　高精度大视域矿物划分

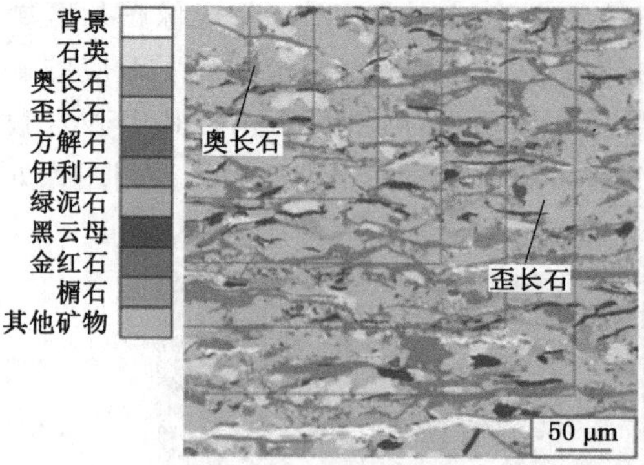

(c) 粉砂质泥岩

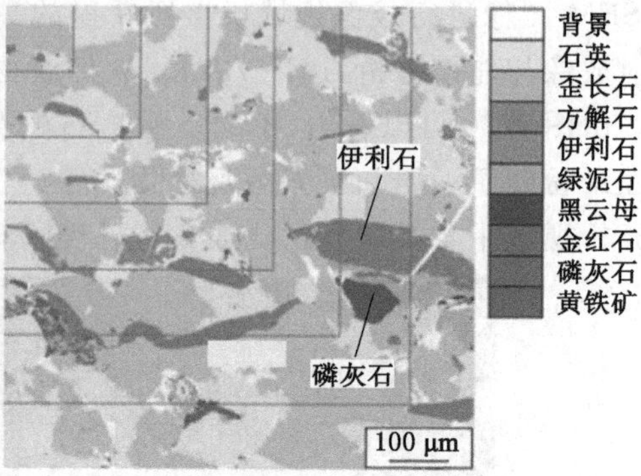

(d) 砂岩

图 4-30 （续）

4.5.3 电子探针图像的应用

（1）矿物中元素含量分析

电子探针测试在岩石工程领域主要用于矿物化学成分分布的研究，通过原位定量分析确定元素含量。表 4-2、图 4-31 为电子探针测得的大红柳滩铁矿床矿物化学成分测试结果，结合岩相学对各种矿物形成时期的分析，可得到各类矿物随成矿期次的变化关系以及各元素的演化过程。大红柳滩铁矿床沉积-成岩期所形成的矿物组合为赤铁矿-1、赤铁矿-2、赤铁矿-3、菱铁矿、石英、白云石、含铁白云石、铁白云石和方解石，形成的矿物组合为赤铁矿-4、赤铁矿-5、石英、白云母、硬绿泥石、白云石、含铁白云石、铁白云石和方解石，表生氧化期主要矿物组合为赤铁矿-4 和褐铁矿。结合测试结果可得出如下结论：变质变形期和表生氧化期形成的赤铁矿和菱铁矿与沉积-成岩期形成的相比，FeO 含量明显增高，MnO 和 MgO 含量明显降低，矿石中 Fe 元素的富集可能伴随着 Mg、Mn 和 Ca 元素的迁出。赤铁矿中普遍高的 MnO 含量可能为赤铁矿中含类质同象的 Mn 所致。

表 4-2 大红柳滩铁矿矿石矿物和脉石矿物测试结果

矿物名称	表征值	化学成分/%									
		Na_2O	Cr_2O_3	Al_2O_3	K_2O	SiO_2	MnO	MgO	CaO	FeO	P_2O_5
赤铁矿（测点数 $n=55$）	平均值	0.22	0.10	0.02	0.05	2.32	2.38	2.12	0.25	76.80	0.01
	最小值	0	0	0	0	0.04	0.28	0.34	0	62.72	0
	最大值	1.24	0.69	0.19	0.26	3.59	10.60	8.71	1.68	83.61	0.06
菱铁矿（测点数 $n=20$）	平均值	0.04	0.01	0.01	0.01	0.02	1.89	6.19	0.08	49.84	0
	最小值	0	0	0	0	0	1.52	3.61	0	47.00	0
	最大值	0.09	0.03	0.02	0.06	0.04	2.66	9.11	0.21	52.45	0.01
白云石（测点数 $n=20$）	平均值	0.08	0.05	0.01	0.01	0	0.18	23.75	31.03	2.38	0.04
	最小值	0	0	0	0.01	0	0.02	21.80	27.28	0.71	0.01
	最大值	0.31	0.48	0.12	0.03	0.04	0.88	26.04	32.98	3.26	0.10

表 4-2(续)

矿物名称	表征值	化学成分/%									
		Na_2O	Cr_2O_3	Al_2O_3	K_2O	SiO_2	MnO	MgO	CaO	FeO	P_2O_5
含铁白云石（测点数 n=29）	平均值	0.19	0.49	0.03	0.07	0.20	0.63	16.75	26.39	11.60	0.03
	最小值	0	0	0	0	0	0.07	13.73	18.39	6.05	0
	最大值	2.53	5.88	0.13	1.15	1.21	1.12	21.15	29.76	17.52	0.08
铁白云石（测点数 n=24）	平均值	0.11	0.05	0.02	0.03	0.26	1.84	7.00	25.70	22.98	0.02
	最小值	0.02	0	0	0	0	0.79	3.49	16.27	18.56	0
	最大值	0.33	0.44	0.08	0.15	1.66	3.59	17.18	33.82	30.98	0.09
方解石（围岩）（测点数 n=7）	平均值	0.02	0.01	0.01	0.01	0	0.03	0.56	56.77	0.14	0.03
	最小值	0	0	0	0	0	0	0.51	52.36	0.08	0
	最大值	0.06	0.03	0.02	0.02	0	0.07	0.66	63.76	0.19	0.07
方解石（矿石）（测点数 n=11）	平均值	0.09	0.13	0.01	0.03	0	0.85	4.09	49.19	2.65	0.05
	最小值	0.01	0.02	0	0	0	0.15	0.27	42.98	0.79	0.03
	最大值	0.18	0.37	0.03	0.06	0	2.15	6.07	56.64	6.26	0.09

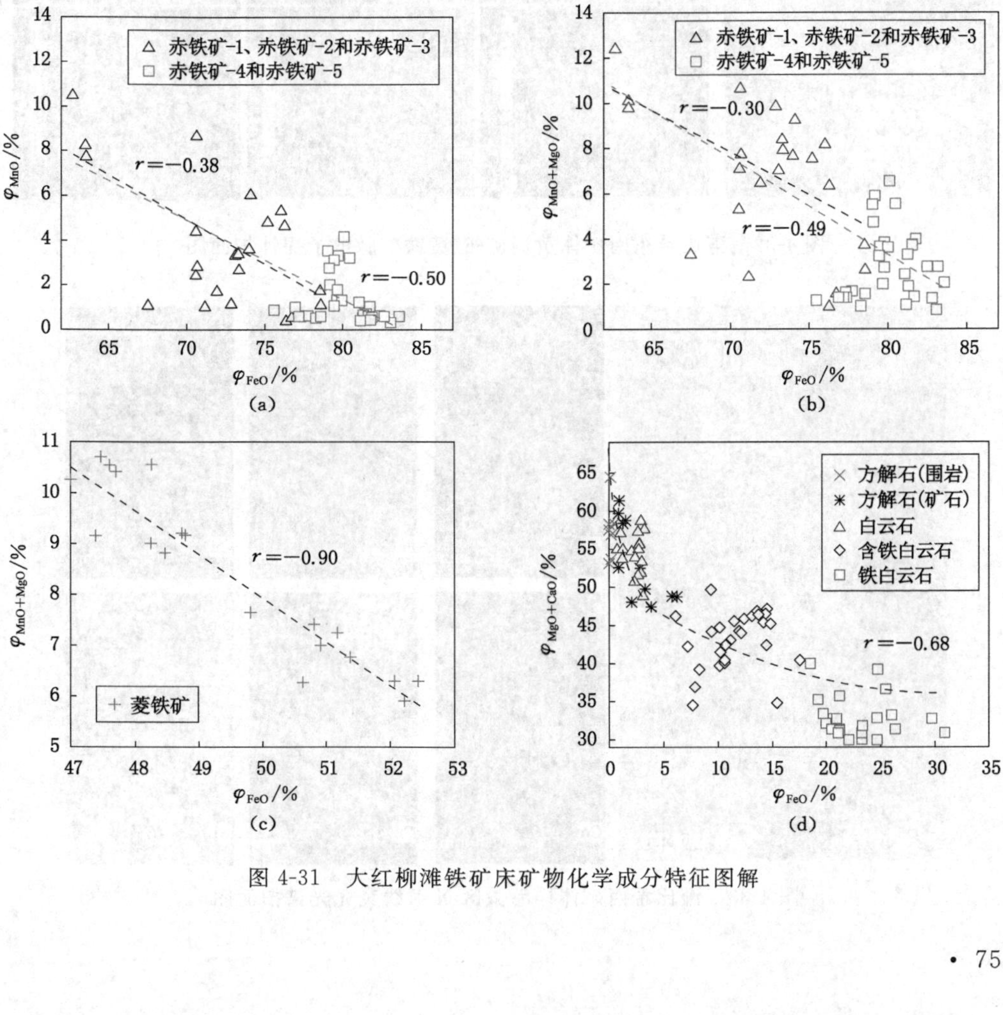

图 4-31　大红柳滩铁矿床矿物化学成分特征图解

（2）元素赋存状态分析

在进行电子探针面扫描时，根据屏幕上图像对应区域亮度的大小可判断元素的含量，含量越多，亮点就越密集。由图 4-32 可以清楚地看出谦比希东南矿体各元素的分布情况。在谦比希西矿体中，钴主要以独立矿物硫铜钴矿形式产出，由于该类型含钴矿物总体含量很小（$<1\%$），全岩样品测得大部分钴含量小于 100×10^{-6}。而在富钴的谦比希东南矿体中，全岩样品测得钴含量较高，可达（186～1 910）$\times10^{-6}$，钴不仅以独立矿物的形式产出（主要为硫钴矿），另外在磁黄铁矿和热液期黄铁矿（Py2）中也展现出不同程度的钴的富集，最高值分别达 1.5%和 4.9%（据资料）。通过电子探针和微区 X 射线微区扫面（图 4-33 和图 4-34）可知，Co 富集区域较均匀地分布在磁黄铁矿区域内，而且无论在磁黄铁矿还是黄铁矿中，Co 与 Fe 的含量都存在反比关系，这说明在谦比希东南矿体中，钴以类质同象形式取代 Fe，分布在磁黄铁矿和热液期黄铁矿（Py2）中。综上，在谦比希矿床中，钴不仅以硫钴矿、硫铜钴矿等独立矿物形式出现，还常常取代 Fe 以类质同象方式赋存于磁黄铁矿和黄铁矿中。

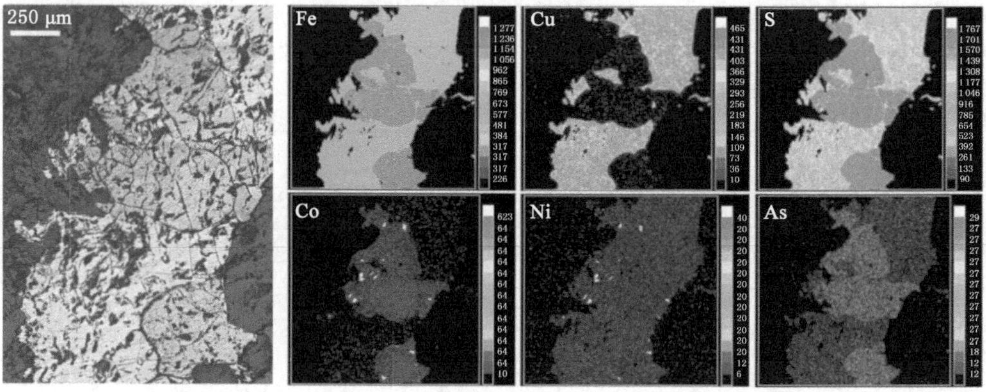

图 4-32　谦比希东南矿体黄铜矿-磁黄铁矿脉电子探针扫面图

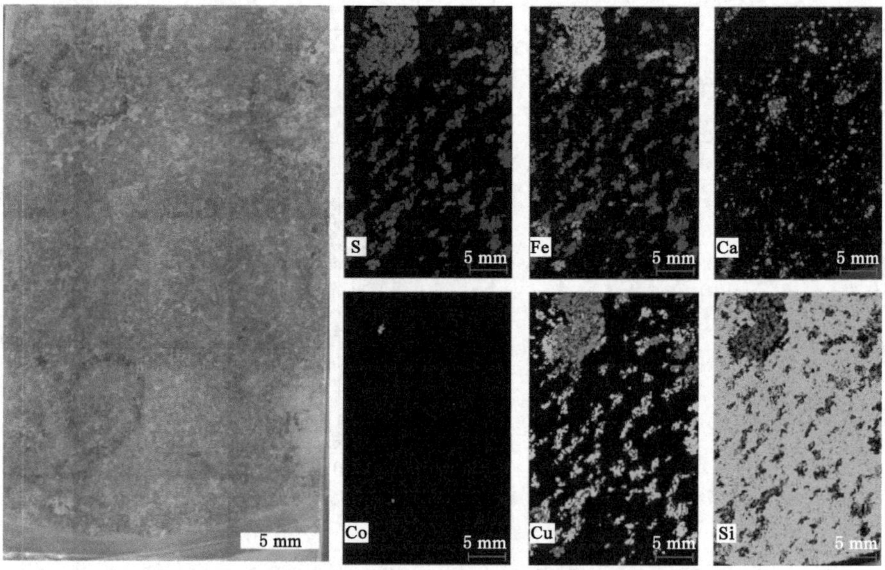

图 4-33　谦比希西矿体样品微区 X 射线荧光光谱扫面图

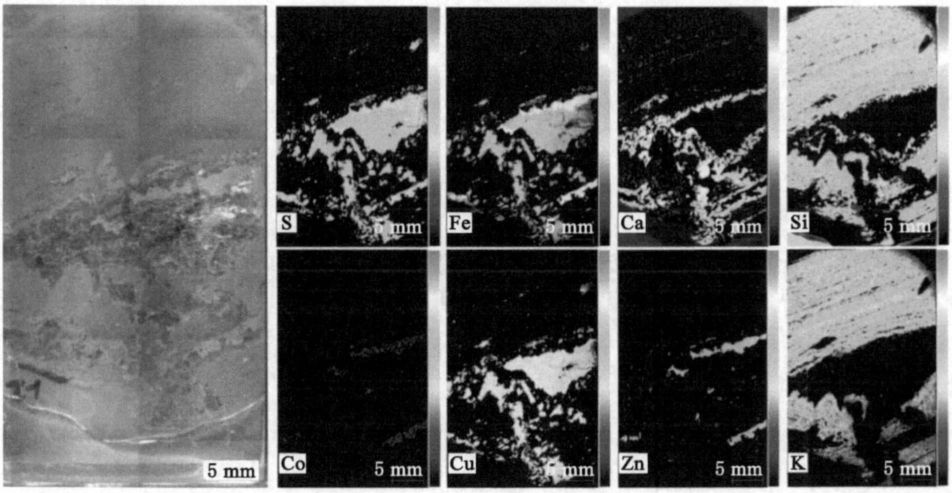

图 4-34　谦比希东南矿体样品微区 X 射线荧光光谱扫面图

思考题

1. 透射电子显微镜的分辨率能达到什么级别？

2. 透射电子显微镜测试样品有哪些制备方法？这些方法各有什么特点和适用范围？

3. 简述扫描电子显微镜的成像原理。

4. 扫描电子显微镜对测试样品有哪些要求？请一一列举。

5. 试说明电子探针显微分析的功能和用处。

6. 列举电子探针粘样方法，并简述这些方法的粘样过程及适用范围。

7. 分析透射电子显微镜、扫描电子显微镜、电子探针三种测试手段在成像原理上有什么异同点？

第 5 章　气体吸附测试分析方法

5.1　气体吸附法概述

吸附通常被定义为在一个界面附近富集分子、原子或离子的现象。吸附剂为发生吸附的固体材料，吸附质为处于被吸附状态的物质，处于流动相中。吸附质所占空间称为吸附空间，其内容量为吸附量。吸附量依赖于体积、质量和吸附空间。气体吸附原理如图 5-1 所示。

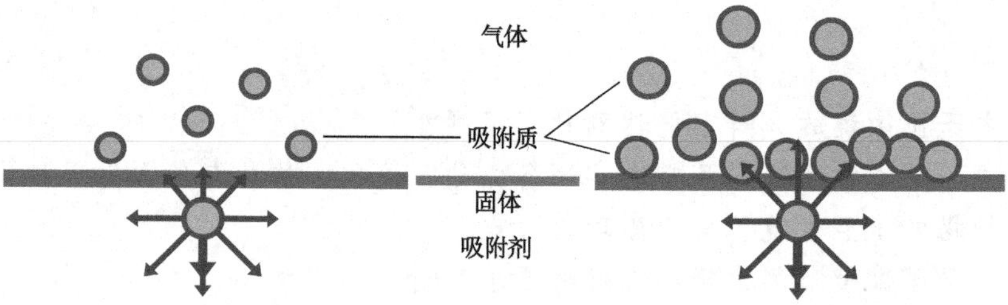

图 5-1　气体吸附原理

在恒定温度下，测定单位质量样品对气体的吸附量可反演待测样品比表面积、孔分布与孔隙度等信息。在该方法中，液态的氮气(N_2)是最常用的吸附气体，有时也使用液态的氩气(Ar)和固态的二氧化碳(CO_2)等其他吸附气体进行吸附实验。

在恒定温度下，对应一定的吸附质压力，固体表面上只能存在一定量的吸附气体。通过测定一系列相对压力下气体的吸附量，可得到吸附等温线。通过运用不同气体吸附模型对吸附等温线进行分析，可获得待测试样表面与孔径的分布规律，不同的气体吸附模型孔径适应范围不同，如表 5-1 所列。

表 5-1　不同气体吸附模型孔径适应范围

吸附模型	孔径适应类型及范围
Dubinin-Astakhov(DA)方程	用于不易发生多层吸附或毛细凝聚现象的孔径较小的吸附剂，其方程随吸附剂的孔径结构变化而变化，使用范围较广
吉布斯(Gibbs)吸附模型	适用于较强或较弱吸附质和吸附剂相互作用的大孔型多孔材料
密度泛函理论(DFT)	在对微孔填充的计算上具有重要意义，对窄狭微孔的描述不够精确；现在采用非局部密度近似 DFT 正则化法可有效地对吸附质、吸附剂的孔径分布(从微孔到大孔)进行表征

表 5-1(续)

吸附模型	孔径适应类型及范围
Dubinin-Radushkevich(DR)方程	描述微孔中的气体充填作用,此模型最优相对压力为 $10^{-4}<p/p_0<0.1$,可得到微孔体积
BET 模型	BET 模型是基于无孔或大孔材料建立的分析多孔物质比表面积的方程
表面重整密度泛函理论(QSDFT)	提高了对多孔材料中微孔-介孔的表征精度,对微孔的表征更为准确
BJH 模型	适用于计算中孔分布,依据毛细凝聚理论,当孔径小于 10 nm 时会低估材料孔径,在孔径小于 2 nm 时误差更大

低压气体吸附技术现已被广泛应用于各类非常规储层纳米级孔隙分布和比表面积等参数的测试。其中,低温氮气吸附法可准确测量试样的中孔孔径,而二氧化碳吸附法则对小于 2 nm 的孔隙结构表征准确度较高。

5.2　氮气吸附法

5.2.1　N_2吸附法测试原理

低温 N_2吸附法是测定物体比表面积和中孔孔径分布最常用、最可靠的方法。在液氮温度下(−196 ℃/77 K),在一定的 N_2压力下,任何粉体材料的表面都可以吸附 N_2分子。该吸附属于物理吸附,被吸附的气体分子与固体表面的结合力很弱,而且是可逆的。在回到室温的过程中,所有被吸附的 N_2分子又都被脱附出来。根据 N_2在多孔物质中吸附、脱附形成的曲线,可以测定物体的比表面积、孔容和孔径分布。

N_2在固体表面的吸附量取决于 N_2的相对压力(p/p_0),p 为 N_2分压,p_0为液氮温度下 N_2的饱和蒸气压。当 p/p_0在 0.05～0.35 范围内时,吸附量与相对压力的关系符合 BET 方程,这是 N_2吸附法测定粉体材料比表面积的依据;当 $p/p_0\geqslant 0.4$ 时,由于毛细凝聚现象的出现,N_2开始在微孔中凝聚。毛细凝聚现象是指在一个毛细孔中,若能因吸附作用形成一个凹形液面,与该液面成平衡的蒸气压力 p 必小于同一温度下平液面的饱和蒸气压 p_0。当毛细孔直径越小时,形成的凹液面的曲率半径越小,与其相平衡的蒸气压力越低。

由于毛细凝聚现象,吸附质会在孔隙中快速聚集,吸附量急剧增加,因为有一部分气体被吸附进入微孔中并呈液态,当固体表面所有孔隙都被液态吸附质充满时,吸附量达到最大,并且相对压力 p/p_0也达到最大值 1(对于实际 N_2吸附实验,最大相对压力接近于 1)。相反,当吸附量达到最大(饱和)的固体样品,降低其相对压力时,先是大孔中的凝聚液脱附出来,随着压力的逐渐降低,逐步达到较小孔隙中吸附质解吸所需的压力,小孔中的凝聚液也逐渐脱附出来。

N_2吸附法测定物体孔隙分布特征利用的是毛细凝聚现象和等效体积替代的原理,即以被测孔中的 N_2充填量等效为孔的体积。在不同的相对压力 p/p_0下,发生毛细凝聚现象的孔径尺寸随 p/p_0的增大而增大。对给定的相对压力 p/p_0值,存在一临界孔隙半径 r_k,半径小于 r_k的孔隙均可发生毛细凝聚填充,半径大于 r_k的孔隙不会发生毛细凝聚现象。临界半

径 r_k 可根据下式计算：

$$r_k = \frac{-0.414}{\ln(p/p_0)} \tag{5-1}$$

式中　p——吸附平衡压力；

p_0——饱和蒸气压。

实际凝聚发生前在毛细管壁上已吸附一定厚度的氮吸附膜，其厚度 t 也随 p/p_0 值而变化，Haley 方程给出相应关系：

$$t = 0.354\left[-\frac{5}{\ln(p/p_0)}\right]^{\frac{1}{3}} \tag{5-2}$$

此时，与 p/p_0 相对应的开始产生凝聚现象的孔的实际尺寸 r 应修正为：

$$r = r_k + t \tag{5-3}$$

理论和实践表明，当 $p/p_0 > 0.4$ 时，毛细凝聚现象才会发生，通过测定出样品在不同 p/p_0 下凝聚的 N_2 量，可绘制出其等温吸附、脱附曲线，通过不同的理论方法可得出其比表面积、孔容积和孔径分布曲线。

5.2.2　N_2 吸附法测试步骤

目前 N_2 吸附测试仪器众多，不同测试仪器测试步骤略有差异，本节以 Autosorb-iQ 全自动比表面和孔径分布分析仪为例简要介绍测试步骤。

首先开启 He 钢瓶与 N_2 钢瓶的主阀，确认气瓶总压力不低于 5 MPa。将减压阀压力表指针调至 0.08 MPa，按说明书开启仪器和计算机，完成计算机与仪器的连接(测试软件的具体操作方法可参照仪器说明书进行)。

(1) 样品前处理

① 样品准备

将测试样品研磨至 60 目以下，装入密封袋内密封保存。对于煤岩体的 N_2 吸附测试，粒度通常选择 60～80 目。

② 样品管称重、加样

装填样品前，检查待用的样品管，确定管身和管口没有裂纹(以防测试过程中发生漏气现象)；使用分析天平称量空管重量并记录，得 m_1；根据预估的样品比表面积计算称样量。对于比表面积测试，使样品管中总面积(样品比表面积×样品质量)$>2\ m^2$；对于孔径分布测试，使样品管中总面积(样品比表面积×样品质量)$>10\ m^2$。

将 A4 纸剪成 1 cm 宽的纸槽，将样品放入纸槽内装入样品管底部的粗管中，或使用特制长颈漏斗装填样品，一般使样品的体积不低于样品管底部球形部分的 1/3，不高于球形部分的 2/3(样品质量 1 g 左右)。若样品少于 1/3，测得的比表面积偏小；若样品多于 2/3，测得的孔容偏小。装填完成后使用专用毛刷将样品管颈部粉末刷干净，防止损害真空泵以及测试数据产生误差。

③ 样品脱气

样品在预处理时，必须进行脱气，脱气前需要设定前处理条件如目标温度、升温速度、恒温时间等。一般情况下，试样脱气的效果主要受加热温度、加热时间和真空度的影响。脱气温度不应过高或过低，应当是热重曲线上平台段的温度。

国际纯粹与应用化学联合会(IUPAC)推荐一般样品的脱气时间不少于 6 h,需低温脱气的样品则需要更长的脱气时间,对一些微孔样品,脱气时间甚至需要在 12 h 以上。当在真空条件下脱气时,真空度约达到 1 Pa 或更好时即可。脱气条件设置好后即可开始脱气。当盛样器内气体的压力和组成、样品质量达到稳定时,脱气完成。

(2) 样品测试

脱气结束后,将样品管从脱气站取下,称重,记录样品质量。向样品管中加入填充棒,将样品管安装在分析站上(拧紧样品管时,需要用手拧紧,以减少漏气;但同时不要过紧而损坏 O 形密封圈)。低温 N_2 吸附测试需要安装 PO 管,对于实现测试温度的液体为液氮、液氩和水(包括冰水混合物)时,需要安装对应的探头(RTD)。最后设置测试参数如吸附质参数、测试站选取、测试模式、测试压力点等。

(3) 结束实验与关机

升降台第二次下降完成之后,代表实验完成。实验结束后,需要将样品管在室温中回热至少 15 min 才能取下样品管,防止冻伤。

5.2.3　N_2 吸附曲线分类

在气-固吸附体系中,通常以压力 p(或相对压力 p/p_0)为横坐标,吸附体积 V(或吸附质量 m)为纵坐标作吸附等温曲线。结合吸附等温曲线形态或吸附-解吸曲线形成的滞后环形态,目前形成了多种吸附等温曲线的分类方法,如 BDDT 分类法、IUPAC 分类法、de Boer 分类法、Gibbs 分类法。

5.2.3.1　BDDT 分类法

如图 5-2 所示,BDDT 分类法将气体在固体上吸附的等温曲线归纳为六种类型,实际的各种吸附等温线大多是这六类等温线的不同组合。设固体表面与第一层(单分子层)吸附分子的吸附作用能为 E_1,第 $n(n>1)$ 层与第 $n+1$ 层的作用能为 E_n。

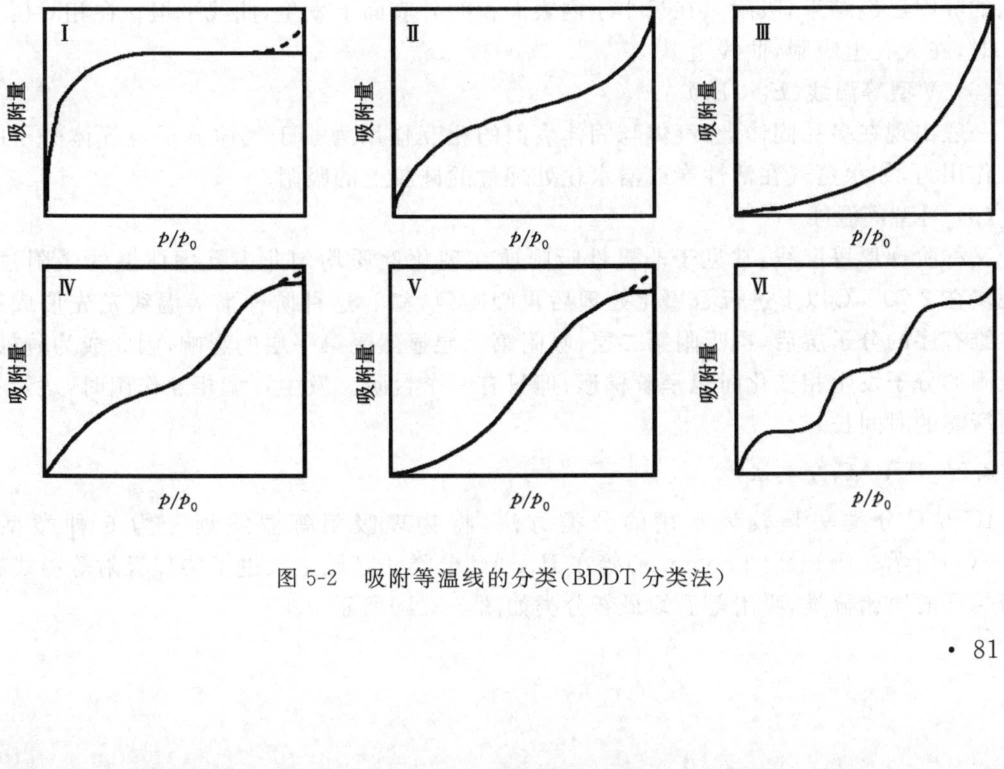

图 5-2　吸附等温线的分类(BDDT 分类法)

(1) Ⅰ型等温线

① Ⅰ-A 型($E_1 \gg E_n$)

由于单分子层的吸附作用力很大,表面吸附位的反应活性高,属电子转移型吸附相互作用,对应的吸附大多不可逆,被认为是化学吸附。在氧气、一氧化碳或氢气与金属的表面吸附过程中常见这种类型。符合朗缪尔等温吸附式的单分子层吸附,故也称为朗缪尔吸附等温曲线。

② Ⅰ-B 型

活性炭和沸石常呈现这种类型。这些固体具有超微孔和极微孔,外表面积比孔内表面积小很多。在低压区,吸附曲线迅速上升,发生微孔内吸附,在平坦区发生外表面吸附,微孔吸附势很大。

(2) Ⅱ型等温线($E_1 > E_n$)

该类型等温线也称 BET 型吸附等温曲线,主要体现在非多孔性固体表面发生多分子层吸附和亲液性表面相互作用,如非多孔性金属氧化物粒子吸附 N_2或水蒸气。在相对压力约为 0.3 时,等温线向上凸,第一层吸附大致完成,随着相对压力的增加,开始形成第二层,在饱和蒸气压时,吸附层数无限大。

(3) Ⅲ型等温线($E_1 < E_n$)

在憎液性表面发生多分子层吸附,或气体分子与固体表面的吸附相互作用力小于气体分子与气体分子间的相互作用力时呈现这种类型,如水蒸气在石墨表面或在进行过憎水处理的非多孔性金属氧化物上的吸附。在低压区,固体表面吸附气体分子量较少,高压区固体表面吸附气体量迅速增加。

(4) Ⅳ型等温线($E_1 > E_n$)

与非多孔体的Ⅱ型、Ⅲ型不同,Ⅳ型等温线在相对压力为 0.3～0.4 时,吸附质发生毛细管凝聚,吸附等温曲线迅速上升。此时吸附-脱附等温线不重合,脱附等温线在吸附等温线上方,发生吸附滞后,如 N_2、有机蒸气和水蒸气在硅胶上吸附属这一类。在高压时,由于中孔内的吸附已经结束,吸附只在远小于内表面积的外表面上发生,曲线平坦。在相对压力接近 1 时,在大孔上吸附,曲线上升。

(5) Ⅴ型等温线($E_1 < E_n$)

一般出现在多孔固体上,气体与固体表面的相互作用力小于气体分子与气体分子间的相互作用力,如水蒸气在活性炭或憎水化处理过的硅胶上的吸附。

(6) Ⅵ型等温线

又称阶梯形等温线,常见于非极性吸附质在理化性质均匀非多孔固体上的吸附过程。如把炭在 2 700 ℃以上进行石墨化处理后再吸附氮、氩。这种阶梯形等温线是先形成第一层二维有序的分子层后,再吸附第二层,吸附第二层显然受第一层的影响,因此成为阶梯形。已吸附的分子发生相变化时也呈阶梯形,但只有一个台阶。发生Ⅳ型相互作用时,达到吸附平衡所需的时间长。

5.2.3.2 IUPAC 分类法

IUPAC 分类法是较为常用的分类方法,将物理吸附等温线划分为 6 种类型,如图 5-3(a)所示。汤姆斯(Thommes)等在 IUPAC 分类法基础上改进了物理吸附等温线和相关滞后环的原始分类,吸附等温线最新分类如图 5-3(b)所示。

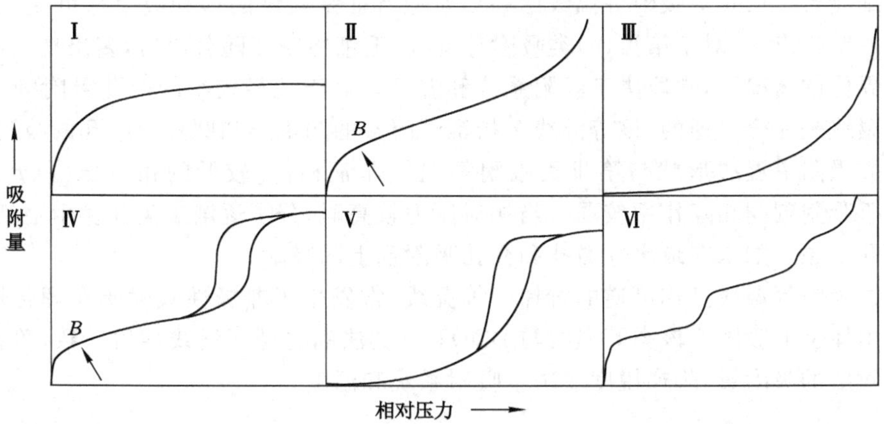

(a)

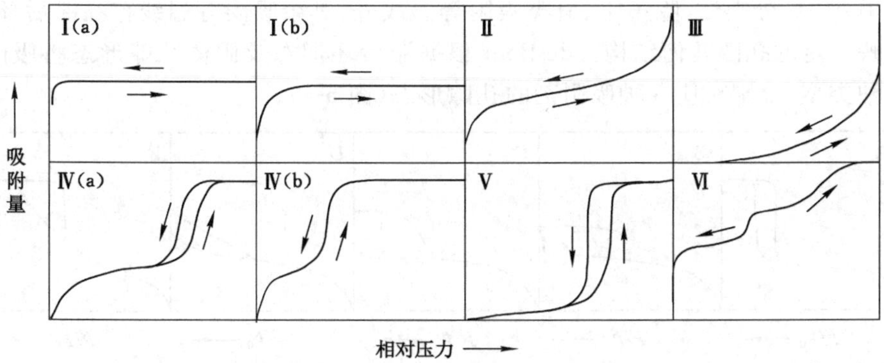

(b)

图 5-3　物理吸附等温线的分类(IUPAC 分类法)

第Ⅰ类吸附等温线是可逆的,对应的吸附剂主要是具有相对较小外表面微孔的固体(如活性炭、分子筛和某些多孔氧化物)。该类吸附等温线的吸附量接近极限值,极限吸附量由可进入的微孔体积决定。在非常低的相对压力下发生急剧性吸附,主要是由于在狭窄微孔(分子尺寸的微孔)中加强了吸附剂的相互作用,致使其在非常低的相对压力下出现微孔填充。对于 77 K 和 87 K 下的氮气和氩气吸附,Ⅰ(a)类等温线主要是在具有窄微孔(宽度<1 nm)的微孔材料上的吸附;Ⅰ(b)等温线是在具有较宽范围的孔径分布的材料上的吸附,包括较宽的微孔和较窄的中孔(<2.5 nm)。

第Ⅱ类吸附等温线也是可逆的,由大多数气体在无孔或大孔吸附剂上的物理吸附得到。该形状是无限制单层～多层吸附的结果,直至较高的相对压力。如果拐点(B 点)急剧变化,通常对应于单层吸附的完成,渐变的曲率(即 B 点处曲线比较圆滑)则表明单层吸附的大量重叠和多层吸附的开始。当 $p/p_0=1$ 时,吸附多层膜的厚度一般表现为无限制的增加。

第Ⅲ类吸附等温线没有可识别的单层吸附形成。吸附剂和被吸附分子的相互作用相对较弱,被吸附的分子聚集在无孔或含大孔固体表面上最有利的位置周围。与第Ⅱ类吸附等温线不同的是,在饱和压力下(即 $p/p_0=1$),吸附量是有限的。

第Ⅳ类吸附等温线主要针对介孔吸附剂(如多数氧化物凝胶、工业吸附剂和介孔分子筛)。在中孔壁上的初始单分子层～多层吸附与第Ⅱ类吸附等温线的相应部分相同,随后是孔内的毛细凝聚。第Ⅳ类吸附等温线的一个典型特征是最终的饱和吸附量可变(有时减少到仅仅是一个拐点)。对于第Ⅳ(a)类吸附等温线,毛细冷凝伴随着滞后,多出现在当孔径超过一定临界值的情况下,常取决于吸附系统和温度。对于孔径较小的中孔吸附剂,第Ⅳ(b)类吸附等温线是完全可逆的,该等温线多指锥端闭合的圆锥形和圆柱形中孔的吸附。

第Ⅴ类吸附等温线形状与第Ⅲ类吸附等温线非常相似[较低的相对压力(p/p_0)范围内],归因于吸附剂间相互作用较弱。当相对压力较高时,分子逐渐聚集并发生毛细凝聚,出现吸附饱和现象。如水在疏水性微孔和介孔吸附剂上的吸附。

第Ⅵ类吸附等温线又称可逆的阶梯式等温线,常发生于非极性吸附质在理化性质均匀的非多孔固体上的吸附。该类等温线与 BDDT 分类法的Ⅵ型等温线性质一致,阶梯高度表示每个吸附层的吸附量,阶梯锐度取决于吸附系统和温度。

5.2.3.3　de Boer 分类法

基于 IUPAC 分类法,除第Ⅰ、Ⅵ类吸附等温线外,其余吸附等温线存在滞后环,滞后环的形状反映一定的孔隙几何结构。de Boer 根据滞后环形态及固体孔隙形态将吸附等温线归结为 5 种类型,分别对应 5 种吸附剂的孔隙形态(图 5-4)。

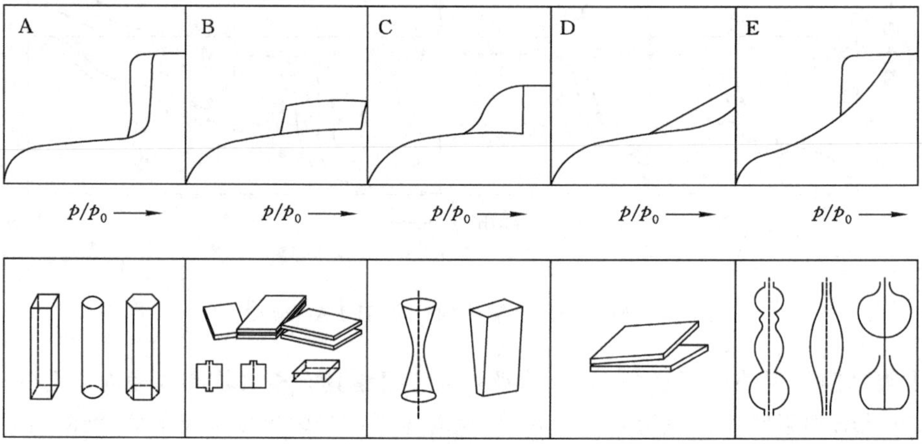

图 5-4　de Boer 吸附等温线分类及对应的孔结构

A 类吸附等温线中,吸附-解吸曲线的分离主要发生在中等大小的相对压力处,在高压区段吸附-解吸曲线较为陡直。该类曲线对应的吸附剂孔隙形态为两端开口的柱状毛细孔。

B 类吸附等温线中,吸附-解吸曲线在中等相对压力范围出现滞后现象,即在相对压力接近饱和蒸气压时吸附曲线急剧上升,在 1/2 饱和蒸气压时解吸曲线快速下降,与其对应的典型孔隙形态是具有平行壁的狭缝状毛细孔。常见于片状或膜状粒子形成的填料,如蒙脱土、石墨氧化物、三水铝矿或氢氧化铝矿。

C 类吸附等温线中,吸附曲线在中等相对压力时陡直上升,解吸曲线变化平缓,反映的是锥形或双锥形管状毛细孔。这种孔的最小半径为 r,最大半径为 R,且 $R\leqslant 2r$,从 r 到 R 连续变化。当相对压力达到与孔半径 r 相应的值时,发生突变的毛细凝聚,形成陡的吸附曲线;当相对压力达到与孔半径 R 相应的值时,开始解凝,而脱附曲线终止在对应于孔半径 r 的相对压力值。这种吸附曲线常见于由粒状微粒黏结成的材料。

D 类吸附等温线，与 B 类吸附等温线相似，不同的是解吸曲线呈线性下降，反映的是四面开放的倾斜板交错重叠的楔形缝隙。解吸时因孔隙壁不平行，解吸量不会陡然下降，而是平缓变化。水蒸气在部分已水热分解为铁铝氧石的三水铝矿样品上的吸附和脱附将产生此类回线。

E 类吸附等温线中，吸附曲线吸附量增加缓慢，解吸曲线在中等相对压力处陡直降低，反映的是具有细颈和广体的管子或口小腔大的墨水瓶形孔隙。常见于苯在氧化铁胶上的吸附，水在硅胶上的吸附，氨在硅镁胶及硅铝胶裂化催化剂上的吸附等。

5.2.3.4　Gibbs 分类法

基于 Ono-Kondo 晶格理论模型和吉布斯（Gibbs）吸附方程，多诺霍（Donohue）等提出了新的吸附等温线分类——Gibbs 分类（图 5-5）。Ⅰ型吸附等温线是处于亚临界或超临界条件下在微孔吸附剂中的吸附等温线。在亚临界下吸附等温线跟 IUPAC 的分类相似，但在超临界条件下，吸附等温线出现了吸附的极大值点。Ⅱ型和Ⅲ型吸附等温线分别是在亲和力较强和较弱的大孔吸附剂上的吸附等温线。在较低温度下，吸附等温线有多个吸附步骤，但随着温度的升高，吸附等温线变得平缓且单调递增，与 BDDT 分类中的Ⅱ型和Ⅲ型吸附等温线类似。温度达到临界温度时，曲线显现出很尖锐的极大值，随着温度的持续增加，曲线亦存在有极大值点但变得更加平缓；Ⅳ型和Ⅴ型吸附等温线分别是在中孔吸附剂上、吸附质与吸附剂间存在较强和较弱亲和力的情况下的吸附等温线。在较低温度下，吸附等温线会出现滞后环。但没有实验数据表明，在超临界条件下滞后环将不出现。

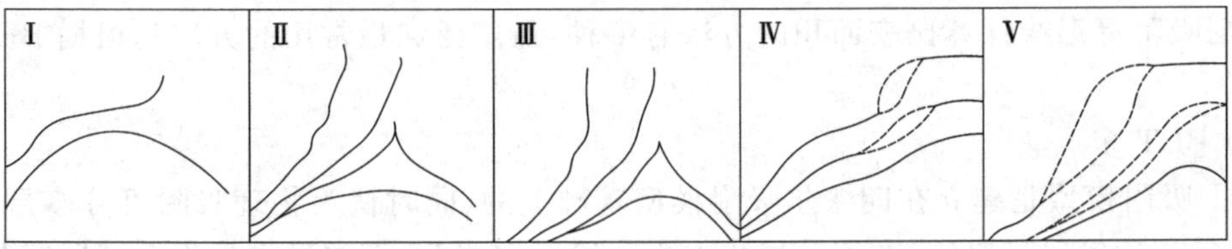

图 5-5　Gibbs 吸附等温线分类

5.2.4　氮气吸附法数据分析

5.2.4.1　比表面积的计算

比表面积是指每克固体物质所具有的表面积。根据吸附法测定比表面积时，首先由吸附等温线求出相应于吸附剂表面被吸附质覆盖满单分子层时的吸附量——单分子层饱和吸附量 a_m，然后再根据每一吸附质分子在吸附剂表面所占有的面积及吸附剂质量，即可计算出吸附剂的比表面积，如图 5-6 所示。

根据计算吸附剂的比表面积公式：

$$S = a_m N_A \omega_m \tag{5-4}$$

式中　ω_m——每一吸附质分子在单分子吸附层中所占据的面积，nm^2；

a_m——单分子层吸附量，mol/g；

N_A——阿伏伽德罗常数，约等于 $6.02\times10^{23}\ mol^{-1}$。

如果 a_m 用吸附体积 v_m[cm^3/g (STP)]表示，则式(5-4)可以写成：

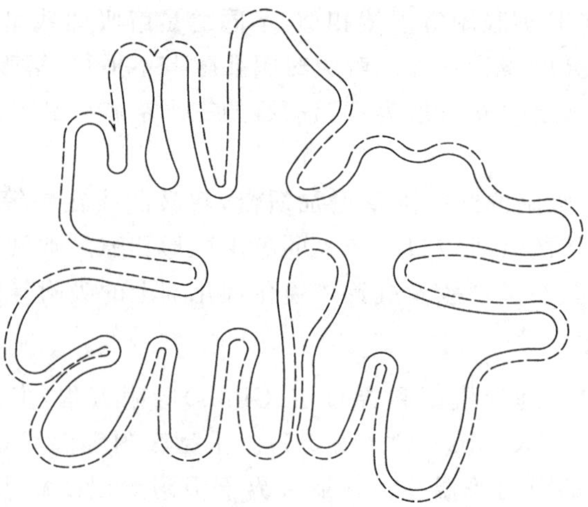

图 5-6　吸附法所测定的颗粒表面积（虚线处）

$$S = N_A \omega_m \frac{v_m}{22\ 400} \tag{5-5}$$

如果 a_m 用吸附质量 M_m(g/g)表示，则式(5-4)可以写成：

$$S = N_A \omega_m \frac{M_m}{M} \tag{5-6}$$

式中　M——吸附质的相对分子质量。

根据吸附等温线计算比表面积的方法有多种，最广泛和最常用的方法是根据 BET 方程计算。

(1) BET 多点法

BET 吸附模型是建立在朗缪尔吸附模型基础上的，同时认为物理吸附可分多层方式进行，且不等表面第一层吸满，在第一层之上发生第二层吸附，第二层上发生第三层吸附，以此类推，吸附平衡时，各层均达到各自的吸附平衡，最后可导出 BET 方程：

$$\frac{x}{v(1-x)} = \frac{1}{v_m C} + \frac{C-1}{v_m C}x \tag{5-7}$$

式中　x——相对压力(p/p_0)；

v——与相对压力 x 相应的吸附量；

v_m——单分子层饱和吸附量；

C——与第一层吸附热及凝聚热之差有关的一个物理量，当选定吸附质、吸附剂以及吸附平衡温度后，C 为常数。

令 $\frac{x}{v(1-x)}$ 为 y，当用 y 对 x 作图时可以得到一直线，其斜率 $a=\frac{C-1}{v_m C}$，截距 $b=\frac{1}{v_m C}$，人们常常称此直线为 BET 图(图 5-7)。

BET 图在相对压力 p/p_0 为 0.05～0.30 范围内通常是线性的，而两个端点有时会偏离直线，计算时偏离的点应舍掉。通过一系列相对压力 p/p_0 和吸附气体量 v 的测量，由 BET 图或最小二乘法求出斜率 a 和截距 b 值，并导出单层容量和 BET 参数 C。C 值表示了吸附剂和吸附质之间的相互作用力，但不能用作定量计算吸附热。采用 N_2 时，b 相对 a 而言往往是比较小的，C 值通常在 50～300 之间。当 BET 比表面积大于 500 m^2/g 时，如果 C 值超

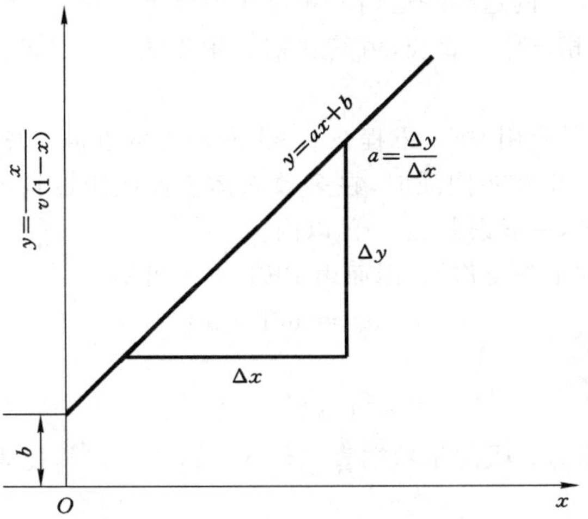

图 5-7　BET 图计算数学模型

过 300，则测试结果是可疑的。高的 C 值或负的 C 值与微孔有关。

由斜率和截距可求得单分子层饱和吸附量：

$$v_m = \frac{1}{a+b} \tag{5-8}$$

再根据每一个被吸附的分子在吸附剂表面上所占有的面积，即可计算出每克固体样品所具有的表面积。对于 N_2，每个氮分子在吸附剂表面占有的面积为 16.2 $Å^2$，每一毫升被吸附的 N_2 分子若铺成单分子层时所占有的面积 Σ 应为：

$$\Sigma = \frac{6.023 \times 10^{23}/\text{mol} \times 16.2 \times 10^{-20}\ \text{m}^2}{22.4 \times 10^3\ \text{mL/mol}} = 4.36(\text{m}^2/\text{mL}) \tag{5-9}$$

因此，固体的比表面积可以表示为：

$$S = \Sigma \cdot v_m = 4.36 \times v_m(\text{m}^2/\text{g}) \tag{5-10}$$

由于推导 BET 方程的基本假设是多层物理吸附，BET 大多在 $p/p_0=0.05\sim0.35$ 范围内成立。在相对压力小于 0.05 时，因相对压力太小无法建立多层物理吸附平衡，甚至单分子层物理吸附也远未完全形成，表面的不均匀性就显得突出。而相对压力大于 0.35 时，因毛细凝聚变得显著，破坏多层物理吸附平衡。

(2) BET 单点法

在 BET 方程式(5-7)中，常数 C 为

$$C = A\text{e}^{\varepsilon_1 - \varepsilon_l/RT} \tag{5-11}$$

式中　ε_1——第一层吸附热；

ε_l——凝聚热；

A——指前因子。

在液氮低温下，大多数固体表面对 N_2 吸附热的数值 ε_1 比 ε_l 总是大很多倍，所以总有 $C\gg1$。因此在 BET 图上，截距 b 很小，忽略不计不会引起很大误差，可以采用所谓一点法测比表面积，此时有

$$v_m = \frac{1}{a+b} \approx \frac{1}{a} \tag{5-12}$$

于是，可以在 $x<0.3$ 内选择一适当的相对压力测定吸附量，在 BET 图上可以得到相应的一点，将此点与原点相连作一直线，由其斜率 a 根据式(5-12)求出 v_m，再根据式(5-10)求出比表面积 S。

由上可知，一点法是应用 BET 方程在 $C\gg1$ 时所作的近似计算方法。C 值越大，这样的近似越接近真实情况。N_2 作吸附质时，在多数固体表面吸附的情况下 C 值都较大，一点法所得结果与多点法比较，一般误差在 10%以内。

采用一点法时往往不需要作图，因而由 BET 方程可知

$$v_m = v(1-x) \tag{5-13}$$

由此，比表面积为

$$S = 4.36 \times v(1-x) \tag{5-14}$$

将一点法的相对压力和吸附量数据直接代入上式即可求得比表面积 S。

(3) B 点法

对于Ⅱ型吸附等温线中拐点 B 点(图 5-8)，埃米特(Emmett)与布鲁诺尔(Brunauer)将 v_B 视作单分子层饱和吸附量 v_m，根据式(5-10)计算比表面积，即 B 点法。研究人员经过大量研究和比较，结果表明对大多数Ⅱ型吸附等温线其 v_B 与 v_m 很接近，误差一般在 10%以内。

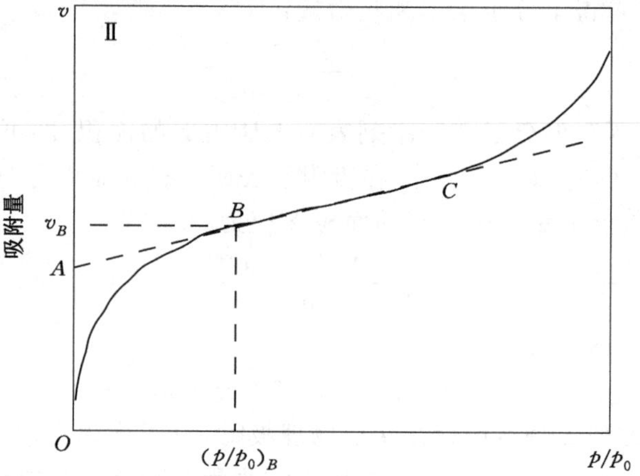

图 5-8　典型Ⅱ型等温线的 B 点

当 BET 方程中 C 值越大，Ⅱ型吸附等温线的拐点越明显，v_B 也较易求出；当 C 值很小时，拐点不明显，或Ⅲ型吸附等温线中不存在拐点，则不能应用 B 点法计算比表面积。

(4) Langmuir 法

对第Ⅰ类吸附等温线用朗缪尔方程来求比表面积，计算方法如下：

$$\frac{p}{v} = \frac{1}{v_m} \cdot p + \frac{1}{v_m b} \tag{5-15}$$

式中　p——吸附压力。

利用 $\frac{p}{v}$ 对 p 作图时可以得到一直线，其斜率 $a=\frac{1}{v_m}$，截距 $b=\frac{1}{v_m b}$，由斜率可得单分子层饱和吸附量：

$$v_m = \frac{1}{a} \tag{5-16}$$

再根据式(5-10)即可求得吸附材料的比表面积。

(5) 经验作图法

吸附初期单分子层吸附阶段,吸附剂孔隙结构与表面性质对等温线形状有着较大影响。当吸附进入多分子层吸附阶段时,对等温线形状的影响就变得很小,表明吸附层厚度主要依赖于平衡压力,几乎不受吸附剂自身特性影响。基于此,研究者们提出了经验性的 t 方法和 α_s法。

① t 方法

t 方法是将吸附等温线中自变量 p/p_0替换为吸附膜统计厚度 t,从 v-t 图上能够得到有关该多孔吸附剂的孔结构信息。在适宜条件下,t 方法可以提供吸附剂微孔容积、表面积和外表面积。t 方法是研究实测等温线是否符合标准等温线的最简单方法。用吸附膜厚度 t 对 p/p_0作图得到标准等温线,又叫 t 曲线。吸附膜的平均厚度 t 如下式所示:

$$t = (v/v_m)\sigma \tag{5-17}$$

式中　v/v_m——吸附膜平均吸附层数;

σ——单分子层厚度。

将试样吸附等温线转换为 t 图时,需要使用合适的标准等温线将相对压力(p/p_0)转换为 t。如果吸附等温线与标准等温线一致,在 t 图中,就是过原点的直线,如图 5-9(b)所示。根据式(5-17),斜率 $s=v_m/\sigma$。由斜率 s 能够求比表面积 A_s。设 a_m为分子占有面积,N_A 为阿伏伽德罗常数,则:

$$A_s = a_m v_m N_A \tag{5-18}$$

$$A_s = a_m \sigma s N_A \tag{5-19}$$

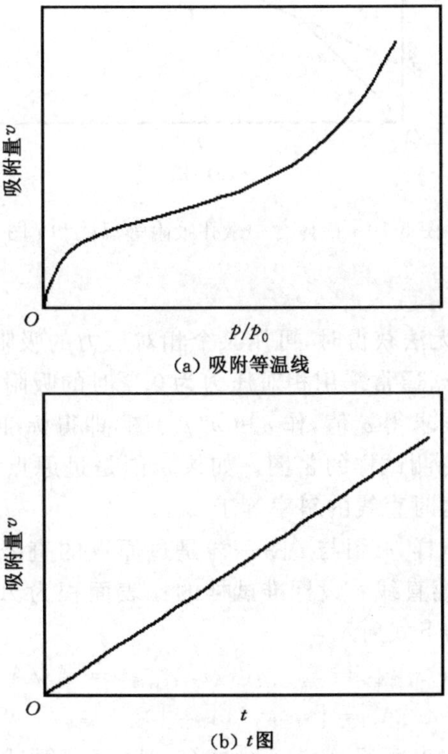

图 5-9　非多孔体吸附等温线和 t 图

根据 t 图求得的比表面积 A_s 与由 BET 图求得的结果一致。

在对含有微孔、中孔或粒子间存在缝隙的试样进行分析时，t 图偏离标准等温线。含微孔试样，其等温线在低压时就急剧上升[图 5-10(a)]，t 图由过原点的直线 a 变为直线 b [图 5-10(b)]。对于含中孔试样，由于发生毛细管凝聚现象，其吸附量急剧增加[图 5-10(a)]，t 图由直线 b 变为直线 c[图 5-10(b)]。

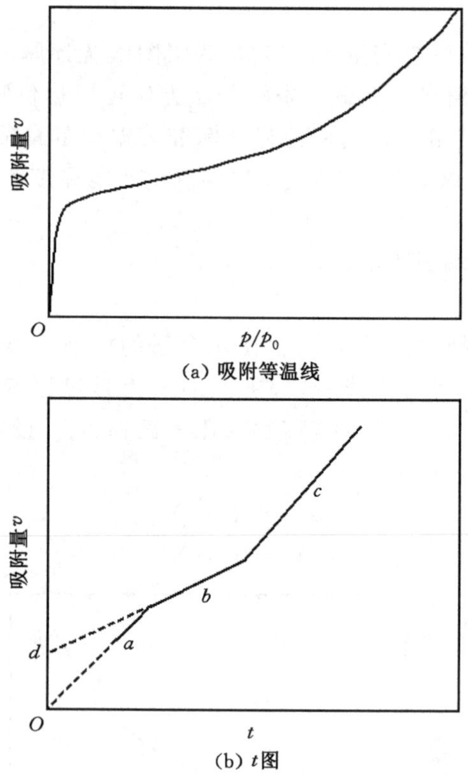

图 5-10　固体含中微孔吸附等温线和 t 图

② α_s 法

当单分子层吸附量 v_m 无法获得时，可用某个相对压力的吸附量 v_s 代替单分子层吸附量 v_m 对吸附等温线进行分析，v_s 通常采用相对压力为 0.4 时的吸附量 $v_{0.4}$。令 $\alpha_s = v/v_{0.4}$，则可根据标准试样的吸附等温线求得 α_s 值，作 α_s-(p/p_0) 图，即得标准 α_s 曲线。与 t 方法一样，根据标准 α_s 曲线就可以绘制待测试样的 α_s 图。如果 α_s 图是过原点的直线，说明待测试样的等温线与标准等温线一致。这时直线的斜率等于 $v_{0.4}$。

对于没有细孔的待测试样，α_s 图与 t 图一样是过原点的直线，其斜率为 s。当试样中存在中孔和微孔时，α_s 图便偏离直线。设标准试样的比表面积为 $A_{(标准)}$，由 α_s 图的斜率 s 能够计算试样的比表面积 A_s，如下式所示：

$$s_{(试样)}/s_{(标准)} = v_{0.4(试样)}/v_{0.4(标准)} = A_s/A_{(标准)} \tag{5-20}$$

$$A_s = [s_{(试样)}/s_{(标准)}] \times A_{(标准)} \tag{5-21}$$

如果已知标准试样的比表面积 $A_{(标准)}$，由式(5-21)可求得试样的比表面积 A_s。该法不需要单分子层吸附量 v_m 或吸附质分子的占有面积 a_m，当 BET 图的直线性差或 B 点不明显

或不知道正确 a_m 值时可采用 α_s 图测量比表面积。

(6) 杜比宁法

对于微孔吸附剂，BET 方法会产生较大误差，因为在细微孔道内，相对压力 $p/p_0<10$ 时，就已经形成了微孔填充，根本无法用假设中的多分子层吸附去描述微孔内吸附。此外，在 77 K 低温下，需要很长时间吸附才能真正达到平衡。基于此，研究者们采用更合理的理论来描述微孔内吸附，计算微孔比表面积。

① 根据吸附剂的吸附等温线推算微孔的几何表面积

杜比宁从微孔容积充填理论以及微孔的几何模型出发，直接推导出了非常简单的活性炭微孔总孔几何表面积 S 的计算公式。对于均匀微孔系统，根据吸附剂吸附特性曲线参数 E_0，可以计算出平行板狭缝形微孔的平均半孔宽 X(nm)。而参数 W_0(cm^3/g)就相当于这些微孔的总容积，得到微孔的几何表面积：

$$S=\frac{W_0}{X}\ (m^2/g) \tag{5-22}$$

根据该方法计算的几何表面积比实际要小很多。实际吸附剂很少有非常均匀的孔隙结构，在假设孔隙均匀的情况下采用此方法才有一定的意义。

② 根据 D-R 方程估算微孔表面积

根据 D-R 方程：

$$a=a_0 e^{-\left(\frac{A}{E}\right)^2}=\frac{W_0}{v^*}e^{-\left(\frac{A}{E}\right)^2} \tag{5-23}$$

式中　a——总吸附量；

a_0——饱和蒸气压下的极限吸附量；

A——基本热力学函数式最大微分摩尔吸附功，等于负的吉布斯吸附能 G 的变化，即 $A=-\Delta G=RT\ln(p/p_0)$；

E——特征吸附能；

v^*——临界温度下的摩尔体积。

利用直线化关系求出 W_0，即吸附剂的微孔容积。将 W_0 当作饱和吸附量 a_m，将 a_m 和被吸附分子的截面积 ω_m 代入式(5-4)，可计算出微孔材料的比表面积。

5.2.4.2　孔径分布的计算

一般多孔固体的孔形状极不规则，孔隙大小也各不相同，所以孔径分布是一个很重要的参数。通常根据孔平均半径的大小将孔分为三类(IUPAC 分类)：孔径≤2 nm 为微孔，孔径在 2～50 nm 之间为中孔(介孔)，孔径≥50 nm 为大孔。大孔一般采用压汞法测定，中孔和微孔采用气体吸附法测定。

(1) 孔容积

总孔容积是大孔、中孔、微孔容积之和。总孔容积利用下式计算：

$$V_{总}=\frac{1}{\rho_s}-\frac{1}{\rho_d} \tag{5-24}$$

式中　ρ_s——表观密度，g/cm^3，表示吸附剂颗粒质量与体积比，颗粒体积包括吸附剂物质的体积和孔隙体积；

ρ_d——真密度，g/cm^3，表示活性炭单位体积物质的质量，指扣除了孔隙容积和颗粒间空隙容积的单位体积活性炭的质量。

大孔容积利用下式计算：

$$V_{大} = V_{总} - v_{1.0} \tag{5-25}$$

式中　$v_{1.0}$——$p/p_s=1.0$ 时吸附蒸气的平衡吸附量，cm^3/g，用液态体积表示。

试验表明，吸附和解吸曲线在发生毛细凝聚前是重合的，这一过程完全是微孔充填，当滞后圈起点（见图 5-11 中 A 点）开始时，完成了微孔容积的充填，当吸附和解吸曲线闭合时，称为滞后圈终点（见图 5-11 中 B 点），在这一区域内是中孔活性炭的单层吸附。

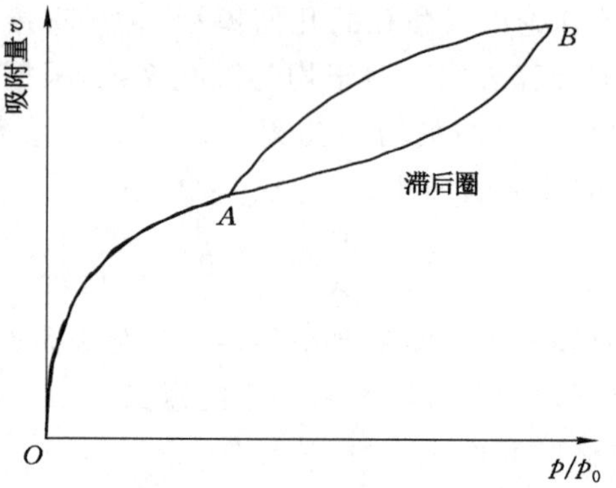

图 5-11　用静态吸附法测得的等温吸附和解吸曲线

对给定的吸附质在不同活性炭上的吸附和解吸曲线，其滞后圈起点和终点所对应的 p/p_0 相同。例如，对于苯蒸气，滞后圈的起点（A 点）一般发生在 $p/p_0=0.175$ 时；对 N_2 而言，滞后圈的起点（A 点）一般发生在 $p/p_0=0.38\sim0.42$ 时。因此，对于不同活性炭，通过吸附和解吸平衡测得吸附量，即可求出中孔和微孔容积：

$$V_{微} = v_A \tag{5-26}$$

式中　v_A——吸附蒸气在吸附等温线滞后圈起点（A 点）的平衡吸附量，cm^3/g，用液态体积表示。

$$V_{中} = v_B - v_A \tag{5-27}$$

式中　v_B——吸附蒸气在吸附等温线滞后圈终点（B 点）的平衡吸附量，cm^3/g，用液态体积表示。

对于 N_2，在一个大气压，-195.8 ℃时，液氮的密度为 $0.808\ 3\ g/cm^3$。所以 $1\ cm^3$ 的标准状态下的 N_2 在液态时的体积为：

$$\frac{1\ cm^3}{22.4\ L/mol} \times 28.013\ g/mol \div 0.808\ 3\ g/cm^3 = 0.001\ 547\ cm^3 \tag{5-28}$$

即标准状态（STP）下 N_2 的体积换算为液体体积为：

$$v_{液} = 0.001\ 547 v_{气} \tag{5-29}$$

（2）中孔孔径分布的计算

巴雷特（Barrett）、乔伊纳（Joyner）和哈伦达（Halenda）指出，许多吸附剂的孔径分布并不是简单的高斯分布或麦克斯韦分布，且关于物理吸附层的厚度等于由 BET 理论计算平均厚度的假定也不适合于孔径大于 5 nm 的细孔，因此他们提出了 BJH 法。该方法采用了圆筒形孔模型，不需要假定分布曲线，直接由氮脱附等温线计算孔径分布。BJH 法计算公式如下：

$$\Delta V_i = Q_i(\Delta v_i - C\Delta t_i \sum_{j=1}^{i-1} \Delta S_j) \quad (i = 1,2,3,\cdots) \tag{5-30}$$

式中　ΔV_i ——第 i 步脱附出的孔容积；

Δv_i ——第 i 步脱附出的吸附量；

Δt_i ——第 i 步相对压力降低时的吸附层厚减薄量，BJH 中选取单层吸附厚度 t_m 取 0.354 nm，吸附层厚度 t 使用 Haley 方程计算；

$\sum_{j=1}^{i-1} \Delta S_j$ ——第 i 步之前各步脱附而露出的面积之和，即：

$$\Delta S_j = \frac{2\Delta V_j}{\overline{r}_j} \tag{5-31}$$

Q_i——第 i 步将孔芯体积换算成孔容积的系数：

$$Q_i \equiv \left(\frac{\overline{r}_i}{\overline{r}_i - \overline{t}_i}\right)^2 \tag{5-32}$$

C 值一般为 0.85，计算时逐步计算到 r 为 1.1～1.3 nm；中途如有 $\sum_{j=1}^{i-1} \Delta S_j$ 大于 SBET 或 BJH 公式的括号中为负值即可停止。

(3) 密度泛函理论(DFT)法

基于分子水平热力学理论发展的密度函数理论(density function theory，DFT)，可不使用传统的动力学或现象逻辑处理，即可关联吸附等温线和固体的孔性质，包括流-固和流-流相互作用能量参数、孔大小、孔形状和温度。DFT 法能够很好地实现微孔、中孔和大孔的孔径分布分析。

与经典的宏观热力学方法不同，DFT 法是在分子尺度上描述多孔介质中非均质流体的吸附和相行为的有力工具。DFT 法在实践中的应用需要两个步骤：① 从试验数据中计算孔径分布需要一个核，作为计算的参考；② 孔径分布的计算基于积分吸附方程(如下式)，与步骤①中的核相对应。

$$N(p/p_0) = \int_{D_{\min}}^{D_{\max}} N(p/p_0, D) f(D) \mathrm{d}D \tag{5-33}$$

式中　D——孔径(直径或宽度)；

$N(p/p_0, D)$——不同孔径理论等温线的核心；

$f(D)$——孔径分布。

只要获得等温吸附数据，就可以通过求解积分吸附方程来推导孔径分布。随着密度泛函技术的迅速发展，目前已可用于多种吸附剂/吸附体系，如气体、有机和无机体系。

5.2.4.3　分形维数的计算

分形理论最早是由曼德尔布罗特(Mandelbrot)于 1975 年正式提出并建立的，之后形成了一门研究其性质和应用的科学。分形维数是分形论中一个非常重要的概念，属于非欧几里得几何。根据以往的研究，分形理论可以定量描述多孔介质(煤、岩等)的孔结构和表面粗糙度，并解释孔体积和孔表面积与储气量的关系。

(1) FHH 模型

利用物理吸附数据，可计算煤的吸附孔隙的分形维数。Frenkel-Halsey-Hill(FHH)模型和 Neimark-Kiselev(NK)模型都是计算分形维数的常用模型。其中,FHH 模型是基于 N_2吸附数据进行分形分析的最常用方法。用物理吸附方法测得的孔道吸附容量、相对平衡压力和分形维数之间存在如下关系:

$$\frac{V}{V_m} \propto \left[\ln\left(\frac{p_0}{p}\right)\right]^{D-3} \tag{5-34}$$

对上述公式取对数可得:

$$\ln\left(\frac{V}{V_m}\right) = Ct + A'\ln\left(\frac{p_0}{p}\right) \tag{5-35}$$

式中 p——吸附平衡压力,MPa;

V——气体分子吸附体积,mL/g;

V_m——BET 法计算的单层吸附体积,mL/g;

C——仅与第一层吸附相关的常数;

A'——分形系数;

D——分形维数。

以 $\ln[\ln(p_0/p)]$为横坐标,$\ln(V/V_m)$为纵坐标进行曲线拟合。根据分形系数可以计算出分形维数。在不同的假设条件下,有两种不同的多层吸附机制来计算分形维数 D。在多层吸附的早期阶段,气固界面主要受范德瓦耳斯力控制。此时,可以根据下式计算分形维数:

$$D = 3A' + 3 \tag{5-36}$$

在 p/p_0低阶段,分形曲线往往偏离线性现象,主要是因为当覆盖层接近并下降到单层以下时,等温线受吸引和排斥的气/固相互作用控制。在极低的压力下,不能有效地探测到煤体表面的几何形状。因此,不使用相对压力小于 0.01(微孔填充)的吸附数据来计算分形维数。

在较高的覆盖率下,界面将由液体/气体表面张力控制,这将导致界面远离表面,从而减小界面面积。在这种情况下,使用下式来计算分形维数:

$$D = A' + 3 \tag{5-37}$$

相关研究表明,当 p/p_0小于 0.5 时,根据式(5-36)计算的分形维数为表面分形维数,结果越小,孔表面越光滑;当 p/p_0 大于 0.5 时,根据式(5-37)计算的分形维数为空间分形维数,结果越大,粗糙度越大,孔隙空间越复杂。

(2) 多重分形

由于煤岩体的孔隙结构极其复杂,不同孔径段的孔体积分布表现出不同的自相似性,局部分布差异显著,单一分形维数不足以评价孔隙结构内部局域条件形成的分形特征及其非均质性。多重分形能够将整体孔隙分形系统划分为具有不同自相似性的小区域,通过研究不同区域的分形特征分层次地了解整体内部的精细结构,并且在评价煤岩孔隙非均质性方面得到了很好的应用。

多重分形可以采用奇异谱 α-$f(\alpha)$ 和广义维数谱 q-D_q 进行数学描述。采用广义维数谱 q-D_q 可以分析煤样孔隙分布的非均质性,q-D_q 需要确定 2 个参数:质量概率 $P_i(\varepsilon)$ 和广义分形维数 D_q。对于多孔介质孔隙分布的多重分形分析,其关键步骤是基于盒维数计算原理,对某一研究区间采用不同的盒子尺寸 ε 定义 $P_i(\varepsilon)$,从而定量描述研究对象内部的局部分布特征。依照二分法划分原则,将研究区间的长度 L 划分为 $2k$ 个尺寸为 ε 的盒子,ε 大小为 $L/2k$ $(k=1,2,3,\cdots)$,确保每个区间包含研究对象。第 i 个盒子的质量概率 $P_i(\varepsilon)$ 可以表示为:

$$P_i(\varepsilon)=\frac{N_i(\varepsilon)}{\sum_{i=1}^{N(\varepsilon)} N_i(\varepsilon)} \tag{5-38}$$

式中　$N_i(\varepsilon)$——第 $i(i=1,2,3,\cdots)$个盒子内的 N_2 吸附量；

$N(\varepsilon)$——盒子总数。

对于具有多重分形性质的物体，$P_i(\varepsilon)$和 ε 的关系如下式所示：

$$P_i(\varepsilon)\propto \varepsilon^{\alpha_i} \tag{5-39}$$

式中　α_i——反映 $P_i(\varepsilon)$局部奇异强度的第 i 个盒子的利普希塔-霍尔德奇异指数。

具有相同或相似 α 值的盒子数定义为 $N_\alpha(\varepsilon)$。$N_\alpha(\varepsilon)$和 ε 之间的关系如下式所示：

$$N_\alpha(\varepsilon)\propto \varepsilon^{-f(\alpha)} \tag{5-40}$$

式中　$f(\alpha)$——以 α 标记的分形集的维数。

在计算 α 和 $f(\alpha)$之前，需要定义一个参数，如下式所示：

$$I_i(q,\varepsilon)=\frac{P_i^q(\varepsilon)}{\sum_{i=1}^{N(\varepsilon)} P_i^q(\varepsilon)} \tag{5-41}$$

式中　q——统计矩的阶数($-\infty<q<+\infty,q\neq 1$)，其数据变化反映了研究对象的概率分布特征，对于连续的单位步长，一般选择[$-10,10$]。

使用查布拉(Chhabra)和延森(Jensen)提出的直接法计算 α 和 $f(\alpha)$：

$$\alpha(q)\propto \frac{\sum_{i=1}^{N(\varepsilon)} I_i(q,\varepsilon)\times \log P_i(\varepsilon)}{\log \varepsilon} \tag{5-42}$$

$$f(\alpha)\propto \frac{\sum_{i=1}^{N(\varepsilon)} I_i(q,\varepsilon)\times \log I_i(q,\varepsilon)}{\log \varepsilon} \tag{5-43}$$

q 阶矩的配分函数如下式所示：

$$\mu(q,\varepsilon)=\sum_{i=1}^{N(\varepsilon)} P_i^q(\varepsilon) \tag{5-44}$$

式中，对于 $q>0$ 时，$P_i(\varepsilon)$值越高，$\mu(q,\varepsilon)$值也越大，对应区间内 $\mu(q,\varepsilon)$值反映了大概率测量区域的多重分形特征(高孔隙度区域孔隙分布特征)。相反，当 $q<0$ 时，$\mu(q,\varepsilon)$值反映了低概率测量区域的多重分形特征(低孔隙度区域孔隙分布特征)。

当目标物体具有多重分形特征时，$\mu(q,\varepsilon)$与 ε 之间的关系如下式所示：

$$\mu(q,\varepsilon)\propto \varepsilon^{\tau_q} \tag{5-45}$$

式中　τ_q——q 阶质量标度函数，可由式(5-45)推导出下式：

$$\tau_q=\lim_{\varepsilon\to 0}\frac{\log \mu(q,\varepsilon)}{\log \varepsilon}=\lim_{\varepsilon\to 0}\frac{\log \sum_{i=1}^{N(\varepsilon)} P_i^q(\varepsilon)}{\log \varepsilon} \tag{5-46}$$

与 q 相关的广义分形维数可表示为：

$$D_q=\frac{\tau_q}{q-1}=\frac{1}{q-1}\lim_{\varepsilon\to 0}\frac{\log \sum_{i=1}^{N(\varepsilon)} P_i^q(\varepsilon)}{\log \varepsilon}\quad (q\neq 1) \tag{5-47}$$

为保证数值的连续性，$q=1$ 时，通过洛必达法则计算 D_1：

$$D_1=\lim_{\varepsilon\to 0}\frac{\sum_{i=1}^{N(\varepsilon)} P_i(\varepsilon)\log P_i(\varepsilon)}{\log \varepsilon} \tag{5-48}$$

$q=0$、1、2 对应的 D_q分别为容量维数 D_0、信息维数 D_1、关联维数 D_2。研究表明，赫斯特(Hurst)指数 H 可替代 D_2表达其含义，其表达式为：

$$H = \frac{D_2 + 1}{2} \tag{5-49}$$

式中 H 又称长程相关指数(0.5～1)，反映了空间变量间的关联性。H 指数描述了研究对象不同孔径范围内孔隙间的连通性。若分形体为单重分形，D_q 一致，即 D_q 曲线为一水平线；对于多重分形，$D_0 > D_1 > D_2$，D_q 曲线为单调函数。

5.3　二氧化碳吸附法

低温 N_2 吸附主要用于测试多孔材料的纳米级孔隙(<50 nm)，尤其是孔径范围介于2～50 nm 的介孔，其测试精度较高。但由于低温条件下(77 K)N_2 动力学限制与活化扩散效应以及棒状分子结构的影响，在使用该方法测试材料微孔结构时，N_2 与吸附剂非均匀表面官能团发生作用，导致分子界面不稳定，进而影响试验结果的准确性，最终难以区分极细微孔(<2 nm)的结构信息。同时又由于使用该方法测试的待测样品孔隙尺寸越小时，N_2 吸附数据测定所需的压力就越低，因而对吸附测量仪器真空度的要求也就越高。由于目前真空技术上的限制，N_2 吸附法无法用于精确表征待测试样的微孔结构。

对于极微孔材料孔隙结构的测试，可以通过 77 K(或 87 K)Ar 吸附法进行表征。研究显示对于极微孔材料，Ar 吸附法可以得到比 N_2 吸附法更准确的结果。但是与 N_2 吸附法相同，Ar 吸附法在测试微孔结构时，也需要在低温 (77 K 或 87 K)下进行，且需要极高的真空度。而 CO_2 吸附法可以弥补这一不足，能够有效测量多孔材料的微孔(<2 nm)结构。

与 N_2 吸附法和 Ar 吸附法相比，CO_2 吸附法具有以下优势：① 与 N_2 吸附法的测定温度(77 K)不同，CO_2 吸附法的测定温度一般为 273 K 或室温，较高的温度加剧了 CO_2 分子的热运动，有效解决了气体在微孔中的扩散问题；② 由于分散的多孔材料具有分形性，吸附测量的结果取决于所采用的吸附质气体分子的尺寸(在固体表面上的有效直径和占有空间)，在测定温度(273 K)下，CO_2 分子的动力学尺寸(0.33 nm)比 N_2 分子(0.36 nm)小，因此 CO_2 可以进入 N_2 无法进入的孔隙内，特别是孔径小于 2 nm 的微孔和超微孔；③ 在测定温度(273 K)下，CO_2 的饱和蒸气压 p_0(273 K 时，CO_2 的饱和蒸气压为 34.8×10^5 Pa)远远大于 N_2 的饱和蒸气压，所以在相同的相对压力范围内，CO_2 吸附表征的绝对压力 p 比 N_2 的高得多，因此 CO_2 吸附无须在高真空条件下测定，从而降低了对吸附仪器的要求，其测试更方便。

5.3.1　CO_2 吸附法测试原理

CO_2 吸附法是指以 CO_2 作为吸附质气体，在恒温下逐步升高气体分压，测定多孔试样对应的吸附量，对吸附量与分压作图，得到试样的吸附等温线；然后逐步降低分压，测定相应的脱附量，并对脱附量与分压作图，从而得到多孔材料的脱附等温线，最后采用相应的数学模型计算试样孔径及比表面积的方法。

低温 CO_2 吸附与 N_2 吸附原理相似，即利用饱和温度(273.15 K)条件下 CO_2 在固体表面发生物理吸附来进行测试。由于 CO_2 气体分子更小，扩散速率更快，在饱和温度下具有更高的饱和压力，因此能够对微孔进行测试，测试效果较好。

CO_2 吸附理论通常被定义为在单一吸附体系下，吸附剂被吸附质充填。假定在特征吸附能 E 时，由液体吸附质占据的吸附部分的体积 V 可表示为高斯函数：

$$\theta = \frac{V}{V_0} = \exp\left[-\left(\frac{RT}{\beta E_0}\ln\frac{p_0}{p}\right)^2\right] \tag{5-50}$$

式中　V——相对压力(p/p_0)下已填充的孔容，即吸附体积；

V_0——微孔体系的总孔容，即极限吸附体积；

θ——微孔填充率，是单一吸附质体系吸附势作用下 V 与 V_0 的比值；

E_0——参考流体的特征吸附能；

β——相似系数，是给定吸附质的摩尔体积与参考液体摩尔体积的比值；

R——气体常数；

T——吸附平衡温度。

对式(5-50)取自然对数，则有

$$\ln V = \ln V_0 - \left(\frac{RT}{\beta E_0}\right)^2 \left(\ln\frac{p_0}{p}\right)^2 \tag{5-51}$$

通过 $\ln V$-$[\ln(p_0/p)]^2$ 图形，可求出微孔体系总孔容 V_0 和参考流体特征吸附能 E_0 等参数。将式(5-51)中指数 2 换为 n，就得到 Dubinin-Astakhov 方程(DA 方程)。n 的大小反映了吸附剂微孔直径的分布情况，即吸附剂微孔直径与分子直径(1.8～2.0 nm)的接近程度。相关研究指出，$n=2$ 表示吸附剂中直径为 1.8～2.0 nm 的微孔占主导地位，$n<2$ 表示吸附剂中直径较大的微孔(>2.0 nm)比较多，$n>2$ 表示吸附剂中直径较小的微孔比较多。

5.3.2　二氧化碳吸附法测试步骤

低温 CO_2 吸附试验与 N_2 吸附测试步骤相似，均可通过容量法(图 5-12)或重量法(图 5-13)获得计算试样比表面积和微孔孔径分布所需的吸附等温线。其中，容量法是根据气体体积和压力的关系测量气体吸附量，而重量法是根据试样重量的变化测量气体吸附量。

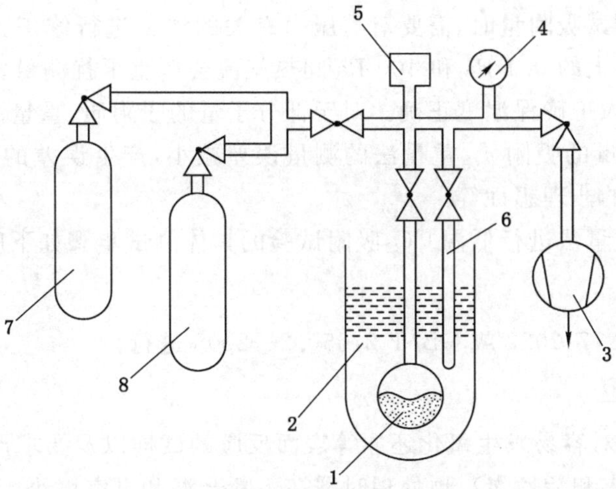

1—样品；2—盛有液氮的杜瓦瓶；3—真空系统；4—压力计；

5—气体量管；6—饱和压力管；7—吸附气体；8—测量死空间的气体(如氦气)。

图 5-12　容量法示意图

在容量法中，用 p 表示压力，V 为 1 mol 气体的容积，T 为热力学温度，R 为气体常数。

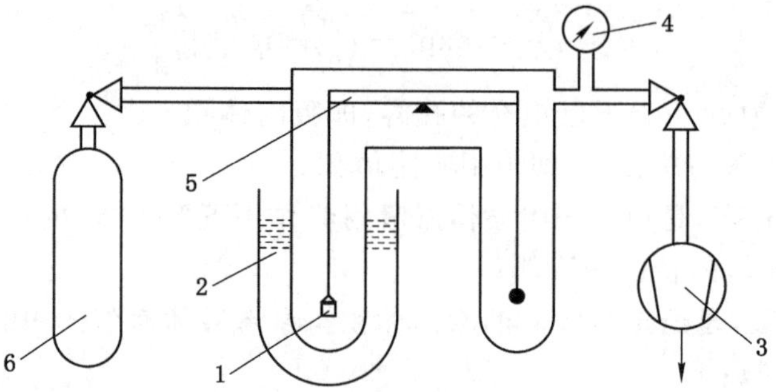

1—样品；2—冷却浴；3—真空系统；4—压力计；5—天平；6—吸附气体。

图 5-13 重量法示意图

对于常压吸附，理想气体状态方程如下式所示：

$$pV = RT \tag{5-52}$$

对于高压吸附，Virial 方程如下式所示：

$$pV/RT = 1 + B_2/V + B_3/V^2 \tag{5-53}$$

式中 B_2，B_3——Virial 系数。

由真实气体状态方程可知：

$$(p + a/V^2)(V - b) = RT \tag{5-54}$$

式中 a，b——常数。

根据测得的吸附前后压力变化选择合适的公式。当分子量越大、压力越高时，方程(5-52)～方程(5-54)之间的差别就越大，这时必须采用方程(5-53)或方程(5-54)。在测量低分子量的气体吸附时，容量法的灵敏度比重量法的高。

在使用重量法测试吸附量时，需要对与压力有关的浮力进行修正。平衡点要通过观察重量显示而确定。在大约 0.1 Pa 和 100 Pa 间热气流会严重干扰测量。由于样品并不与恒温器直接接触，需要人工确保温度正确。对于低分子量的吸附质，重量法的测量误差比容量法的大；对于高分子量的吸附质，重量法的测量误差减小，产生误差的原因有试样温度、浮力、对流和吸附气体的非理想性等。

使用容量法或重量法进行低温 CO_2 吸附试验的具体测试步骤如下所述。

5.3.2.1 取样

取样应按 ISO 9277：2022 或 GB/T 21650.2—2008 进行。

5.3.2.2 样品预处理

(1) 脱气处理。对容易发生氧化还原等表面反应的试样以及要求严格脱除原来吸附分子的试样(如金属粉末和活性炭)，预处理时需在不断升温和真空度小于 1 Pa 的条件下对样品进行脱气处理，但必须避免表面结构发生不可逆转的改变(比如颜色发生变化)。在升温条件下通入高纯度惰性气体(He)吹扫样品，15～30 min 内分别记录质量或压力，当质量或压力呈现恒定则表明脱气完全，最终对干燥样品进行称重。如图 5-14 所示。

(2) 测定试样质量。选用精度良好、测试精度至少为 0.1 mg 的电子天平称量脱气后样品的质量。测试期间不要让试样暴露在大气中，连容器一起测重。

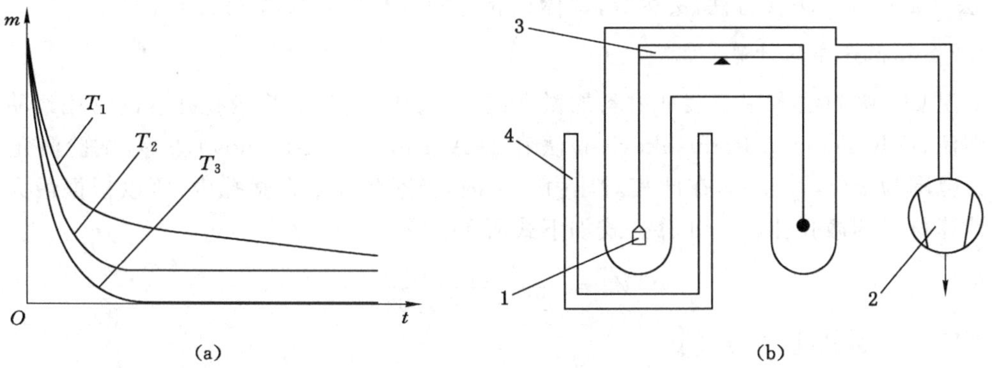

m—样品质量；t—脱气时间；T_1—低温脱气(需时间较长)；T_2—最佳温度脱气；
T_3—高温脱气(因样品分解导致气体逸出)；1—样品；2—真空系统；3—天平；4—加热炉。

图 5-14　脱气热重分析控制

5.3.2.3　测量

(1) 静态容量法。使用静态容量法测试时，将已知量的吸附气体通入处于吸附温度下的样品室中。在有限的固定容积中，因样品开始吸附气体导致气压下降，直到吸附达到平衡。通过惰性气体(He)的膨胀测定系统体积，其中死体积应在测量吸附等温线之前或之后来确定。应注意有些材料会吸收或吸附氦气。在这种情况下，吸附等温线测定完后要进行修正。如果死体积的测定可以与吸附量的测定分开，则可避免使用氦气。

(2) 动态容量法。相比静态容量法，该方法使用一具有相对低流速的气体连续不断地流过样品，样品室中气体压力的变化在一个可控的流速下连续测量。与静态容量法相比，动态容量法可在更短的时间内完成分析。特别要注意气体流速要足够低，以确保在所有时间内吸附气体与吸附质接近平衡。

(3) 重量法。用一个灵敏的微量天平测量吸附的气体质量与压力的关系。在测量吸附等温线之前，需要测量天平和样品在吸附气体中于室温下的浮力。借助平衡臂设备，样品密度可通过与样品密度相同的砝码来补偿。由于样品不与温控器接触，因此要监测样品温度，使其与测量温度相同。因为在 1 Pa 左右热气流带来的干扰最大，所以等温线的零点应在低于 10^{-2} Pa 的真空度下测量。

5.3.3　二氧化碳吸附法曲线分类

由于 N_2吸附和 CO_2吸附均是物理吸附，因此 CO_2吸附曲线分类与 N_2吸附曲线分类相同，见 5.2.3 小节。在运用该方法对孔结构进行分析时，通常采用的吸附数据多为常温、临界压力以下的吸附等温线。CO_2吸附等温线与朗缪尔吸附等温线近似，呈现出典型的Ⅰ型等温吸附特征。由于 CO_2的临界温度较高、压力较低，因此，低温 CO_2吸附只能在相对压力 0～0.03 区间内吸附。

5.3.4　二氧化碳吸附法数据分析

5.3.4.1　比表面积的计算

利用 CO_2吸附法对物体的比表面积的计算方法与氮气吸附法的相同，常用的方法有

BET 法、Langmuir 法、t 方法、α_s法等，具体计算原理及步骤可参考 5.2.4.1 节。

5.3.4.2　孔径分布的计算

低温 CO_2吸附法多用于表征材料的微孔结构，其中，用于估算微孔孔容的常用经验方法有 α_s图法、D-R(Dubinin-Radushkevich)法和 D-A(Dubinin-Astakhov)法等，试验测定的相对压力范围为 $p/p_0<0.03$，在此相对压力范围内，吸附都发生在微孔内，所以根据最大吸附量可计算材料的微孔孔容。计算公式如下式所示：

$$V_m = \frac{V_{max} \times 44}{22\ 400 \times 1.023} \tag{5-55}$$

式中　V_m——微孔孔容，cm^3/g；

V_{max}——最大吸附量，cm^3/g(STP)。

273 K 时吸附质 CO_2的密度为 1.023 g/cm^3。

(1) Dubinin-Radushkevich(D-R)理论

由于微孔内的吸附发生在低压部分，Dubinin 和 Radushkevich 提出了一个根据低压区的吸附等温线求微孔容积的方法。如式(5-56)所示，Polanyi 吸附势 ε 可以用吸附的微分摩尔功即吸附的微分自由能 ΔG 代替，即：

$$\varepsilon = -\Delta G = RT\ln(p_0/p) \tag{5-56}$$

微孔吸附不是分层地吸附在孔壁上，而是在微孔内发生体积填充。表示微孔填充程度的参数 θ 定义为：

$$\theta = W/W_0 \tag{5-57}$$

式中　W——在相对压力(p/p_0)时填充的微孔容积；

W_0——微孔总容积。

结合式(5-56)，θ 可表示为：

$$\theta = f(\varepsilon/\beta) \tag{5-58}$$

式中　β——亲和系数，数值上为吸附质的吸附势 ε 和标准吸附质的吸附势 ε_0 的比值。

$$\beta = \varepsilon/\varepsilon_0 \tag{5-59}$$

Dubinin 采用苯作标准吸附质，假定孔径分布符合高斯函数，可得：

$$\theta = \exp[-k\ (\varepsilon/\beta)^2] \tag{5-60}$$

式中　k——与孔径分布曲线的形状即孔结构有关的常数。

根据式(5-56)、式(5-57)和式(5-60)得：

$$W = W_0 \exp\{(-k/\beta^2)[RT\ln\ (p_0/p)]^2\} \tag{5-61}$$

或

$$W/W_0 = \exp\{-k\ (RT/\beta)^2[2.303\lg(p_0/p)^2]\} \tag{5-62}$$

令 $D=2.303k(RT/\beta)^2$，式(5-62)变为 Dubinin-Radushkevich 公式：

$$\lg W = \lg W_0 - D\lg^2(p_0/p) \tag{5-63}$$

$\lg W$-$\lg^2(p_0/p)$图即为 D-R 图，其与纵轴的截距为 $\lg W_0$，由 W_0计算微孔总孔容积。在使用 D-R 理论测试 CO_2吸附曲线时，由于沸石吸附 CO_2，D-R 图出现转折点。这是由于在饱和蒸气压附近，中孔和大孔内发生多分子层吸附和毛细管凝聚，从而使 D-R 图的斜率发生变化。因此，当 D-R 图斜率不固定时，便无法准确计算微孔容积。

(2) Dubinin-Astakhov(D-A)理论

Dubinin 和 Astakhov 提出了一个适用范围比式(5-63)更宽的理论：

$$\theta = \exp[-(\varepsilon/E)^m] \tag{5-64}$$

式中　m——常数，通常 $m=2\sim6$；

E——特征吸附能，与 $\theta=1/e=0.368$ 的 ε 值相等。

因此，式(5-64)变为：

$$\theta = \exp[-(RT/E)^m \ln^m(p_0/p)] \tag{5-65}$$

或者

$$\lg W = \ln W_0 - D' \lg^m(p_0/p) \tag{5-66}$$

式中，$D' = 2.303^{m-1}(RT/E)^m$。当 $m=2$ 时，式(5-66)与式(5-63)相同。

(3) 非定域密度函数理论(NLDFT)

在试验条件下，孔内的吸附流体与整体气体相平衡，因此，传统的 NLDFT 处理方法可用于描述巨正则体系，巨正则势函数 $\Omega[\rho(r)]$ 如下式所示：

$$\Omega[\rho(r)] = F[\rho(r)] - \int \mathrm{d}r\rho(r)[\mu - V_{\mathrm{ext}}(r)] \tag{5-67}$$

式中　$\rho(r)$——在泛 3D 空间坐标 r 内的平衡流体密度；

F——本征 Helmholtz 自由能，在无任何外场条件下，F 可表述成气体平衡状态时分子密度分布 $\rho(r)$ 的函数 $F[\rho(r)]$；

$V_{\mathrm{ext}}(r)$——由孔壁引起的外部势能；

μ——化学势，其中，外势 $V_{\mathrm{ext}}(r)$ 依赖于假设的孔模型。

本征自由能 F 由理想气体自由能(F_{id})与附加自由能(F_{ex})组成，其中，附加自由能又包括由颗粒间相互吸引引起的自由能(F_{att})与按硬球参考体系描述的分子间排斥力引起的自由能(F_{HS})。自由能 F 为流体密度分布的函数，如下式所示：

$$\rho(r): F[\rho(r)] = F_{\mathrm{id}}[\rho(r)] + F_{\mathrm{att}}[\rho(r)] + F_{\mathrm{HS}}[\rho(r)] \tag{5-68}$$

由吸引引起的自由能 F_{att} 计算公式如下：

$$F_{\mathrm{att}} = \frac{1}{2}\iint \mathrm{d}r\mathrm{d}r'\rho(r)\rho(r')\varphi_{\mathrm{att}}(|r-r'|) \tag{5-69}$$

式中，吸引势 φ_{att} 由 Weeks-Chandler-Anderson (WCA) 近似法模拟得到，$r<r_{\mathrm{m}}$ 时如式(5-70)所示，$r>r_{\mathrm{m}}$ 时如式(5-71)所示。

$$\varphi_{\mathrm{att}}(r_{\mathrm{sc}}) = -\varepsilon_{\mathrm{ff}} \tag{5-70}$$

$$\varphi_{\mathrm{att}}(r_{\mathrm{sc}}) = 4\varepsilon_{\mathrm{ff}}[(\sigma_{\mathrm{ff}}/r_{\mathrm{sc}})^{12} - (\sigma_{\mathrm{ff}}/r_{\mathrm{sc}})^6] \tag{5-71}$$

式中　r_{sc}——分子间间距；

r_{m}——势的最小值；

$\varepsilon_{\mathrm{ff}}$——Lennard-Jones 流体-流体相互作用势能参数的阱深；

σ_{ff}——Lennard-Jones 流体-流体相互作用势能参数的间距参数。

考虑到排斥力的影响，建立了几个非均质硬球流体的函数，包括所谓的权重密度近似法、基本测量理论以及平滑密度近似法。平滑密度近似法是由塔拉佐纳(Tarazona)等提出的，现已几乎应用到所有有关表征孔径分布的 NLDFT 模型中。在平滑密度近似法中，硬球体系自由能 $F_{\mathrm{HS}}[\rho(r)]$ 由平滑密度 $\bar{\rho}(r)$ 计算得出，如下式所示：

$$F_{\mathrm{HS}}[\rho(r)] = \int \mathrm{d}r\rho(r) f_{\mathrm{HS}}[\bar{\rho}(r); d_{\mathrm{HS}}] \tag{5-72}$$

式中　d_{HS} ——硬球直径；

$f_{HS}[\bar{\rho}(r);d_{HS}]$ ——每个分子的附加自由能，可由硬球流体的 Carnahan-Starling 状态方程计算。

平滑密度 $\bar{\rho}(r)$ 由 Tarazona 提出的权重函数项得到。

在某一给定的孔型中，分子密度分布 $\rho(r)$ 是描述平衡流体分布的重要参数。基于平衡条件，对相应的巨正则势函数 $\Omega[\rho(r)]$ 取最小值得出密度函数 $\rho(r)$。应用 Euler-Lagrange 方程或模糊 Lagrange 乘法可以得出 $\Omega[\rho(r)]$ 的最小值。$\rho(r)$ 的实际数值是通过数字迭代法获得的。

5.3.4.3　分形维数的计算

对于 CO_2 吸附，也可以利用分形理论来评价煤岩孔隙的非均质性，其具体计算方法与氮吸附基本相同，见 5.2.4.3 节。

5.4　气体吸附测试分析法的应用

课题组采用低温 N_2 吸附表征了纯水、滑溜水、CO_2 泡沫压裂液处理后烟煤和无烟煤的微观孔隙结构，分别利用 BET 和 BJH 法对煤的比表面积和孔径分布进行了计算，如图 5-15 至图 5-17 所示。结果表明，煤体的吸附/脱附等温线属于Ⅳ(a)型和Ⅱ型的组合(IUPAC 分类)，且均以微孔为主。不同压裂液可以显著改变烟煤和无烟煤的孔隙结构特征，滑溜水和 CO_2 泡沫压裂液更容易浸入煤的微观结构，诱发煤体内的黏土矿物水化膨胀现象发生。此外，CO_2 泡沫压裂液中含有高压 CO_2，可吸附在煤体表面，引起基质膨胀压缩裂缝，减小煤体孔隙体积。利用 FHH 模型计算了煤孔隙的分形维数，孔隙表面越光滑，分形维数越接近 2，表面越粗糙，分形维数越接近 3。计算结果表明，煤样的分形维数均在 2～3 之间，具有明显的分维特征。滑溜水和 CO_2 泡沫压裂液能够削弱煤体渗流孔隙的非均质性，使孔隙表面光滑，更有利于煤层气抽采。

张(Zhang)等基于 FHH 模型采用低温 N_2 吸附结合煤岩相分析和工业分析方法分析了鄂尔多斯盆地东缘 14 个矿区 58 种煤的分形特征，利用 BET 和 BJH 法对煤的比表面积和

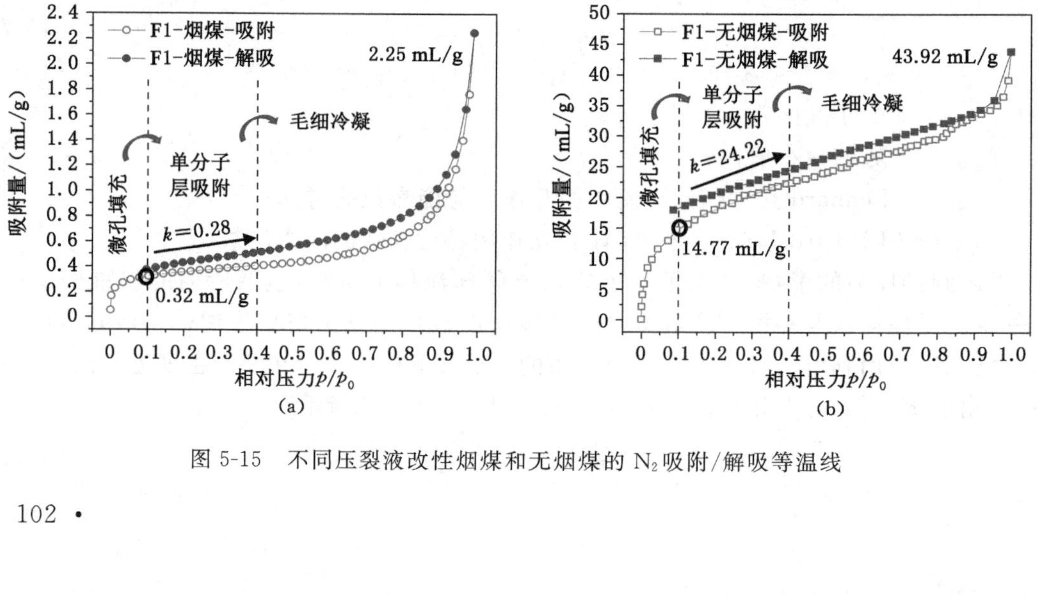

图 5-15　不同压裂液改性烟煤和无烟煤的 N_2 吸附/解吸等温线

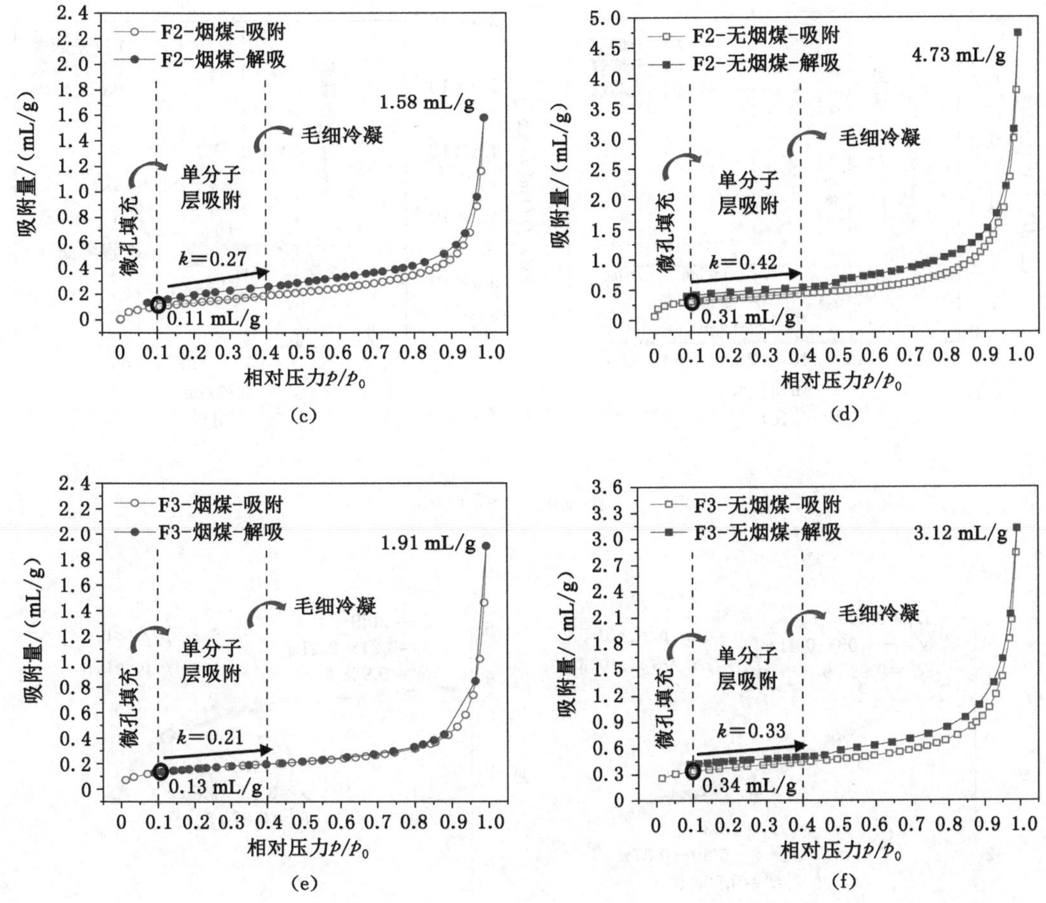

图 5-15　(续)

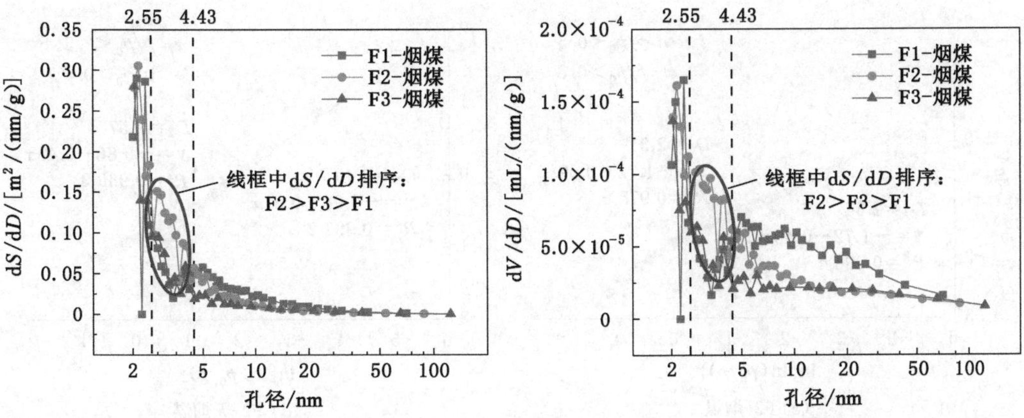

图 5-16　孔体积和孔面积随孔径的变化

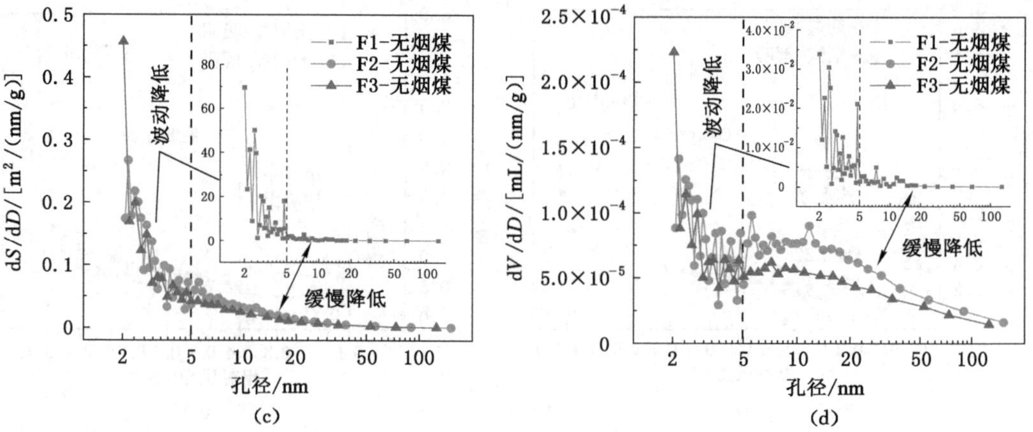

图 5-16 （续）

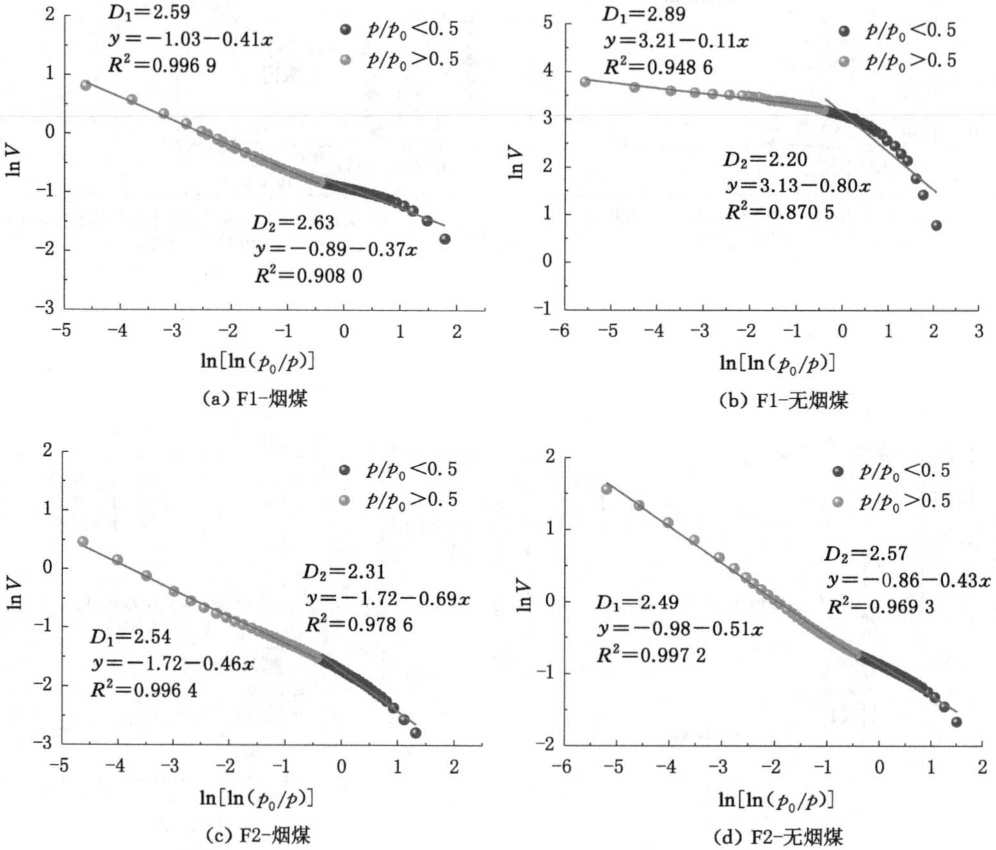

图 5-17 基于 N_2 吸附等温线的不同压裂液改性煤的孔隙分维

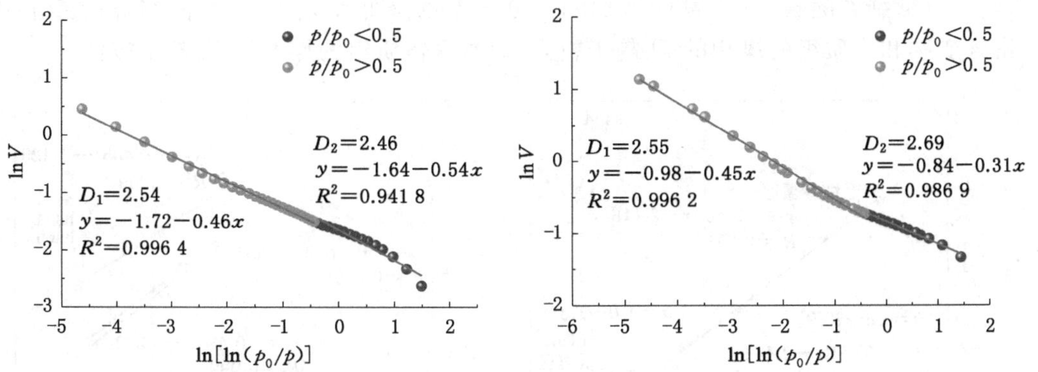

(e) F3-烟煤　　(f) F3-无烟煤

图 5-17 （续）

孔径分布进行了计算。如图 5-18、图 5-19 所示，几乎所有的煤样都表现出 H_3、H_4 型或介于 H_3、H_4 型之间的吸附解吸滞后环，且煤体表面分形维数 D_s 范围为 2.22～2.77，与 BET 比表面积呈显著正相关，与中孔大小呈负相关。分形维数除了受煤级的影响外，还受煤组成成分

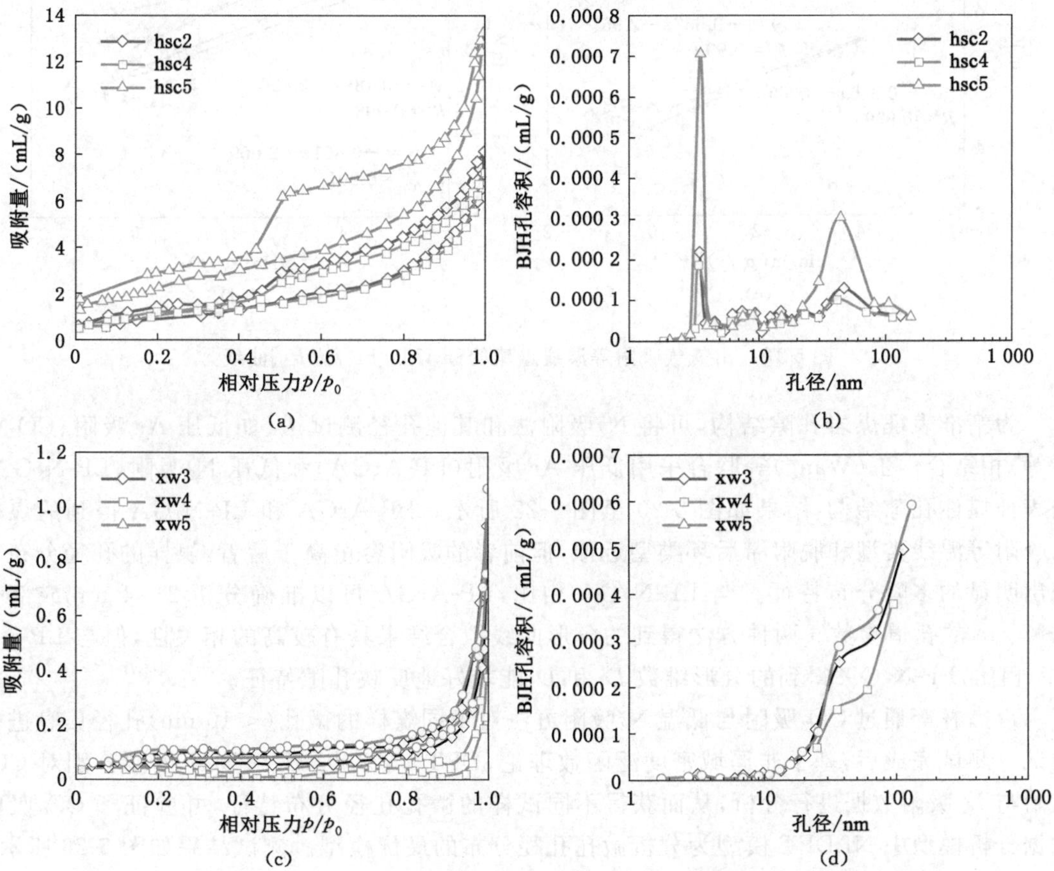

图 5-18 煤样的氮吸附曲线和纳米孔隙分布

的影响。分形维数随碳、氢含量的增加和灰分产率的降低而减小。此外，当煤阶逐渐升高时，富含矿物和惰质组的煤相的 D_s 趋于较高，而富含镜质组的煤相的 D_s 趋于较低。

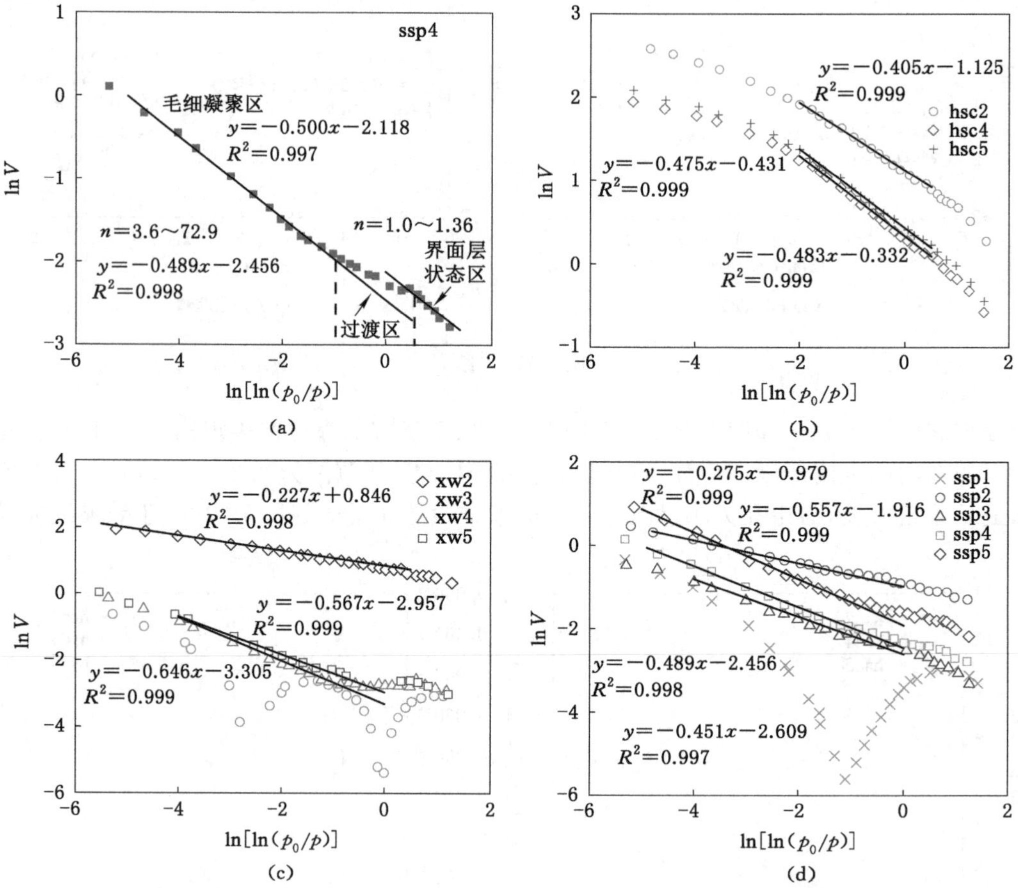

图 5-19　由氮气吸附等温线重建的 ln V-ln[ln(p_0/p)]曲线

为精准表征煤岩孔隙结构，可将 N_2 吸附法和其他孔径测试法(如低压 Ar 吸附、CO_2 吸附等)相结合。王(Wang)等联合采用低压 Ar 吸附(LP-ArGA)和低压 N_2 吸附(LP-N_2GA)法表征煤体孔隙结构，结果如图 5-20 至图 5-22 所示。LP-ArGA 和 LP-N_2GA 得到的煤样的吸附等温线类型和脱附滞后环类型近似，但前者的吸附容量高于后者，煤样的孔径分布表现出明显的多峰分布特征。与 LP-N_2GA 相比，LP-ArGA 可以准确分析 2～4 nm 或部分 2～7 nm 的孔道参数。两种方法得到的分形曲线拟合结果具有较高的相关性，但与 LP-ArGA 相比，LP-N_2GA 得到的分形维数 D_1 和 D_2 能较好地反映孔隙特征。

卢杰林等通过 CO_2 吸附与低温 N_2 吸附方法对不同煤样的微孔(＜10 nm)孔径信息进行测试。测试完成后，基于非局域密度泛函数理论(DFT)与多点 BET、BJH 模型分别对 CO_2 吸附与 N_2 吸附数据进行分析，从而获得不同试样的微孔孔径分布特征，并验证了 CO_2 吸附数据分析模型中 NLDFT 模型为分析微孔孔径分布的最优模型。测试结果如图 5-23 所示。

不同煤阶干燥煤样的 CO_2 吸附体积随相对压力的增大逐渐增加，在低压区($p/p_0<0.01$)表现为吸附优势区，此段区间内吸附速率较大，中高压区($p/p_0>0.01$)的吸附速率缓慢减小。

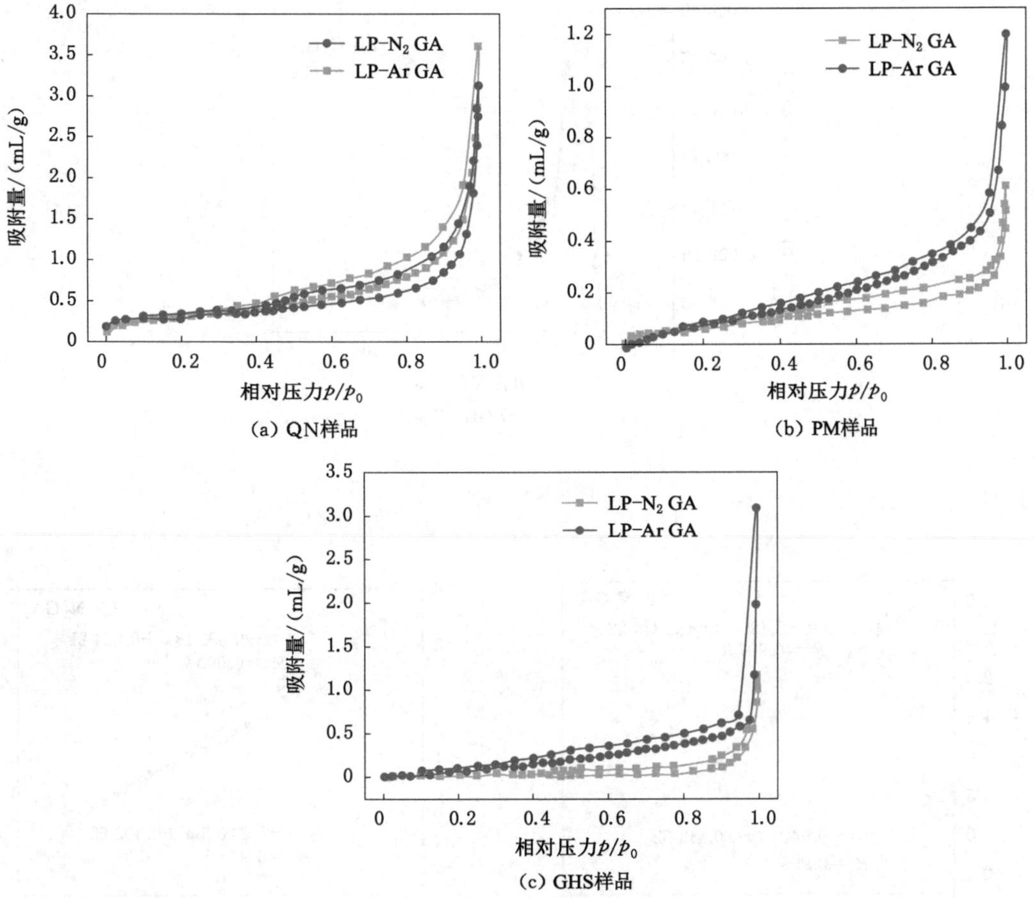

图 5-20　煤样的 LP-N$_2$GA 和 LP-ArGA 吸附等温线

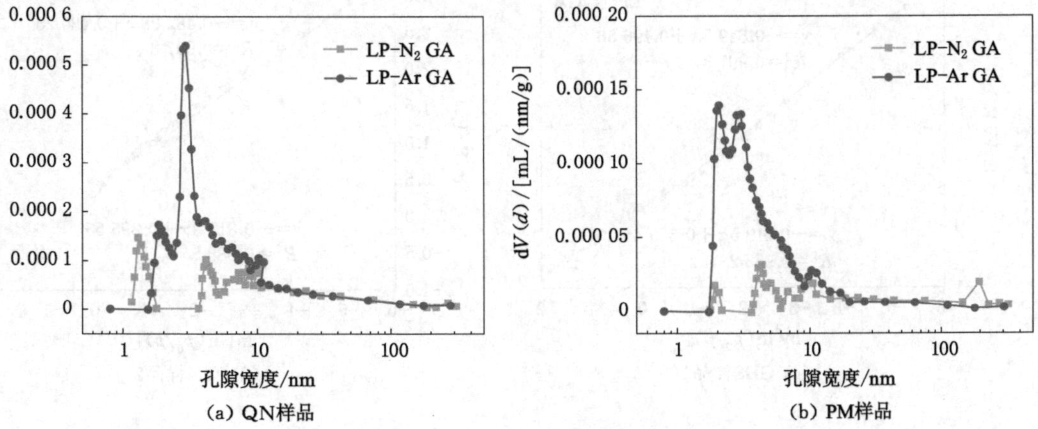

图 5-21　煤样的孔径分布

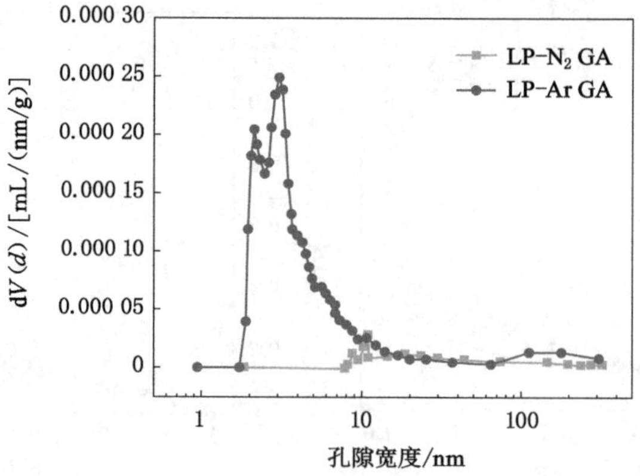

(c) GHS样品

图 5-21 （续）

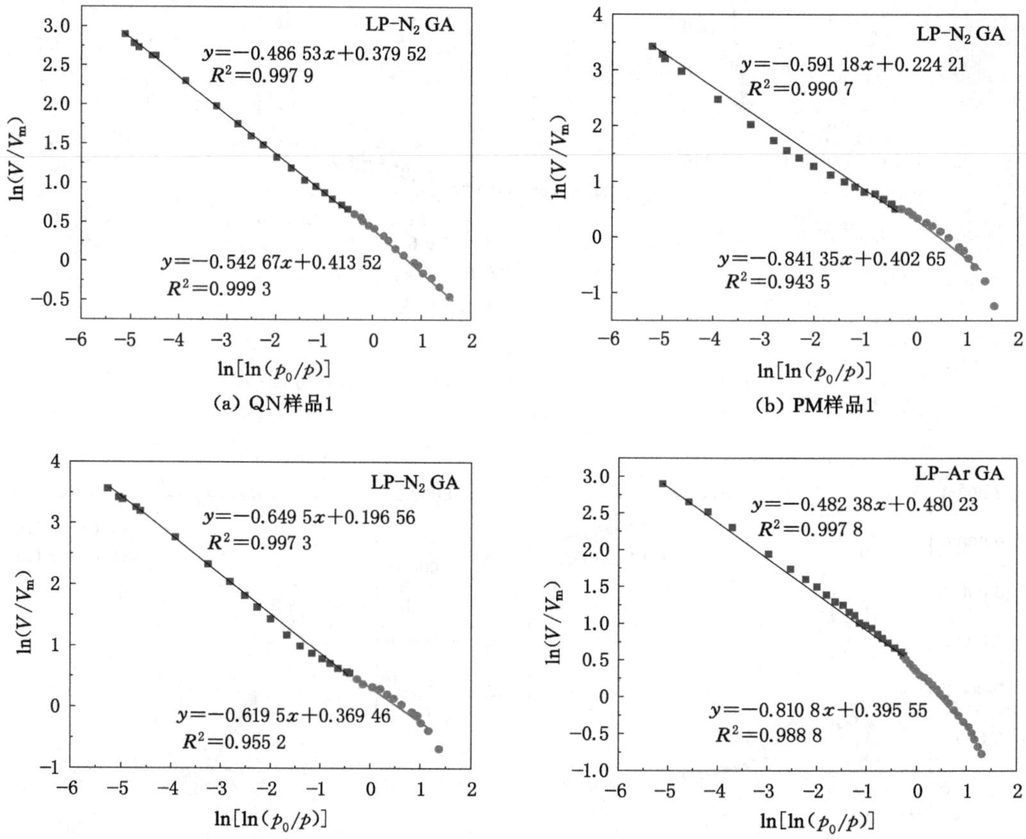

图 5-22 $\ln(V/V_m)$与$\ln[\ln(p_0/p)]$的关系

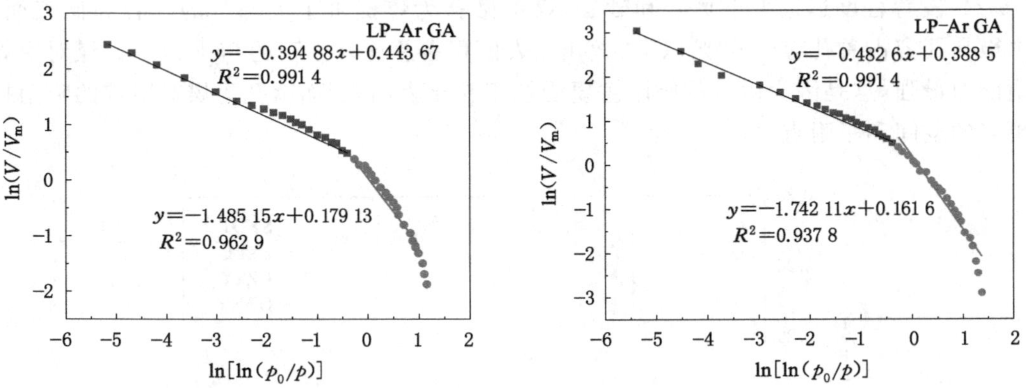

(e) PM样品2　　(f) GHS样品2

图 5-22 （续）

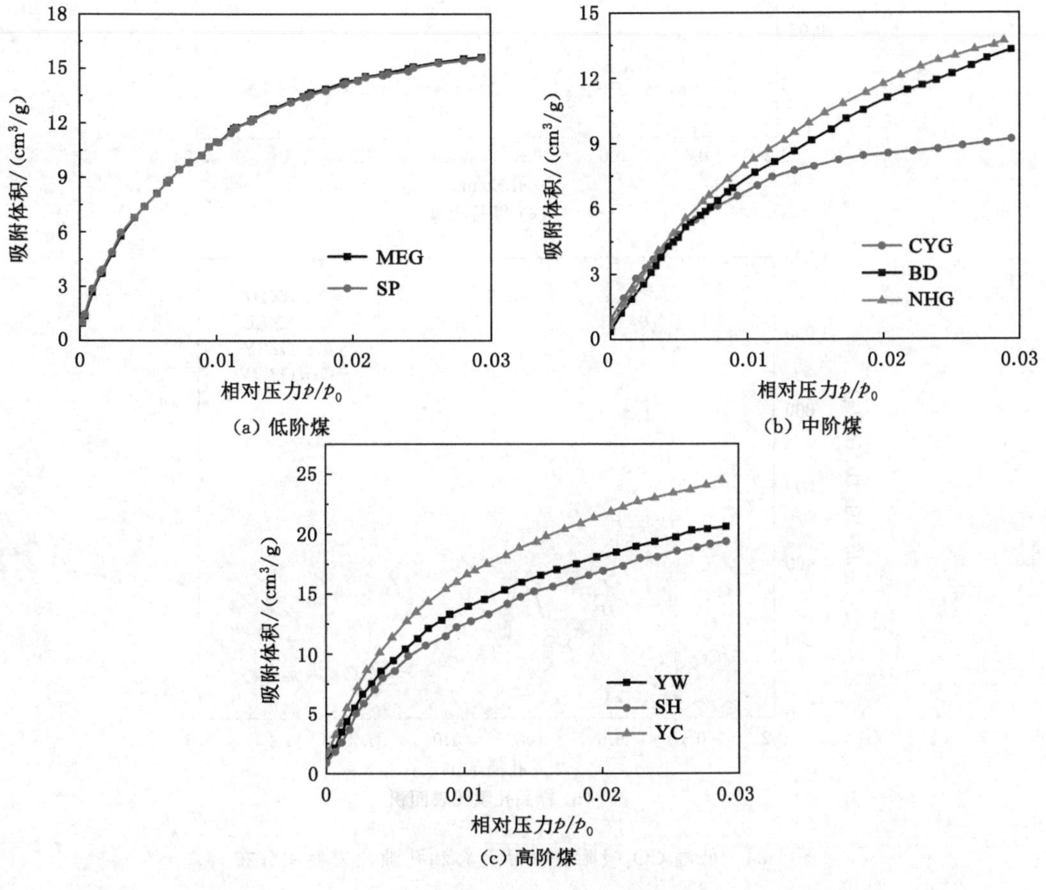

(a) 低阶煤　　(b) 中阶煤

(c) 高阶煤

图 5-23　不同煤阶煤的 CO_2 吸附等温线

其中，CO_2 最大吸附量整体上表现出高阶煤＞低阶煤＞中阶煤，表明高阶煤中微孔发育。

李全中等利用低温 CO_2 吸附方法测试了煤、页岩和砂岩孔隙结构的差异性，并进行了不同样品的甲烷等温吸附试验，分析了孔隙结构对甲烷吸附的影响。结果表明，煤微孔

(图 5-24)发育程度远远大于页岩和砂岩,煤中微孔为煤提供了大部分的孔容和比表面积,其中微孔孔容占总孔容的 60%以上,微孔比表面积占总比表面积的 95%以上。煤对甲烷的吸附能力最强,这是因为甲烷的吸附主要受控于孔比表面积,而微孔为煤对甲烷的吸附提供了更多的空间和吸附点位。

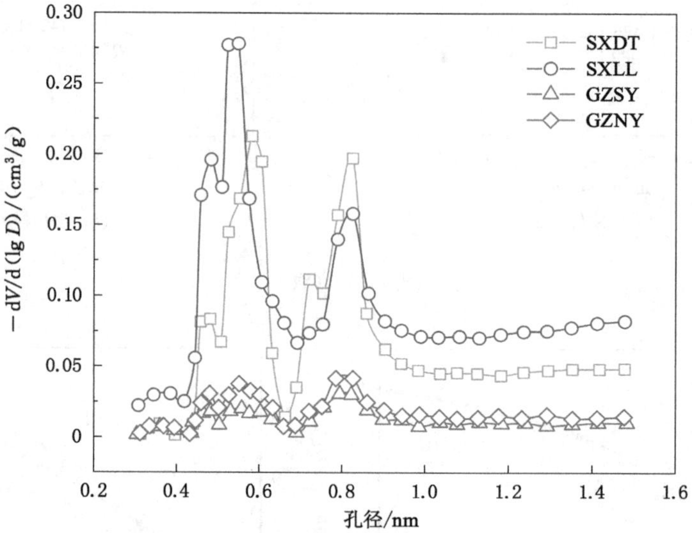

(a) 样品孔容

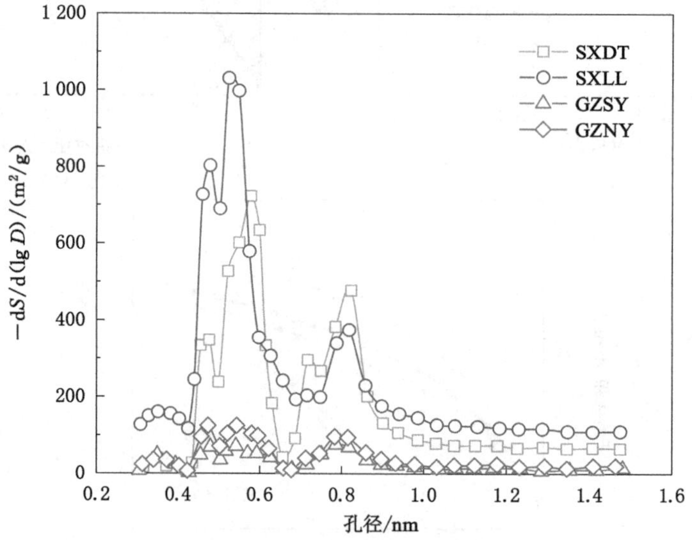

(b) 样品孔隙比表面积

图 5-24　低温 CO_2 吸附法样品孔容和孔隙比表面积分布

童(Tong)等通过低温 N_2 吸附和 CO_2 吸附试验定量表征了有机页岩储层的纳米孔结构,并利用多重分形理论研究了纳米孔的空间分布。图 5-25 为不同页岩试样的 CO_2 吸附等温线。基于 IUPAC 分类可知,CO_2 吸附曲线属于第Ⅰ类吸附等温线,在低相对压力阶段 CO_2 吸附量快速增加,在高相对压力阶段 CO_2 吸附量有逐渐接近极限值的趋势。基于 NLD-

FT 模型分析的试样孔径分布如图 5-26 所示。不同页岩试样的比表面积与孔径和孔容与孔径曲线均出现三个峰，中间峰对孔隙体积和比表面积的影响最大。

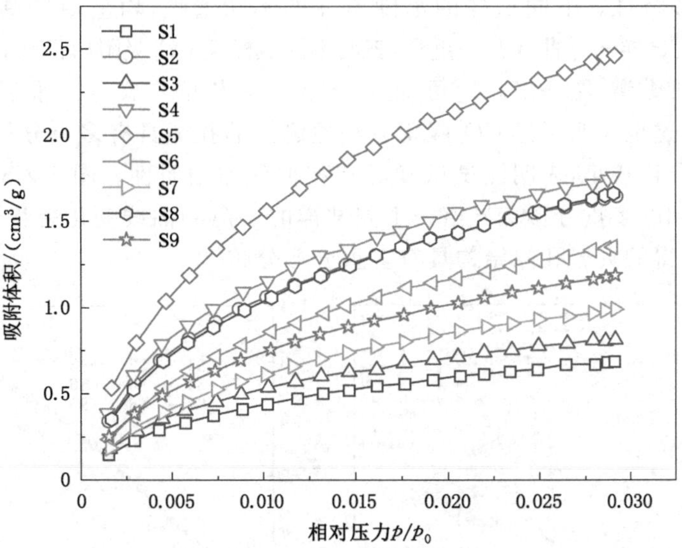

图 5-25 不同页岩试样的 CO_2 吸附等温线

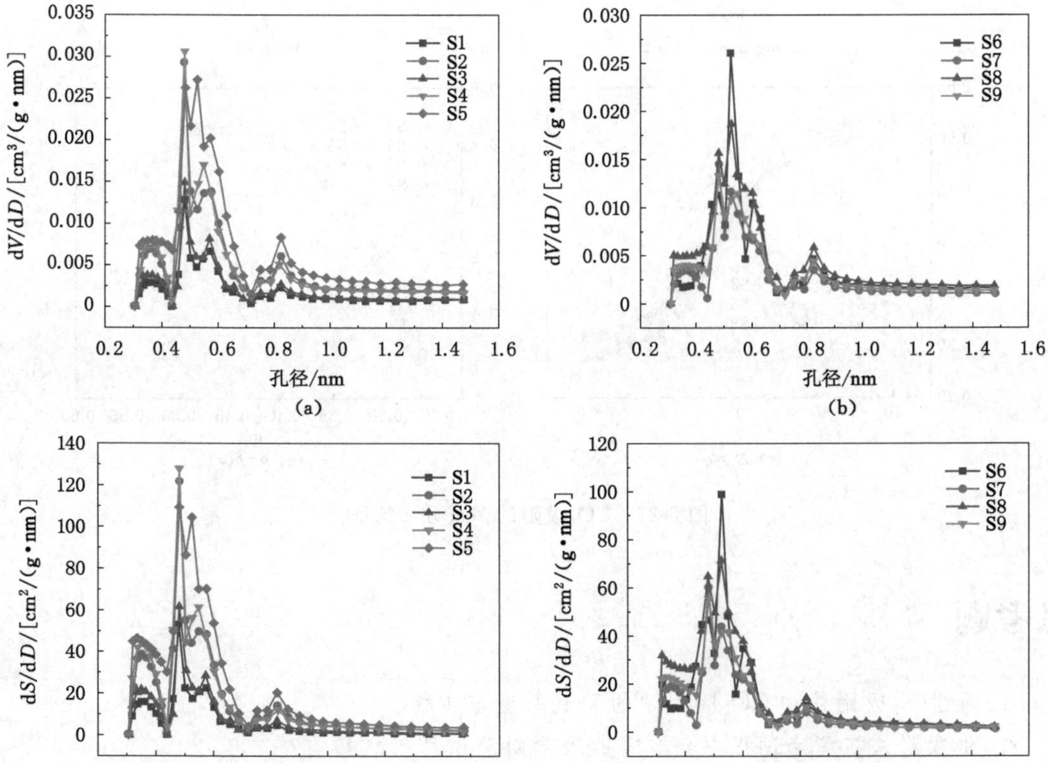

图 5-26 不同煤样 CO_2 吸附法计算的比表面积、孔容与孔径分布关系

当统计矩阶 q 为 -10～10 之间的整数时，基于 CO_2 吸附等温线得到的试样的 $\mu(q,\varepsilon)\sim\varepsilon$ 对数图如图 5-27(a)所示。$\log\mu(q,\varepsilon)$ 与 $\log\varepsilon$ 间存在明显的线性关系，表明 CO_2 吸附法测得的孔隙具有多重分形特征。不同试样的 τ_q 随着 q 的不断增大，均呈现单调递增的变化趋势[图 5-27(b)]，不同试样 τ_q-q 曲线几乎重合，表明不同试样经 CO_2 吸附后得到的孔径间差异较小。

由广义分形维数谱[图 5-27(c)]可知，不同页岩试样的广义分形维数 D_q 随统计矩阶 q 的增加单调减小，这也表明了经 CO_2 吸附方法检测到的孔隙具有多重分形特征。不同试样相同参数间的差异比较小，表明测试试样具有相似的非均质性。图 5-27(d)为利用 CO_2 吸附等温线计算得到的多重分形奇异谱。不同试样的 α-$f(\alpha)$ 曲线变化趋势相似，均呈非对称凸形结构，表明测得的页岩孔隙结构具有多重分形分布。

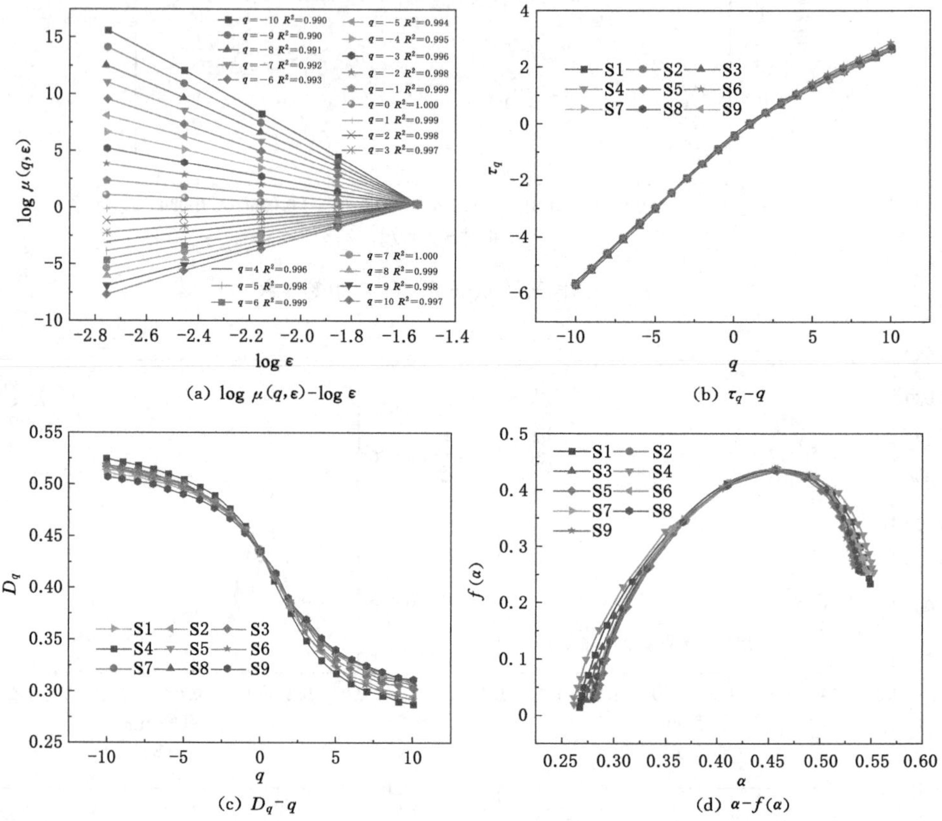

图 5-27　CO_2 吸附的多重分形特征

思考题

1. 简述 N_2 吸附法和 CO_2 吸附法的测试原理与步骤。

2. N_2 吸附法在测定过程中会有哪些因素对测试结果有影响？

3. 简述 CO_2/N_2 吸附法在孔径范围测量中的差异及 CO_2 吸附法在微孔测量中的优势。

4. 不同的比表面积与孔径分布计算模型的孔径适用范围有何区别？对于 CO_2 吸附与 N_2 吸附的测定结果应该分别使用哪些模型？

第 6 章　压汞测试分析方法

6.1　压汞法基本原理

6.1.1　压汞法简介

压汞法(mercury intrusion porosimetry,MIP),是一种测定多孔材料孔隙结构的方法,能够测定孔径大小、孔隙体积,并计算出孔径分布。该方法最早由里特(H. L. Ritter)和德雷克(L. C. Drake)提出。其原理:金属汞对固体表面具有不可润湿性,只有在一定压力下才能挤入多孔材料的孔隙中,孔径越小,所需的压力就越大。根据毛细管现象,若液体对多孔材料不浸润(即浸润角大于 90°),则表面张力将阻止液体浸入孔隙。但是,对液体施加一定压力后,即可克服这种阻力而使得液体浸入孔隙中。因此,通过测定液体充满孔隙所需的压力值即可确定该孔径的大小。压汞仪实物图如图 6-1 所示。

图 6-1　压汞仪实物图

压汞法广泛应用于煤的孔隙结构特征测定中。在半径为 r 的圆柱形毛细管中压入不浸润液体,达到平衡时,作用在液体上的接触环截面法线方向上的压力应与同一截面上张力在此面法线上的分量等值反向,即:

$$P = -\frac{2\sigma\cos\theta}{r} \tag{6-1}$$

式中 r——毛细管半径，nm；

σ——金属汞的表面张力，25 ℃时为0.484 2 N/m，50 ℃时为0.472 N/m；

θ——所测多孔材料与金属汞的润湿角（接触角），取值为135°～142°；

P——压入金属汞的压力，N/m^2。

根据施加压力P，便可求出对应的孔径尺寸r，由汞压入量便可求出对应尺寸的孔体积，由此便可算出孔体积随孔径大小变化的曲线，从而得出多孔材料的孔径分布；同时压汞仪由连续操作可以获得一系列不同压力下压入多孔材料中金属汞的体积，求出其孔径分布和总孔隙体积。

压汞法作为测量岩芯孔隙结构的一种方法具有重复性好等优点，压汞仪可分析粉末或块状固体的孔尺寸分布、孔隙度、总孔体积、总孔面积、样品表观密度等，已用于检测水泥陶瓷、混凝土耐火材料、玻璃等无机非金属材料以及金属和部分有机材料内部微观气孔的分布状态；还可获得开放孔和裂隙的孔尺寸分布、总孔体积、总孔面积、样品堆/真密度、流体传输性等物理性质，同时研究材料内部微观气孔结构对材料性能的影响规律等。

6.1.2 压汞仪

压汞仪一般都包含有低压系统和高压系统，低压系统主要用来注汞和测量大孔的结构；高压系统则是用来测量中孔和微孔的大小及分布，是压汞仪最重要的组成部分，为缩短分析时间，保护并延长高压部件寿命，应根据样品测定实际需要设定最高压力，非必要的情况下不需要都设置到仪器上限。压汞仪的测量孔径范围一般在0.003～1 000 μm之间，可选择两个低压站和一个高压站，或者四个低压站和两个高压站，以满足多种样品的检测，其具有高级别安全防护，即使在高压和有毒的汞环境下仍可放心使用。压汞仪可选择压力为33 000 psi（1 psi＝6 894.76 Pa，下同）或者60 000 psi型号，在使用过程中噪声低，具备高压系统，且有增强的数据处理包，包括弯曲度、渗透性、压缩系数、孔喉比、分形维数、Mayer-Stowe粒径分布等，可进行扫描模式或速率平衡模式操作。能够收集极高分辨率的数据，进汞或退汞体积精度优于0.1 μL，具有封闭式的汞系统，用汞量很低。

膨胀计是压汞仪中的一个重要元件，其分为块体和粉末两大类，容量有3 mL、5 mL、15 mL三种，每一次分析都会从汞池中消耗掉3～15 mL的汞，当汞含量不足时，需要及时补充汞液，使汞液面低于汞的观察窗顶部1～3 cm，同时不能达到观察窗口的顶部。汞自身是导电物质，膨胀计内的汞液和外部金属板连通，相当于电容器两端的金属板；而其毛细管相当于绝缘板，试验过程中，汞液被压入多孔样品中，导致毛细管中汞柱长度发生变化，从而引起电容器电量变化，被传感器采集识别转化为汞的变化量，以此来描述孔隙特征。

6.2 压汞法测试步骤

6.2.1 压汞试验操作流程

（1）样品制备：去除样品表面，敲为尺寸均匀的数毫米小块，浸入无水乙醇中，测试前将样品在90 ℃以下真空烘箱内烘4 h以上，同一批试验样品应保持同一烘干时间；将试样称重并记录，再将其装入样品管中并密封。

(2) 开启仪器:开启气瓶,将压力调节至所需数值并保持稳定,并开启风机,启动电脑,检查液氮及汞量是否充足。

(3) 低压操作:将样品管装入低压站,开启系统。

(4) 高压操作:低压试验结束后,将样品管取出,装入高压站。

(5) 保存数据:高压试验结束后,合并低压及高压数据,并保存数据。

(6) 器材清洗:试验结束后,将样品管中废液倒出,用酒精清理样品管,备用。

6.2.2　样品对孔隙分析的影响

(1) 样品本身对孔分析的影响

压汞法可以应用于任何一种固体材料的测量。但在实际操作过程中,部分结构比较脆弱的样品,有可能被压缩而发生变形,或是在一定压力下发生崩塌,导致孔结构被完全破坏。这就要求对其只进行较低压力的测试并进行相对修正。而某些物质易与汞发生汞齐反应,因而对测试结果产生极大影响,这些物质则不适合使用压汞法进行测量。

(2) 样品量对孔分析的影响

使用压汞法时,应根据样品量大小和样品的比孔容大小选取毛细管内径不同的膨胀计。通常使用的样品管毛细管内径为 2 mm 或 4 mm,对于均匀性较好的样品,样品孔容积应小于 2 mL 或 0.5 mL。样品均匀性为非理想状态时,需要取尽量大的样品量,增大数据代表性。对于比孔容较小的样品,若进汞量小于 0.02 mL,则不能代表其孔径分布,取样量应尽可能增大。对于比孔容较大的样品,若样品量过大,孔容积超过 2 mL 或 0.5 mL,使得在检测未完成时,毛细管中的汞已消耗完,导致微孔区无法被检测到,需相应减少样品量。

(3) 真空、干燥对孔分析的影响

在对样品进行注汞测量其孔体积之前,必须对样品进行真空脱气处理,保证汞能填满所有的孔。若吸附气体或杂质未完全脱出,则会导致测量值偏小。对于一些易吸潮的样品,脱气前应进行干燥处理。有些样品(如水泥)在烘干过程中有可能引起结构的不可逆变化,则应进行低温干燥。对于含有有机杂质的样品,应相应延长真空脱气时间。

(4) 压汞法测定粉体密度的常见问题

压汞法测量粉体,可同时得到体积密度(bulk density)、表观密度(apparent density)和骨架密度(skeletal density)。其中,体密度会因粉体受压或堆积排列方式的变化而产生变化。测试过程中,由于汞的浸润角和表面张力对测试有很大影响,测试时应选用高纯汞,并恒定测试温度。同时,如毛细管管壁不清洁,也会使汞的侵入产生变化,从而导致对骨架体积计算的误差。

6.2.3　压汞试验安全操作规定

汞是实验室的常用物质,毒性很大,且进入体内不易排出,会形成积累性中毒,室温下汞的蒸气压为 0.001 2 mmHg 柱,比安全标准的浓度大 100 倍,同时高汞盐($HgCl_2$)对人的致死量为 0.1～0.3 g,因此要求试验过程中使用金属汞时应特别小心,必须需要严格按照操作规定安全进行。

(1) 汞不能直接暴露于空气中,其上应加水或其他液体覆盖。

(2) 任何剩余量的金属汞均不能倒入下水槽中。

(3) 储汞容器必须是结实的厚壁器皿，且器皿应当放在瓷盘上。

(4) 装汞的容器应当远离热源。

(5) 万一汞掉在地上、台面或水槽中，应尽可能用吸管将汞珠收集起来，再用能形成汞齐的金属片(Zn、Cu、Sn 等)在汞溅处多次扫过，最后用硫磺粉覆盖。

(6) 实验室应有良好的通风，皮肤有伤口时，切勿接触汞。

6.2.4 压汞试验测试过程注意点

压汞法测量物质的孔径分布和密度是一种非常方便实用的方法，为获得较真实的测试结果，要求测试过程中应做到如下几点：

(1) 要对样品的压缩率、崩塌系数等自身特性有所了解。

(2) 对于比孔容的大小选择适合的毛细管。

(3) 样品需经干燥、真空脱气处理，保持表面清洁。

(4) 压汞法测密度时，应保证样品管清洁，并使用纯净的汞。

(5) 供电不正常的情况下禁止开启仪器。

(6) 高压测试时人员不得离开，防止意外的发生。

(7) 保持室内温度低于 25 ℃且处于良好的通风状态。

(8) 出现汞渗漏应立即清理并洒硫酸覆盖。

(9) 废弃汞及被汞污染的样品应用水密封。

6.2.5 常规压汞法与恒速压汞法

常规压汞法测试准确快速，测试原理相对简单，操作简便。但常规压汞法发生在两个静止状态之间，丢失了很多孔隙结构信息，如孔喉比等；同时常规压汞法包含了太多人工干预因素，无法具体体现与自然渗流联系在一起的孔隙结构；常规压汞法无法得到孔隙的数量分布，只能用体积分布去近似表示数量分布。

恒速压汞法是在汞注入速度极低且恒定条件下，测定岩石毛管压力曲线的方法。恒定低速使得进汞过程可以近似为准静态过程，界面张力与接触角保持不变，汞所经历的每一孔隙形状变化，都会引起弯月面形状和毛管压力改变。恒速压汞法可以获得喉道的数量分布，得到真正具有力学意义上的孔隙结构参数(如孔隙半径、喉道半径和孔喉比)；恒速压汞法得到的是孔隙结构中孔隙的数量分布，而不是体积分布；孔隙半径发生改变的频度就是孔隙半径的数量分布，孔隙半径发生改变的大小量度就是孔喉比。因为注射速度极低且恒定，故恒速压汞法相比于常规压汞法测样时间更长；为了缩短样品检测时间，通常采取减小样品体积来完成测试。由于最高测试压力较低，恒速压汞法不适用于特低渗岩石孔隙测试。

6.3 压汞法曲线分类

假定岩石中有图 6-2 所示的孔径大小差异较大的连续孔隙，压汞过程中毛管压力作为阻力，当外界压力小于孔道 A 处产生的毛管压力 P_A时，汞液无法进入孔道 B 而停留在孔道 A 外边，反之，汞液通过孔道 A 进入孔道 B 内部。由于孔道 B 的孔径较大，产生的毛管压力远小于外界压力，汞液进入直到孔径更小的孔道 C 端口。孔道 C 半径很小，产生的毛管压力 P_C远大于外界压力，汞液不能突破孔道 C，等外界压力上升达到 P_C时，汞液才能突破孔道 C，进入孔道 C 另一端连接的孔隙中。在退汞时，毛管压力作为动力，只有外界压力降低小于毛管压力时，汞液才能从孔道中退出，当外界压力低于 P_B时，汞液才退出孔道 B，反之汞液留在孔道 B 和 A 内。

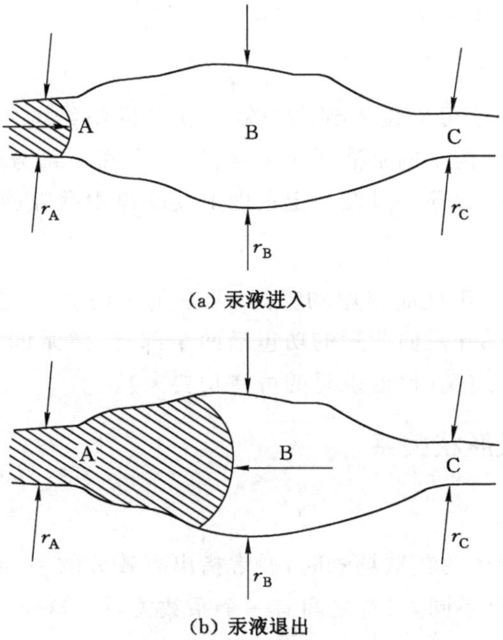

图 6-2　进退汞示意图

6.3.1　进退汞曲线

在汞侵入煤孔隙网络结构时，进汞曲线和退汞曲线之间往往不同步，即产生了迟滞现象，这种类似环状曲线也被称为滞回环。如图 6-3 所示。

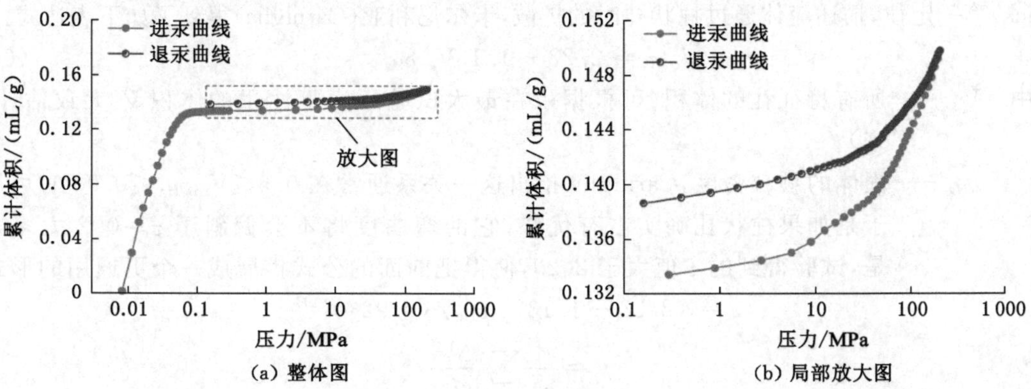

图 6-3　进退汞曲线

目前有以下三种主流的解释：

6.3.1.1 瓶颈孔假设

国内外学者通常使用“墨水瓶”理论和“接触角”理论去解释煤样进/退汞曲线滞回环的形成原理。如果孔只有一个小的入口，只有压力达到最大入口半径对应的压力后，才可能充满整个孔。此时计算出来的孔径分布将小于实际孔径，反之，退汞也有类似的现象，在所谓的瓶颈孔会产生截留和迟滞。

6.3.1.2 孔隙网络影响

汞液在外界压力条件下可以侵入到煤中复杂孔隙网络结构中。当外加压力逐渐降低时，侵入到复杂孔隙网络结构中的汞液无法完全排出，会滞留部分汞液在交联孔隙结构中。因此，进退汞曲线形成的滞回环可以在一定程度上反映煤中孔隙网络结构的连通性。

6.3.1.3 孔的潜在理论

在最初注汞时，汞不受孔壁面作用的支配，但在退汞时在一定程度上与壁面作用有关系。在最初注汞过程中，展开汞面所用的功包括两个部分：注汞的不可逆功（在盲孔或瓶颈孔内汞的截留）、注汞的可逆功（比退汞时的可逆功要大）。

6.3.2 滞回环与孔隙形状关系

6.3.2.1 孔的弯曲

当模拟多孔固体中液体的扩散场景时，通常指出有效分散率（或测量的分散率）D_{eff}和理论（或量液体）分散率 D_b有不同，二者之间有一个系数关系。这个系数取决于固体的结构：

$$D_{eff} = \frac{D_b \theta_c}{\tau} \tag{6-2}$$

式中 θ_c——孔体积的占有率；

τ——弯曲性系数，这个有效的弯曲性系数集中了所有的偏差，阻碍了直接分散路线成为一个简单的无量纲参数，这个值通常在 1 和 7 之间，当取 2 时代表的是不交叉的柱状孔。

作为一个平均值，有效的弯曲率被认为对孔结构性质的变化相对迟钝一些。用菲克（Fick）第一定律，描述流体通过柱状孔时的扩散，卡尔尼利亚（Carniglia）得到了如下表达式：

$$\tau = 2.23 - 1.13 V_{co} \rho_{Hg} \tag{6-3}$$

式中 V_{co}——所有特征孔的体积（可根据汞在最大试验压力下注汞的体积 V_c大致估计出来）；

ρ_{Hg}——固体的颗粒密度，Carniglia 指出这一关系通常在 $0.5 \leqslant V_{co}\rho_{Hg} \leqslant 0.95$ 时可用，于是如果柱状孔确实占有优势，它的弯曲度将不会偏斜于 $\tau = 0.2$ 太多，但是，试验得到的 τ 值大于 2.23，使得把前面的公式扩展成一个更通用的形式。

$$\tau = (2.23 - 1.13 V_{co} \rho_{Hg})(0.92 y)^{1+E} \tag{6-4}$$

$$y = \frac{4}{S} \sum \frac{\Delta V_i}{d_i}$$

式中 S——总表面积；

ΔV_i——一个孔段 i 内的孔体积变化；

d_i——一个孔段 i 内孔的平均直径；

E——孔形状指数。

6.3.2.2　透过率

固定透过率 K 定义为允许流体流过它的能力。影响其测试精度的因素有水头压力、分子或孔的开放比率、吸附等。与利用气/液测试透过率相比，压汞法常被认为有质变效果。

汞透过率法的根本限制是该方法需要假定一个孔结构的模型，这里采用的模型是由一束平行毛细管组成的介质，透过率像弯曲率一样受基体规则性质的影响。为把固体透过率 K 与其特性参数联系起来，通常模拟液体流过粉体基体上的直柱状通道时的情况，将达尔瑞(Daray)和泊肃叶(Poiseuille)法则合起来得到：

$$K = \frac{\varphi d_{\mathrm{p}}^2}{32} \tag{6-5}$$

式中　φ——粉体基体的孔隙度；

d_{p}——孔的平均直径，修正的不正规性后导出了一般形状的表达式：

$$K = \frac{\varphi d_{\mathrm{p}}^2}{16\tau} \tag{6-6}$$

式中 τ 可用来代表孔有影响的弯曲率，如果假设孔是直的柱状孔，那么 $\tau=2$。

6.3.2.3　喉/孔比

实际上，网孔模型常常用于分析多孔岩石的特性。从网孔模型可以推论出注汞/退汞曲线与喉的形状有关。从纯几何的观点看，注汞曲线的形状可能在原理上与孔的收缩(喉部)相关，而退汞曲线可能与空腔的形状有关，喉径/孔径之比 $R_{\mathrm{TP.I}}$ 将作为汞填充的孔隙度 φ_i 的函数，并随之而改变，如下式：

$$R_{\mathrm{TP.I}} = \left(\frac{D_{\mathrm{I}}}{D_{\mathrm{E}}}\right) = \left[\left(\frac{P_{\mathrm{E}}}{P_{\mathrm{I}}}\right)\left(\frac{f_{\mathrm{E}}}{f_{\mathrm{I}}}\right)\left(\frac{\cos\theta_{\mathrm{I}}}{\cos\theta_{\mathrm{E}}}\right)\right] \tag{6-7}$$

式中 D,P,f 和 θ 分别为喉或者孔的尺寸，所加的压力，孔形状系数和汞的接触角，角标 I 和 E 分别指的是注汞和退汞曲线。φ_i 由下式决定：

$$\varphi_i = \frac{V_{\mathrm{a}}}{V_{\mathrm{c}}} \tag{6-8}$$

式中　V_{a}——在一个给定压力下的注汞体积；

V_{c}——在最大试验压力下得到的注汞体积。

作为参照，带有特征性质的喉/孔比 $R_{\mathrm{TP.I}}$，可以如下式进行定义：

$$R_{\mathrm{TP.I}} = \frac{D_{\mathrm{max,I}}}{D_{\mathrm{max,E}}} \tag{6-9}$$

6.4　压汞法数据分析

6.4.1　颗粒尺寸分布

注汞曲线能反映颗粒之间的孔及颗粒本身结构尺寸的信息，较为成熟的理论包括迈耶(Mayer)和斯托(Stowe)的简单汞破坏理论以及史密斯(Smith)和斯特默(Stermer)的集合-

修补法。

(1) Mayer 和 Stowe(MS)理论

Mayer 和 Stowe 对汞侵入规则球体基体的行为做了细致的研究，他们假定迫使汞侵入密实的直径为 D 的球体所需的穿透压力 P_b 为：

$$P_{\mathrm{b}} = \frac{K\gamma}{D} \tag{6-10}$$

式中 γ——汞的表面张力；

K——MS 比例常数，是一个与颗粒的接触角和规则情况有关的复杂函数。

对于随意堆放的球($\varepsilon_a=37.5\%$)，设汞的接触角 $\theta=140°$，$K=10.73$(通常 K 随 θ 的增大而增大，随 ε_a 的增大而减小)，平均颗粒的配位数(N_c)可通过下式估算出来：

$$N_{\mathrm{c}} = \frac{\pi}{1-\dfrac{\rho_{\mathrm{Hg}}}{\rho_{\mathrm{He}}}} \tag{6-11}$$

式中 ρ_{Hg}，ρ_{He}——样品颗粒的堆积密度和氦膨胀法真密度。

大量研究表明，颗粒外形一般被认为对结果起着较小的作用，尽管无量纲的注汞/退汞颗粒外形系数小，也可被引入到 MS 理论表达式中：

$$P_{\mathrm{b}} = \frac{fk\gamma}{D} \tag{6-12}$$

(2) Smith 和 Stermer 理论

Smith 和 Stermer 观察到即使对较窄的孔径分布，注汞曲线通常也看不出特有的穿透压力，这些失常归因于一定粒径的颗粒不是堆积在粉体基体的不同区域(不同粒径的颗粒是混在一起的)，Smith 和 Stermer 归纳扩大了 Mayer 和 Stowe 方法，通过假设汞在任一压力 P_i 下侵入不同尺寸的颗粒基体时的总体积 D_i 是侵入每一个粒径 D 的两个颗粒之间体积和，得到如下公式：

$$V_i = \int K(P_i D)F(D)\mathrm{d}D \tag{6-13}$$

式中 $K(P_i D)$——一个影响函数，表征汞侵入两个粒径为 D 的粒径间隙的情形；

$F(D)$——粒径分布函数，用试验的 $P_i V_i$ 值和一个归纳的影响函数，其分布函数 $F(D_j)$(平均孔径为 D_j)，可以由下式求得：

$$V_i = \sum K(P_i D_j)F(D_j)\Delta P_j \tag{6-14}$$

如果在 $1 \leqslant j \leqslant N$ 的区间内求和，且是在 $1 \leqslant j \leqslant M$ 内求解公式，计算 $F(D)$，涉及同时解 N 个 M 系的方程，服从于非负数限制，例如劳索(Lawso)和汉森(Hanson)的非负数最小平方法(NNLS)，也就是列一个如下的函数：

$$E = \int [V_{\text{experiment}}(P) - V_{\text{theory}}(P)]^2 \mathrm{d}P \tag{6-15}$$

汇集到一个最小的精确度，减小计算的分布函数的摆动，一个平滑项可以加上去，即：

$$E = \int [V_{\text{experiment}}(P) - V_{\text{theory}}(P)]^2 \mathrm{d}D + \alpha \int F(D)^2 \mathrm{d}D \tag{6-16}$$

式中 α——调节参数，取值 10^8。

为加快上述(迭代)交互求和的收敛，一个释放参数 λ 也可以用于参与有效地修正交互值(或叫迭代值)，即：

$$F(D_{k+1}) = F(D_k) + \lambda[F'(D_{k+1}) - F(D_k)] \tag{6-17}$$

其中，$F'(D_{k+1})$ 是应用释放法前的迭代值，典型的 λ 值在 0 和 2 之间。

6.4.2　颗粒间和颗粒内的孔隙度

孔隙度的定义是固体孔隙与总表观体积之比，总孔隙度大小常常是根据汞密度和氦密度估计：

$$\varepsilon = 100[1 - \frac{\rho_{\mathrm{Hg}}}{\rho_{\mathrm{He}}}] \tag{6-18}$$

考虑到所有小于能常压充入汞的孔（在标准压力下，直径大约 14.5 μm），同时氦能测出的孔（直径大于 3 Å 左右的开孔），它们的总体积（V_p）是：

$$V_{\mathrm{p}} = \frac{1}{\rho_{\mathrm{Hg}}} - \frac{1}{\rho_{\mathrm{He}}} \tag{6-19}$$

为区别粉状体中不同类型的孔隙度，可以用下面的公式：

$$\begin{cases} \text{颗粒间孔隙度}(\%) = 100\,\dfrac{V_{\mathrm{a}}}{V_{\mathrm{b}}} \\ \text{颗粒内孔隙度}(\%) = 100\,\dfrac{V_{\mathrm{a}} - V_{\mathrm{b}}}{V_{\mathrm{c}} - V_{\mathrm{b}}} \\ \text{汞侵入孔隙度}(\%) = 100\,\dfrac{V_{\mathrm{a}}}{V_{\mathrm{c}}} \end{cases} \tag{6-20}$$

式中　V_{a}——在一个给定压力下的注汞体积；

V_{b}——在用户定义的内孔填充体积极限（通常在汞注汞曲线的高压和低压的停滞台阶的拐点）；

V_{c}——在最大试验压力下得到的注汞体积。

6.5　压汞测试分析法的应用

6.5.1　温度对煤体孔裂隙结构的影响

图 6-4 展示的是不同温度和压力下煤样的进退汞曲线。当压力小于 2 psi 时，孔径大于 10^5 nm 的汞累积侵入量急剧增加，当累积侵入压力达到 1 800 psi 时，相应的孔径约为 100 nm；也就是说当孔径在 100～10^5 nm 范围内时，累积侵入量缓慢增加，孔隙发育相对较小。当压力高于 1 800 psi 且孔径小于 100 nm 时，累积侵入量再次迅速上升，表明微孔占有一定比例。当煤中孔隙被填充时，汞累积侵入量达到最大值。随着作用煤体温度升高，汞总累积侵入量随之增加。进退汞曲线存在明显的滞回环，表明煤体孔隙多为墨水瓶孔。

图 6-5 展示了不同温度下的总孔体积和大孔体积。煤的孔体积分布表明，当煤样的处理温度从 30 ℃增加到 150 ℃时，总孔体积从 0.041 9 mL/g 增加到 0.067 3 mL/g，而大孔体积从 0.024 9 mL/g 增加到 0.045 4 mL/g，呈逐渐上升趋势。

一般采用沃什伯恩方程来研究汞侵入试验中煤体孔隙的分形特征，通过建立汞体积与压力的双对数函数关系来计算孔隙分形维数：

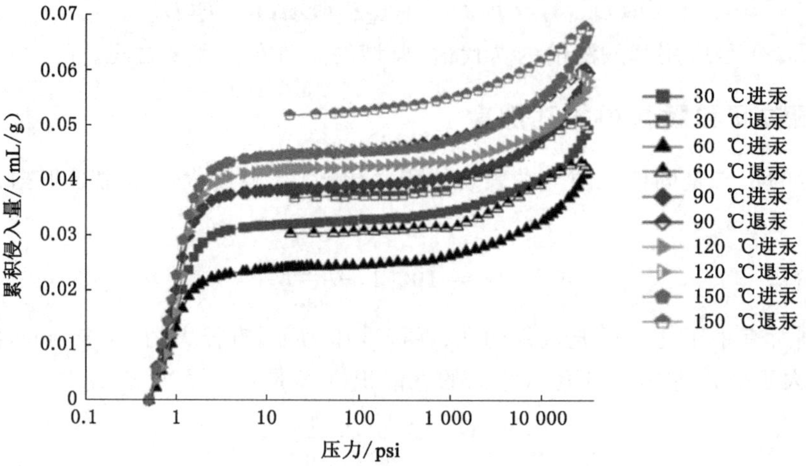

图 6-4 不同温度下进汞和退汞曲线图

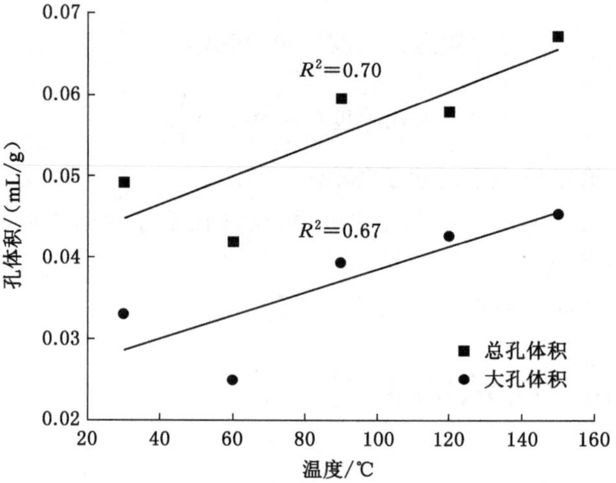

图 6-5 不同温度下的总孔体积和大孔体积

$$\lg\left[\frac{dV_p(r)}{dP(r)}\right] \propto (D_f - 4)\lg P(r) \tag{6-21}$$

式中 $V_p(r)$——对应于压力 $P(r)$的汞的体积，cm^3/g；

$P(r)$——汞入口压力，MPa；

r——孔径，nm；

D_f——无量纲孔分形维数。

基于 $\lg[dV_p(r)/dP(r)]$和 $\lg P(r)$的关系构建了散点图，对散射点进行直线拟合，得到拟合直线的斜率 K，如图 6-6 所示。因此，分形维数的值 D_f可以计算为 $D_f=4+K$。

根据不同温度处理的煤样的汞侵入试验(图 6-6)，$\lg[dV_P(r)/dP(r)]$和 $\lg P(r)$之间的关系大致可分为大孔隙和小孔隙截面。根据不同阶段的拟合斜率，可以得到不同孔隙段煤孔隙的分形维数。表 6-1 显示大孔隙截面的分形维数 D_1 为 2.377～2.531，相关系数在

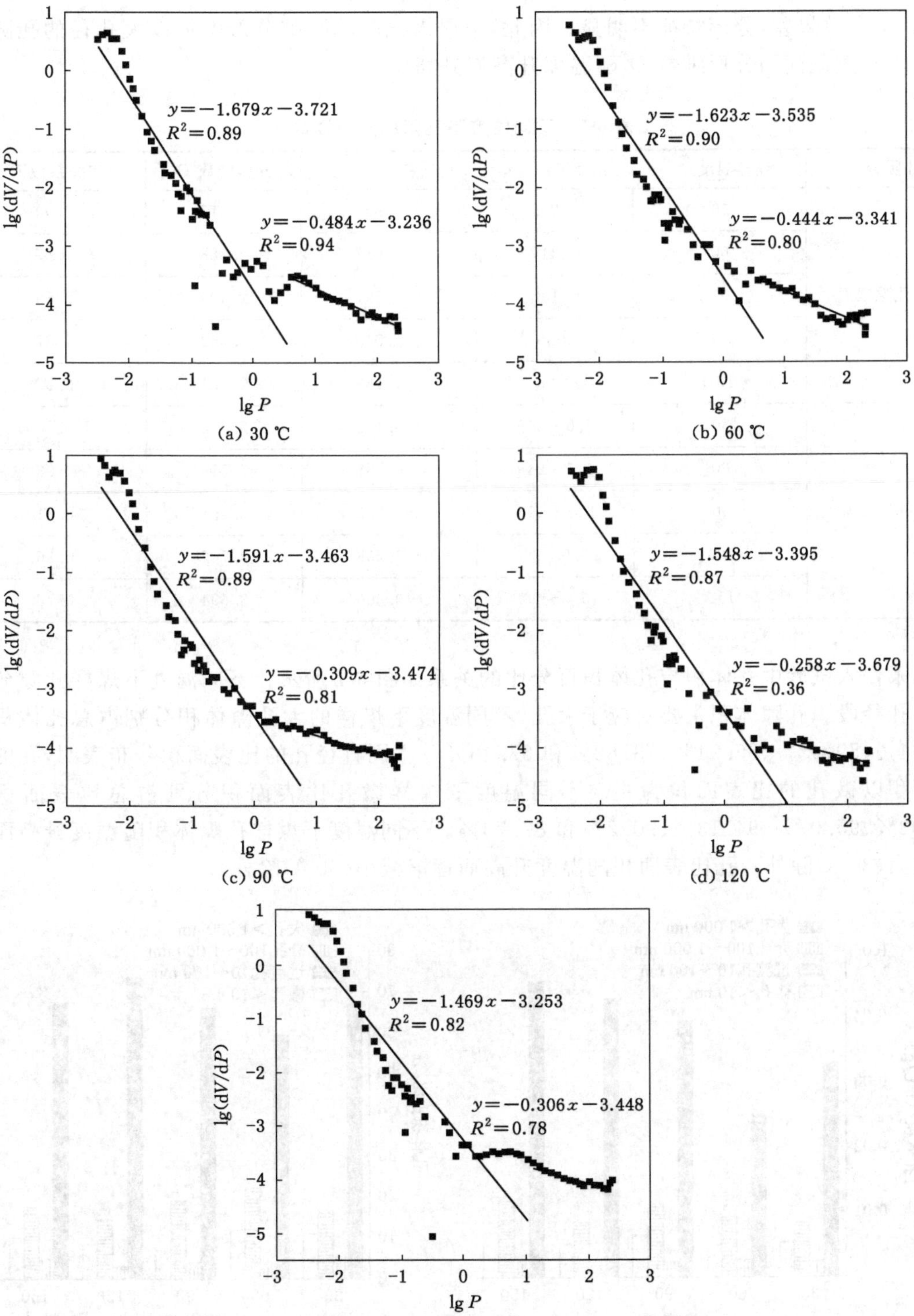

(a) 30 ℃　(b) 60 ℃　(c) 90 ℃　(d) 120 ℃　(e) 150 ℃

图 6-6　不同温度下孔隙的分形维数

0.80 以上，具有明显的分形特征；小孔隙截面的分形维数 D_2 大于 3，在 3.519～3.742 的范围内，拟合效果差，分形特征不明显。因此，汞侵入试验的孔隙分形特征以大孔径的孔隙为主。大孔隙截面的分形维数 D_1 随温度升高而升高。

表 6-1　不同温度下孔隙的分形维数

孔隙分割	煤样温度/℃	孔径范围/nm	斜率 K	分形维数 D_f	相关系数 R^2
大孔隙截面	30	>249	−1.623	2.377	0.90
	60	>249	−1.617	2.383	0.87
	90	>198	−1.591	2.409	0.89
	120	>99	−1.548	2.452	0.87
	150	>99	−1.469	2.531	0.82
小孔隙截面	30	5.5～249	−0.444	3.556	0.80
	60	5.5～249	−0.481	3.519	0.93
	90	5.5～198	−0.309	3.691	0.81
	120	5.5～99	−0.258	3.742	0.36
	150	5.5～99	−0.306	3.694	0.78

汞侵入试验中孔体积与孔体积百分比的关系如图 6-7 所示。不同温度下煤样孔隙分布于各孔径段。孔隙体积主要对应于大孔，不同温度下煤样的大孔隙体积分别占总孔体积的 66.94%、59.43%、65.94%、73.62%和 67.46%。不同直径孔的比表面积分布表明，孔的比表面积以微孔的比表面积为主。不同温度下煤样微孔比表面积分别占总比表面积的 91.02%、95.97%、94.13%、90.2%和 87.73%。不同温度下煤样孔隙体积随温度升高而逐渐增大（30 ℃除外），孔比表面积随温度升高而逐渐减小（30 ℃除外）。

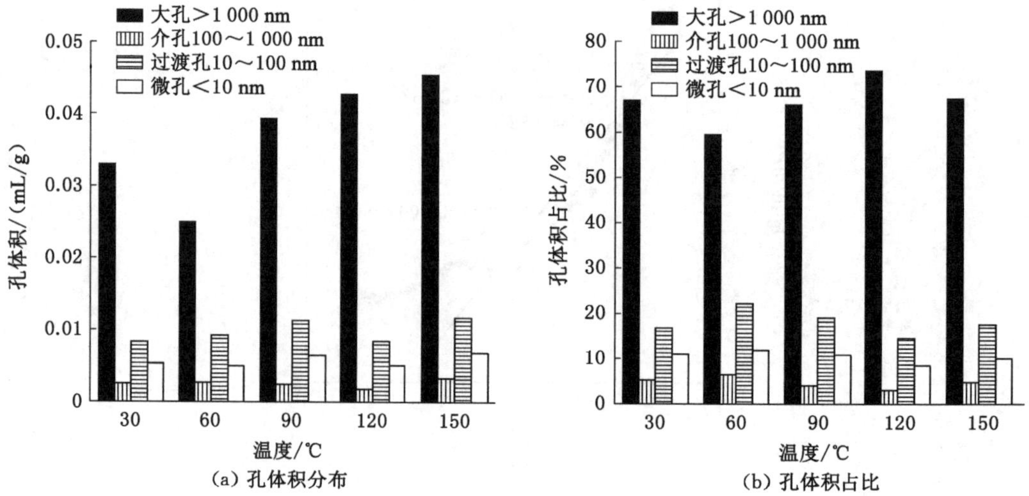

图 6-7　煤样注汞试验孔径分布图

6.5.2　N_2/过热蒸汽作用下(热力水化耦合作用下)对低阶富煤黏土(LRCRC)孔裂隙结构的影响

图 6-8 和图 6-9 显示了 N_2/过热蒸汽作用下低阶富煤黏土孔径分布随温度的变化柱状图。得出结论:① 随着温度的升高,试样中的孔隙逐渐从亚微孔转变为其他类型的孔;② 试样中亚微孔(0～10 nm)的物理参数和孔径分布占比随温度升高呈先减小后增大的趋势,而其他类型孔的物理参数和孔径分布占比随温度升高先增大后减小;③ 在相同温度下,对于亚微孔(0～10 nm),过热蒸汽处理后样品的细观物理参数和孔径分布的还原率小于 N_2 的相应值,而对于其他孔(>10 nm),过热蒸汽高温处理后样品的细观物理参数和孔径分布的增长率大于 N_2 的相应值。

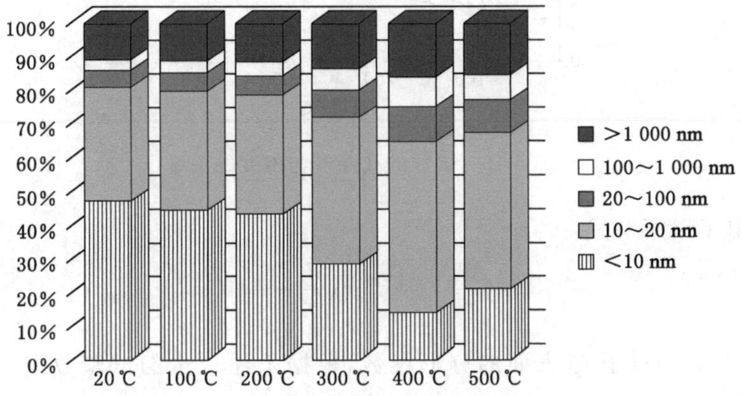

图 6-8　试样孔径分布柱状图(N_2 作用)

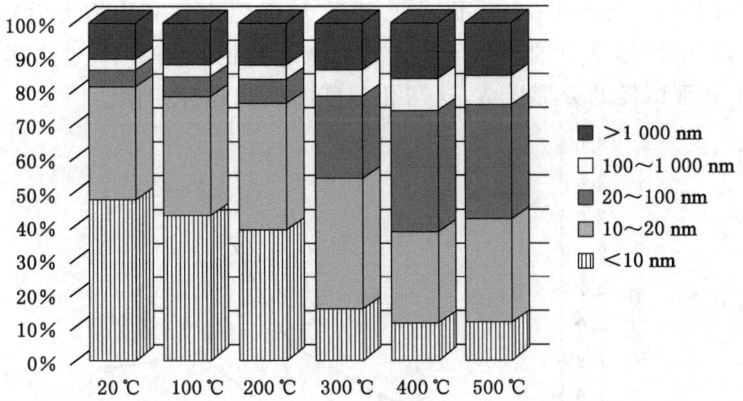

图 6-9　试样孔径分布柱状图(过热蒸汽作用)

N_2/过热蒸汽作用下低阶富煤黏土试样的孔隙度和温度之间的关系如图 6-10 所示。可以看出:① 试样的孔隙度随温度升高先增大后减小,孔隙度在 400 ℃时达到峰值。② 试样的孔隙度增长可分为两个阶段:当温度低于 300 ℃时,试样的孔隙度缓慢增加,曲线斜率分别为 0.024 1(过热蒸汽)和 0.017 7(N_2);当温度高于 300 ℃时,试样的孔隙度急剧增加,曲线斜率分别为 0.109(过热蒸汽)和 0.172(N_2)。③ 在相同温度下,过热蒸汽处理后试样的孔隙度比 N_2气氛下的大,相应的曲线斜率也比 N_2气氛下的大。

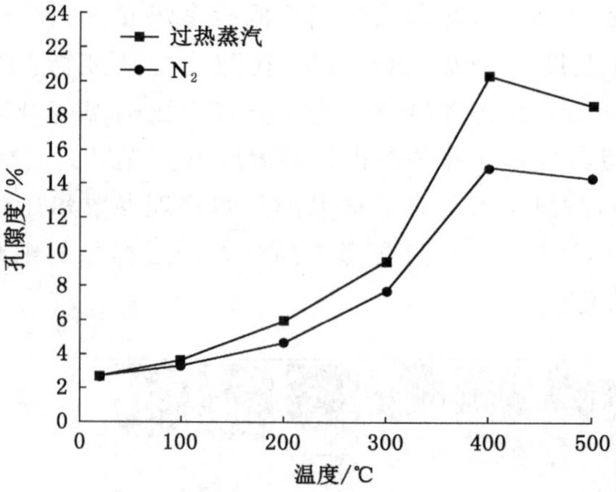

图 6-10　试样的孔隙度与温度的关系

Cai 等得出了以下等式:

$$\ln\left(\frac{W_n}{r_n^2}\right) = D\ln\left(\frac{V_n^{1/3}}{r_n}\right) + C \tag{6-22}$$

上式中的斜率 D 是孔隙表面的分形维数,根据汞注入量的试验数据,数据 $[\ln(\frac{V_n^{1/3}}{r_n}), \ln(\frac{W_n}{r_n^2})]$ 进行线性拟合,得到试样在不同条件下的孔隙分形维数。当注汞压力过高时,试样的原始孔隙会因膨胀压力而破坏,此时分形尺寸会发生变化,选取孔径大于 10 nm 孔隙的汞侵入数据进行分析。如图 6-11 所示,分形维数 D 随温度升高先增大后减小,在400 ℃ 左右达到最大值,表明该温度下的断口形貌最为复杂。在相同温度下,过热蒸汽处理试样的分形维数大于 N_2处理试样的分形维数,这与孔隙度的变化趋势相似。

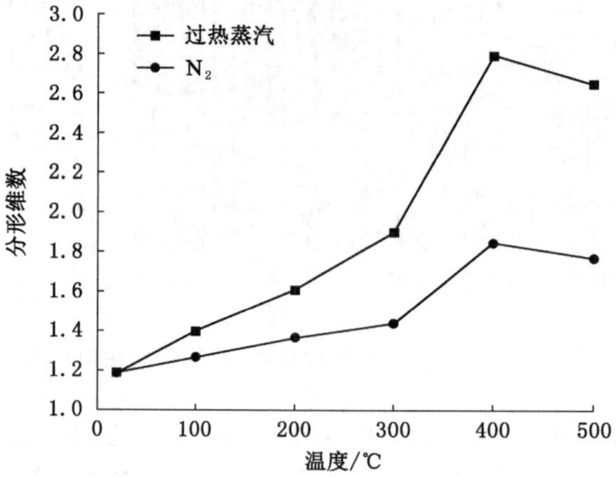

图 6-11　试样的分形维数与温度的关系

6.5.3　液态 CO_2 冻融对煤孔裂隙结构的影响

采用汞侵入孔隙度测定法(MIP)研究液态 CO_2 冻融对煤孔隙结构和解封网络的影响，分别统计了相应尺寸分布内的总孔体积(TPV)、增量孔容(IPV)和比表面积(SSA)的变化规律，并采用分形理论模型量化了煤样的分形特征。如图 6-12 所示，处理过的煤试样的 TPV、IPV 和 SSA 均高于原煤试样的值。来自 YQ、LSD 和 LHG 的处理标本的 IPV 平均增长率分别为 22.1%，15.9 和 19.6%。YQ、LSD 和 LHG 处理煤标本 SSA 的平均增长率分别为 3.41%、7.48%和 3.65%。同时吸附孔(3～100 nm)和渗流孔(100～10 000 nm)的 SSA 和 TPV 演变规律如图 6-13 所示。与初始状态相比，液态 CO_2 作用后试样渗流孔的 SSA 增大，吸附孔的 SSA 减小，且渗流孔的 TPV 显著增大，表明渗流孔的 SSA 和 TPV 增长率均大于吸附孔的。这是因为被测煤样在冻结力作用下形成新的孔隙，增加了总孔隙体积和比表面积，随着循环次数的增加，吸附孔的 TPV 和 SSA 负向增长，渗流孔的 TPV 和 SSA 正向增长。

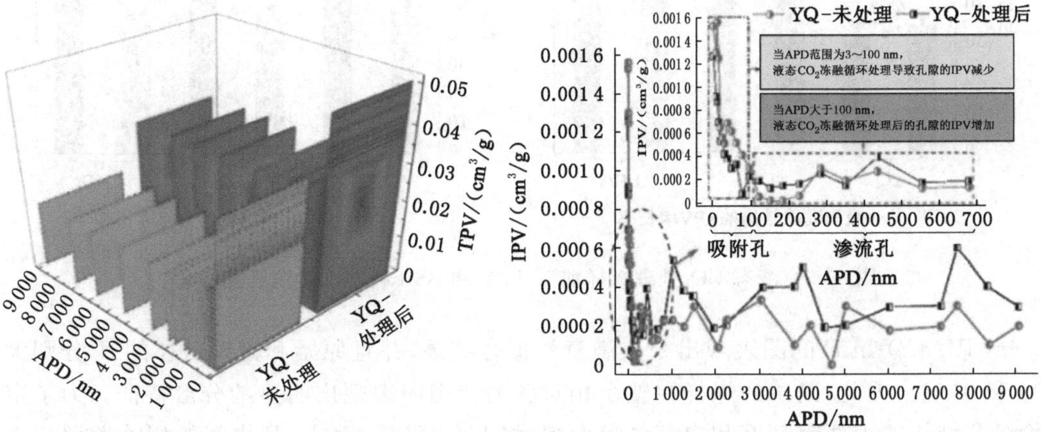

(a) YQ标本

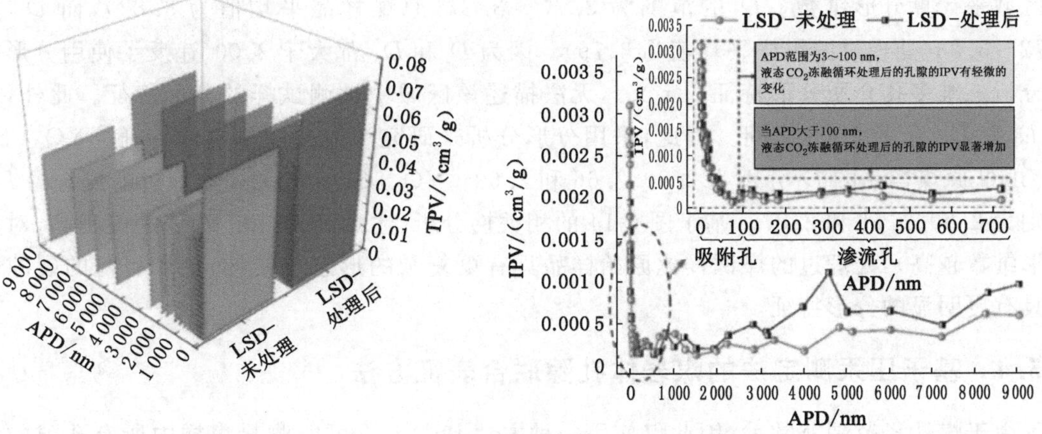

(b) LSD标本

图 6-12　液态 CO_2 冻融处理煤样前后 TPV 和 IPV 演化

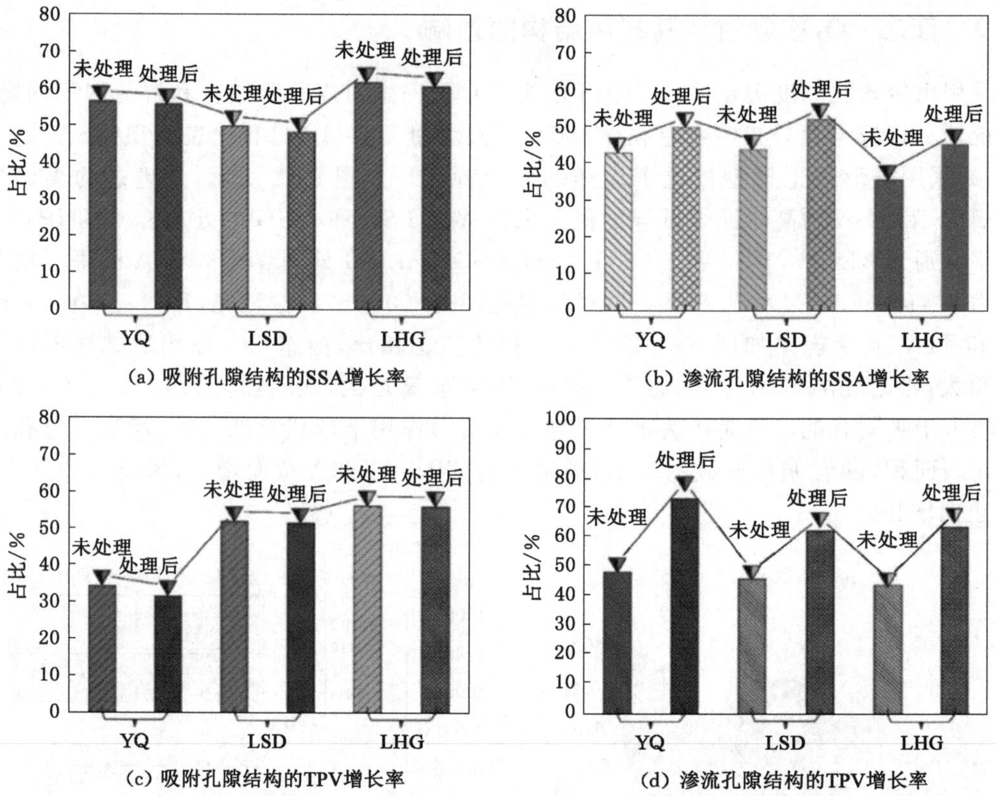

图 6-13　液态 CO_2 处理煤样前后 TPV 和 SSA 吸附和渗流孔隙变化

ln(dV/dP)-ln P 的图表现出令人满意的拟合结果，并且原始和处理试样的 R^2 分别大于 0.95 和 0.94。因此，测试的煤样在整个相对压力范围内表现出明显的分形特征。为了定量评价煤孔结构的表面粗糙度和内部体积形貌，将 ln(dV/dP) 和 ln P 之间的相关性划分为两个区域来计算分形维数。D_2 的范围为 3.77～3.87(原煤样品平均值为 3.82)，而 D'_2 为 3.72～3.83(处理过的煤样平均值为 3.79)。因为 D_2 和 D'_2 都大于 3.00(违反了使用分形模型分析三维多孔介质分形特征的定义)，无法描述该区域中被测试样的分形特征。此外，两者 D_1 和 D'_1 介于 2～3 之间。因此，采用分形分析来研究渗流孔隙结构的特征。YQ、LSD 和 LHG 原煤样品的 D_1 分别为 2.80、2.66 和 2.68。YQ、LSD 和 LHG 处理过的煤样的 D'_1 分别为 2.89、2.71 和 2.87。基于图 6-14 的相关性分析(注意：SSA 和 TPV 的值越高，对应分形维数越高)，处理过的煤试样比原始样品具有更复杂的形态孔结构，更加粗糙的裂隙表面具有更明显的分形特征。

6.5.4　基于压汞测定法的煤岩体孔隙联合表征方法

由于煤孔径范围非常大，因此仅使用一种方法基本上不可能测量煤样中所有孔隙的大小。MIP 和 N_2GA 的联合应用方法可以从微观到宏观尺度测量孔隙，如图 6-15 所示。N_2GA 和 MIP 能够分别识别吸附孔和渗流孔，不同煤阶煤体所对应的孔隙体积不同，如吸附孔的孔隙体积由大到小顺序为烟煤＞无烟煤＞褐煤，渗流孔的孔隙体积由大到小顺序为

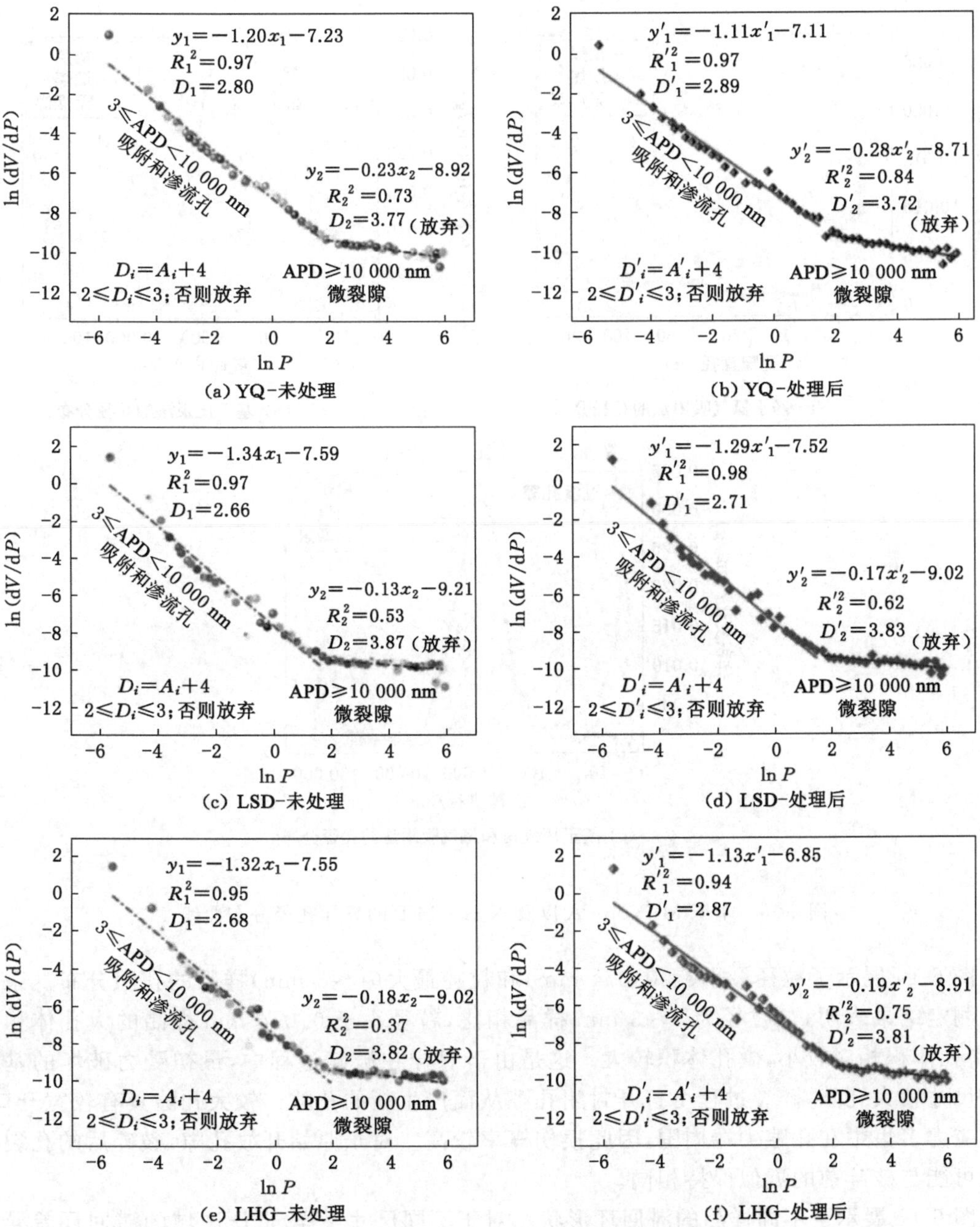

图 6-14　使用 MIP 测试结果计算的液态 CO_2 冻融处理前后煤样的分形维数

褐煤＞烟煤＞无烟煤。吸附孔因体积小数量多，对应的比表面积较大，而渗流孔对总孔隙贡献较高。由同一煤体两条孔径分布曲线相交的点确定的孔径被认为是两种方法在可信和不可信孔径间的边界（“可信点”）。烟煤和无烟煤的孔径分布曲线只显示一个交点（烟煤为 66.5 nm，无烟煤为 145 nm），而褐煤的孔径分布曲线虽有两个交点，但其中一个落在 MIP 试验期间收集的数据波动段，则其的可信点在 96 nm 处。在可信点左侧，来自 N_2GA 的测试数据被认为是可信的；在可信点右侧，MIP 测试数据较为可靠。

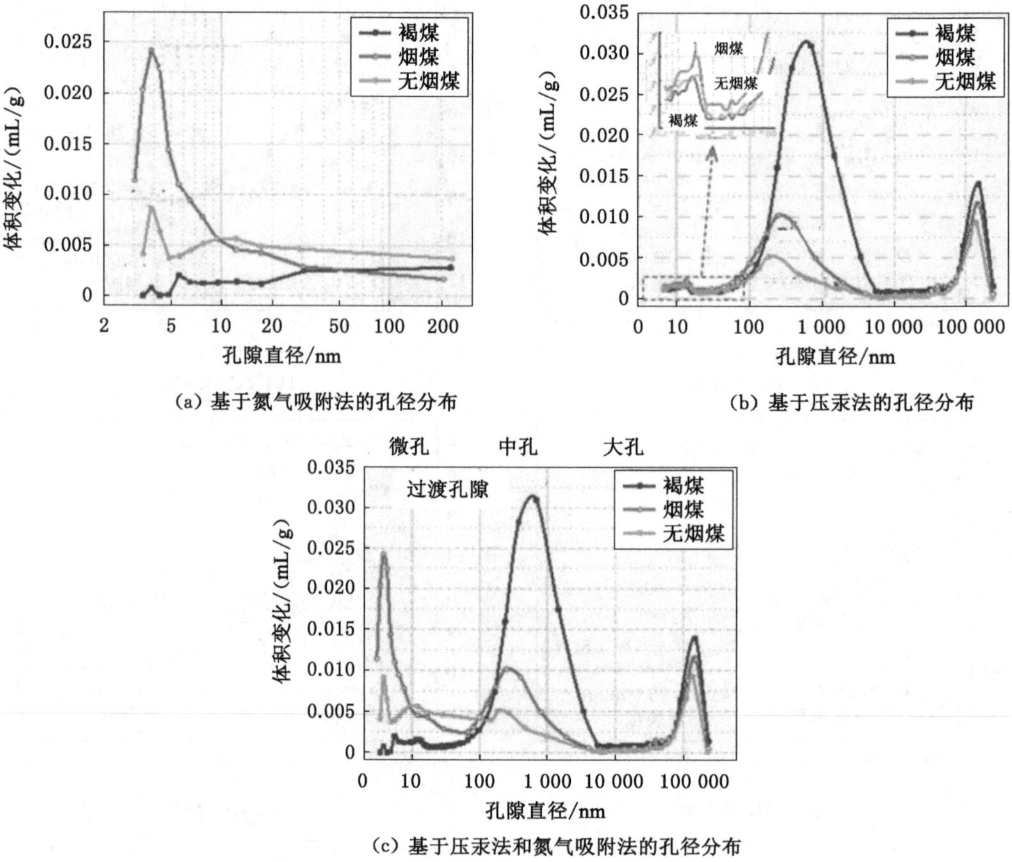

图 6-15 基于 MIP、N_2GA 以及 N_2GA-MIP 的煤样孔径分布曲线

图 6-16 展示了粒径最小(<0.074 mm)和粒径最大(1~3 mm)样品的孔隙分布。汞孔隙度测定结果表明,与粒径为 1~3 mm 样品相比,粒径小于 0.074 mm 样品的大孔体积较大、中孔体积相对较小,微孔体积较大。这是由于煤样在破碎过程中,最初受力破坏的基本上是尺寸较大孔隙,碎裂过程可打开封闭孔隙从而产生新的孔隙。较大孔隙具有较宽开口,且其应力多集中在孔隙尖端周围,因此损伤概率较高。对于原始开放孔隙,破碎后的孔裂隙体积可能与破碎前的近似保持相同。

图 6-17 展示了不同样品的滞回环形状。对于不同尺寸煤样,低压区域的滞回环差异很大,但在高压区域(虚线部分)几乎保持不变,因为在低压区域,随着粒径的减小,较大孔隙的体积显著增加。这一结果也验证了与较小的毛孔相比,较大的毛孔对初始损伤的反应更强烈。因此,孔隙损伤路径或孔隙破坏顺序可以概括为从大孔到微孔。

图 6-18 展示了 $\ln(dV_{pore})$ 和 $\ln P_{mi}$ 两者之间的关系。霍多特(Hodot)认为尺寸大于 100 nm 的孔隙是气流的主要空间,表明裂缝和基质孔的分界点在 100 nm 左右。而图 6-18 中出现小幅上升的相应孔径范围为 70~190 mm,完全覆盖了 Hodot 建议的分界点。因此,当粒径小于 0.25 mm 时,裂缝会完全损坏。

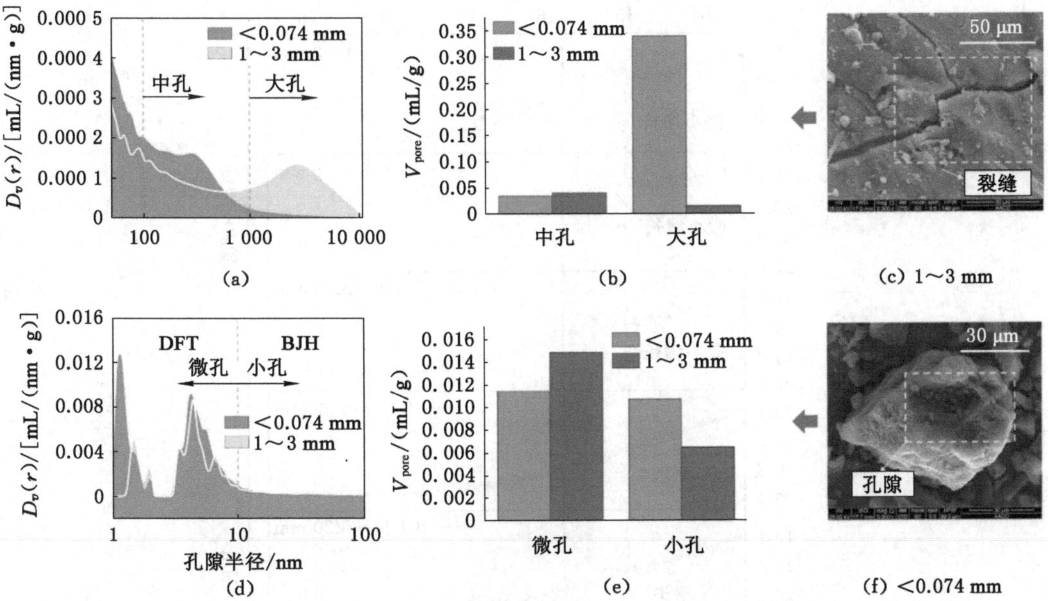

图 6-16　基于 MIP 和 SEM 技术测得最大和最小粒径的煤样孔径分布

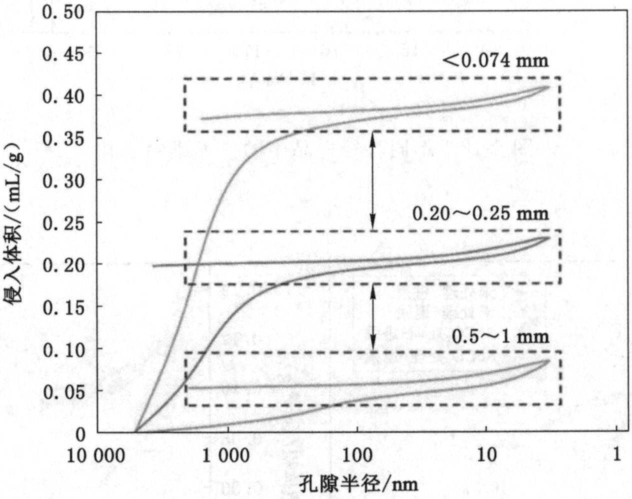

图 6-17　不同粒径样品中的滞回环

图 6-19 展示的是褐煤、烟煤和无烟煤在超临界 CO_2($ScCO_2$)作用前后的进/退汞曲线，烟煤和无烟煤的曲线表现出两个不同的部分。由于煤中存在较大的孔隙(>10 μm)，在低压下初始上升相对陡峭，而在高压下由于煤中的孔隙较小(<100 nm)而第二次上升。褐煤的孔径分布很广，急剧上升到 10 nm～10 μm。褐煤和无烟煤进/退汞曲线的滞回环无显著变化，而烟煤的滞回环在 $ScCO_2$ 处理后增加。

在 $ScCO_2$ 处理后，MIP 结果显示褐煤的孔隙度略有增加，而烟煤和无烟煤的孔隙度大幅增加(图 6-20)。对于烟煤，中孔体积从 0.012 2 mL/g 增加到 0.020 8 mL/g，大孔体积从

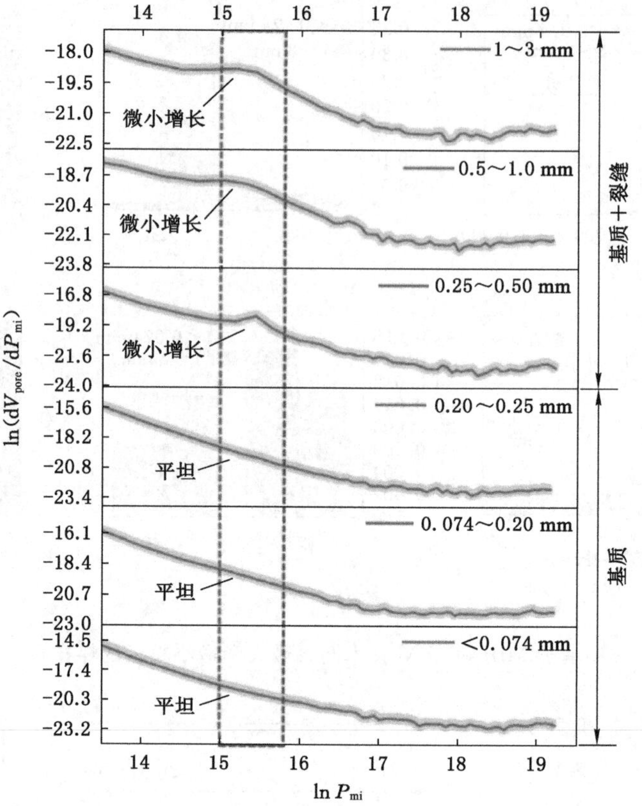

图 6-18　不同粒径样品中的分形维数变化

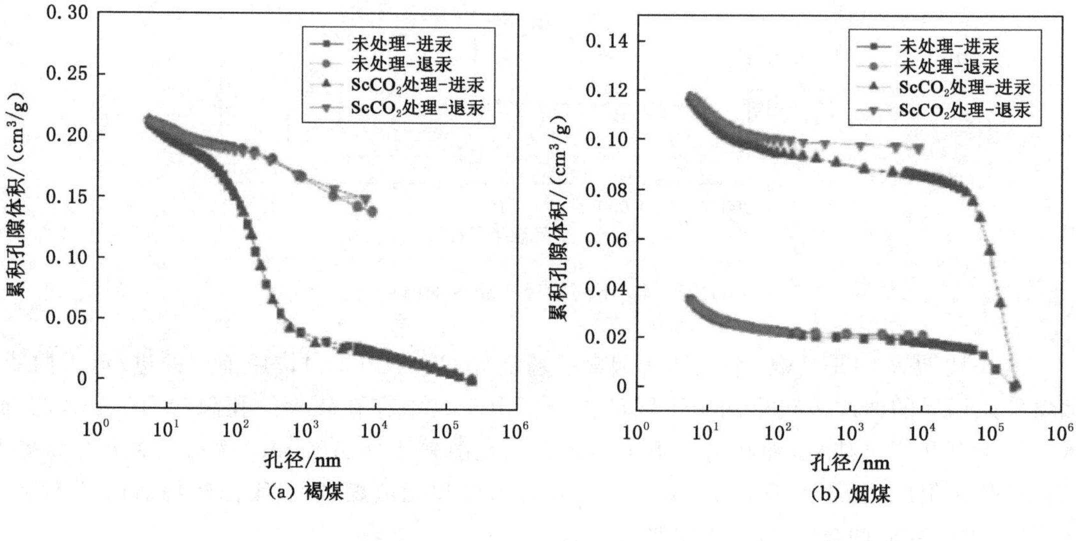

图 6-19　超临界 CO_2处理前后褐煤、烟煤和无烟煤的进退汞曲线

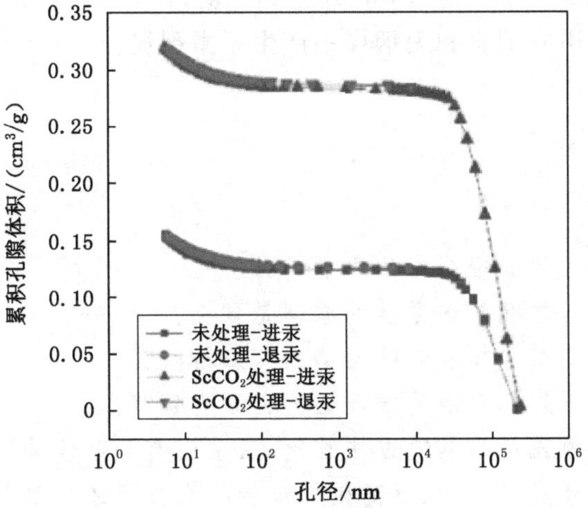

(c) 无烟煤

图 6-19 （续）

0.023 5 mL/g 增加到 0.096 7 mL/g。对于无烟煤，中孔体积从 0.027 4 mL/g 增加到 0.031 3 mL/g，大孔体积从 0.127 2 mL/g 增加到 0.288 0 mL/g。烟煤和无烟煤的大孔体

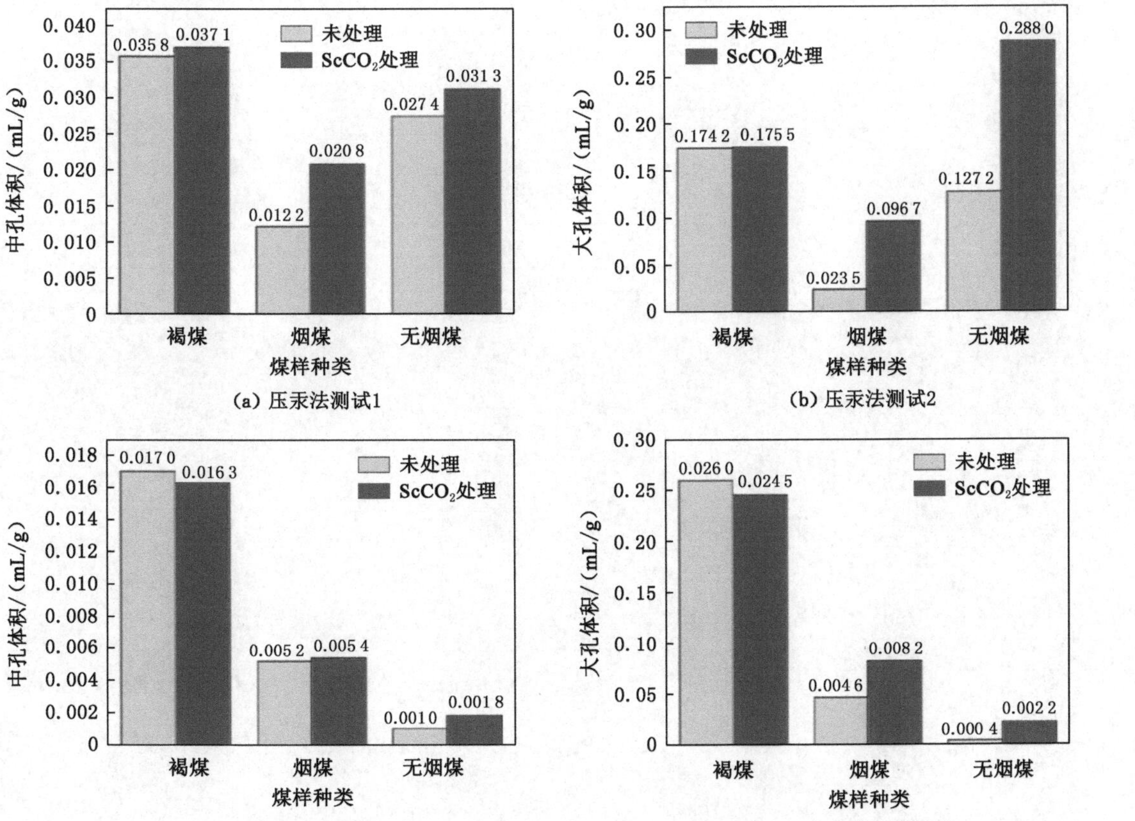

图 6-20　$ScCO_2$ 作用前后煤体不同孔径的孔隙变化

积增加在 100 nm～10 μm 和 10～200 μm 处达到峰值，10～200 μm 的大孔体积增加幅度更大。结果表明，$ScCO_2$作用后烟煤和无烟煤中产生了微裂缝。

思考题

1. 什么是压汞法？
2. 使用压汞法测煤岩体孔径分布的原理是什么？
3. 使用压汞法测煤岩体孔隙连通性的原理是什么？
4. 如何使用压汞法测煤岩体孔裂隙网络的分形维数？
5. 影响压汞法表征煤岩体孔隙的准确性的因素有哪些？
6. 与用于煤岩体孔隙表征的其他方法相比，压汞法有哪些优势？存在哪些不足？
7. 压汞测试方法在开发更清洁、更高效的煤炭技术方面还有哪些潜在应用？

第7章　核磁共振测试分析方法

7.1　核磁共振测试基本原理及仪器

7.1.1　核磁共振测试基本原理

20 世纪 40 年代，核磁共振现象被发现，目前已广泛应用于能源岩土领域的相关测试与分析。当原子核的中子数和质子数有一项或两项为奇数时，就具备产生核磁共振的条件，例如^{1}H、^{13}C等，其中^{1}H因其具有较高的测试灵敏度且自然界储量丰富，被广泛用于核磁测试的探针进行相关测试。^{1}H存在一个磁矩和角动量，无磁场干扰时，其在微观空间内出现旋转的各向异性，方向凌乱分布。当在测试系统中施加主磁场B_0时，^{1}H受磁场影响其方向与磁场方向一致[图 7-1(a)]；在此基础上施加一个与B_0垂直的振荡射频脉冲B_1，将会推动^{1}H方向旋转至与B_1相同的方向[图 7-1(b)]；当关闭射频脉冲后，因其产生的电磁能量会释放，^{1}H方向也会逐渐恢复直至与B_0相同。以上过程被称为核磁共振(nuclear magnetic resonance，NMR)，其实际上是指原子核对磁场的响应。也有文献指出，核磁共振现象指的是具有磁性的原子核产生的共振现象。当外界施加射频能量的频率与原子核进动的拉莫尔频率相等且能量为两个能级能量之差时，原子吸收能量从基态跃迁至不平衡态，发生共振吸收现象。当B_1关闭后，^{1}H吸收的能量会释放，发生共振发射现象。

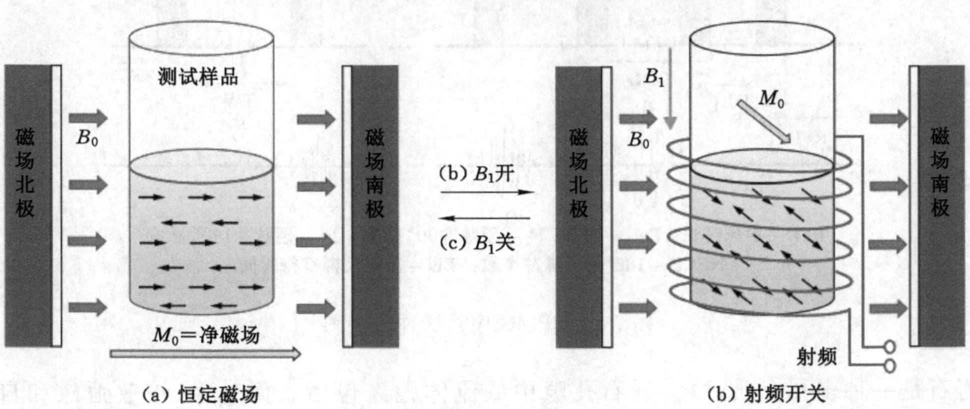

图 7-1　核磁共振测试原理图

在外加磁场的作用下，测试系统产生与B_0方向一致的宏观磁化矢量$\boldsymbol{M}_z$[图 7-2(a)]，系统宏观磁化矢量及其变化过程是核磁共振的主要检测对象。当施加 B_1 后，$\boldsymbol{M}_z$ 方向旋转 90°成为 $\boldsymbol{M}_{xy}$[图 7-2(b)]。当关闭射频脉冲 B_1 后，处于高能级的 ^{1}H 通过释放能量由激励状态回到基态的过程称为弛豫[图 7-2(c)]。在弛豫过程中，横向磁化矢量迅速衰减，z 方向(纵向)磁化分量逐渐恢复至初始 $\boldsymbol{M}_z$[图 7-2(d)]。

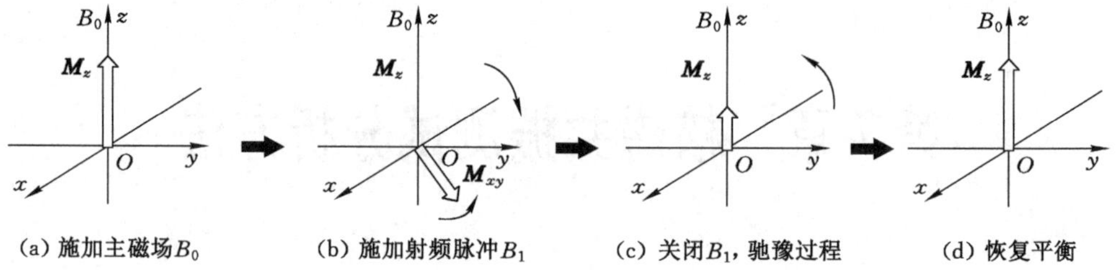

图 7-2　宏观磁化矢量在磁场中的演化过程

纵向磁化矢量分量逐渐恢复至初始磁化矢量的过程称为自旋-晶格弛豫，将 z 轴磁化矢量增加至初始磁化矢量的 63%时对应的时间称为纵向弛豫时间或自旋-晶格弛豫时间，一般用 T_1 表示；$\boldsymbol{M}_{xy}$ 衰减的过程称为横向弛豫，对应方向磁场减小到原来的 37%时的时间称之横向弛豫时间或自旋-自旋弛豫时间，一般用 T_2 表示。T_1 和 T_2 均能够反映出煤岩物性特征，在固体中 T_2 要比 T_1 小。在煤岩孔隙结构测试中，通常采用 Carr-Purcell-Meiboom-Gill 序列(CPMG 序列)测试获取横向磁化矢量衰减曲线，对横向磁化矢量衰减曲线进行反演即可获得 T_2 分布曲线，进而获得煤岩孔隙信息。CPMG 序列是在一 90°的射频脉冲后施加多次 180°的射频脉冲，而每次 180°射频脉冲的施加可有效消除不均匀磁场所引起的信号衰减的采集误差，保证在回波峰值点可采集到不受磁场均匀度影响的全数据。经过多次的聚相-散相，最终得到一条由多个符合指数衰减规律的回波信号叠加的曲线，该曲线直接反映不同尺度孔隙内不同流体的弛豫信号。

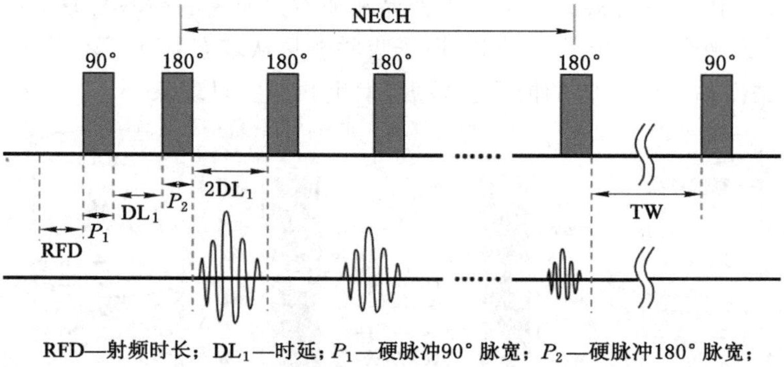

RFD—射频时长；DL₁—时延；P_1—硬脉冲90° 脉宽；P_2—硬脉冲180° 脉宽；
NECH—180°射频脉冲个数；TW—重复采样等待时间。

图 7-3　CPMG 序列脉冲时序图

岩石是一种多孔介质材料，岩石孔隙中的流体弛豫包括表面弛豫、扩散弛豫和自由弛豫。煤岩孔隙流体中的 T_1 和 T_2 可用下式表示：

$$\frac{1}{T_2}=\frac{1}{T_{2B}}+\frac{1}{T_{2S}}+\frac{1}{T_{2D}} \tag{7-1}$$

$$\frac{1}{T_1}=\frac{1}{T_{1B}}+\frac{1}{T_{1S}} \tag{7-2}$$

式中　T_{2B}，T_{1B}——自由弛豫；

T_{2S}，T_{1S}——表面弛豫；

T_{2D}——扩散弛豫。

表面弛豫发生在固液两相接触面上，因此，表面弛豫受岩性影响较大。在快扩散条件下(自旋扩散到固液界面所需时间远小于自旋弛豫时间)，表面弛豫可表示为：

$$\frac{1}{T_{2S}}=\rho_2\left(\frac{S}{V}\right) \tag{7-3}$$

$$\frac{1}{T_{1S}}=\rho_1\left(\frac{S}{V}\right) \tag{7-4}$$

式中　ρ_2，ρ_1——表面弛豫率；

S——孔隙表面积；

V——孔隙体积。

由式(7-3)和式(7-4)可知，表面弛豫与介质比表面积有关，比表面积越大，对应的弛豫越强。弛豫的速率取决于质子与表面碰撞的频率，而在孔径较小的孔隙中，S/V 值较大，质子碰撞频繁，弛豫时间越短，在大孔中则相反。

自由弛豫是液体的固有弛豫特性，由流体的物理性质决定。煤岩核磁共振测试以氢核为基础，一般由水提供。水的自由弛豫时间为：

$$\frac{1}{T_{2B}}\approx\frac{1}{T_{1B}}=3\left(\frac{T_K}{298\eta}\right) \tag{7-5}$$

式中　T_K——温度；

η——流体黏度。

当磁场存在磁场梯度时，水、气体(CH_4)和部分油会表现出明显的扩散弛豫特性。扩散弛豫可表示为：

$$\frac{1}{T_{2D}}=\frac{D\,(\gamma G T_E)^2}{12} \tag{7-6}$$

式中　D——扩散系数；

γ——旋磁比；

G——磁场梯度；

T_E——回波时间。

对于煤岩等多孔介质材料，通常测试其横向弛豫信号来获取孔隙结构信息。而煤岩孔隙流体 3 种不同的弛豫机制对总弛豫信号的贡献不同，自由弛豫和扩散弛豫对于横向弛豫信号的贡献远低于表面弛豫，因此横向弛豫可近似表示为：

$$\frac{1}{T_2}=\rho_2\left(\frac{S}{V}\right) \tag{7-7}$$

若假设煤岩内部为简单形状的孔隙，则式(7-7)可转化为 T_2 与孔隙半径的关系：

$$\frac{1}{T_2}=\rho_2\,\frac{F_s}{r} \tag{7-8}$$

式中　F_s——几何形状因子，对于狭缝形、圆柱形和球形孔，其值依次取 1、2 和 3。

上式可简化为 $r=CT_2$，其中，$C=F_s\cdot\rho$，称为转换系数。

7.1.2 测试仪器简介

(1) 核磁共振设备简介

能源岩土领域所采用的核磁共振设备通常为低场核磁共振设备，即设备磁场强度低于 0.5 T。笔者团队所采用的设备为苏州纽迈分析仪器股份有限公司生产的 MesoMR 岩芯核磁共振成像分析仪，如图 7-4 所示。设备磁体类型为永磁体，磁场强度为(0.5±0.03)T，探头线圈直径为 60 mm。主要测试参数：射频信号频率主值 SF 为 32 MHz，磁体温度为 32 ℃，单次采样点数 TD 为 1 024，累加采样次数 NS 为 32 次，回波时间 T_E为 0.233 ms，回波个数 NECH 为 6 000。测试样品在真空压力值为 0.1 MPa 真空饱水装置中饱和水 12 h 和在离心机中离心后，可根据 CPMG 序列测试得到两种条件下信号强度与弛豫时间的衰减曲线，进而反演出样品内不同尺寸孔隙的占比及孔隙度。

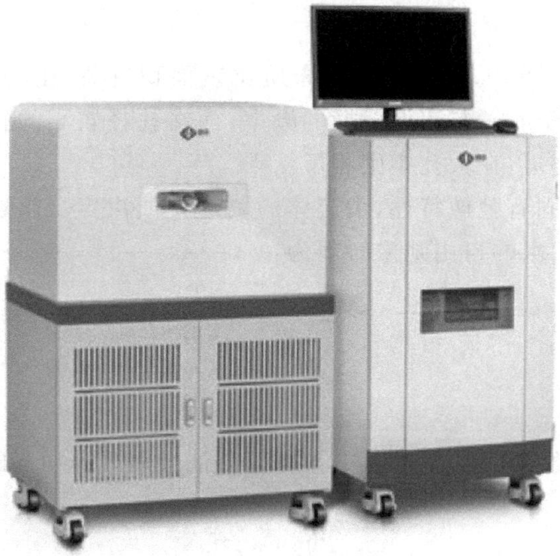

图 7-4 MesoMR 岩芯核磁共振成像分析仪

可将核磁设备分为实验室内核磁共振波谱仪和核磁共振测井仪两类，国内外相应设备的特征参数见表 7-1 和表 7-2。

表 7-1 部分商用核磁共振设备特征参数

商标	制造商	弛豫频率/MHz	最小回波时间/ms	样品尺寸/cm	最大温度/℃
GeoSpec 2	Oxford	2,12,20	0.06	2.54～15.24	100
MARAN Ultra		2,23	0.20	2.54	
Magritek	Magritek	2,25,43	0.06	2.54～3.80	
MesoMR	苏州纽迈	12,23	0.06	2.54	120
MicroMR		2,12,20	0.06	2.54	
Helios	Vista Clara	0.485	0.20	3.80～10.20	

表 7-2　商用核磁共振测井设备特征参数

商标	制造商	弛豫频率/MHz	最小回波时间/ms	垂向分辨率/cm	测试深度/cm
CMR-Plus	Sclumberger	2	0.2	15.24,22.86,45.72,76.2	1.27,2.84,3.81
CMR-MagniPHI		2	0.2		
MRScanner		0.5～1.1	0.45	19.1,45.7	3.2,3.8,5.8,6.9,10.2
Provision Plus 675		0.255	0.6	10.16,25.4,50.8	38.1
Provision Plus 825		0.255	0.6	10.16,25.4,50.8	43.2
MR eXplorer	Baker Huges	0.45～0.88	0.3	45.7	6.35～11.43
MagTrak		0.35～0.50	0.4		24.9,33.5,45.7
MRIL-P	Halliburton	0.50～0.80	0.6	60.96	36.1～40.9
XMR		0.54～1.18	0.2		3.8～102
MRIL-WD		0.50	0.5		
EMRT	COSL	0.55～0.96	0.4	24	5.5～11.5
MRT6910	CPL	0.50～0.80	0.6	61	17～22
JPY238	Vista Clara	0.25～0.46	0.45	25	23,28
JPY350			0.6	50	30,38
PX350F			0.8		25,30,34,38
PX525F			0.8		36,40,46,53

常规的低场核磁共振分析仪仅能测试无温度与压力加载的煤样，与实际煤层在深部所处的高温高压环境相差较远；仅能测试实验前、后的煤样，无法实时监测实验过程的孔隙演化与流体运移。在常规分析仪的基础上，通过添加夹持器、温压加载和流体注入等模块，可以开发满足高温高压环境的核磁共振分析与成像测试系统（图 7-5 和图 7-6）。

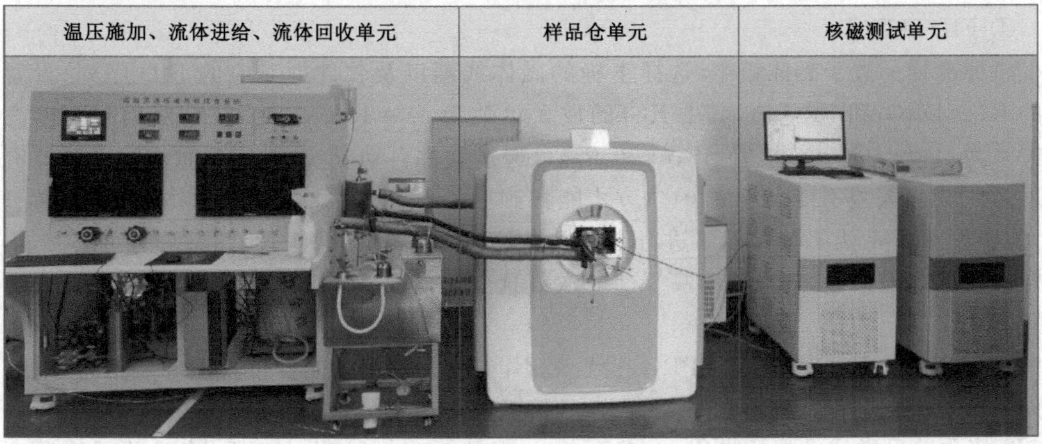

图 7-5　高温高压核磁共振分析

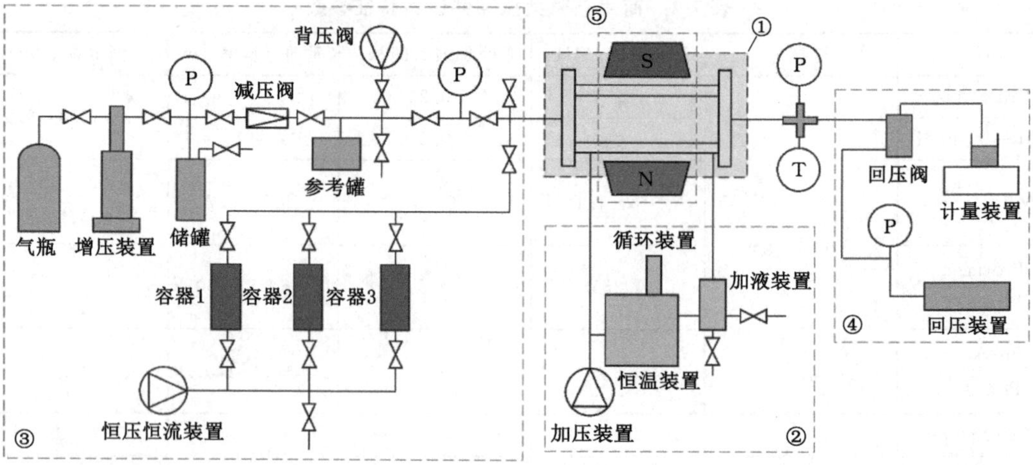

①—样品仓单元；②—温压施加单元；③—多相流体进给单元；④—流体回收单元；⑤—核磁测试单元。

图 7-6　高温高压核磁共振分析与成像测试系统

主要有五大关键单元：① 样品仓单元。即煤心夹持器，采用无磁、不含氢、耐高温高压的材料（PEEK 材料）制作筒体，通过改变夹持器尺寸可放置 ϕ50 mm×100 mm，ϕ25 mm×50 mm 的煤样。② 多相流体进给单元。可实现 CO_2、N_2、CH_4 和 H_2O 的高压注入，流体注入压力可控。③ 流体回收单元。出口压力控制与流体流量计量。④ 温压施加单元。以氟油为介质，通过加压、恒温装置对煤样施加围压和温度。⑤ 核磁测试单元。可实现样本流体注入和温压加载过程的动态测试，获取煤样 T_2 谱和不同层位的成像图。能施加三轴应力的高温高压核磁分析仪则是进一步开发的方向。通过高温高压核磁共振分析仪可模拟甲烷吸附/解吸/扩散、注气驱替、水力压裂、应力加卸载等过程，实时监测上述过程的煤样孔隙演化与流体运移规律。

（2）核磁共振测试步骤

以常用的 FID 和 CPMG 序列为例，MesoMR 岩芯核磁共振成像分析仪的具体测试步骤如下：

① FID 序列

将标准样品置于磁体箱中，选择正确的磁体线圈以及软件中对应的 FID 序列；设置合适的 RG_1、DRG_1 和 PRG 值，其中 RG_1 的放大倍数为：$A=10RG_1/20$，放大后信号强度之间的关系为：$I=2RG_2-3$；设置 SF、O_1 和 P_1，可通过软件自动寻找，在实验时应注意磁体温度必须为 32 ℃（偏差不能大于 0.01 ℃）才能找到中心频率；将样品置于磁体箱内，设置 TW 值，初始设置 TW 为 1 000，然后进行单次采样，记录信号的模最大值，将 TW 增加 500，再次采样并记录模最大值，若当前值高于前一次值且变化范围低于 1%时，认为当前值为合适的 TW 值。

选择合适的 RG_1、DRG_1 和 PRG，设置时不能使信号失真，同样也不能导致信号太弱，一般先用信号最弱的样品观察信号是否太弱，然后再用信号最强的样品观察信号是否失真；调节 NS 值改善采样信号的信噪比，对煤而言，一般从 16、32 和 64 中选取；备注样品名称后进行累加采样获取核磁信号。

② CPMG 序列

将样品置于磁体箱中并选择合适的磁体线圈，通过 FID 序列确定合适的测试参数。新增 CPMG 序列并设置测试样品名称，选择 NS 值及 NECH 值，然后进行重复采样，获取实验数据后，进行反演计算。

上述测试过程中涉及参数及具体含义如下：

TD：信号采样点数，通常设置为以 2 为底的幂函数；

SW：接收机接收的信号频率范围，以中心频率为中心，还是信号的采样频率，在实验中尽量不低于 100 kHz；

RFD：射频延时，通过延迟 90°脉冲的施加时间控制第一个采样点的时间；

ACQ：信号采集总时间，由此信号采集点数和信号采集频率决定（ACQ＝TD/SW）；

TW：重复采样等待时间，前一次采样结束到下一次采样开始的时间间隔；

RG_1、DRG_1和 PRG：控制信号增益，依次为模拟增益（范围[－3,40]）、数字增益（范围[0,7]）以及前置放大增益（范围[0,3]）；

NS：重复采样次数，一般不低于 4 次，NS 越大，对应信号的信噪比越高；

DL_1：90°脉冲与相邻 180°脉冲之间的时间间隔；

NECH：信号采样得到的回波数量，实验过程中设置的 180°脉冲个数。

7.2　煤岩孔隙结构核磁共振测试与分析

7.2.1　孔径分布与孔隙度

煤岩孔隙裂隙大小从纳米级到毫米级不等，由式(7-8)可知，孔隙孔径与 T_2 弛豫时间正相关，其总弛豫信号为样品中各类孔隙信号的总和，每种信号分别以单指数速率衰减，衰减时间与水所在孔隙直径成正比，其幅度与水分数量成正比。一般需要采用数学方法对所测弛豫信号进行反演计算以获取对应 T_2 谱。反演结果可以反映孔隙中的流体流量、弛豫特性和孔径分布信息，如图 7-7 所示。

图 7-8 为无烟煤(ϕ25 mm×50 mm)的 T_2 分布曲线。T_2 谱呈现三峰结构，从左往右依次为微小孔、中大孔和裂隙，部分文献中将 10 ms 和 100 ms 作为微孔向中大孔和中大孔向微裂隙过渡的节点，图中对应三处峰值的 T_2 分别为 0.66 ms、43.29 ms 和 403.70 ms，表明测试样品含有丰富的孔裂隙类型，孔径分布范围较广。

由于核磁共振测试信号由水中的氢核提供，水含量越大对应信号幅值越高，相应的孔隙数量越多。由图 7-8 可以看出，测试煤样中微孔占据孔隙的主导，其次为中大孔，微裂隙最少。这与已有的氮气吸附、压汞法等测试手段获得的孔隙结构信息具有一致性。若要与 IUPAC 孔隙分类或霍多特孔隙分类进行对应，则需通过表面弛豫率将 T_2 分布曲线转化为孔径分布曲线再进行分析。

表面弛豫率是确定测试样品孔径分布的关键参数，其受到多种因素影响，例如样品矿物组成、测试环境和流体类型，很难量化每一个孔隙对应的表面弛豫率，因此在进行煤岩孔隙结构分析时，通常认为测试样品中所有孔隙均具有相同的表面弛豫率。表面弛豫率很难直接用设备进行测量，通常将其他方法与核磁共振测试联用来获取表面弛豫率，例如 N_2 吸附-

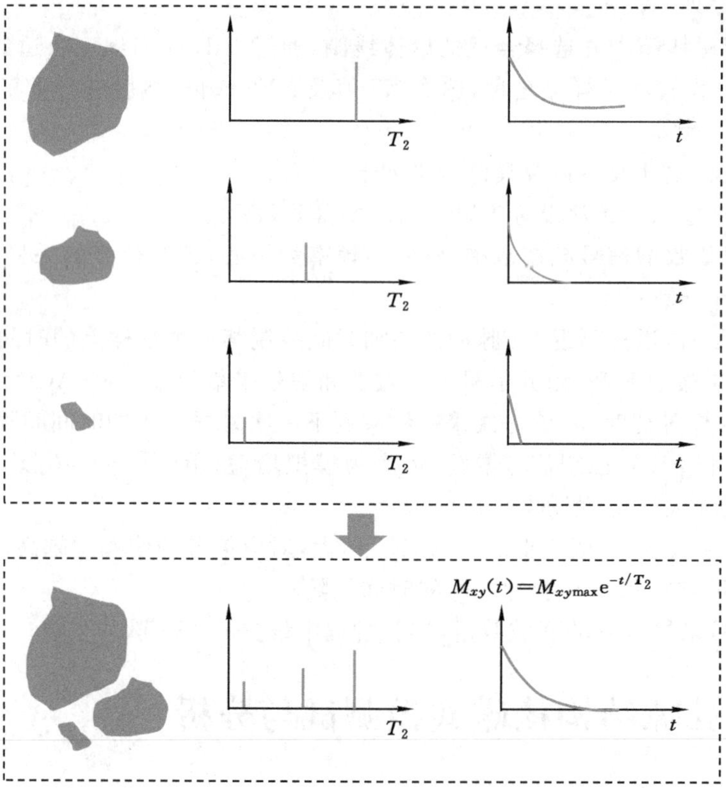

图 7-7　煤岩等多孔介质材料内弛豫衰减曲线

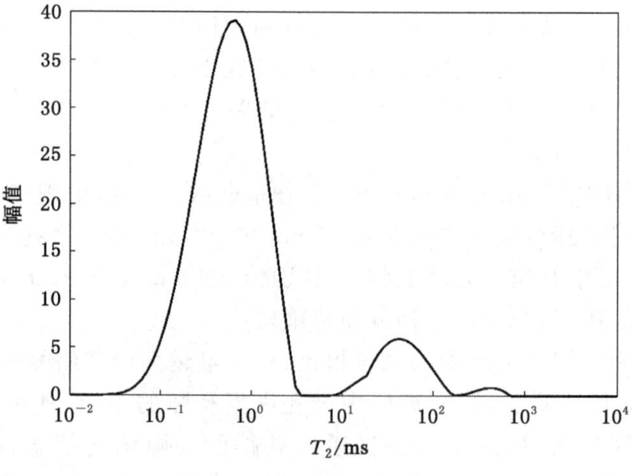

图 7-8　无烟煤的 T_2 分布曲线

NMR、压汞法(毛细管压力法)-NMR、压汞法-N_2 吸附-NMR 等。此外，还有学者采用数字岩芯结合随机游走算法获取岩石表面弛豫率。

样品中全部孔隙体积之和占样品总体积之比为孔隙度，对于真空饱水煤样，测试总信号幅值与样品孔隙度成正比。低场核磁共振可以对煤岩体的孔隙度参数进行精细表征，称重法孔隙度、氦气法孔隙度与核磁共振孔隙度存在良好的线性关系(图 7-9)，说明核磁共振测试煤孔隙度具有较好的精确性。

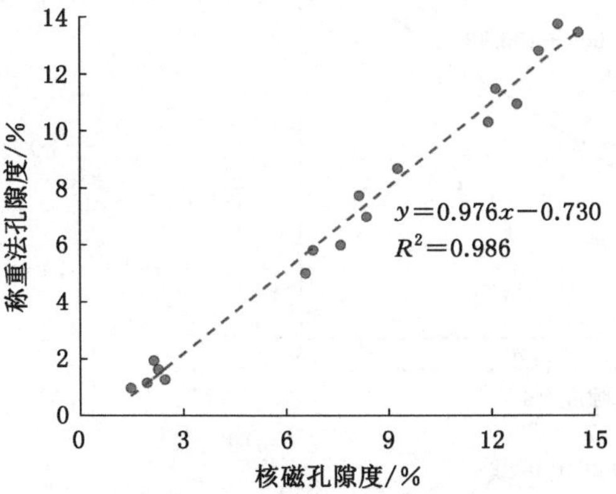

(a) 称重法孔隙度与核磁孔隙度关系

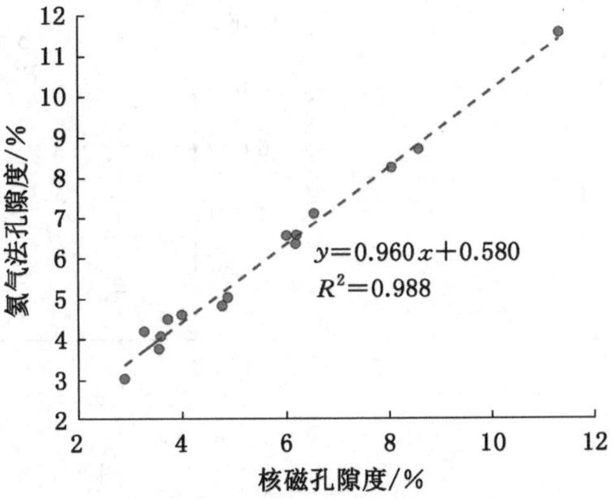

(b) 氦气法孔隙度与核磁孔隙度关系

图 7-9　煤样称重法孔隙度、氦气法孔隙度与核磁孔隙度关系

利用核磁共振测试煤岩孔隙度时，需预先对一定体积的标准孔隙度样品进行核磁信号测量，即定标。通过定标获取核磁信号大小与孔隙度的关系，然后利用所得曲线对未知孔隙度的样品进行测量。岩芯的核磁共振信号量(幅值)受测试参数影响，当测试参数不同时，同一岩芯的核磁信号量往往相差很大。因此，需要首先建立固定测试参数下核磁信号量与孔隙度的对应关系。选择 5 个标准孔隙度样本(见图 7-10，孔隙度依次为 5%、13%、25%、50%和 100%)进行定标，确定了孔隙度与单位体积核磁信号量的对应关系(图 7-11)。

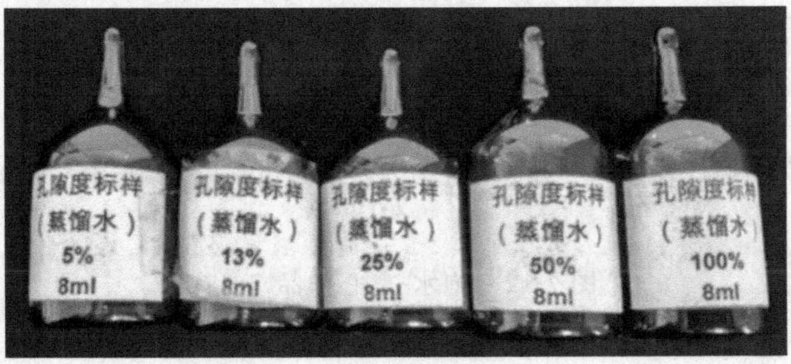

图 7-10　标准孔隙度样本

由图 7-11 可知，样品孔隙度与核磁信号的幅值有关，样品总孔隙度可由饱水状态下的 T_2 谱获取。此外，在离心实验前后分别对样品进行两次核磁共振处理，得到自由流体孔隙度和束缚流体孔隙度，计算如下：

$$\varphi_R = \varphi_N \cdot \frac{BVI}{BVI + FFI} \tag{7-9}$$

$$\varphi_M = \varphi_N \cdot \frac{FFI}{BVI + FFI} \tag{7-10}$$

式中　$\varphi_R, \varphi_N, \varphi_M$——束缚流体孔隙度、总孔隙度和自由流体孔隙度；

BVI，FFI——束缚流体指数和自由流体指数(图 7-12)。

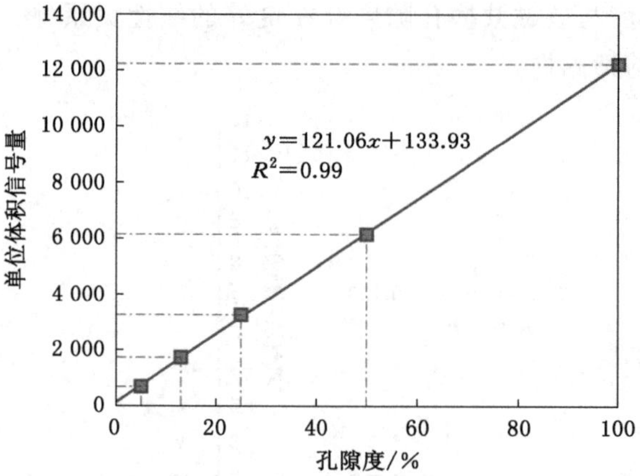

图 7-11　孔隙度定标线

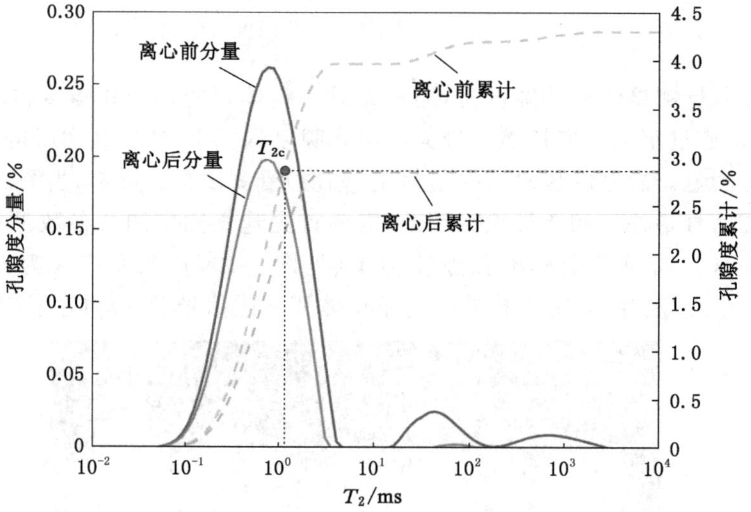

图 7-12　饱水-离心样品 T_2谱

7.2.2　T_2截止值

当孔径小于某一临界值后，在毛细管力的作用下，孔隙中的流体将无法流动，对应的 T_2弛豫值称为 T_2截止值。孔隙越大，对应横向弛豫时间越长，当弛豫时间小于 T_2截止值时，对应流体称为束缚流体，其余流体称为可动流体。实验室中通常采用离心法来确定岩石的 T_2截止值，具体操作步骤如下：

① 选取 ϕ25 mm×50 mm 的柱状岩芯，置于真空饱水机中在真空度为 0.1 MPa 的条件下真空饱水 24 h；

② 取出样品后擦干样品表面水分，将样品置于低场核磁共振设备中，通过 CPMG 序列测试样品在饱水状态下的 T_2谱；

③ 将样品置于离心机中进行离心（离心前需确定合适的离心机转速，具体操作见 7.4

节)，离心结束后擦干样品表面残留水分，将样品置于低场核磁共振设备中，测试离心状态下的 T_2 谱；

④ 获取样品在饱水和离心状态下的 T_2 谱后，沿离心状态下样品累计孔隙度曲线的最大值向 y 轴做垂线，与饱水状态下累计孔隙度曲线交点对应的 T_2 值为样品的 T_2 截止值(图 7-12)。

许多研究认为大于 T_2 截止值的孔隙空间内流体并非完全可动，小于 T_2 截止值的孔隙内流体并非完全束缚，仍具有可动能力。为了克服单截止值的局限性，相关学者引入了双截止值概念，将孔隙空间内的流体分为完全可动、完全束缚和部分可动三种。如图 7-13 所示，当孔径小于第一截止值(T_{2c1})时，孔隙中流体完全不可动，如煤岩中的黏土束缚水；当孔径大于第二截止值(T_{2c2})时，孔隙中流体可以自由流动，例如大孔和微裂隙中的自由水；当孔径在双截止值范围内时，孔隙中既含有可动流体又含有不可动流体。

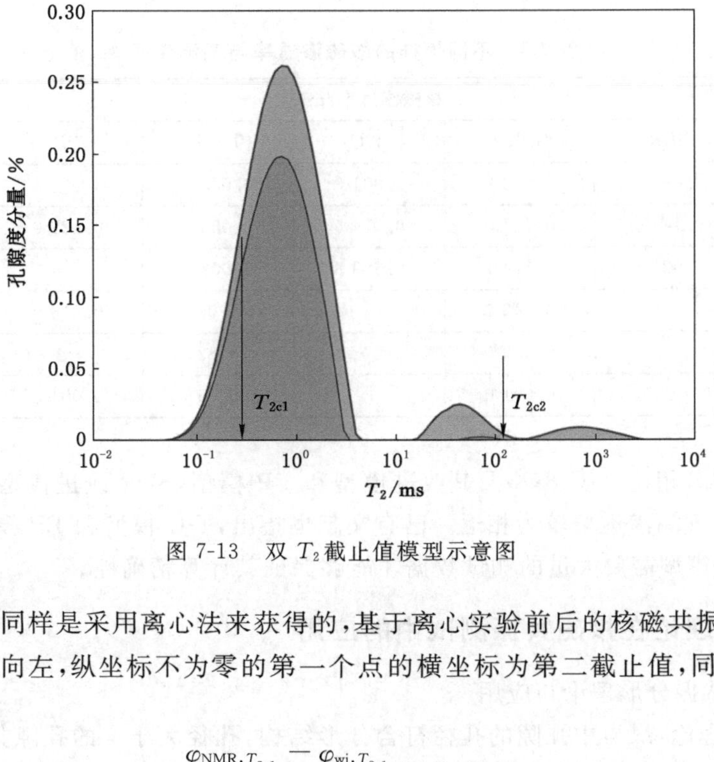

图 7-13　双 T_2 截止值模型示意图

双 T_2 截止值同样是采用离心法来获得的，基于离心实验前后的核磁共振 T_2 谱，取束缚水状态 T_2 谱由右向左，纵坐标不为零的第一个点的横坐标为第二截止值，同时第一截止值选取原则如下：

$$\frac{\varphi_{\mathrm{NMR},T_{2c1}}-\varphi_{\mathrm{wi},T_{2c1}}}{\varphi_{\mathrm{NMR}}-\varphi_{\mathrm{wi}}}>0.01 \tag{7-11}$$

式中　φ_{NMR}，φ_{wi}——离心前后的核磁孔隙度；

$\varphi_{\mathrm{NMR},T_{2c1}}$，$\varphi_{\mathrm{wi},T_{2c1}}$——$T_{2c1}$ 时离心前后核磁孔隙度累计曲线值，T_{2c1} 为满足式(7-11)的最小 T_2 值。

7.2.3　渗透率模型

煤岩渗透率与孔的分布和连通性密切相关，代表了流体在多孔介质中的流动能力。核磁共振技术虽不能直接测试煤体渗透率大小，但可以通过孔隙度和 T_2 谱孔径分布来计算渗透率。目前常用的核磁渗透率计算模型主要有 SDR 模型、T-C 模型、基于回归分析的 SDR

改进模型和 T-C 改进模型以及 PP 模型，见式(7-12)～式(7-14)：

$$\begin{cases} k_{SDR} = A\varphi_t^m (T_{2gm}^a)^n \\ k_{SDR-d} = 0.022\,4 \times (T_{2gm}^a)^{1.534} \times (T_{2gm}^b)^{0.182} \end{cases} \tag{7-12}$$

$$\begin{cases} k_{T-C} = A\varphi_t^m \left(\dfrac{FFI}{BVI}\right)^n \\ k_{T-C-d} = 0.05 \times (T_{2gm}^b)^{0.235} \times \left(\dfrac{\varphi_e}{\varphi_r}\right)^{3.365} \end{cases} \tag{7-13}$$

$$k_{PP} = 0.49 \times \exp\left(\frac{\varphi_e}{1.35}\right) - 0.54 \tag{7-14}$$

式中　A,m,n——与煤岩特性相关的恒定系数；

T_{2gm}^a, T_{2gm}^b——饱水样品和离心样品的 T_2 几何平均值。

相关文献给出了用气渗法和核磁测试法对煤体渗透率的测试结果，见表 7-3。

表 7-3　不同煤样的核磁渗透率与气测渗透率

样品	核磁渗透率/mD					气测渗透率/mD
	SDR	SDR-d	T-C	T-C-d	PP	
1	0.003 1	0.073 9	0.001 3	0.055 5		0.064 3
2	0.148 0	0.137 6	0.034 5	0.058 6	0.122 0	0.148 0
3	0.521 5	0.174 7	0.369 8	0.002 7		0.167 2
4		0.242 0		1.03	0.016 0	0.256 0
5		0.032 0		0.82		0.034 0
6		0.091 0		0.79	0.004 0	0.085 0

由上表可知，相比 T-C 模型及其改进模型和 PP 模型，SDR 改进模型具有较高的精确度，测试结果与气测渗透率较为相近。已有文献也指出，T-C 模型和 PP 模型不适合低渗透率煤样，且 PP 模型需要大量的测试数据才能够保证其计算精确性。

7.2.4　分形理论在核磁共振测试中的应用

(1) 核磁共振分形理论与应用

根据分形理论，煤岩中孔隙的孔径符合分形结构，孔径大于 r 的孔隙数量 $N(>r)$ 与孔径满足幂函数关系：

$$N(>r) = \int_r^{r_{max}} P(r)\,dr = \alpha r^{-D} \tag{7-15}$$

式中　r_{max}——测试样品中的最大孔径；

α——比例常数；

$P(r)$——孔径分布的密度函数；

D——样品内部孔隙分形维数。

对上式进行求导，得到样品内部孔径分布密度函数 $P(r)$ 可表示为：

$$P(r) = dN(>r)/dr = \alpha' r^{-D-1} \tag{7-16}$$

式中　α'——比例常数，$\alpha' = -D\alpha$。

测试样品中小于 r 的孔隙累计体积可表示为：

$$V(<r) = \int_{r_{\min}}^{r} P(r) a r^3 \mathrm{d}r \tag{7-17}$$

式中　a——孔隙形状常数(立方体为 1，球体孔隙为 $4\pi/3$)；

$r_{\min}$——最小孔径。

将式(7-16)代入式(7-17)积分可得：

$$V(<r) = a''(r^{3-D} - r_{\min}^{3-D}) \tag{7-18}$$

因此，测试样品总孔隙体积为：

$$V_{\mathrm{T}} = a''(r_{\max}^{3-D} - r_{\min}^{3-D}) \tag{7-19}$$

孔径小于 r 的孔隙累计体积分数 S_{V} 可表示为：

$$S_{\mathrm{V}} = \frac{V(<r)}{V_{\mathrm{T}}} = \frac{r^{3-D} - r_{\min}^{3-D}}{r_{\max}^{3-D} - r_{\min}^{3-D}} \tag{7-20}$$

由于 $r_{\min}$ 远小于 $r_{\max}$，上式可简化为：

$$S_{\mathrm{V}} = \frac{r^{3-D}}{r_{\max}^{3-D}} \tag{7-21}$$

式(7-21)为测试样品中孔径的分形几何表达式。

根据毛细理论，毛管压力和孔径之间存在以下关系：

$$P_{\mathrm{c}} = \frac{2\sigma\cos\theta}{r} \tag{7-22}$$

式中　P_{c}——样品孔径 r 对应的毛管压力；

σ——测试液体(水)的表面张力；

θ——润湿接触角。

由上述各式可计算得到毛管压力曲线的分形几何表达式：

$$S_{\mathrm{V}} = \left(\frac{P_{\mathrm{c}}}{P_{\mathrm{cmin}}}\right)^{D-3} \tag{7-23}$$

式中　P_{cmin}——测试样品中最大孔径 $r_{\max}$ 对应的入口毛管压力；

S_{V}——毛管压力为 P_{c} 时样品中润湿相所占孔隙体积分数。

由式(7-8)和式(7-22)，可得：

$$P_{\mathrm{c}} = \left|\frac{2\sigma\cos\theta}{F_{\mathrm{s}}\rho_2}\right| \frac{1}{T_2} \tag{7-24}$$

由上述各式，可得核磁分形维数计算的主要公式：

$$\begin{cases} S_{\mathrm{V}} = \left(\dfrac{P_{\mathrm{c}}}{P_{\mathrm{cmin}}}\right)^{D-3} \\ P_{\mathrm{c}} = \left|\dfrac{2\sigma\cos\theta}{F_{\mathrm{s}}\rho_2}\right| \dfrac{1}{T_2} \\ P_{\mathrm{cmin}} = \left|\dfrac{2\sigma\cos\theta}{F_{\mathrm{s}}\rho_2}\right| \dfrac{1}{T_{2\max}} \end{cases} \tag{7-25}$$

式中　$T_{2\max}$——T_2 谱中最大的弛豫时间，等于 10 000 ms。

对上式进行化简，等式两侧对数处理，可得：

$$\ln S_V = (3-D)\ln T_2 + (D-3)\ln T_{2\max} \tag{7-26}$$

以图 7-12 数据为例，分形维数计算如图 7-14 所示。核磁共振测试得到的煤体孔隙有效分形维数范围为(2,3)，分形维数越大，表明煤体孔隙结构越复杂，孔裂隙表面粗糙度越大。根据煤体中水的状态，可把测试样品的核磁共振分形维数分为束缚水维数、自由水维数和总流体维数。饱和水和离心后(束缚水状态)的煤体中的流体分别对应着煤体中总孔隙和密闭孔隙。饱和水减去束缚水是煤体中的自由水，自由水对应着煤体中的开放孔隙。由式(7-21)可知，总流体分形维数为 2.59。根据样品的 T_2 截止值将样品的孔隙分为吸附孔和渗流孔，图 7-14(b)为束缚孔和渗流孔分形曲线，吸附孔分形维数为 0.16，不具备分形特征，渗流孔分形维数为 2.98。

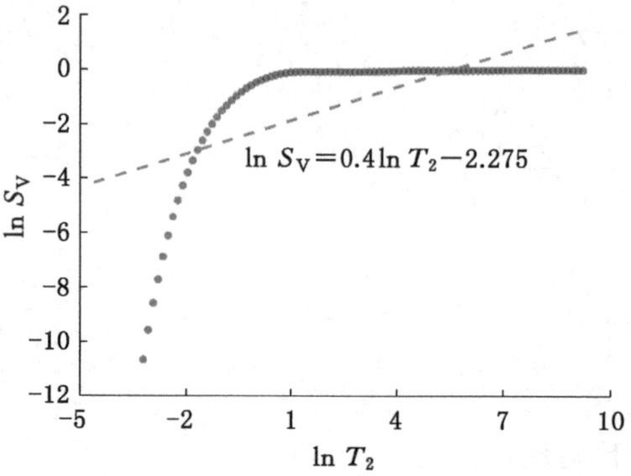

(a) 总流体空间分形曲线

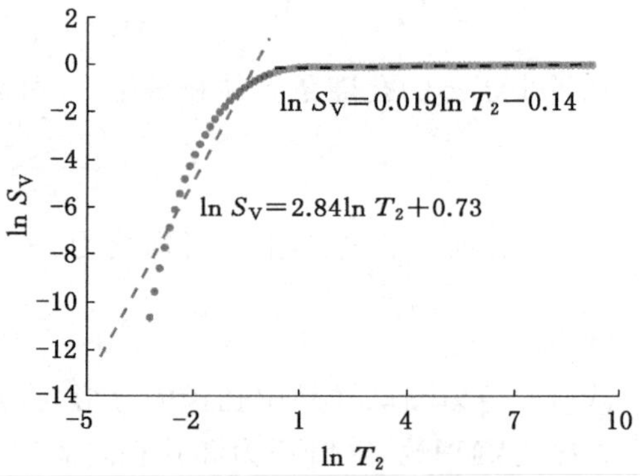

(b) 吸附孔和渗流孔分形曲线

图 7-14　核磁共振分形曲线

(2) T_2分布曲线多重分形表征

单重分形局限于孔径分布的整体性和平均性描述，不能反映不同区域或不同尺度的复杂分形特征；多重分形可以精确得到研究对象在不同尺度的分形特征，分层次刻画孔隙结构，分析孔隙分布的复杂性和非均质性。核磁共振 T_2分布是具有自相似特征的高度无序系统，还可以基于多重分形理论进行深入分析。

多重分形有两种等价的数学表达，分别为广义分形维数谱(D_q-q) 和多重分形奇异谱($f(\alpha)$-α)。本书采用盒计数方法对岩芯的 T_2 谱进行多重分形分析。首先按照二分法划分原则，将总区间长度 L 划分成 $2k$(k 为正整数) 个尺寸均为 ε 的盒。则在每一个划分尺度 $\varepsilon(\varepsilon = 2L - k)$ 下，对应的盒的数量 $N(\varepsilon)$ 为：

$$N(\varepsilon) = 2^k \tag{7-27}$$

在非均匀的多孔介质中，假设第 i 个尺寸为ε 的盒中包含的孔隙数量为 $M_i(\varepsilon)$，则第 i 个盒的质量概率 $P_i(\varepsilon)$ 为：

$$P_i(\varepsilon) = \frac{M_i(\varepsilon)}{\sum_{1}^{N(\varepsilon)} M_i(\varepsilon)} \tag{7-28}$$

对于孔隙分布的多重分形分析，其关键就是基于盒维数计算原理，对研究区间采用不同的盒子尺寸 ε 分别求取 $P_i(\varepsilon)$，从而定量描述孔隙的局部分布特征。

采用矩方法计算概率质量分布函数的多重分形谱。构造一个配分函数 $\chi(q,\varepsilon)$，为各个

盒子质量概率的 q 阶矩加权求和：

$$\chi(q,\varepsilon)=\sum_{i=1}^{N(\varepsilon)}P_i^q(\varepsilon) \tag{7-29}$$

式中　q——统计矩阶数($-\infty<q<+\infty$)，本书取$-10\leqslant q\leqslant+10$。

q 的值可以用于反映特定的质量概率 $P_i(\varepsilon)$ 的贡献。当 $q>0$ 时，$\chi(q,\varepsilon)$ 主要受高概率测度区影响；当 $q<0$ 时，$\chi(q,\varepsilon)$ 主要受低概率测度区影响。通过分析双对数坐标下 $\chi(q,\varepsilon)$-ε 的关系可以验证研究对象是否具有分形特征。

在无标度区，$\chi(q,\varepsilon)$ 与 ε 存在幂律关系：

$$\chi(q,\varepsilon)\propto\varepsilon^{-\tau(q)} \tag{7-30}$$

式中　$\tau(q)$——q 阶质量指数，为不同 q 值下 $\log[\chi(q,\varepsilon)]$ 与 $\log\varepsilon$ 拟合曲线斜率的负值。对于具有多重分形特征的研究对象，$\tau(q)$ 随 q 值严格单调递增。

具体地，$\tau(q)$可以定义为：

$$\tau(q)=-\lim_{\varepsilon\to0}\frac{\log\chi(q,\varepsilon)}{\log\varepsilon}=-\lim_{\varepsilon\to0}\frac{\log\sum\limits_{i=1}^{N(\varepsilon)}P_i^q(\varepsilon)}{\log\varepsilon} \tag{7-31}$$

对于多重分形集，$P_i(\varepsilon)$服从幂律分布：

$$P_i(\varepsilon)\propto\varepsilon^{\alpha_i} \tag{7-32}$$

式中　α_i——Lipchitz-Hölder 指数或奇异指数，反映第 i 个盒子的奇异强度。

在不同位置的盒子可能具有相似的奇异指数 α_i。假设奇异强度范围从 α 到 $\alpha+\mathrm{d}\alpha$ 的盒子数量为 $N_\alpha(\varepsilon)$，则 $N_\alpha(\varepsilon)$ 随着划分尺度 ε 的减小而增大。$N_\alpha(\varepsilon)$ 可以表示为：

$$N_\alpha(\varepsilon)\propto\varepsilon^{-f(\alpha)} \tag{7-33}$$

式中　$f(\alpha)$——具有相同奇异指数 α 的子集的分形维数。

α 和 $f(\alpha)$可以通过统计学中的 Legendre 变换求得：

$$\alpha_q=\frac{\mathrm{d}\tau(q)}{\mathrm{d}q} \tag{7-34}$$

$$f(\alpha)=q\alpha_q-\tau(q)=q\frac{\mathrm{d}\tau(q)}{\mathrm{d}q}-\tau(q) \tag{7-35}$$

$f(\alpha)$-α 即为多重分形奇异谱。对于多重分形集，$f(\alpha)$为非对称的光滑凸曲线。奇异谱的左分支代表高概率密度区域(孔隙集中区)，右分支代表低概率密度区域(孔隙稀疏区)。

多重分形集还可以通过广义分形维数 D_q来表示：

$$D_q=\frac{1}{q-1}\lim_{\varepsilon\to0}\frac{\log\sum\limits_{i=1}^{N(\varepsilon)}P_i^q(\varepsilon)}{\log\varepsilon} \tag{7-36}$$

具体地，当 q 分别取 0、1 和 2 时，有：

$$\begin{cases}D_0=-\lim\limits_{\varepsilon\to0}\dfrac{\log N(\varepsilon)}{\log\varepsilon},q=0\\[2ex] D_1=\lim\limits_{\varepsilon\to0}\dfrac{\sum\limits_{i=1}^{N(\varepsilon)}P_i(\varepsilon)\log P_i(\varepsilon)}{\log\varepsilon},q=1\\[2ex] D_2=\lim\limits_{\varepsilon\to0}\dfrac{\log\sum\limits_{i=1}^{N(\varepsilon)}P_i^2(\varepsilon)}{\log\varepsilon},q=2\end{cases} \tag{7-37}$$

式中 D_0——容量维数；

D_1——信息维数；

D_2——相关维数。

D_q-q 即为广义分形维数谱，能够体现研究对象不同层次的局部特征。对于单重分形，D_q 为常数；对于具有多重分形特征的孔隙结构来说，D_q 呈“反 S 形”单调递减。当 $q>0$ 时，D_q 代表高孔隙度区域；当 $q<0$ 时，D_q 代表低孔隙度区域。

结合式(7-31)和式(7-36)，$\tau(q)$ 还可以表示为：

$$\tau(q)=(1-q)D_q \tag{7-38}$$

判断岩芯的 T_2 谱是否具有多重分形特征，需要满足三个条件：① 质量指数 $\tau(q)$ 与 q 呈严格的单调递增函数；② $D(q)$ 随 q 严格单调递减；③ $f(\alpha)$ 与 α 呈凸函数关系。

质量指数谱常用来判断研究对象是否具有多重分形特征，当质量指数 $\tau(q)$ 随 q 值的增加单调递增时，则研究对象具有多重分形特征。图 7-15 为煤样饱水状态下的多重分形谱及相关参数变化图。图 7-15(a)为质量指数 $\tau(q)$ 随 q 值的变化曲线，二者之间的关系符合近似现象的单调增函数特性。其增长过程可分为两段：在 $q<0$ 段，$\tau(q)$ 显著增加；在 $q>0$ 段，$\tau(q)$ 缓慢增加。图 7-15(b)为广义分形维数谱，$D(q)$-q 曲线呈“反 S 形”单调递减，在 $q<0$ 段，$D(q)$ 值迅速减小；在 $q>0$ 段，$D(q)$ 值缓慢减小。实际上，$q>0$ 段代表高概率测度区域孔隙，$q<0$ 段代表低概率测度区域孔隙。图 7-15(c)为多重分形奇异谱，曲线呈“左钩状”，为非对称的上凸抛物线，曲线的左分支 $f(\alpha)$ 值急剧增大，曲线的右分支 $f(\alpha)$ 值缓慢减小。左分支代表高概率测度区奇异强度，右分支代表低概率测度区奇异强度。曲线的开口大小代表了奇异谱宽度，开口越大则孔径分布的差异越明显，非均质性越强。

7.2.5 润湿性

润湿性用于描述液体在固体表面的铺展能力，在油气开采领域，储层的润湿性是影响储层中流体运移和分布的重要参数。目前常用润湿角来表征液体在固体表面的润湿性。近些年来，低场核磁共振技术已被广泛应用于煤岩等多孔介质润湿性的测试与评价。

当岩石内饱和油和水时，孔隙流体的核磁共振弛豫信号如下：

$$\begin{cases}\dfrac{1}{T_2}=\dfrac{1}{T_{2,\mathrm{w}}}+\dfrac{1}{T_{2,\mathrm{o}}}\\[2ex]\dfrac{1}{T_{2,\mathrm{w}}}=\dfrac{1}{T_{2\mathrm{b},\mathrm{w}}}+\rho_{2\mathrm{w}}\dfrac{A_\mathrm{w}}{V\cdot S_\mathrm{w}}\\[2ex]\dfrac{1}{T_{2,\mathrm{o}}}=\dfrac{1}{T_{2\mathrm{b},\mathrm{o}}}+\rho_{2\mathrm{o}}\dfrac{A_\mathrm{o}}{V\cdot S_\mathrm{o}}\end{cases} \tag{7-39}$$

式中 $\dfrac{1}{T_{2\mathrm{b},\mathrm{w}}}$，$\dfrac{1}{T_{2\mathrm{b},\mathrm{o}}}$——水和油的体积弛豫；

$\rho_{2\mathrm{w}}\dfrac{A_\mathrm{w}}{V\cdot S_\mathrm{w}}$，$\rho_{2\mathrm{o}}\dfrac{A_\mathrm{o}}{V\cdot S_\mathrm{o}}$——水和油的表面弛豫；

V——孔隙体积；

A_w，A_o——水润湿面积和油润湿面积；

S_w，S_o——含水饱和度和含油饱和度；

$\rho_{2\mathrm{w}}$，$\rho_{2\mathrm{o}}$——水和油的表面弛豫率。

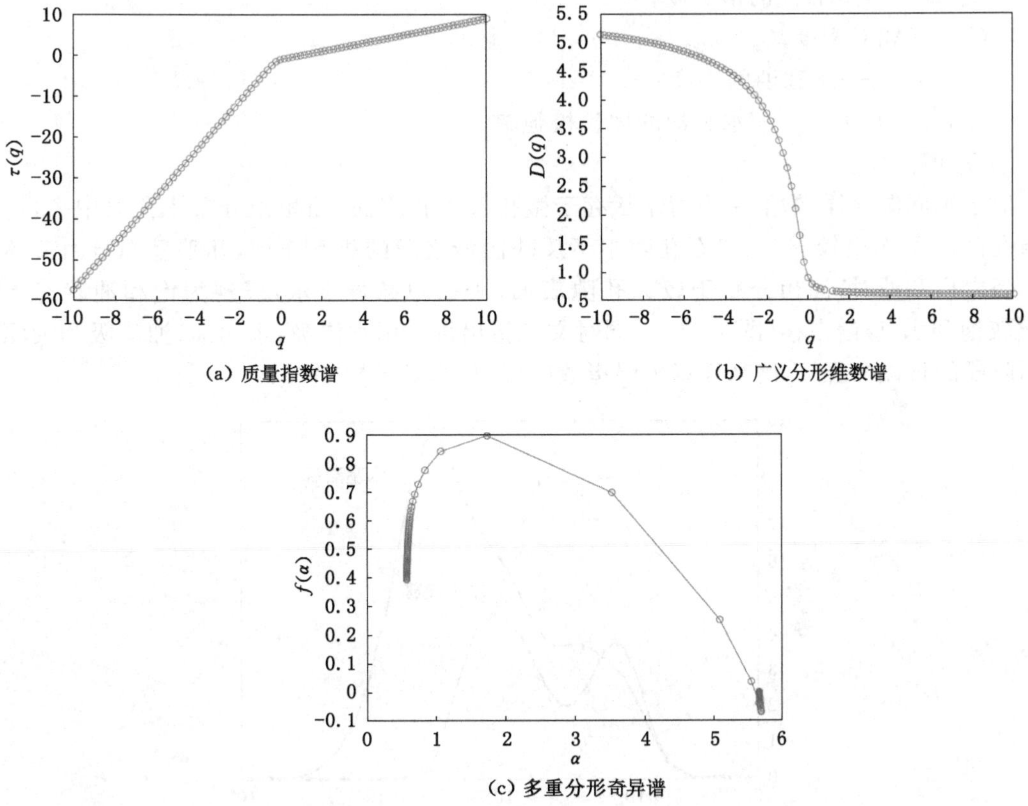

图 7-15　煤样饱水状态下的多重分形谱及相关参数变化图

通常采用接触角来表征润湿程度，对于非均质的固液界面或岩石孔隙表面则采用视接触角来描述：

$$\cos\theta_A = f_w \cos\theta_w + f_o \cos\theta_o \tag{7-40}$$

式中　θ_w，θ_o——亲水固体表面接触角和亲油表面接触角；

f_w——水润湿表面比例；

f_o——油润湿表面比例。

由式(7-39)可知，A_w 和 A_o 不随饱和度变化，表面弛豫项中的润湿面积 A_w(或 A_o)看作式(7-40)中的 f_w(或 f_o)与润湿总面积的乘积，从而为建立核磁共振与润湿性之间的关系奠定了基础。与润湿相流体的 T_2 弛豫信号存在关联的参数有：润湿面积、表面弛豫率和饱和度。现有的润湿性指数，通常会基于这 3 个参数进行计算表征。部分学者建立的润湿性指数模型如下：

① 水润湿孔隙表面占比

对于油水两相润湿，采用润湿性指数(I_{NMR})来表征测试样品润湿特性，计算如下：

$$I_{NMR} = \frac{A_w - A_o}{A_w + A_o} = \frac{\left(\frac{1}{T_{2,w}} - \frac{1}{T_{2,bw}}\right)S_w - \left(\frac{1}{T_{2,o}} - \frac{1}{T_{2,bo}}\right)S_o C_\rho}{\left(\frac{1}{T_{2,w}} - \frac{1}{T_{2,bw}}\right)S_w + \left(\frac{1}{T_{2,o}} - \frac{1}{T_{2,bo}}\right)S_o C_\rho} \tag{7-41}$$

式中 S_w, S_o——水和油的饱和度；

C_ρ——相对密度，$C_\rho = \rho_{2,w}/\rho_{2,o}$；

$\rho_{2,w}, \rho_{2,o}$——水和油的密度；

$1/T_{2,bw}, 1/T_{2,bo}$——水和油的体积松弛率。

② T_2谱面积法

对于水润湿岩样，饱油后束缚水赋存于微孔及大孔表面，油相则分布于孔喉中央，导致其与孔隙表面作用较弱，在岩石孔隙中不反映固液之间的相互作用，几乎呈现自由流体状态。当岩样亲油时，油相分布于较大孔隙表面，表面弛豫强于水，表现为饱和油状态下的T_2谱较饱和水T_2谱右移（图7-16）。同时文献指出可采用水渗吸、水驱油、油渗吸和油驱水不同阶段的核磁共振T_2谱来计算水湿指数（W_w）和油湿指数（W_o）：

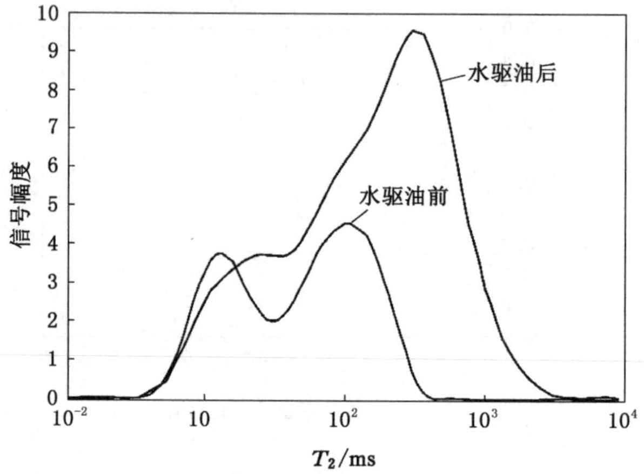

图7-16 岩芯水驱油 T_2谱

$$\begin{cases} W_w = \dfrac{\Delta S_{w1}}{\Delta S_{w1} + \Delta S_{w2}} \\ W_o = \dfrac{\Delta S_{w3}}{\Delta S_{w3} + \Delta S_{w4}} \\ I = W_w - W_o \end{cases} \tag{7-42}$$

式中 ΔS_{w1}——饱和油和水自发渗吸状态结束下核磁共振T_2谱间的区域面积；

ΔS_{w2}——水自发渗吸结束与水驱油状态下核磁共振T_2谱间的区域面积；

ΔS_{w3}——水驱残余油和油自发渗吸结束状态下核磁共振T_2谱间的区域面积；

ΔS_{w4}——油自发渗吸结束与油驱水状态下核磁共振T_2谱间的区域面积。

③ 混合润湿法

杨正明等将致密油藏物理模拟实验方法与核磁共振技术结合，提出了致密油藏混合润湿性测试方法。测试获取饱水状态及$MnCl_2$浸泡后进行油驱两种状态下的T_2谱（图7-17）。测试样品核磁共振图谱左侧的束缚流体中含有油和水，表明测试样品中的孔隙既有油湿也有水湿，为混合润湿。岩芯如表现为弱亲油，即表明岩芯中亲油部分大于亲水部分；反之如表现为弱亲水，则表明岩芯中亲水部分大于亲油部分。定义混合润湿指数及混合润湿程度评价指标为：

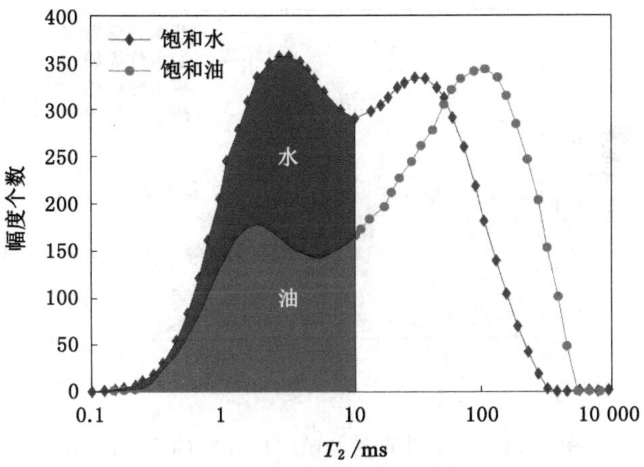

图 7-17　混合润湿测试原理

$$I_{Mwo} = \frac{S_{ws} - S_{os}}{S_{ws} + S_{os}}$$

$$F_o = \frac{S_{os}}{S_{ws} + S_{os}}$$

$$F_w = \frac{S_{ws}}{S_{ws} + S_{os}} \tag{7-43}$$

式中　S_{os}——饱和油后弛豫时间小于 10 ms 的谱面积；

S_{ws}——饱和水后弛豫时间小于 10 ms 的谱面积；

I_{Mwo}——混合润湿指数。

当 $S_{os}=0$ 时，表明岩石中所有孔喉没有亲油，全部亲水，对应混合润湿指数 $I_{Mwo}=1$，为强亲水；当 $S_{ws}=0$ 时，表明岩石中所有孔喉没有亲水，全部亲油，此时混合润湿指数 $I_{Mwo}=-1$，为强亲油；当 $S_{os}=S_{ws}$ 时，表明岩石中亲油部分与亲水部分相等，此时混合润湿指数 $I_{Mwo}=0$，为中性润湿。$I_{Mwo}>0$，表明岩芯中亲水部分多于亲油部分，整体表现为亲水；$I_{Mwo}<0$，表明岩芯中亲油部分多于亲水部分，整体表现为亲油。

对于煤的润湿性，主要为水-煤（固液）作用或水-气（CH_4、CO_2）-煤（液气固）多相作用。例如，水力压裂后残留在储层内的压裂液渗吸过程，CO_2 地质封存过程中水与 CO_2 的润湿性对封存效果的影响等。由于不同煤内部极性官能团和芳香环的数量不同，遇水会表现出亲/疏水性的差异。当煤疏水时，水与煤基质的表面作用力较弱，此时孔隙水的弛豫时间与自由态水的弛豫时间接近，约为 3 000 ms；当煤亲水时，水与煤基质表面的作用力较强，此时孔隙水的弛豫时间大大缩短，远小于自由态水的弛豫时间。

实验测试煤润湿性时，一般选用细小煤粉颗粒进行实验[例如 0.25～0.38 mm、0.15～0.28 mm、0.20～0.25 mm（压制型煤）和 0.125～0.25 mm]。煤粉在饱水后的 T_2 谱存在 3 个峰，其中，第 1 峰代表吸附态水，第 2 峰代表颗粒间水，第 3 峰代表自由态水。当煤的亲水性较强时，吸附态水峰和颗粒间水峰的占比较大；当煤的疏水性较强时，自由态水峰的占比较大（图 7-18）。通过对比不同煤饱水后 T_2 谱分布的差异，可以初步定性地判断煤的润湿性。

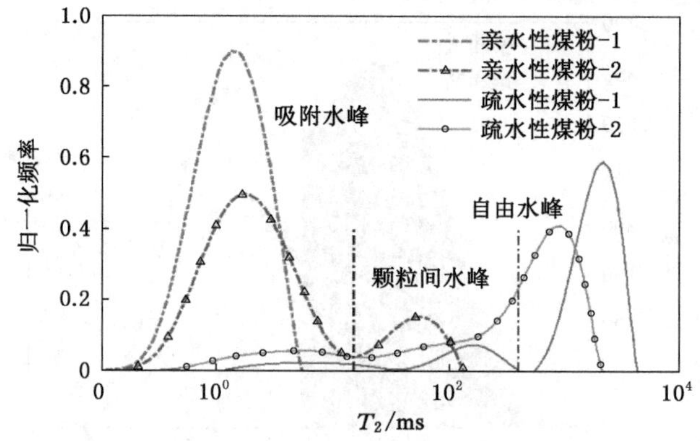

图 7-18 亲水性煤粉与疏水性煤粉的 T_2 谱对比

有学者采用 T_2 谱几何平均值来表征水的动态润湿过程：

$$T_{2g} = \exp\left[\sum \frac{\ln(T_{2i})A_i}{A_{\text{total}}}\right] \tag{7-44}$$

式中 T_{2i}——i 处的横向弛豫时间；

A_i——i 处的信号幅值大小；

A_{total}——T_2 信号幅值之和。

图 7-19(a)展示了样品加入水后 T_2 谱中最右侧谱峰归一化 T_{2g} 随时间的变化。样品为 0.18～0.25 mm 的粉末，主要的孔隙由颗粒间的空隙提供，加入水后，水率先充满颗粒间空隙，然后随着时间的增大，逐渐进入煤颗粒中。水分不断进入煤粉颗粒中后，造成最右侧谱峰降低，进而导致 T_{2g} 逐渐减小。T_{2g} 在 48 h 前不断下降，呈现出水润湿煤粉的动态演化过程；当时间大于 60 h 后，其值大小几乎不变，煤中水分达到动态平衡状态。通过对比不同样品 T_{2g} 的大小，可定量描述煤样润湿性。如图 7-19(a)所示，测试样品在加入水后 72 h 时，其归一化 T_{2g} 与样品的润湿角具有较强的线性关系，T_{2g} 数值越大，对应样品的润湿角越大，润湿性越弱，验证了核磁共振表征润湿性的合理性和准确性。

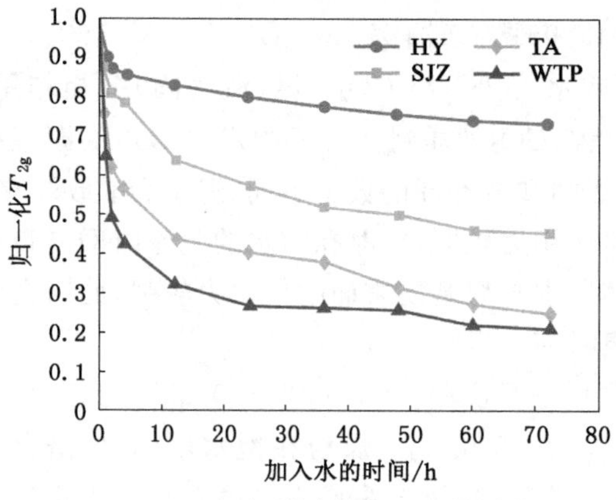

(a) 加水后粉末样品 T_{2g} 随时间变化

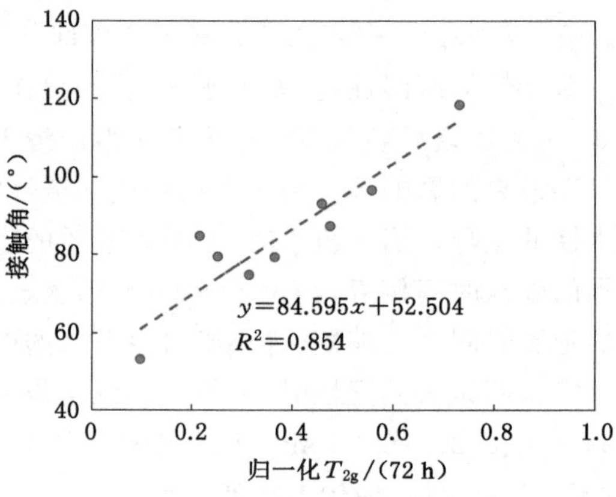

(b) T_{2g} 与润湿角关系

图 7-19 T_{2g} 表征润湿性

煤样在自渗吸过程的 T_2 谱变化也可以体现煤的润湿性差异。当煤的水湿性较强时，表现出较高的自渗吸效率。借助空间频率编码技术，对煤样渗吸过程进行实时测试，获得样品不同层位的水饱和度随时间变化（图 7-20），进而分析煤的润湿性差异。

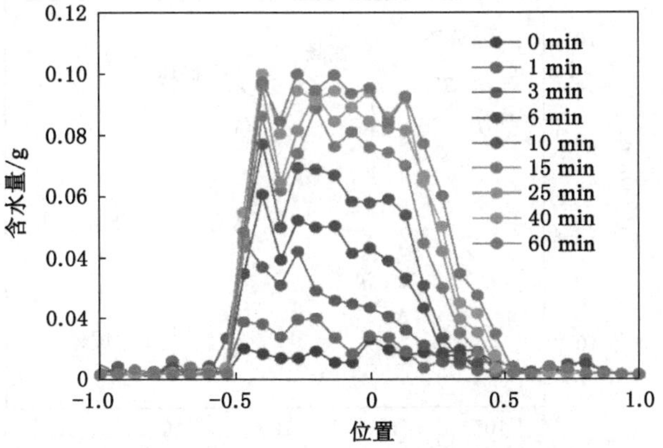

图 7-20　煤自渗吸过程中核磁测含水量随时间变化

7.2.6　T_1-T_2 弛豫

油和水的信号在一维核磁共振中容易造成信号重叠，难以分辨不同流体类型。为有效解决这一问题，二维核磁共振方法被提出，并用于流体的识别。弛豫时间包括横向弛豫时间 T_2 和纵向弛豫时间 T_1。T_2 反映含氢物质的磁化矢量由 xOy 平面返回至 z 轴过程的快慢，与多孔介质的孔径呈正比；T_1 反映含氢物质在主磁场 B_0 下转为磁化矢量 M_0 的快慢，其与含氢物质分子大小有关联。精准测试弛豫时间信号，是核磁共振技术的重点。对于高黏度流体（重油）或固体物质（沥青和干酪根），其弛豫时间受分子内偶极子耦合相互作用的控制，式（7-1）和式（7-2）不再适用。对于球形分子，弛豫时间可以表示为：

$$\frac{1}{T_1} = 2C\left(\frac{2\tau}{1+\omega^2\tau^2} + \frac{8\tau}{1+4\omega^2\tau^2}\right) \tag{7-45}$$

$$\frac{1}{T_2} = C\left(6\tau + \frac{10\tau}{1+\omega^2\tau^2} + \frac{4\tau}{1+4\omega^2\tau^2}\right) \tag{7-46}$$

式中　ω——拉莫尔频率；

C——常数；

τ——相关性时间，可通过德拜（Debye）理论求得：

$$\tau = \frac{4\pi\mu a^3}{3kT'} \tag{7-47}$$

式中　μ——流体黏度；

a——分子半径；

k——玻尔兹曼常数；

T'——绝对温度。

随着相关时间 τ 的增加、T_1 增大、T_2 减小，较高分子尺寸和流体黏度之间的关系是明显的（图 7-21）。由图可知，T_1/T_2 值随着流体黏度的增大和分子尺寸的增大而增大。因此，在煤岩孔隙水、致密油气、页岩油等复杂孔隙流体体系中，小分子的油和水，中等黏度或分子量的油组分，以及沥青、干酪根这种大分子低黏度的油组分，可通过不同 T_1/T_2 值来确定（图 7-22）。

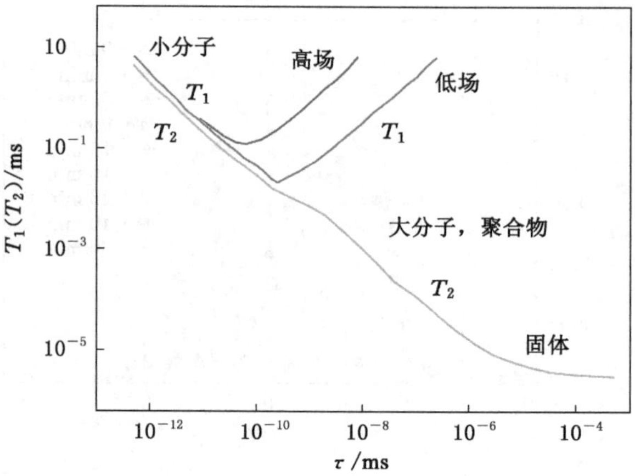

图 7-21　黏度与 T_1 和 T_2 弛豫时间的关系

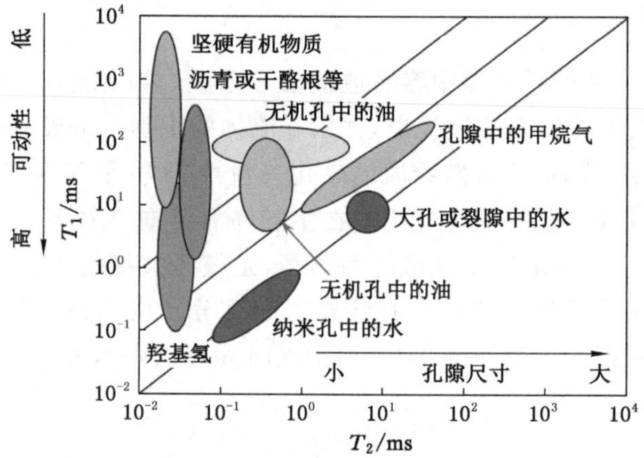

图 7-22　页岩孔隙流体和其他组成核磁信号分布

获取 T_2 谱时，一般假设等待时间足够长，CPMG 序列回波串为：

$$b_i = \sum_{j=1}^{m} f_i a_j \exp\left(-\frac{t_i}{T_{2j}}\right), \quad a_j = 1 - \exp\left(-\frac{T_w}{T_{1j}}\right) \tag{7-48}$$

其中，极化因子 a_j 通常假设等于 1，忽略不计；T_w 为等待时间；f_i 为弛豫时间为 T_{2i} 的孔隙度分量。

如果接触假设限制，T_1 会对回波信号有影响，有完全独立的弛豫时间坐标。若采集多个 CPMG 回波串，每次用不同的等待时间 T_w，可写成下式：

$$b_{ik} = \sum_{j=1}^{m}\sum_{p=1}^{n} f_{jp}\left[1 - \exp\left(-\frac{T_{wk}}{T_{1p}}\right)\right]\exp\left(-\frac{t_i}{T_{2j}}\right) \tag{7-49}$$

将上式进行二维反演即可获得 T_1-T_2 分布。

测试获取 T_1-T_2 二维数据常用的序列为 IR-CPMG 序列和 SR-CPMG 序列。IR-CPMG 序

列由测量 T_1 的 IR 序列与测量 T_2 的 CPMG 序列组合演变而来。在 IR 序列原来只测量 1 个 SE 回波的基础上，测量 n 个回波形成 CPMG 序列。因此，IR-CPMG 序列的响应方程如下：

$$b_{ik} = \sum_{j=1}^{m}\sum_{p=1}^{n} f_j\left[1-2\exp\left(-\frac{\mathrm{VDL1}_k}{T_{1p}}\right)\right]\exp\left(-\frac{t_i}{T_{2j}}\right) \tag{7-50}$$

式中　VDL1——反转恢复时间。

SR-CPMG 序列由测量 T_1 的 SR 序列演变而来，在 SR 序列原来只测量 1 个 SE 回波的基础上，测量 n 个回波形成 CPMG 序列。SR-CPMG 序列的响应方程如下：

$$b_{ik} = \sum_{j=1}^{m}\sum_{p=1}^{n} f_j\left[1-\exp\left(-\frac{\mathrm{VDL1}_k}{T_{1p}}\right)\right]\exp\left(-\frac{t_i}{T_{2j}}\right) \tag{7-51}$$

IR-CPMG 序列和 SR-CPMG 序列只是磁化矢量(也即核磁信号幅度)的演变范围不同，IR-CPMG 序列从负的最大值开始增大到正的最大值，SR-CPMG 序列从 0 开始增大到正的最大值。因此 IR-CPMG 序列的信号动态范围更大，对信噪比 SNR 的耐受性更强，但是对 180°脉冲的精度要求也较高。

7.2.7　D-T_2 弛豫

由前文可知，横向弛豫信号由表面弛豫、自由弛豫和扩散弛豫组成，测试获取的横向弛豫信号是三种弛豫共同作用的结果。当孔隙空间内含有多种流体时，一维核磁共振难以区分不同流体。由于水、油和气的扩散系数存在明显的差异，通过 D-T_2 谱可有效区分储层或测试样品中三种流体(图 7-23)，解决了一维核磁共振中信号重叠的问题。此外，D-T_2 谱分布受到孔隙流体类型的影响，在获取不同类型流体信号的同时，还可估算流体黏度等特征。

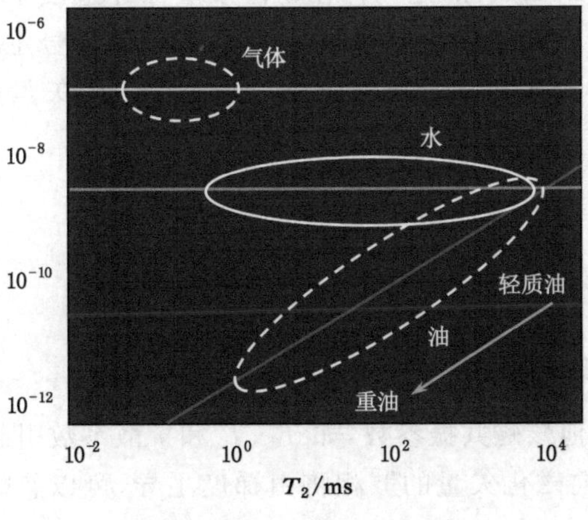

图 7-23　油水气 D-T_2 分布

D-T_2 测量需要在梯度场下进行，利用等待时间(T_w)、回波间隔(T_E)和扩散系数(D)可将 CPMG 序列的核磁信号转化为 Fredholmes 积分形式：

$$b(t,T_E,T_W) = \iint f(D,T_2)k_1(t,T_2)k_2(t,T_E,D)\,\mathrm{d}D\mathrm{d}T_2 + \varepsilon \tag{7-52}$$

式中　$f(D,T_2)$——质子数的二维分布；

$k_1(t,T_2)$，$k_2(t,T_E,D)$——横向弛豫时间和扩散系数相关的核函数，具体如下：

$$k_1(t,T_2) = \mathrm{e}^{-t_i/T_{2i}} \tag{7-53}$$

$$k_2(t, T_E, D) = e^{-1/12(\gamma^2 G^2 T_E^2 D t_i)} \tag{7-54}$$

在梯度场中，对具有一定回波间距（T_E）的 CPMG 的不同脉冲序列响应进行离散化，得到下式：

$$b_{ik} = \sum_{j=1}^{m}\sum_{i=1}^{p} f_{ij}\left[\exp\left(-\frac{1}{12}\gamma^2 G^2 T_{Ek}^2 D_1 t_i\right)\right]\exp\left(-\frac{t_i}{T_{2j}}\right)+\varepsilon_{ij} \tag{7-55}$$

式中　T_{Ek}——第 k 个回波序列的回波间距；

b_{ik}——第 k 个回波序列的第 i 个回波的振幅；

f_{ij}——与弛豫时间（T_{2j}）和扩散系数（D_1）相关的幅值。

在脉冲梯度或恒定梯度下进行数据采集，对上述各式进行求解即可获得孔隙流体 D-T_2 分布。

D-T_2 必须在梯度场下进行测量，目前主要有脉冲梯度和恒定梯度两种类型。脉冲梯度场中 D-T_2 脉冲序列主要源于扩散系数测定方法，常用的有 PFG 和 STE-PFG 脉冲序列，在此基础上衍生出 BP-PFG、MSE-PFG、LED-PFG、DMSE-PFG 等脉冲序列；恒定梯度场 D-T_2 脉冲序列主要包括改良式 CPMG、扩散编程、多回波间隔 CPMG 脉冲序列。

7.3　核磁共振成像

7.3.1　核磁共振成像基本原理

核磁共振成像属于断面成像，是一种在物体某层面建造质子自旋密度或弛豫时间空间分布的成像方法。对于煤岩等多孔介质，核磁共振成像的信号主要由孔隙空间的流体（水、油和 CH_4 气体等）提供，骨架对信号没有贡献。通过引入波矢量获得了核磁共振成像过程中信号：

$$\begin{cases} S(\vec{k}) = \int d^3 r C(\vec{r})\rho(\vec{r}) e^{i2\pi\vec{k}\cdot\vec{r}} \\ C(\vec{r})\rho(\vec{r}) = \int d^3 k S(\vec{k}) e^{-i2\pi\vec{k}\cdot\vec{r}} \end{cases} \tag{7-56}$$

式中　$\rho(\vec{r})$——局部自旋密度；

$C(\vec{r})$——由其他核磁共振参数，如 T_1、T_2 和扩散系数引起的对比因子。

若梯度足够强，横向磁化矢量的散相将由梯度主导，可以忽略 T_2 效应。用于成像的信号采集是 k 空间采样。

近些年来，随着核磁共振技术的进一步发展，采用三维定位系统对三维物体进行内部组成定位，核磁共振成像一般采用的是三轴正交梯度线圈，以实现样品区间内的三维空间梯度编码。

施加梯度场后，空间（x, y, z）处相对于磁体中心处（0,0,0）的共振频率为：

$$w = \gamma(B_0 + G_x \cdot x + G_y \cdot y + G_z \cdot z) \tag{7-57}$$

样品的采样信号如下：

$$S(t) = \iiint \rho(x, y, z) e^{iwt}(1 - e^{-T_R/T_1}) e^{-T_E/T_2} \, dx dy dz \tag{7-58}$$

样品采样信号利用式(7-58)进行反傅立叶变换即可得到孔隙流体的三维空间分布 $\rho(x,y,z)$。信号采集基于常规的 IR 和 SE 序列，因此成像的信号中有 T_E、T_2 相关的 T_2 弛豫项，以及 T_R、T_1 有关的 T_1 弛豫项。此外，若多孔介质样品的内部梯度不可忽略，还要考虑与内部梯度 G 相关的扩散弛豫项。

7.3.2　核磁共振成像序列

（1）常规成像序列

常用的核磁共振成像序列包括 MSE、FSE 和 GRE（图 7-24 至图 7-26）。由图可知，成像序列有共同点：在采集信号前必须用正交的 XYZ 梯度线圈输出线性梯度，进行空间梯度编码，即图中 G_s、G_p 和 G_r。G_s 对应的是谱仪中的选层梯度脉冲，G_p 对应谱仪中的相位编码梯度脉冲，G_r 对应谱仪中的频率编码梯度脉冲。实际采样中，根据样品成像选层的方向和 XYZ 正交梯度线圈的对应关系，把 G_s 的脉冲梯度输出到对应的梯度线圈上，G_p、G_s 的脉冲梯度输出到其余两个梯度线圈上。

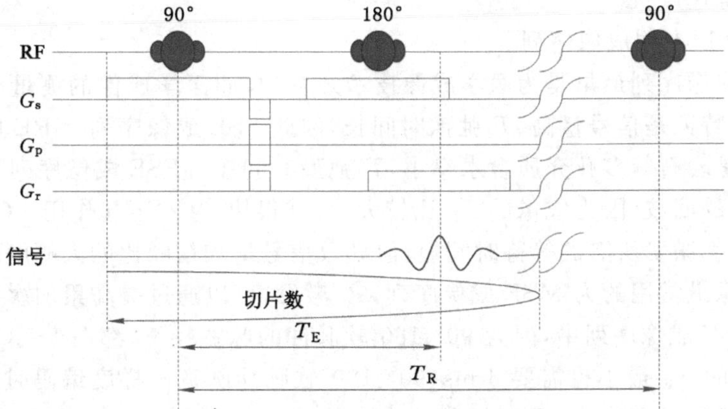

图 7-24　MSE 成像序列

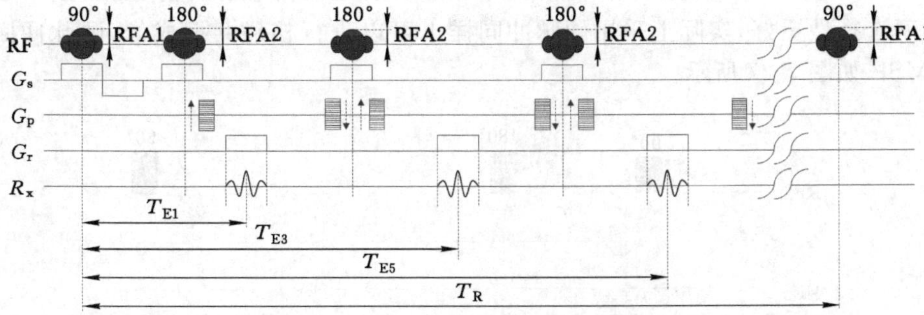

图 7-25　FSE 成像序列

MSE 成像序列和 FSE 成像序列本质上相同，不同之处在于 MSE 成像序列一个 T_w 下只采集了一个回波信号，而 FSE 成像序列采集了后续的多个回波。FSE 成像序列的优势是通过多回波的采集累加信号，提高 SNR，测试速度快，所以称为快速回波成像 Fast Spin Echo。GRE 成像序列和 MSE 成像序列都是利用回波信号来成像的技术，但二者所采用的

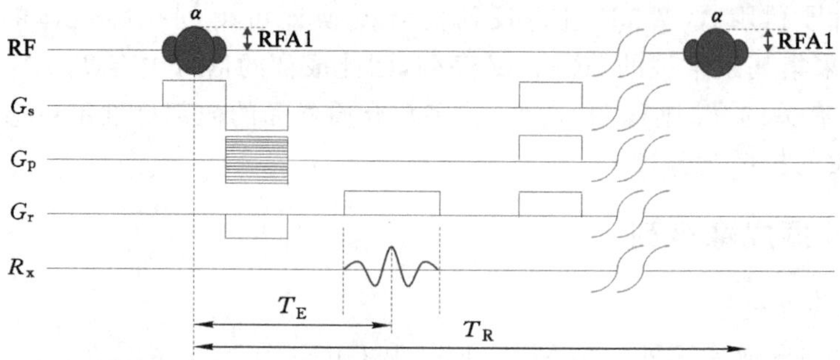

图 7-26　GRE 成像序列

激励脉冲不同，产生回波的激励方式也不同。GRE 成像序列采用的是小角度激励脉冲，采用小于 90°的射频脉冲进行样品激励，也能得到所需的横向磁化分量。由于倾倒角小，磁化矢量的纵向弛豫时间变短，可有效缩短重复采样的等待时间 T_R，因此，GRE 成像序列的显著特点就是成像速度快。

(2) 多孔介质专用成像序列

核磁共振成像序列最早是为医学成像技术开发的，而医学成像的测量对象都是高含水的长弛豫体系，特征是信号量高、T_2 弛豫时间长，因此 FSE 成像序列、GRE 成像序列是能够起作用的。但是岩石等多孔介质含水率小，T_2 弛豫时间短。FSE 成像序列下第一个回波的幅度很小，后续的回波(因为成像的 T_E 比较大)衰减很快，基本不起作用。GRE 成像序列也一样，虽然小角度激发所需的等待时间短，但导致信号量和信噪比的大幅度减小。因此煤岩的核磁共振成像最常用的为 MSE 成像序列，90°激发，可以通过提高累加次数提高信噪比。

常用的 MSE 成像序列中，因为 90°、180°软脉冲的脉宽较长，都在 1～3 ms，因此软脉冲 MSE 成像序列的 T_E 最小也需要 6 ms(90°、180°软脉冲脉宽＋梯度编码时间）左右。多孔介质自身内部梯度 G 的存在，导致扩散弛豫对 T_2 衰减的贡献较大，只能通过减小 T_E 来降低内部梯度 G 的影响。因此，MSE 成像序列只适用于孔隙度较大、孔隙半径大、内部梯度 G 比较小的多孔介质中。成像序列采用软脉冲的初衷是因为软脉冲脉宽大，频率域的带宽就窄，频率选择性更好，实际上采用硬脉冲同样也可以进行核磁共振成像，硬脉冲回波成像序列 HMSE 如图 7-27 所示。

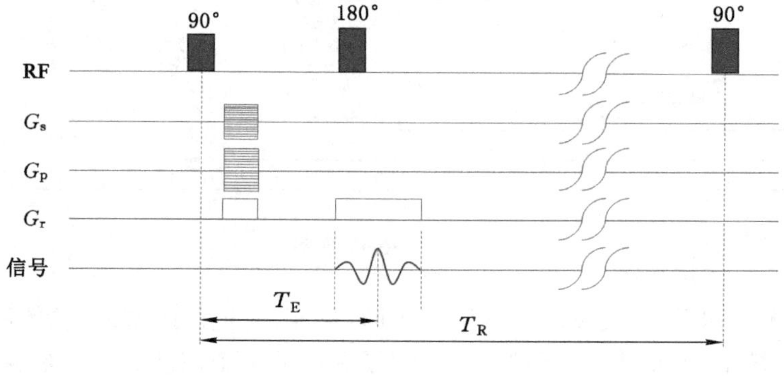

图 7-27　HMSE 成像序列

MSE 成像序列利用了软脉冲的窄频特性，在 90°软脉冲期间就进行了选层编码，而硬脉冲 90°因为频带太宽，HMSE 成像序列在 90°硬脉冲之后进行选层编码，同样可进行三维核磁共振成像。因此，MSE 成像序列特征是薄层激发、薄层接收，HMSE 成像序列特征是全体激发、薄层编码、薄层接收。因 HMSE 成像序列采用了硬脉冲，90°和 180°硬脉冲的脉宽都是微秒级，与之相比，90°和 180°软脉冲可以忽略，因此 HMSE 成像序列的回波间隔 T_E 主要由梯度编码时间组成，HMSE 成像序列的 T_E 在 1 ms 左右，与 MSE 成像序列相比缩小了 6 倍，与一维 T_2测试相比，HMSE 成像序列的 1 ms 回波间隔仍然稍大，对于常规岩芯中大孔隙的成像识别没有问题，对于以微纳米孔隙为主的致密岩芯，则难以得到较好的成像效果。

7.3.3　核磁共振成像过程

首先将测试样品分为若干层，每层被分为若干小块，称为体素。然后对每个体素进行标定，这是编码的过程。对每个层面的质子进行激励之后，得到总核磁共振信号。依据核磁共振频率和相位与层面的对应关系，可以分离出每个体素相对应的核磁共振信号大小。依据信号越大，像素越亮这一特点，可以确定层面的每一个像素的亮度大小，层面内各像素的亮度组合到一起，完成了核磁共振成像(MRI)的整个过程。

在均匀外磁场 B_0的某一方向中添加一个线性的梯度磁场，这会使磁场中沿着该方向各个位置的磁场强度出现线性变强或者线性变弱。^1H 绕外磁场的旋转速度随着磁场强度的增强而变快，导致其在该磁场方向各个位置的进动速度不同(进动频率不同)。可以借助梯度磁场的空间定位作用来确定空间坐标和各个体素的信号大小，这个过程叫作空间编码，包括层面选取，频率编码和相位编码。

线性梯度场就是在某一方向上各个位置的磁场强度随其所在位置发生线性变化的磁场。其中 G_z用来进行层面选取，G_x和 G_y被用来定位平面中体素的具体位置。如图 7-28 所示，若某一频率的射频脉冲激发了层 3，则其余两层由于射频脉冲频率大小不同可能不会被激发。因此，当只施加一种频率的射频脉冲时，也只会有对应的一个层面内的质子受到激发，而其他层面内的质子不会受到影响。通过使用不同频率的射频脉冲来激发不同位置的层面称为层面选取。

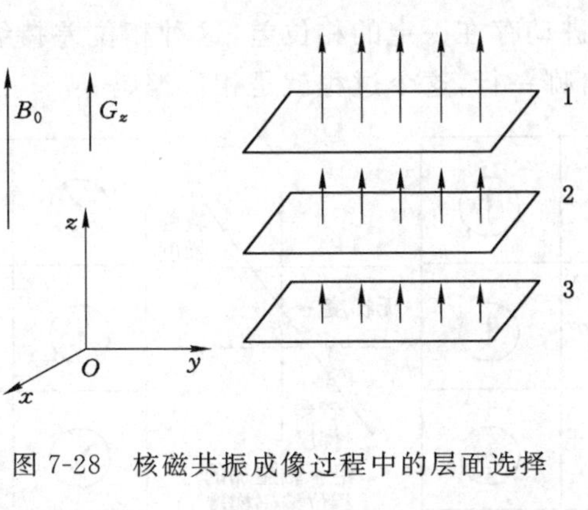

图 7-28　核磁共振成像过程中的层面选择

在均匀磁场中沿某一方向叠加梯度磁场，使该方向上每个位置的层内质子磁共振信号频率不同，产生与空间位置有关的信号，然后对信号来自扫描矩阵中的哪一列进行区分，这一过程称为频率编码。

接收信号时，在磁场中沿 x 轴叠加一个线性梯度磁场 G_x，这会导致垂直于 x 轴的不同列的磁场强度不相同，进而导致位于不同列中的各个体素磁共振信号的频率不同，同一列中产生的信号频率相同，依据这一特点就可以定位到具体的每一列位置。G_x 称为频率编码梯度，其磁场方向沿 x 轴方向，则垂直于 x 轴的不同列质子的进动频率 ω_x 为：

$$\omega_x = \gamma(B_0 + xG_x) \tag{7-59}$$

受激励的质子的进动频率取决于其位置，若持续施加磁场梯度 t_r 时间，则波数所在的范围由下式给出：

$$\pm K^{\max} = \frac{\pm \gamma G_x t_r}{4\pi} \tag{7-60}$$

其中 k 空间的中心位置对应于 ω_0。k 空间中的每个点的宽度可以表示为：

$$\Delta K = \frac{\gamma G_x \Delta t}{2\pi} \tag{7-61}$$

式中　Δt——驻留时间。

通过相互关系确定剖面的视野(FOV)：

$$\mathrm{FOV} = \frac{1}{\Delta K} = \frac{2\pi}{\gamma G_x \Delta t} \tag{7-62}$$

空间分辨率为：

$$\Delta z = \frac{\mathrm{FOV}}{m} \tag{7-63}$$

式中　m——获取的复杂数据的数量。

通常使用频率编码的梯度回波来获取一维轮廓(或多维成像中的其中一维)。由于梯度回波的幅度取决于 $T\times 2$，因此在对多孔介质成像时，最好也包括频率一致的自旋回波，只需要增加一个重聚焦射频脉冲就能实现。通过施加恒定幅度的读取梯度，对自旋质子的共振频率进行空间编码，可以在单次扫描中提供轮廓，这是频率编码的优点。

频率编码有在单一方向上对测量信号进行空间编码的能力，而相位编码则是可以允许沿第二维度方向对空间位置进行编码。如图 7-29 所示，选择在沿 y 轴方向施加线性梯度场 G_y，使沿 y 轴方向不同位置的磁场不同，施加一定的时间后，各行体素产生的磁共振信号具有不同的相位，导致各行进动存在一定的相位差，这种相位差持续到信号被记录为止，根据相位差可以得知信号来自哪一行，这个过程就是相位编码。

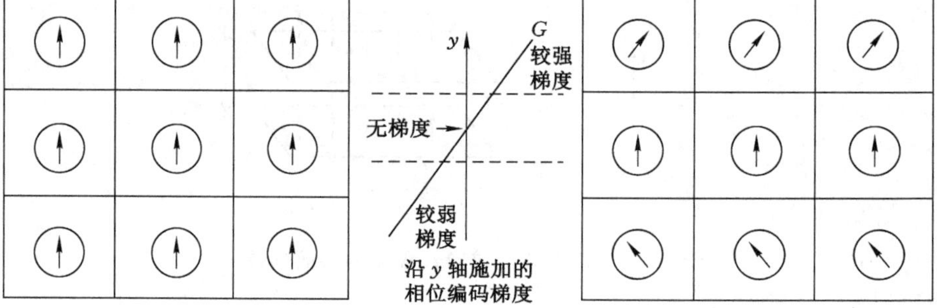

图 7-29　相位编码过程

这里以 3×3 的矩阵共 9 个体素为例来描述相位编码过程：

(1) 在没有施加相位编码或者频率编码前，层内各个体素有相同的进动频率 ω_0，各个体素生成相同的磁共振信号，各体素之间没有频率差和相位差。如图 7-29 所示，其中的指针形状表示某一时刻质子进动的相位（或者信号的相位），如果体素的指针方向相同则代表其相位相同。

(2) 当沿 y 方向施加线性梯度场 G_y 之后，质子将具有不同的进动频率。当叠加相位编码梯度 G_y 之后，由于中间行无相位编码梯度作用，则中间一行中体素产生的信号不发生变化；上面一行磁场强度变强，行内各体素进动频率变快，导致与中间一行产生相位差异，比中间一行提前角度 θ；下面一行磁场变弱，各体素进动频率变慢，导致与中间行相比落后角度 θ。

(3) 当 $t = t_y$ 时，移去相位编码梯度 G_y，各行体素又存在于一个均匀场强的 外磁场中，质子的进动频率受磁场强度变化的影响恢复到原频率 ω_0，然而保留了 相位差。当施加相位编码梯度 t_y 时间后，各个体素的进动相位 φ_y 是：

$$\varphi_y = w_y t_y = \gamma(B_0 + yG_y)t_y \tag{7-64}$$

产生的相位差 $\Delta\varphi_y$ 为：

$$\Delta\varphi_y = \gamma \Delta y G_y t_y \tag{7-65}$$

同一行的体素之间没有相位差，各行之间出现了相位差。因此可以根据信号的相位差来判断产生信号的位置。使用相位编码时，可以消除 $T\times 2$ 模糊，因为每个数据的获取时间（t_p，即初始激发后的时间）是固定的。在特定梯度强度下采样的 k 空间点为：

$$k = \frac{\gamma g t_p}{2\pi} \tag{7-66}$$

进行 m 次后续扫描，使梯度幅度在 $\pm g^{max}$ 之间变化，这样可以遍历 k 空间的一行。对应的 FOV 为：

$$\mathrm{FOV} = \frac{m\pi}{\gamma g^{max} t_p} \tag{7-67}$$

图像分辨率为：

$$\Delta y = \frac{\pi}{\gamma g^{max} t_p} \tag{7-68}$$

在实验中，可以选择在多个方位（x，y 或 z）上旋转、倾斜相位编码梯度场的方向，以便可以在二维或三维维度中遍历 k 空间。当以这种方式来获取各个维度的图像时，该技术被称为纯相位编码方法。

7.4　核磁共振测试分析法的应用

7.4.1　煤岩表面弛豫率

表面弛豫率难以通过仪器直接测量，通常与低温氮气吸附、高压压汞法联合间接求取。具体求解过程参考如下案例：

案例 1：低温氮气吸附法与 NMR 联合

谢松彬等通过对山西晋城和韩城地区煤样进行低温氮气吸附测试，获取样品低温液氮孔径分布特征（图 7-30）。由于测试煤样以吸附孔（霍多特分类）为主，选用代表吸附孔的谱峰进行单组分反演，将所得吸附孔的 T_2 弛豫时间(图 7-31)与图 7-30 中的峰值点对应，再根据低温氮气吸附获取的样品表面积和总孔隙体积，通过式(7-8)得到样品的表面弛豫率(F_s取 3)。求得六组样品的表面弛豫率依次为：5. 3 nm/ms、5. 5 nm/ms、9. 8 nm/ms、11. 6 nm/ms、12. 2 nm/ms 和 13. 6 nm/ms。

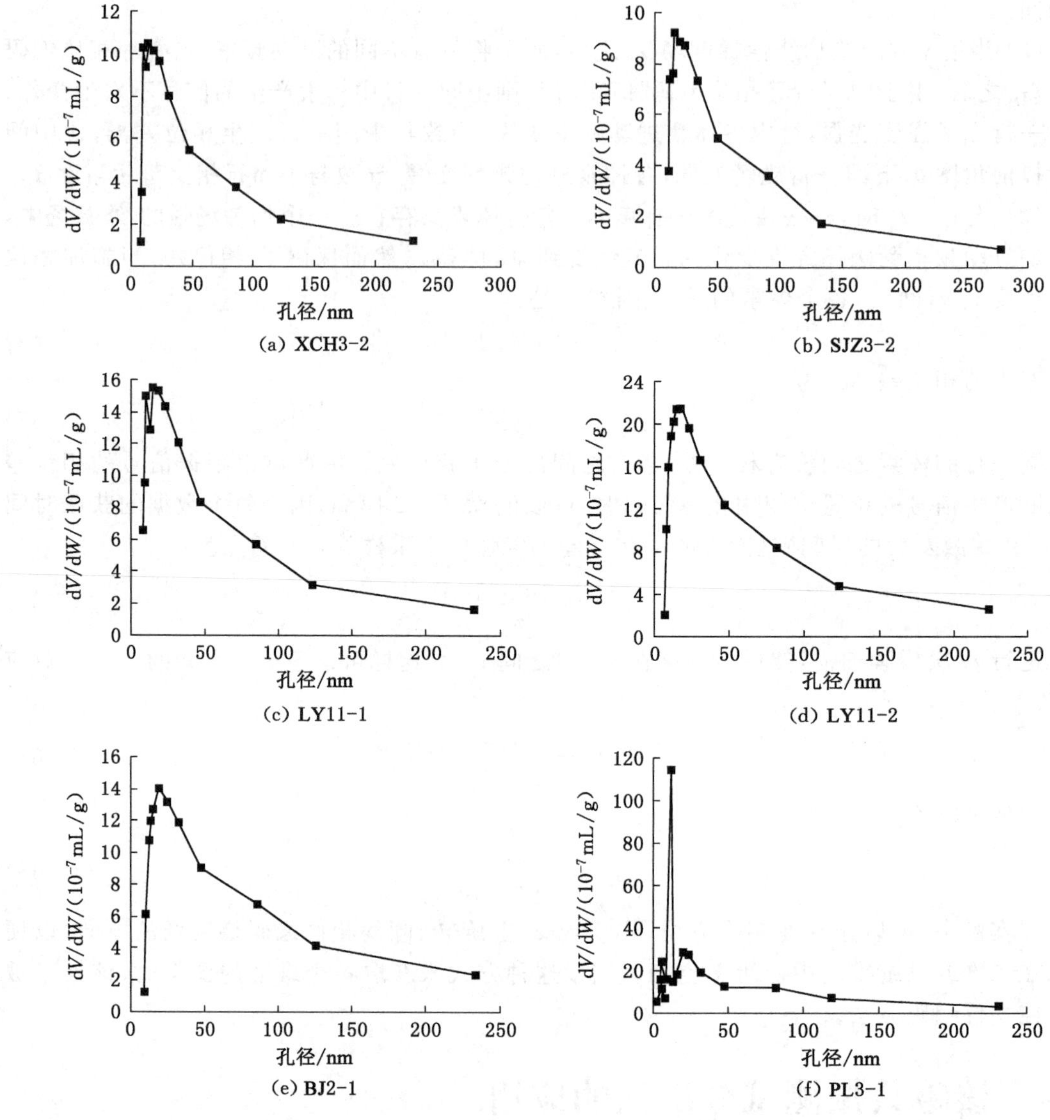

图 7-30　煤样低温液氮孔径分布特征

为包含吸附孔以外的其他孔隙信息，将 T_2 谱中不同孔隙半径的平均横向弛豫时间参数 T_2 几何平均值(T_{2GM})用以代替整个煤样的 T_2 谱分布特征。然后同样采用低温氮气吸附法实验获取煤样的孔隙体积与表面积，通过式(7-8)求取表面弛豫率值。其中，T_{2GM} 可由下式计算：

$$T_{2GM} = e^{\left[\sum_{T_{2\min}}^{T_{2\max}} \frac{A_i}{A_T} \ln(T_{2i})\right]} \tag{7-69}$$

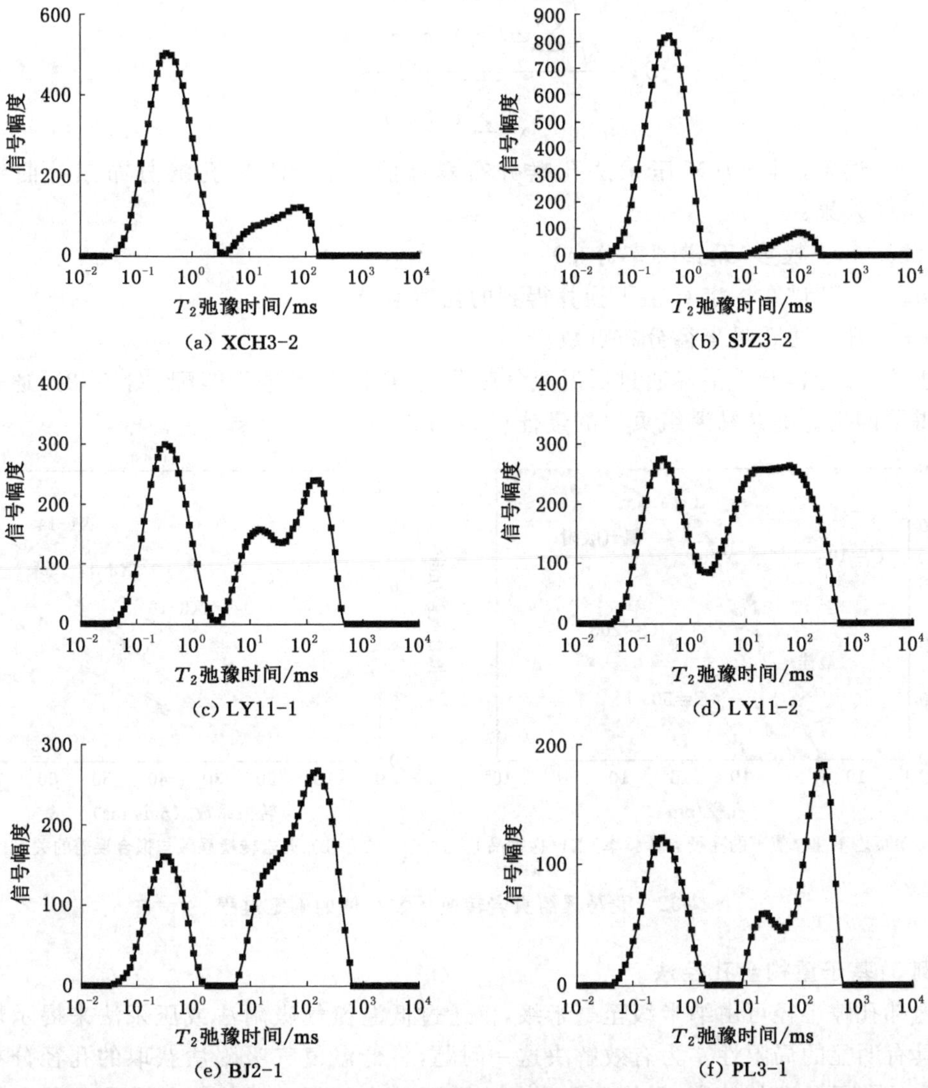

图 7-31　煤样核磁共振 T_2谱

式中　$T_{2\max}$，$T_{2\min}$——横向弛豫时间的上下限，分别取 10 000 ms 和 0.01 ms；

A_T——T_2谱信号总幅值；

A_i——在 T_{2i}横向弛豫时间下的信号幅值。

郑司建等通过这一方法获得了沁水盆地和准噶尔盆地部分煤样的表面弛豫率，其取值范围为 0.69～1.91 nm/ms。

案例 2：压汞法与 NMR 联合

周华等将压汞法毛细管压力曲线与 T_2谱伪毛管压力曲线进行匹配，通过拟合误差[式(7-70)]判定云冈石窟典型红砂岩、泥沙岩和粉砂岩的最佳 C 值($C=F_s \cdot \rho$)分别为 0.312 5 nm/ms、0.312 5 nm/ms 和 0.340 0 nm/ms(均取计算结果的平均值)。

$$\delta = \frac{\sqrt{\sum_{i}^{n} w(x_i)(x_i - wx_i)^2}}{\sqrt{\sum_{i}^{n} w(x_i)}} \tag{7-70}$$

式中 δ——误差，用于判断压汞法孔喉分布累计曲线和 NMR 孔喉分布累计曲线匹配效果；

$w(x_i)$——权重（T_2谱频率分布）；

w_{xi}——T_2谱在一定 C 值下换算得到的孔隙半径；

n——压汞法孔喉半径分布点数。

基于这一思路，龚小平等通过低温氮气吸附与 T_2谱曲线进行匹配（图 7-32），通过 δ 评价并获得了四川盆地龙马溪组页岩的最佳 C 值为 22～25 nm/ms。

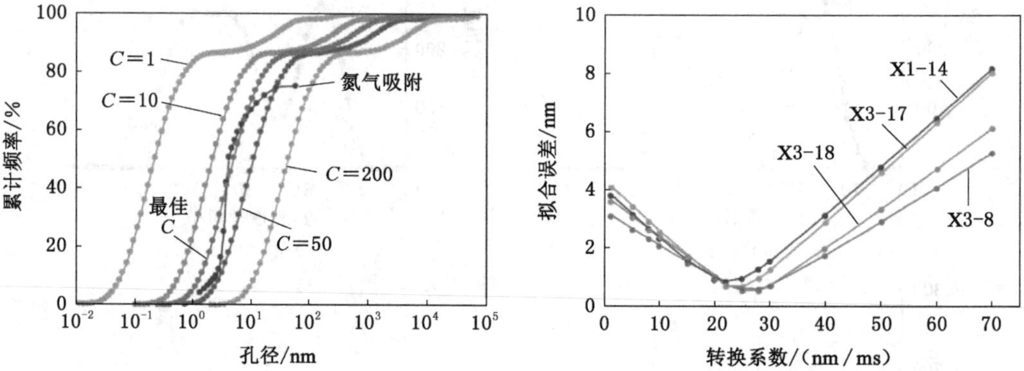

(a) 页岩不同 C 值下的孔径累计频率（X1-14样品）　　(b) 页岩转换系数与拟合误差的关系

图 7-32　龙马溪组页岩转换系数 C 值的确定过程

案例 3：基于重构全孔径法

煤内部孔隙半径可由纳米级至毫米级，仅通过低温氮气吸附法或压汞法来揭示煤的孔隙结构具有明显的局限性。为有效解决这一问题，将低温氮气吸附法获取的孔径分布与压汞法获取的孔径分布相结合，重构获取煤的全孔径分布特征。重构煤的全孔径分布曲线过程中，尤为重要的是确定两个实验获取的孔径分布曲线的连接点。两种方法获取的孔径分布曲线如图 7-33 所示（虚线部分表示裁剪掉的数据），二者在 25 nm 左右相交。此外，当进汞压力大于 24.75 MPa 时，进汞压力与累积进汞体积呈很好的线性关系，表明此时煤样基质收缩。通过 Washburn 方程，当进汞压力为 24.75 MPa 时所对应的孔径半径为 25 nm。因此，选择 25 nm 作为低温氮气吸附实验与压汞实验获取孔径分布曲线的交点，小于 25 nm 孔径分布取自低温氮气吸附实验的结果，大于 25 nm 的孔径分布取自压汞实验的结果。

将重构后的孔径分布曲线（图 7-34）按照案例 2 中的方法进行计算，获取低阶煤的表面弛豫率范围在 1.96～2.13 nm/ms 之间，平均 2.0 nm/ms。对于中阶煤，表面弛豫率范围在 2.81～3.22 nm/ms 之间，平均值为 3.0 nm/ms。对于高阶煤，表面弛豫率范围在 1.58～1.71 nm/ms 之间，平均值为 1.6 nm/ms。

案例 4：受限扩散法

在岩石等多孔介质领域，扩散 D 除了和 T_2 联测形成二维谱以外，还可以单独测 D 谱，

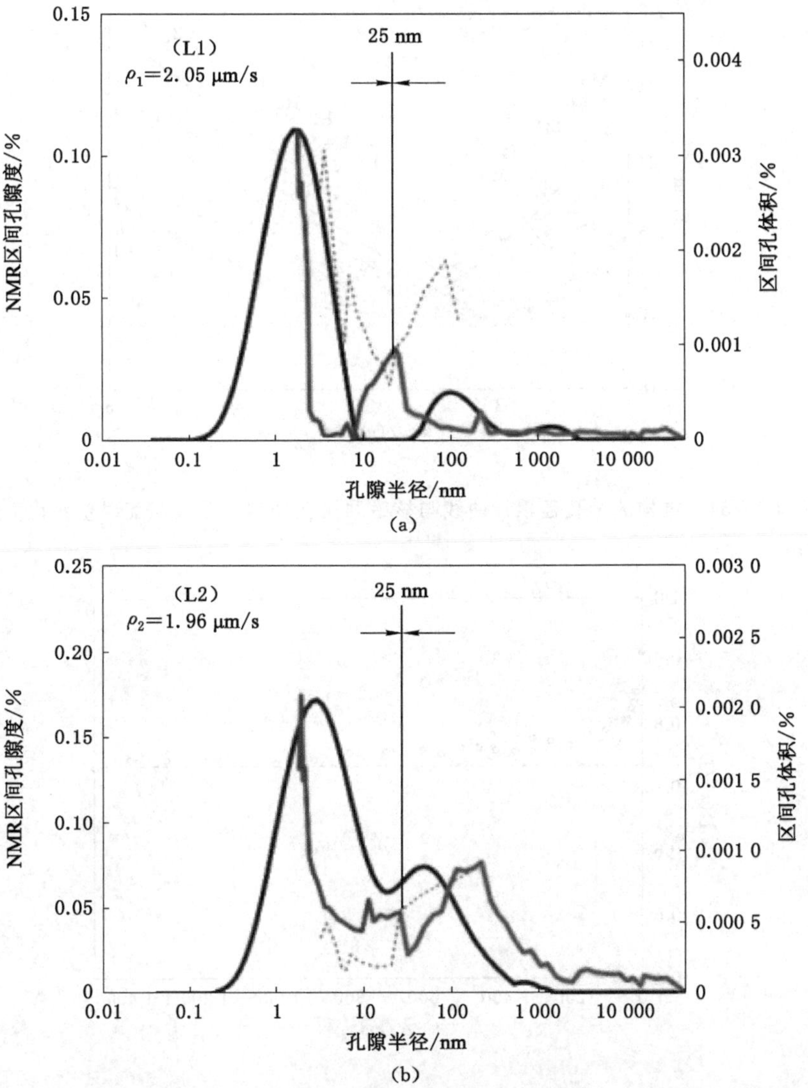

图 7-33　低温氮气吸附法和压汞法的煤样重构全孔径分布(部分煤样)

在多孔介质中由于受限扩散现象的普遍性，$D(t)$和扩散观察时间的相关曲线中还包含了多孔介质的孔隙结构信息。图 7-35 展示了多孔介质受限扩散系数 $D(t)/D_0$与扩散观察时间的对应关系，从曲线特征中可以提取两个参数：

$$\frac{D(t)}{D_0}=1-\frac{4}{9\sqrt{\pi}}\sqrt{D_0 t}\,\frac{S}{V}+\varphi(\rho,R,t) \tag{7-71}$$

式中　R——孔隙半径；

ρ——流体密度；

$\varphi(\rho,R,t)$——关于密度、半径和时间的函数。

受限扩散短时渐近线：

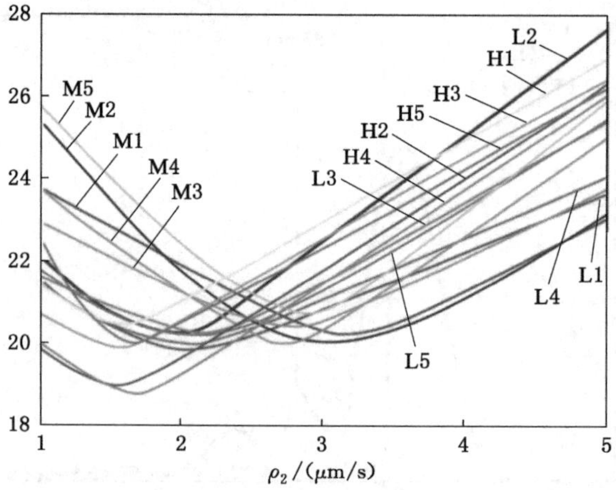

图 7-34　重构的全孔径累计曲线与核磁共振孔径累计曲线匹配误差变化

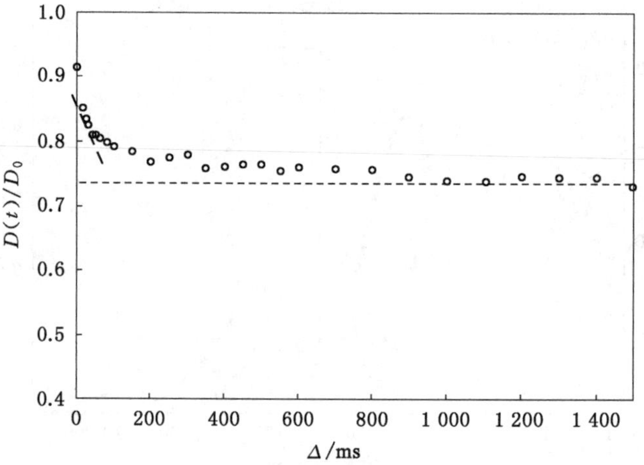

图 7-35　多孔介质受限扩散系数 $D(t)/D_0$ 与扩散观察时间的对应关系

$$\lim_{t\to 0}\frac{D(t)}{D_0}=1-\frac{4}{9\sqrt{\pi}}\sqrt{D_0 t}\,\frac{S}{V} \tag{7-72}$$

受限扩散长时渐近线：

$$\lim_{t\to\infty}\frac{D(t)}{D_0}=\frac{1}{\tau} \tag{7-73}$$

受限扩散短时渐进线物理意义：当扩散观察时间接近 0 时，流体分子扩散过程均局限在所在孔隙半径范围内。受限扩散系数与自由扩散系数的比值和多孔介质的平均比表面积成反比，即多孔介质的平均比表面积越大，孔隙半径越小，受限扩散越明显，$D(t)/D_0$ 也就越小。

受限扩散长时渐进线物理意义：当扩散观察时间很长时，孔隙流体分子的扩散运动不局限于孔隙半径范围内，会与周边的孔隙发生扩散交换；当扩散观察时间大到一定数值后，流体分子扩散路径上导致的增强弛豫达到最大值，$D(t)/D_0$的比值不再变化。$D(t)/D_0$对应多孔介质孔隙迂曲度，反映孔隙结构导致的孔隙连通程度对受限扩散的最大限制。

受限扩散短时渐进线与一维 T_2谱联用得到样品的横向表面弛豫率的过程如下：

$$\lim_{t\to 0}\frac{D(t)}{D_0}=1-\frac{4}{9\sqrt{\pi}}\sqrt{D_0t}\,\frac{S}{V} \Rightarrow \left.\begin{array}{l} \dfrac{S}{V}=\dfrac{1-\lim\limits_{t\to 0}\dfrac{D(t)}{D_0}}{\dfrac{4}{9\sqrt{\pi}}\sqrt{D_0t}} \\ \dfrac{1}{T_2}=\rho_2\dfrac{S}{V} \end{array}\right\} \rho_2=\frac{1}{T_2\dfrac{S}{V}}$$

7.4.2　煤岩致裂效果评价

案例 1：水力压裂煤体

样品取自重庆南川某矿 400～700 m 水平煤层，取样地点垂直应力 10.84～18.97 MPa。煤样直径为(25±0.1) mm，长度为(50±0.5) mm。根据国际岩石力学学会(ISRM)的标准，利用磨床加工出合理的岩芯端面平行度和光洁度。选择没有天然裂缝和可见损伤的样品进行实验。样品为烟煤，黏土矿物含量 50.6%，铝铁矿含量 17.2%，其他矿物含量小于 10%。

实验设备为重庆大学研制的加载-注入核磁共振实验系统(图 7-36)，设备可实现加围压条件下煤样孔裂隙的动态演化过程，同时可以连续注入气体或液体。设备可加载的最大岩芯直径和长度分别为 25.4 mm 和 60 mm。夹持器最大围压可达 25 MPa，最高温度为 150 ℃，液体(水)或气体沿岩芯轴向注入，压力精度为 1 mL/min。核磁共振系统为苏州纽迈分析仪器股份有限公司生产的 MacroMR12-150H-I 型仪器。核磁共振系统中永磁体的主磁场值为(0.30±0.05) T，H 质子共振频率为 250 Hz/h，无线电脉冲频率为 2～

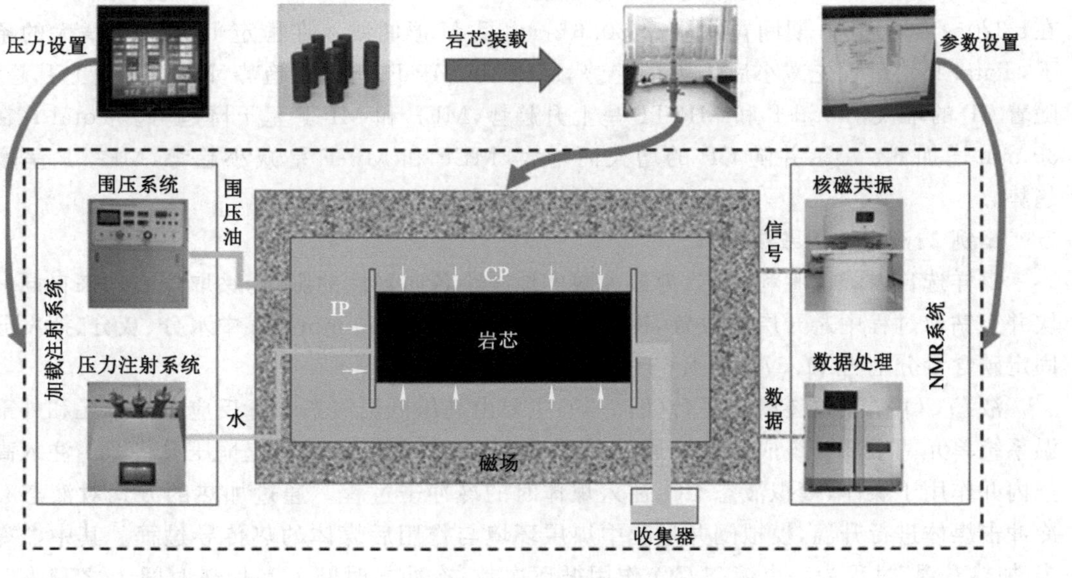

图 7-36　加载-注入核磁共振实验系统

30 MHz。实验方案见表 7-4，当 CP 或 IP 在 120 min 内改变时，若 T_2 谱没有明显变化，则认为实验完成。

表 7-4 实验方案

岩芯标号	围压 CP/MPa	注入压力 IP/MPa
a	10	0
b	10	8
c	10	3→5→7→9→7→5→3(每隔 120 min)
d	10	9→8→7→6→5→4(每隔 120 min)
e	10→12→14→16(每隔 120 min)	8
f	4→5→6→8→10→12→14 (每隔 120 min)	3

水力压裂过程中不同煤样的 T_2 谱曲线如图 7-37 所示。T_2 谱曲线的变化表明，水力压裂过程中煤样内部孔裂隙是连续变化的。T_2 谱曲线的第一峰(P_1)、第二峰(P_2)和第三峰(P_3)呈现连续的三峰特征。当无流体注入时，P_2 和 P_3 峰可以忽略不计，初始状态下的 P_1 峰远大于后期。在高压水注入后，P_2 和 P_3 峰不可忽略，且在 0 min 时三个峰均低于其他时刻。表明连续注水压裂过程中，煤的孔隙度持续增加，孔隙结构持续变化。

为进一步分析不同条件下煤样内部孔隙的演化特征，将不同时刻煤样 T_2 谱各谱峰的峰面积进行统计，如图 7-38 所示[微孔和过渡孔 MP-TP(＜2.5 ms)，中孔 MEP(2.5～100 ms)，大孔和裂缝 MP-F(＞100 ms)]。不注入流体时，Total-P(总孔隙度)在固定 IP 和 CP 条件下呈现先减小后增大的趋势，在前 60 min 下降 84.9%，在 840～960 min 期间上升 85.1%，呈 U 形曲线。当 CP＝10 MPa，IP＝8 MPa 时，Total-P 在前 120 min 内增加了 84.0%，在实验剩余时间内始终高于初始值。Total-P 在 480～600 min 期间下降 32.0%，在1 320～1 620 min 期间再次上升 30.6%，也呈 U 形曲线。在恒定 IP 或 CP 增大的条件下，Total-P 均呈现先减小后增大的趋势，MEP 和 MP-F 呈下降趋势，MP-TP 呈上升趋势。随着 CP 的增大，Total-P 和 MP-TP 呈上升趋势，MEP 和 MP-F 呈下降趋势。Total-P 在前 30 min 增加 62.7%，并随 CP 的增大而增大，MEP 和 MP-F 呈减小趋势，MP-TP 呈增大趋势。

案例 2：液态 CO_2 致裂煤体

煤样选自内蒙古胜利煤矿，为最大限度地减小各向异性的影响，钻取煤心均来自同一煤块并且钻取过程中避开层理位置，样品尺寸为 ϕ25 mm×50 mm。煤中水分、灰分、挥发分和固定碳含量分别为 11.37%、14.63%、53.41%和 20.59%。

液态 CO_2 循环致裂试验平台(图 7-39)主要由高压低温液态 CO_2 反应系统单元和外部升温系统单元两个部分组成。能够通过水循环降温方式利用 CO_2 恒速恒压泵将 CO_2 注入高压釜内并作用于煤体，模拟液态 CO_2 注入煤体时的冷冲击过程。通过加热的方式对液态 CO_2 冷冲击煤体进行升温，模拟闷井过程中煤层环境与作用后煤体的热传导过程。其中，“冷冲击-加热升温”过程为一个液态 CO_2 作用循环次数，冷冲击时间 t_1 和加热时间 t_2 之和为一个液态 CO_2 作用循环时间(t_1+t_2，其中 $t_1=t_2$)。

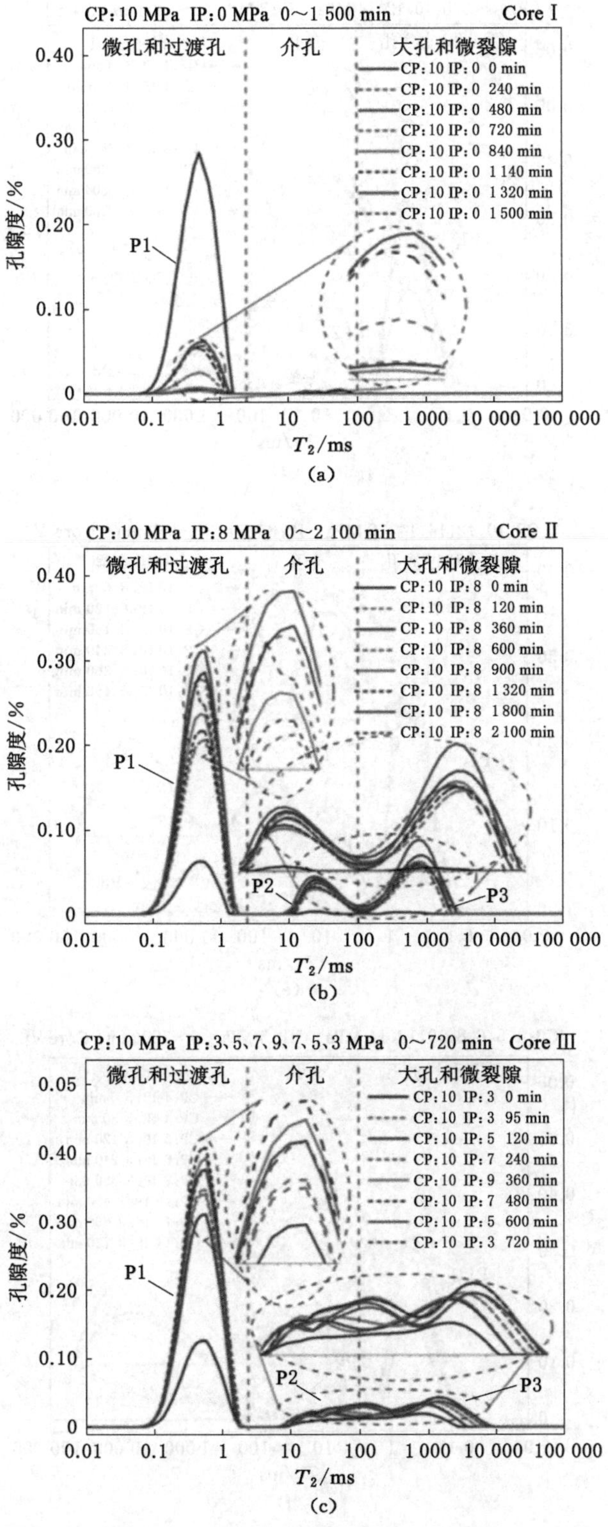

图 7-37　不同加载模式下的 T_2 谱曲线

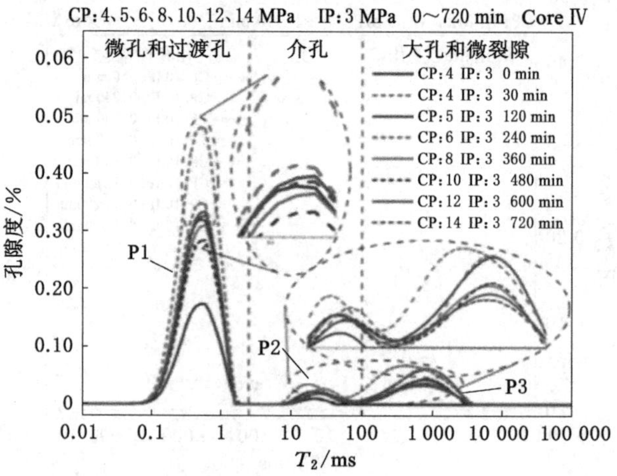
CP:4、5、6、8、10、12、14 MPa IP:3 MPa 0～720 min Core Ⅳ
微孔和过渡孔
介孔
大孔和微裂隙
CP:4 IP:3 0 min
CP:4 IP:3 30 min
CP:5 IP:3 120 min
CP:6 IP:3 240 min
CP:8 IP:3 360 min
CP:10 IP:3 480 min
CP:12 IP:3 600 min
CP:14 IP:3 720 min
P1
P2
P3
孔隙度/%
0.06
0.05
0.40
0.30
0.20
0.10
0
0.01
0.1
1
10
100
1 000
10 000
100 000
T_2/ms

(d)

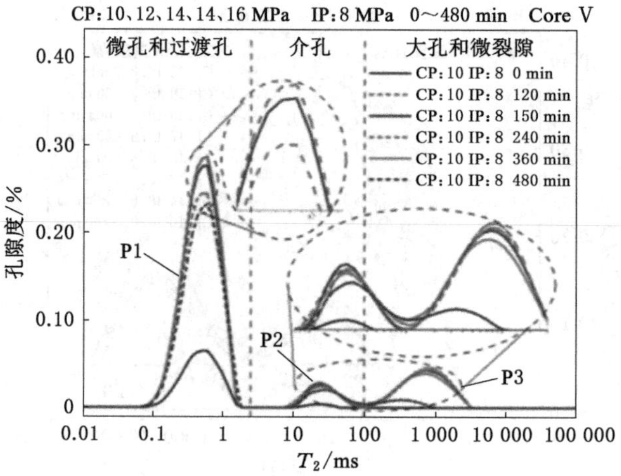
CP:10、12、14、14、16 MPa IP:8 MPa 0～480 min Core Ⅴ
微孔和过渡孔
介孔
大孔和微裂隙
CP:10 IP:8 0 min
CP:10 IP:8 120 min
CP:10 IP:8 150 min
CP:10 IP:8 240 min
CP:10 IP:8 360 min
CP:10 IP:8 480 min
P1
P2
P3
孔隙度/%
0.40
0.30
0.20
0.10
0
0.01
0.1
1
10
100
1 000
10 000
100 000
T_2/ms

(e)

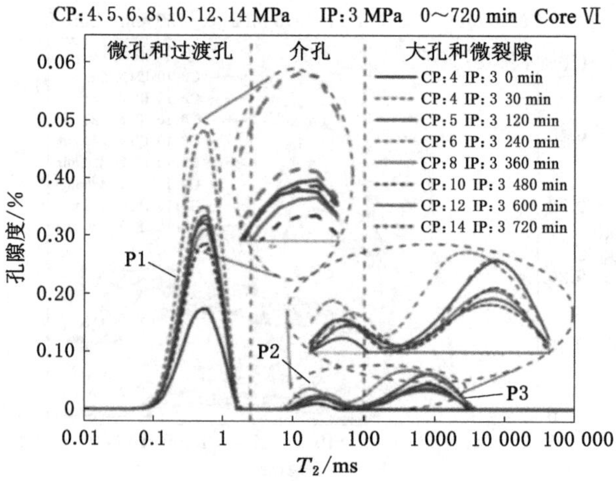
CP:4、5、6、8、10、12、14 MPa IP:3 MPa 0～720 min Core Ⅵ
微孔和过渡孔
介孔
大孔和微裂隙
CP:4 IP:3 0 min
CP:4 IP:3 30 min
CP:5 IP:3 120 min
CP:6 IP:3 240 min
CP:8 IP:3 360 min
CP:10 IP:3 480 min
CP:12 IP:3 600 min
CP:14 IP:3 720 min
P1
P2
P3
孔隙度/%
0.06
0.05
0.40
0.30
0.20
0.10
0
0.01
0.1
1
10
100
1 000
10 000
100 000
T_2/ms

(f)

图 7-37 （续）

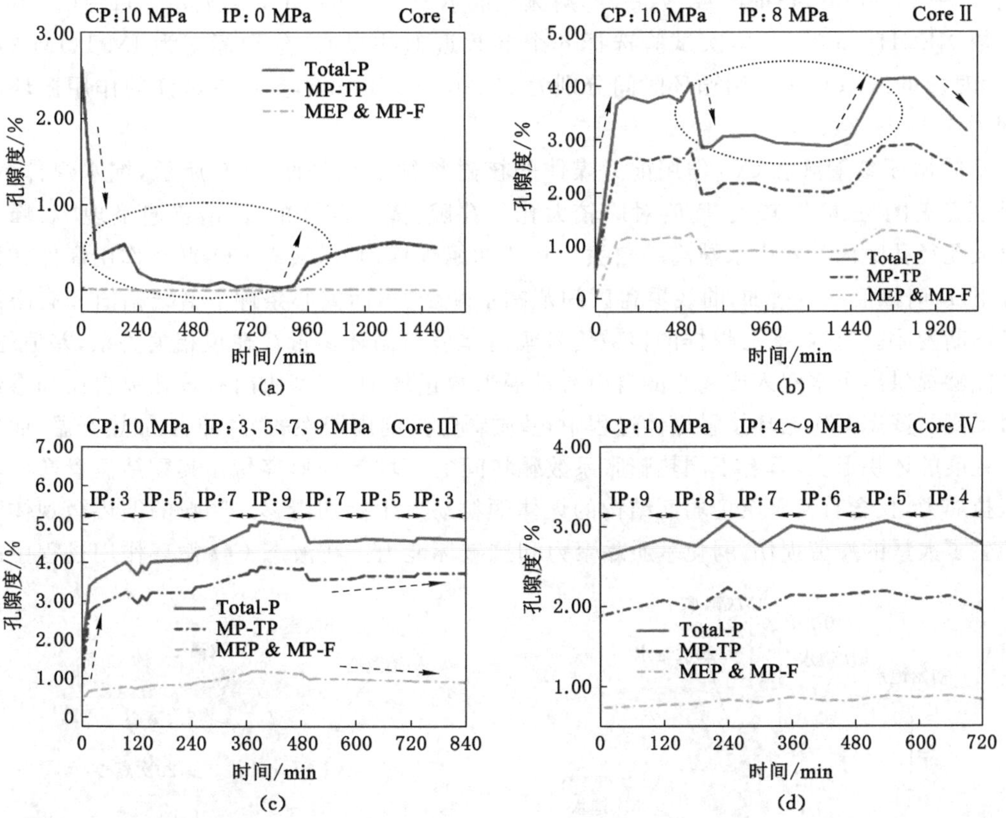

图 7-38　水力压裂过程中不同类型孔隙随时间的变化

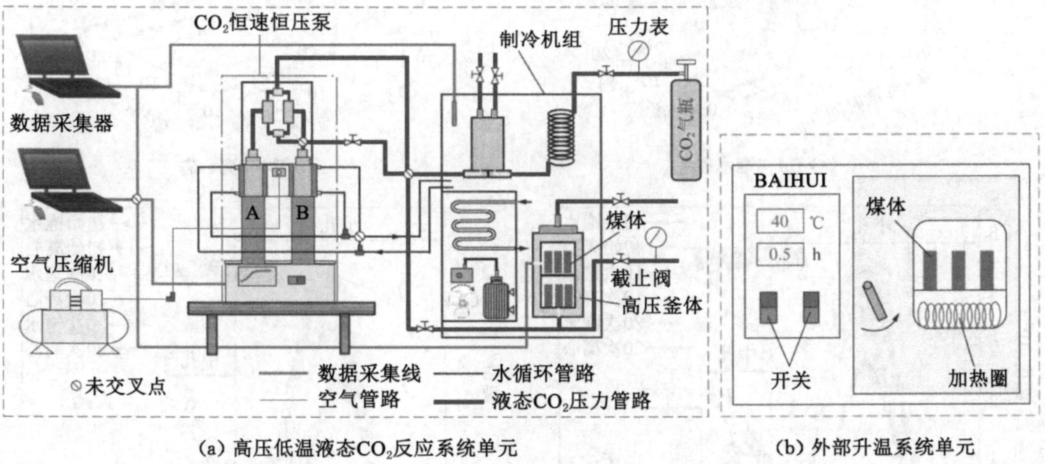

图 7-39　液态 CO_2 循环致裂试验平台

利用低场核磁共振仪(Mini MR-60)对液态 CO_2 作用前后饱水和离心煤体的 T_2 弛豫时间进行测试，采用 CPMG 序列测试获取信号强度与弛豫时间衰减曲线，进而通过反演获取不同尺寸孔隙占比及孔渗特性。测试参数分别为：接收机带宽 S_w = 250 kHz，重复采样等待

时间 T_w＝2 500 ms，扫描次数 N_S＝32，射频延时 RFD＝0.02 ms，回波间隔 T_E＝0.2 ms，回波个数 NECH＝5 000。本次试验选择 6 个参数近似的煤心，分别标记为 IM-1，IM-2，…，IM-6，对应的液态 CO_2 作用循环时间分别为 10、20、…、60 min，且每一试样的作用循环次数分别为 0、1、…、24、25。

不同循环参量液态 CO_2 作用前后煤体的核磁特征变化如图 7-40 所示，饱水煤体的 T_2 谱呈现显著的"三峰"，较大 T_2 值对应较大孔径孔隙，离心煤样的 T_2 谱普遍呈现"双峰"，表现出大孔径孔隙内的自由水被离心出去。相比初始煤样而言，液态 CO_2 循环作用煤体在饱水条件下 T_2 谱幅值不断增加，曲线覆盖区间范围不断变宽，而离心条件下谱线幅值和有限区间宽度不断变小。饱水/离心煤样的核磁信号幅值差值与循环参量存在正相关关系，差值越大，表明能够提供离子水浸入或离心的自由流动通道数量增加，煤基质内有效孔隙占比和渗透率相对提高。液态 CO_2 循环接触煤体过程中，基质颗粒受到周期性的"冷冲击-加热升温"而发生不同程度的体积形变，具有不同热膨胀系数颗粒间的不均等变形容易在其黏结位置产生较大的张拉应力，且含有显著层理弱面结构的煤体颗粒易发生剪切滑移。颗粒的循环微观体积应变产生了大量的疲劳损伤，弱化基质黏聚力和抗破坏能力。在液态 CO_2 循环作用过程中的张

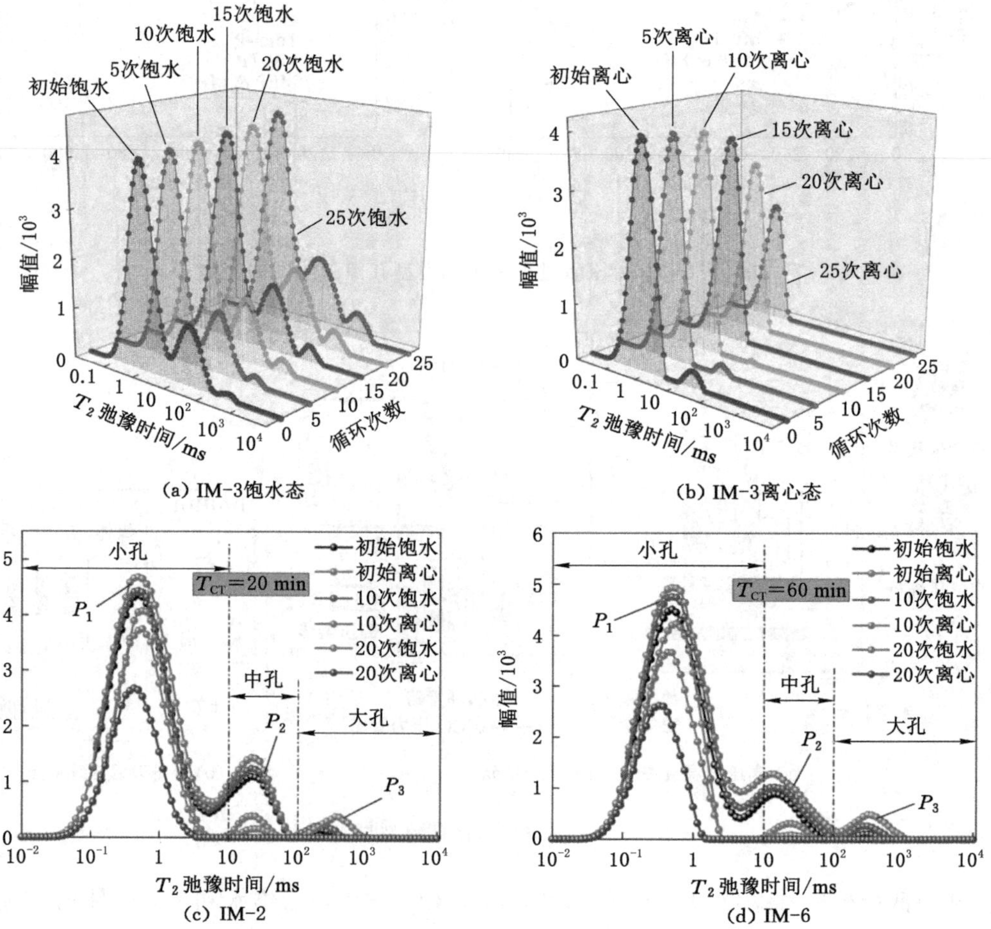

(a) IM-3饱水态
(b) IM-3离心态
(c) IM-2
(d) IM-6

图 7-40　不同循环次数和不同循环时间液态 CO_2 作用前后煤样的 T_2 谱图

拉与剪切破坏协同作用下，新生裂隙衍生及其与原生裂隙发生连通，实现煤体孔隙结构的“扩容”与“复杂化”。

T_2截止值的确定是划分煤基质孔隙内可流动流体和束缚流体的重要参数，其值大小可间接表明多孔介质渗流空间及不同尺寸孔隙分布的演化。T_2截止值在一定程度上可反映煤体的有效孔隙度大小，其值越小对应饱水/离心煤样的累积孔隙度差值越大，煤体内束缚空间变小并且多尺度孔隙间的贯通性增大。煤样在液态 CO_2循环作用后的 T_2截止值见表 7-5。

表 7-5　液态 CO_2循环作用褐煤的 T_2截止值

序号	循环次数					
	0	5	10	15	20	25
IM-1	9.85	5.15	2.32	1.28	0.84	0.60
IM-2	10.84	5.39	2.32	1.24	0.88	0.60
IM-3	16.34	10.08	3.7	1.78	1.19	0.88
IM-4	11.19	5.38	2.15	1.39	0.93	0.72
IM-5	4.14	2.17	1.44	1.02	0.66	0.45
IM-6	3.66	1.92	1.30	1.03	0.68	0.50

对于同一煤样而言，随液态 CO_2循环作用次数的增加，T_2截止值不断左移减小，表明液态 CO_2循环作用次数的增加，能够增大煤体内自由流体流动通道数量，有效孔隙体积不断增大；褐煤不同个体的 T_2截止值与循环时间时长并无明显规律，说明液态 CO_2循环作用煤体孔隙结构演化规律同时受煤体原始孔隙结构各向异性、不同种类颗粒分布多样性及双重孔隙应力响应复杂性等因素的影响。T_2截止值的界限划定可将多尺度孔隙结构分为渗流孔隙结构（$T_2 > T_2$截止值）和吸附孔隙结构（$T_2 < T_2$截止值），而不同类型孔隙的空间体积状态可定量描述多尺度孔隙的粗糙度、复杂性及贯通性。基于式(7-26)计算得到不同循环次数下煤样吸附孔和渗流孔的分形维数。

图 7-41 表示的是液态 CO_2不同循环参数作用下煤样 IM-1 的 D_a和 D_s的拟合分布。初始条件下煤样的 T_2截止值为 9.85 ms，所对应的 D_s和 D_a分别为 2.960 和 1.540，拟合系数均大于 0.7；当液态 CO_2循环作用 10 次、20 次后，煤样的 D_a值分别为 0.927 和 0.917，拟合系数均大于 0.8，而煤样的 D_s值分别为 2.945 和 2.922，拟合系数均大于 0.85。煤样 D_s、D_a随循环参量的变化行为揭示了液态 CO_2循环作用能够有效改变煤体多尺度孔裂隙结构的演化规律。作用煤体的总孔隙度与残余孔隙度的差值不断增大，导致 T_2截止值不断左移以及 D_s、D_a不断降低。通过汇总所有煤样的 D_s、D_a值，并对比多孔岩石的有效分形维数范围，发现液态 CO_2作用后煤体的吸附孔隙不具备分形特征，渗流孔隙具有较好的分形特征。

案例 3：液氮致裂干热岩

选取了三种不同晶粒组分的花岗岩 A、B、C，将原始的大块花岗岩取芯，加工成 ϕ50 mm×50 mm 的圆柱形岩芯。从中挑选出外表完好、无破损的岩芯，进一步通过波速测试剔除掉每种岩芯中波速差异较大的岩芯，最终从每种花岗岩中选取 15 个岩芯。对每组花岗岩岩芯进

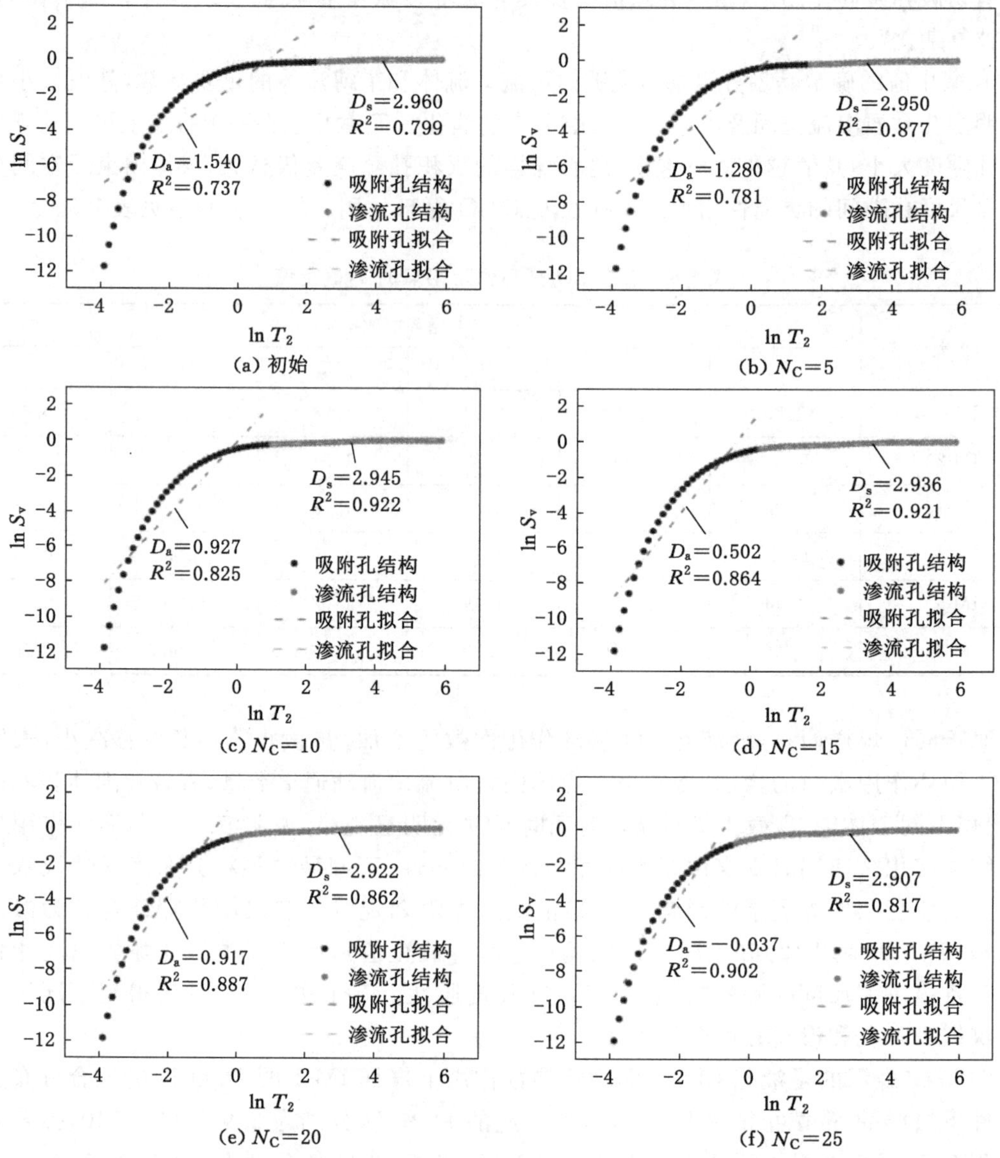

图 7-41　液态 CO_2 循环作用煤样吸附孔和渗流孔分形维数拟合(以 IM-1 为例)

行编号,所有的岩芯实物和实验设备分别如图 7-42 和图 7-43 所示。

① T_2 分布曲线

在初始状态时(未经历加热和液氮冷冲击),三种花岗岩均呈双峰分布。花岗岩 A 在 65.79～86.97 ms 附近存在一个主峰,而在 8.11～9.33 ms 附近存在一个过肩峰,说明花岗岩 A 的原始孔隙以大尺寸孔隙为主。花岗岩 B 在 2.31～5.34 ms 和 32.75～43.29 ms 附近存在两个大小相当的峰,说明花岗岩 B 的小尺寸孔隙和大尺寸孔隙均发育。花岗岩 C 在 6.14～9.33 ms 附近存在一个主峰,在 32.75～37.65 ms 附近存在一个过肩峰,说明花岗岩 C 的小尺寸孔隙较发育。在相同的加热温度下,随着冷冲击次数的增加,T_2 曲线逐渐增高

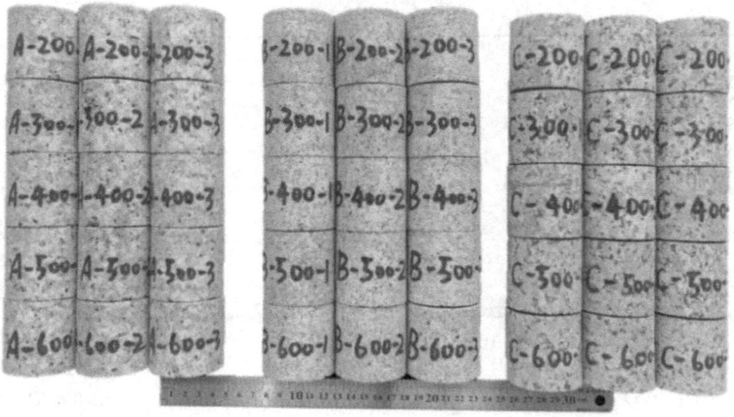

图 7-42　花岗岩岩芯实物图

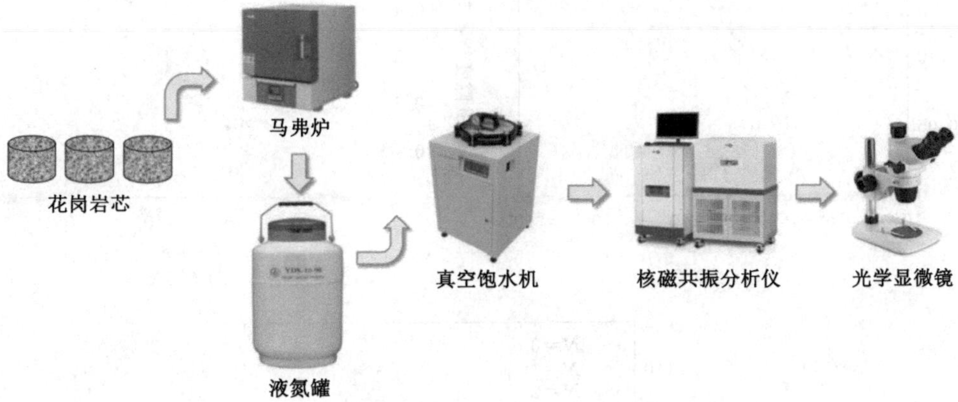

图 7-43　主要实验设备

和右扩，说明花岗岩的孔隙数量随着冷冲击次数的增加而增加，孔隙尺寸随冷冲击次数的增加而扩展。如图 7-44 至图 7-46 所示。

对于花岗岩 A，在 200～300 ℃时，第 1 峰（小尺寸孔隙）随冷冲击次数的增加较为明显，最可几 T_2值（最大孔隙度分量对应的 T_2值）左移，在 200 ℃时由 65.79 ms 左移至 21.54 ms，在 300 ℃时由 75.65 ms 左移至 12.33 ms。在加热温度相对较低时，岩芯内部主要发生附着水和结合水的蒸发逃逸，对矿物晶粒的结构影响较小；液氮冷冲击时的温差也相对较小，产生的热应力不足以支持孔裂隙的持续扩展，因而循环冷冲击过程以小尺寸孔隙的增加为主。在 400～600 ℃时，第 2 峰（大尺寸孔隙）的增高和右扩明显，在 400 ℃、500 ℃和 600 ℃时，最可几 T_2值分别由 65.79 ms 右移至 75.65 ms，86.97 ms 右移至 351.12 ms，75.65 ms 右移至 305.39 ms，在 500 ℃和 600 ℃的右移更大。加热温度越高，在液氮循环冷冲击后生成的大尺寸孔隙的数量就越多。

对于花岗岩 B，当 200 ℃时，孔隙在第 1 次和第 5 次冷冲击的增加都很明显；在其他温度点时，孔隙在第 1 次冷冲击时快速增加，在 2～5 次冷冲击时稳定缓慢增加。冷冲击过程中第 1 峰（小尺寸孔隙）和第 2 峰（大尺寸孔隙）的同步扩展，占比相当。小尺寸孔隙的增加

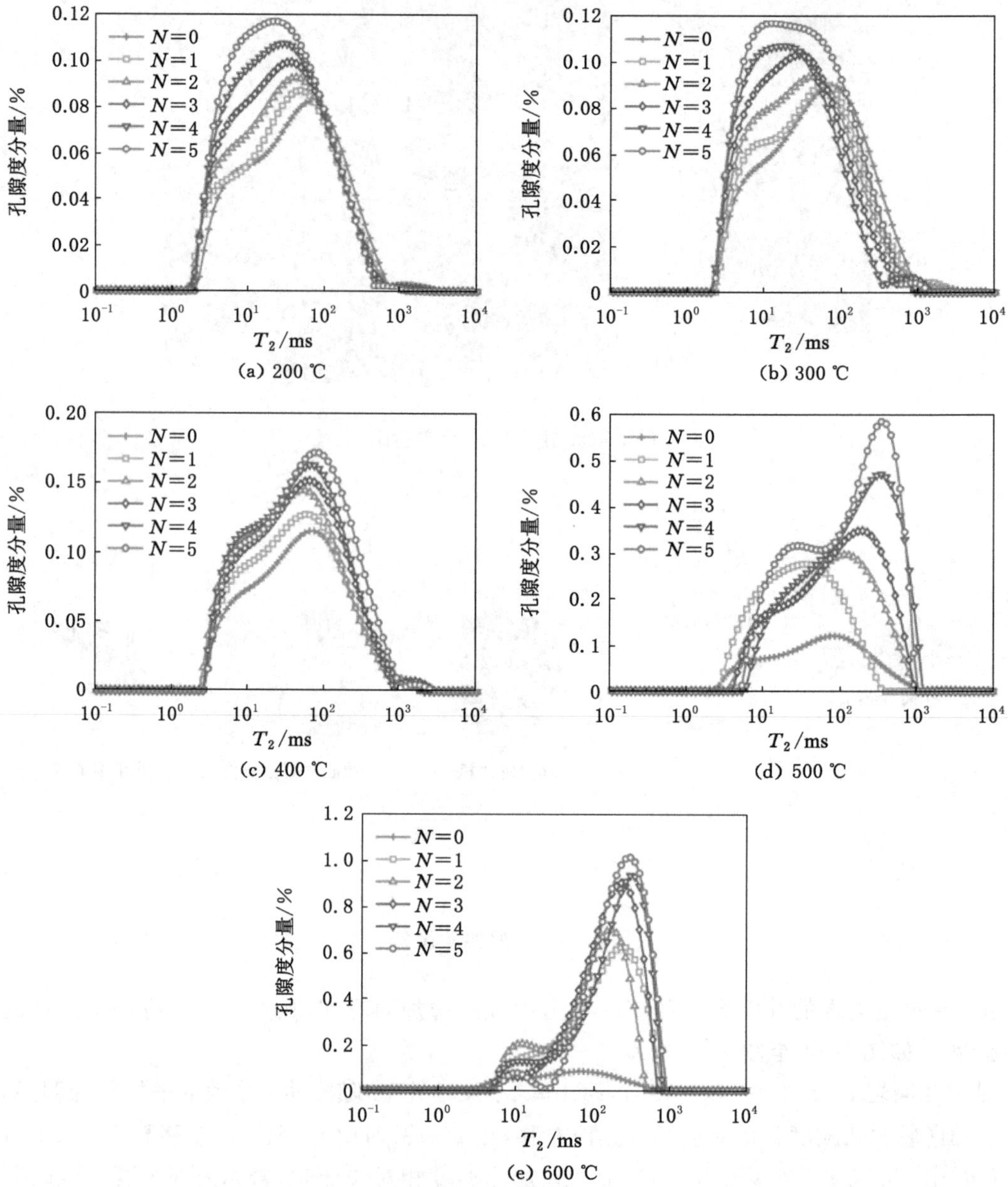

图 7-44 花岗岩 A 在不同加热温度和液氮冷冲击次数下的核磁共振 T_2 谱

源于新的晶间孔隙和晶内孔隙的生成，大尺寸的增加源于原始孔隙的扩容。在 200 ℃、300 ℃、400 ℃和 600 ℃时，冷冲击 5 次后的最可几 T_2 值分别为 28.48 ms、43.29 ms、65.79 ms 和 86.97 ms，整体呈右移趋势，说明加热温度越高，冷冲击时的温差越大，孔隙的扩容程度越高。而在 500 ℃时，最可几 T_2 值为 8.11 ms，位于第 1 峰范围内，说明生成了数量较多的小尺寸孔隙。

对于花岗岩 C，T_2 谱曲线随冷冲击次数的扩展模式可以分为两类：当 200～400 ℃时，以第 1 峰增加为主，最可几 T_2 值分别在 7.05～9.33 ms、7.05～9.33 ms 和 12.33～32.75 ms

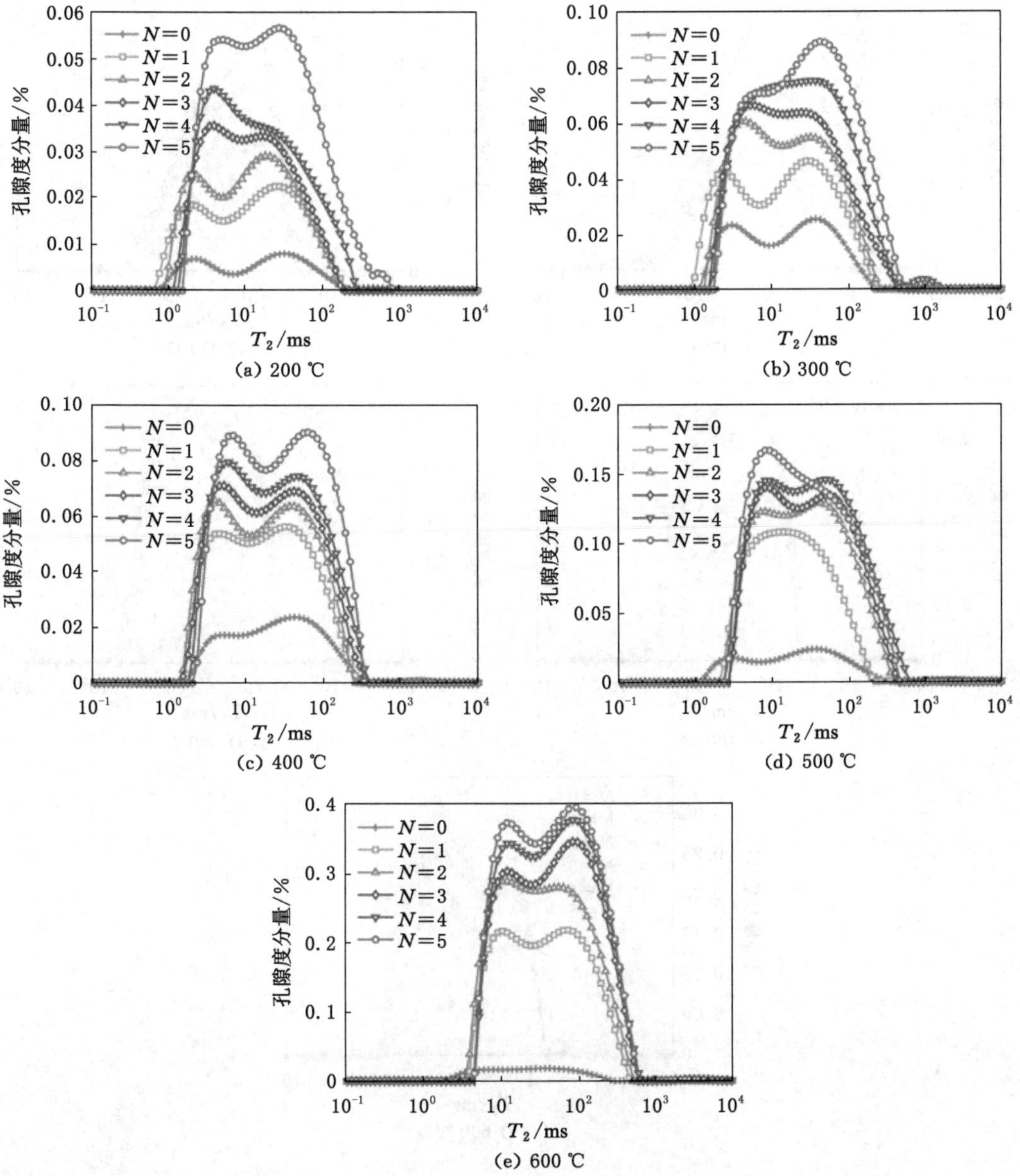

图 7-45　花岗岩 B 在不同加热温度和液氮冷冲击次数下的核磁共振 T_2 谱

范围内；当 500～600 ℃时，以第 2 峰增加为主，最可几 T_2 值分别由 7.05 ms 右移至 86.97 ms，由 6.14 ms 右移至 132.19 ms，且温度越高，右移越明显，孔隙的扩容程度越强。在 200～400 ℃时，以晶间开裂为主，由于石英的热膨胀系数高于其他矿物 2～3 倍，热应力诱导孔裂隙主要出现在石英边界。而在 500～600 ℃时，穿晶孔裂隙的数量增加，仍主要出现在石英内。在液氮冷冲击时，高冷却速率诱导的热应力会使这些晶间和穿晶孔裂隙进一步扩展和延伸，因而生成大尺寸孔隙。

② 微观孔隙 T_2 分布曲线的多重分形表征

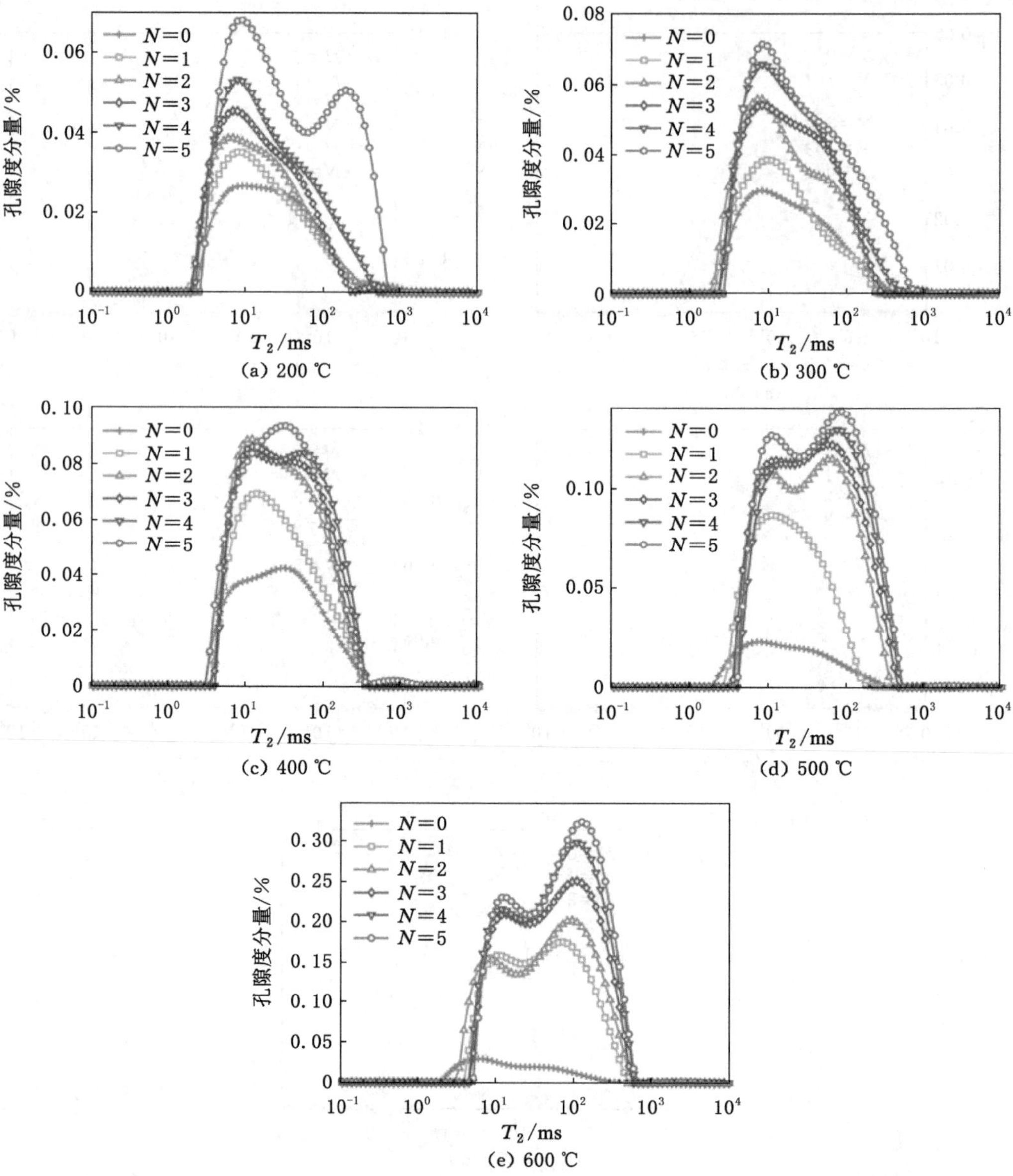

图 7-46　花岗岩 C 在不同加热温度和液氮冷冲击次数下的核磁共振 T_2 谱

图 7-47 为花岗岩 A 在不同加热温度下的质量指数谱随液氮冷冲击次数的变化。在所有的质量指数谱中，$\tau(q)$随 q 值的增加均严格单调递增，其增长过程可分为两段：在 $q<0$ 段，$\tau(q)$缓慢增加，不同曲线基本重合(600 ℃时除外)。在 200～500 ℃时，曲线 $q<0$ 段随冷冲击次数的增加整体呈下降趋势，说明 $q<0$ 段的多重分形差异较为明显；在 600 ℃时，曲线 $q>0$ 段呈小幅差异，曲线 $q<0$ 段差异较大，但与冷冲击次数之间无明显的规律性。

图 7-48 为花岗岩 A 在不同加热温度和液氮冷冲击次数下的广义分形维数谱。$D(q)$-q 曲线呈“反 S 形”单调递减，在 $q<0$ 段，$D(q)$值迅速减小；在 $q>0$ 段，$D(q)$值缓慢减小。在相同的加热温度下，随着冷冲击次数的增加，曲线的变化可分为三种：在 200～400 ℃，曲线

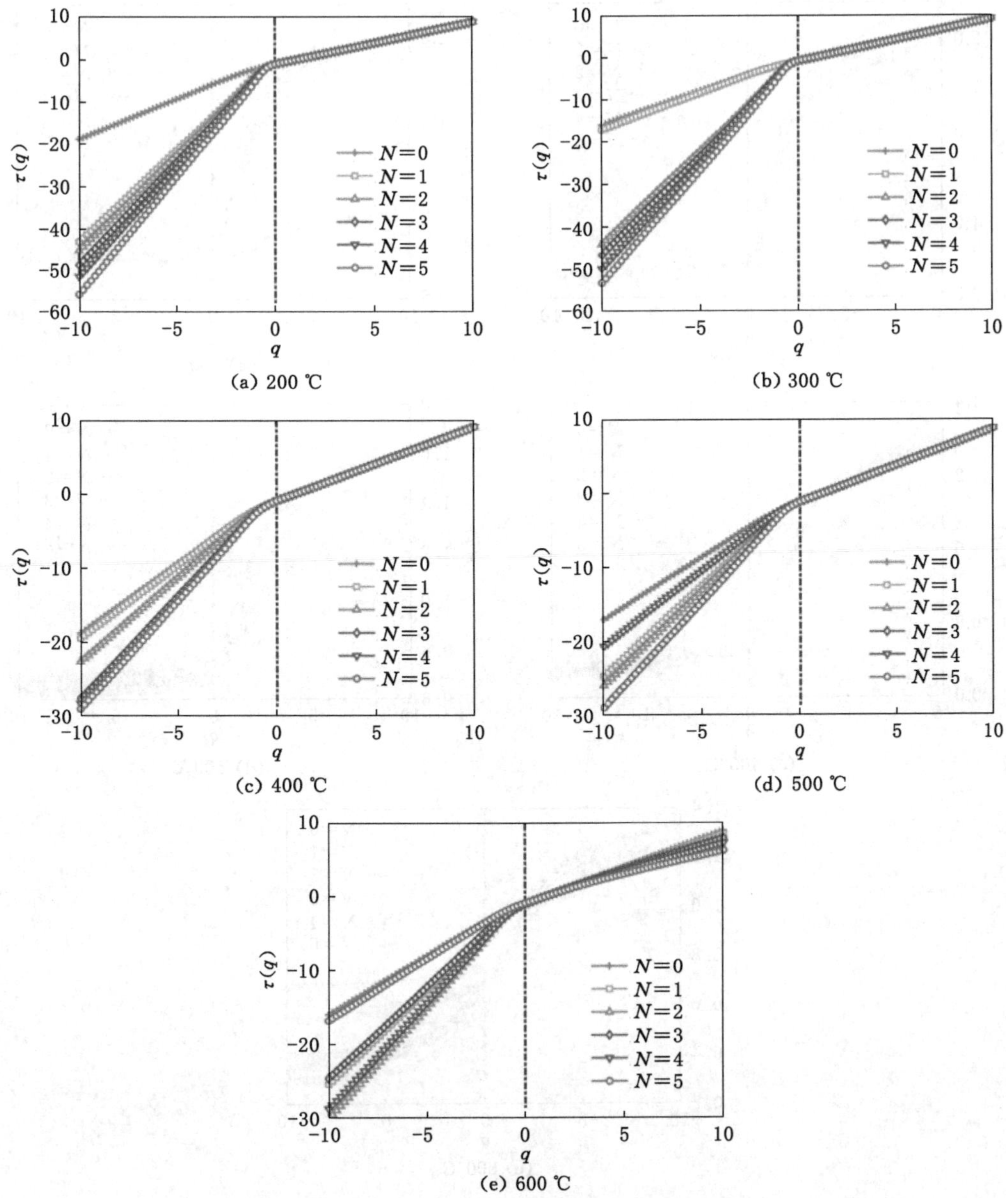

图 7-47　花岗岩 A 在不同加热温度和液氮冷冲击次数下的质量指数谱

$q<0$ 段明显呈上升趋势，$q>0$ 段变化不大；在 500 ℃，曲线 $q<0$ 段显著上移，$q>0$ 小幅下移；在 600 ℃时，曲线 $q<0$ 段显著上移，$q>0$ 段显著下移。这说明在 200～400 ℃时，低概率测度区域孔隙变化明显；在 500 ℃时，低概率测度区域孔隙变化明显，高概率测度区域孔隙小幅变化；在 600 ℃，高、低概率测度孔隙均呈明显变化。同一岩芯随着冷冲击次数的增加，曲线的弯曲度增加，孔隙的非均质性增强。而在相同的冷冲击次数下，随着加热温度的升高，曲线的弯曲度减小，孔隙分布的非均质性减小。

图 7-49 为花岗岩 A 在不同加热温度和液氮冷冲击次数下的多重分形奇异谱。曲线呈“左钩状”，为非对称的上凸抛物线，曲线的左分支 $f(\alpha)$ 值急剧增大，曲线的右分支 $f(\alpha)$ 值缓

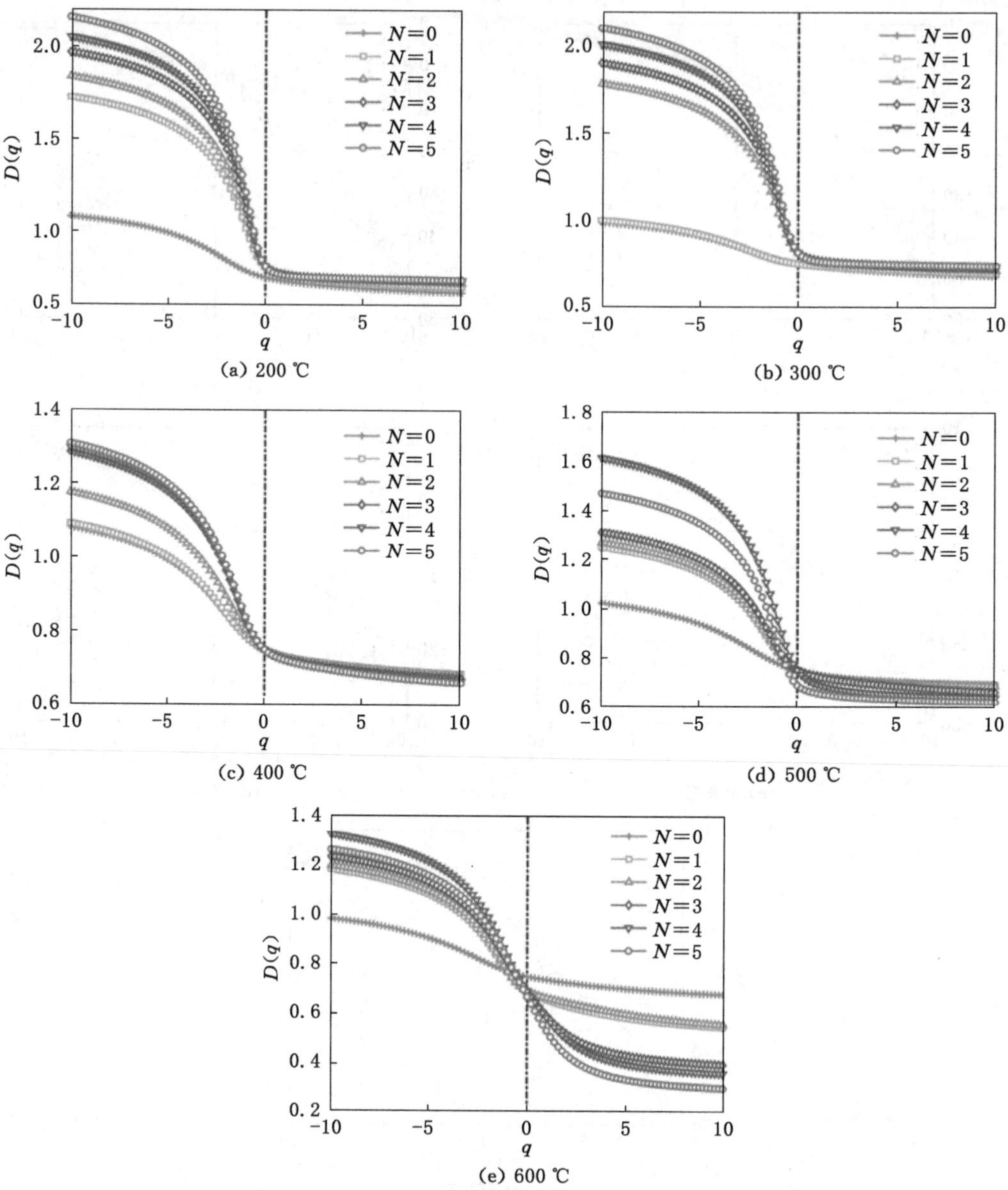

图 7-48　花岗岩 A 在不同加热温度和液氮冷冲击次数下的广义分形维数谱

慢减小。在相同的高温下，随着冷冲击次数的增加，曲线的变化可以分为三种：在 200～400 ℃，左分支缩短，起点上移，右分支右扩，此时低概率测度区奇异强度变化明显，主要源于第 1 峰(次峰)信号的增加；在 500 ℃，左分支缩短并左移，右分支右移，此时低概率测度区奇异强度变化明显，高概率测度区小幅变化，主要源于第 2 峰(主峰)的右移和升高；在 600 ℃，左分支下延并左移，左右分支的占比相当，近似对称，此时低、高概率测度区的奇异强度均变化明显，主要源于第 2 峰(主峰)信号的占比较大。同一岩芯随着冷冲击次数的增加，曲线的开口扩大，非均质性增强，主要原因是孔隙数量的增加。而在相同的冷冲击次数下随着加热温度的升高，开口缩小，非均质性减弱，这由于第 2 峰(主峰)占比的增加，大尺寸孔隙占主导。

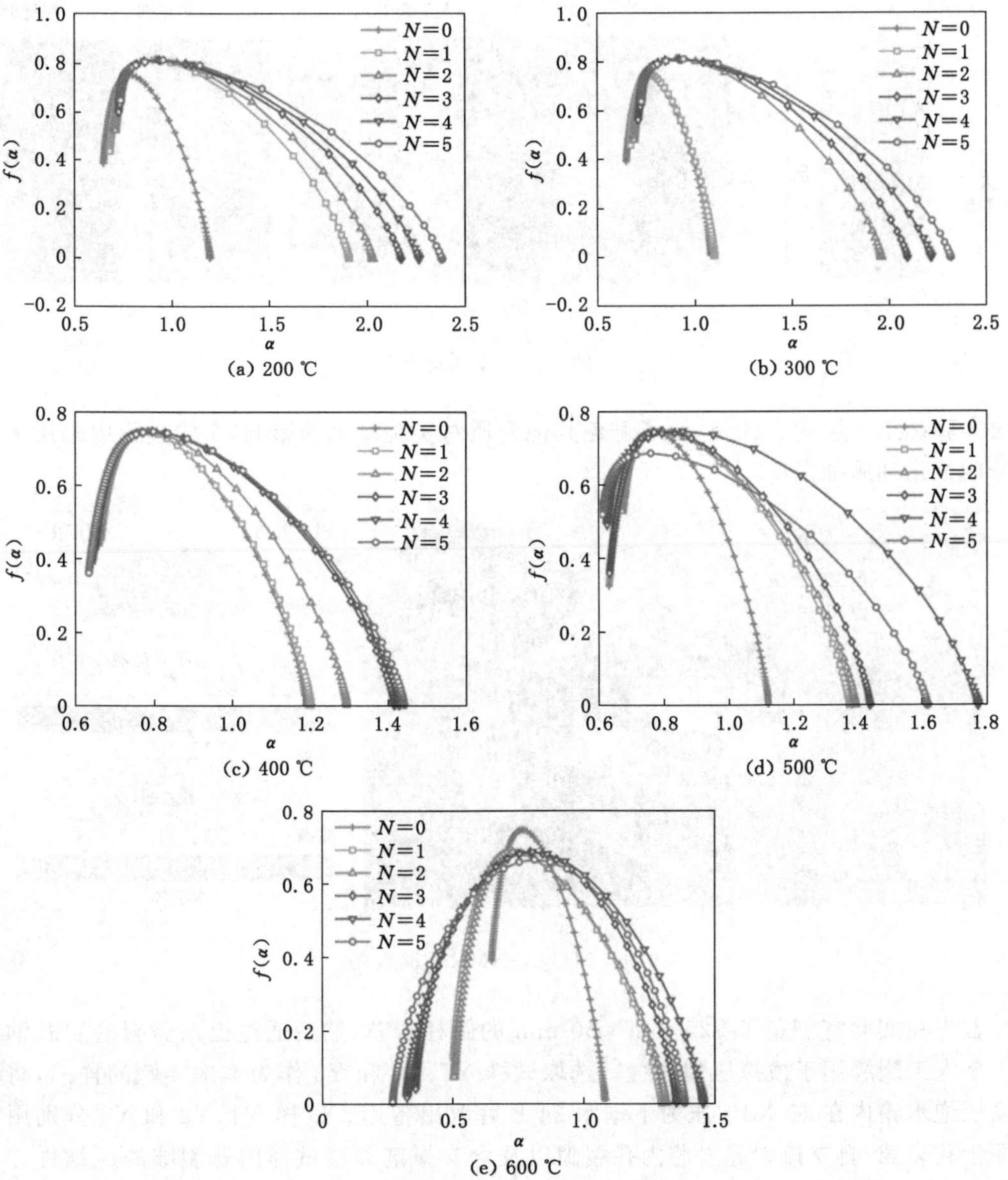

图 7-49　花岗岩 A 在不同加热温度和液氮冷冲击次数下的多重分形奇异谱

案例 4:页岩裂缝应力敏感性评价

实验所用样品取自四川省宜宾市长宁县周家镇下志留统龙马溪组页岩露头。龙马溪组页岩总有机碳(TOC)含量高(2%～4%),微孔占比较高。现场清除表层风化的岩层后,选取未受扰动的块状页岩,钻取直径 25 mm,高 50 mm 的柱状岩芯,并将表面打磨平整,确保两端面的不平行度小于 0.02 mm(图 7-50)。

低场核磁共振(LF-NMR)实验所用的设备型号为 MacroMR12-110H-GS-HTHP,实物图和原理图如图 7-51 所示。该设备内嵌有高温高压岩芯夹持器,可施加最大围压30 MPa,最高温度 80 ℃。该夹持器为一种非磁性复合材料制成的双层复合结构,可大幅降低外部环

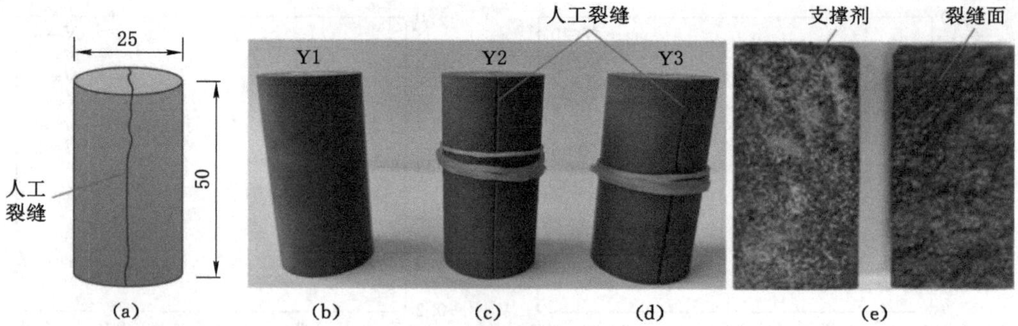

图 7-50　实验样品

境对实验结果的影响。此外，为了避免其他介质对实验结果的影响，实验过程中采用无核磁信号的氟化油施加围压。

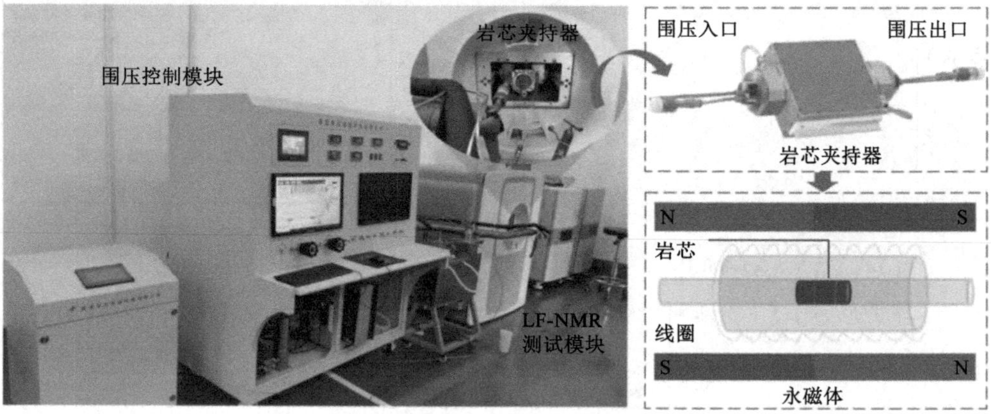

图 7-51　LF-NMR 实验设备

首先在实验室制备了 ϕ25 mm×50 mm 的圆柱岩芯，然后通过巴西劈裂沿岩芯轴向构建一条人工裂缝用于模拟压裂裂缝。选取试样 Y1、Y2 和 Y3 作为本次实验的样品，将其置于高压饱水箱内在 10 MPa 压力下饱水 24 h 后取出备用。试样 Y1、Y2 和 Y3 分别用于研究原生孔裂隙、自支撑裂缝岩芯内孔裂隙以及含支撑剂裂缝试样内孔裂隙的压缩性。实验过程中，分别在 0 MPa、3 MPa、6 MPa、9 MPa、12 MPa、15 MPa 和 18 MPa 下采集岩芯的 T_2 谱。对于试样 Y2，另在围压 0 MPa、6 MPa、12 MPa 和 18 MPa 时对试样进行成像。对于试样 Y3，首先在人工裂缝面上均匀地铺上一层粒径 70～140 目的陶粒砂支撑剂，采集不同围压下的 T_2 谱，实验的整体流程如图 7-52 所示。

① T_2 谱分布

图 7-53 为试样 Y1、Y2 和 Y3 在不同围压下的 T_2 谱分布。总体上，试样 Y1 中微、小孔隙较为发育，其 T_2 幅值明显高于试样 Y2 和 Y3；但中孔和裂隙较少，T_2 幅值明显低于试样 Y2 和 Y3，总体呈 Y3 的 T_2 幅值＞Y2 的 T_2 幅值＞Y1 的 T_2 幅值。此外，试样 Y2 和 Y3 的 T_2 谱分布相似且幅值相当，表明其内部孔隙分布类似。随着围压的增大，不同尺度孔裂隙的变化规律尽管有所波动，但整体上呈降低趋势。此外，总体上微小孔的降幅低于中孔和裂

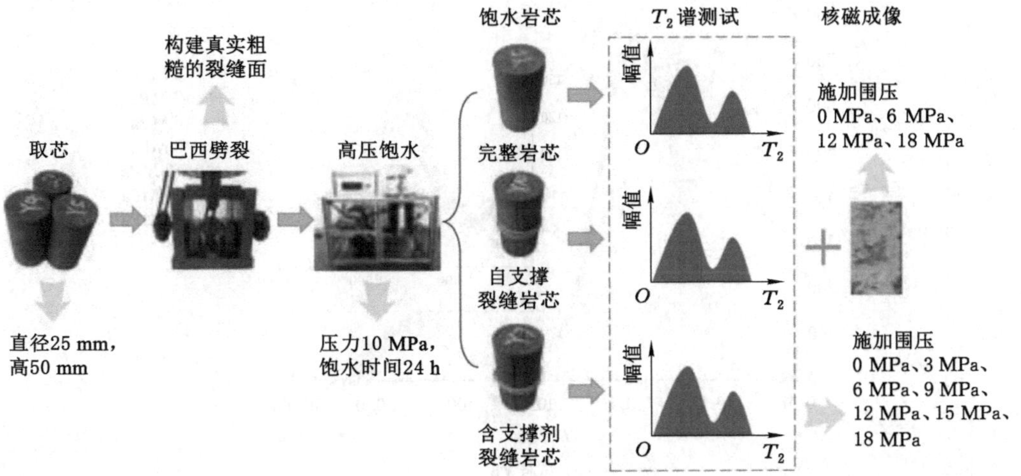

图 7-52　LF-NMR 实验流程示意图

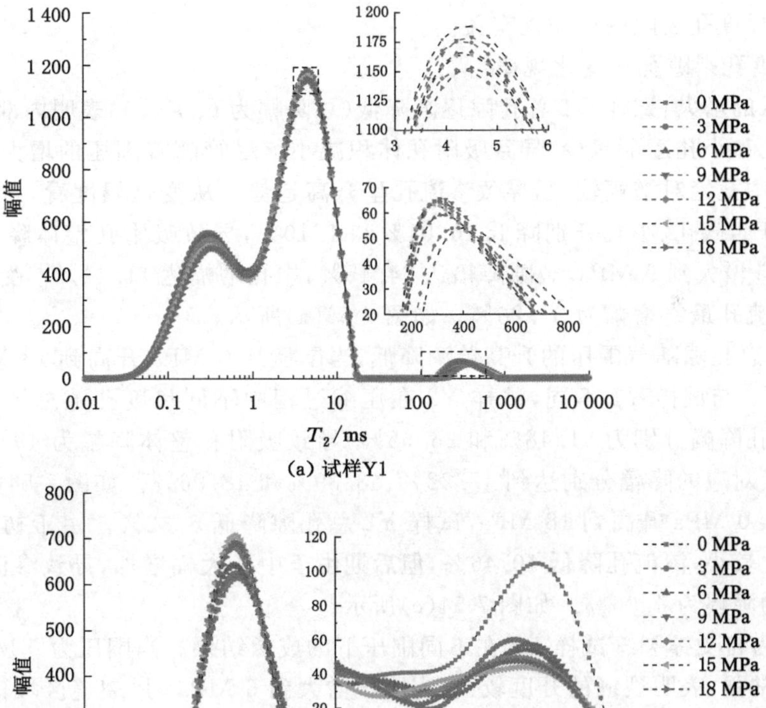

(a) 试样Y1

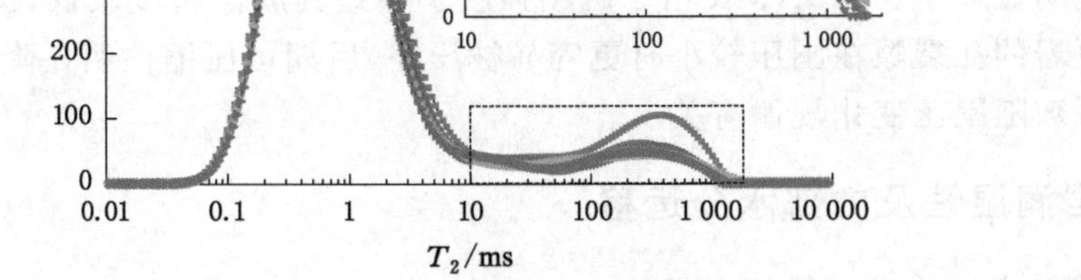

(b) 试样Y2

图 7-53　页岩试样 T_2谱分布

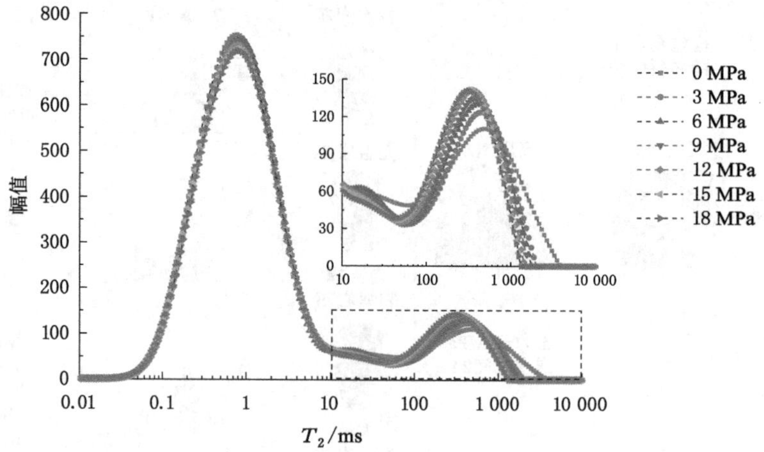

(c) 试样Y3

图 7-53 (续)

隙,这与不同尺度孔裂隙的压缩性有关。

② 多尺度孔裂隙孔容变化规律

随着围压的增大,试样 Y1 总孔隙逐渐降低(总降幅为 6.07%),表明内部孔隙被持续压缩;此外,微孔和小孔逐渐减少,导致吸附孔体积减小。尽管随着围压的增大裂隙体积大幅降低,但由于中孔绝对增幅较大,导致渗流孔呈升高趋势。从变化幅度看,当围压从 0 MPa 升高到 18 MPa,微孔、小孔分别降低 10.01%和 1.10%,导致吸附孔整体降低 6.60%。当围压从 0 MPa 增大到 9 MPa,裂隙降幅达 64.45%,中孔增幅达 41.44%。受中孔和裂隙的共同影响,渗流孔最终增幅为 27.26%。如图 7-54(a)所示。

试样 Y2 总孔隙随着围压的升高单调降低,当围压从 0 MPa 升高到 18 MPa,总孔隙降低了 49.11%。与试样 Y1 不同,试样 Y2 在压缩过程中不同尺度孔隙总体上均呈降低趋势,微孔和小孔降幅分别为 51.48%和 26.65%,导致吸附孔整体降幅为 49.13%;而中孔、裂隙和渗流孔对应的降幅分别达到 47.22%、58.39%和 48.96%。如图 7-54(b)所示。

当围压从 0 MPa 升高到 18 MPa,试样 Y3 总孔隙降低 6.32%。由于初期裂隙大幅压缩而中孔变化较小,渗流孔降低 10.46%,但后期由于中孔大幅增加,导致渗流孔逐渐升高,最终渗流孔的降幅为 4.96%。如图 7-54(c)所示。

图 7-55 为自支撑裂缝试样 Y2 在不同围压下的成像结果。当围压为 0 MPa 时,裂缝区域 T_2 信号非常强,表明裂缝的开度较大;当围压增大到 6 MPa 时,裂缝区域信号显著降低,说明裂缝开度明显减小。LF-NMR 由于磁场强度小导致其成像精度较低,但从中仍然能够清晰地得出页岩的孔裂隙在围压较小时更容易被压缩,后期可压缩性明显降低,可能与页岩孔裂隙压缩系数随围压变化规律有关。

7.4.3 煤岩润湿性及内部水分运移

案例 1:煤体多态水分布及运移规律

实验煤样分别来自河南焦作九里山矿(JLS)、内蒙古满来梁矿(NM)、河南平顶山四矿(PS)、河南平顶山十二矿(PT)、贵州新田煤矿(GZ)和山西长治赵庄矿(ZZ)。煤样基本物性

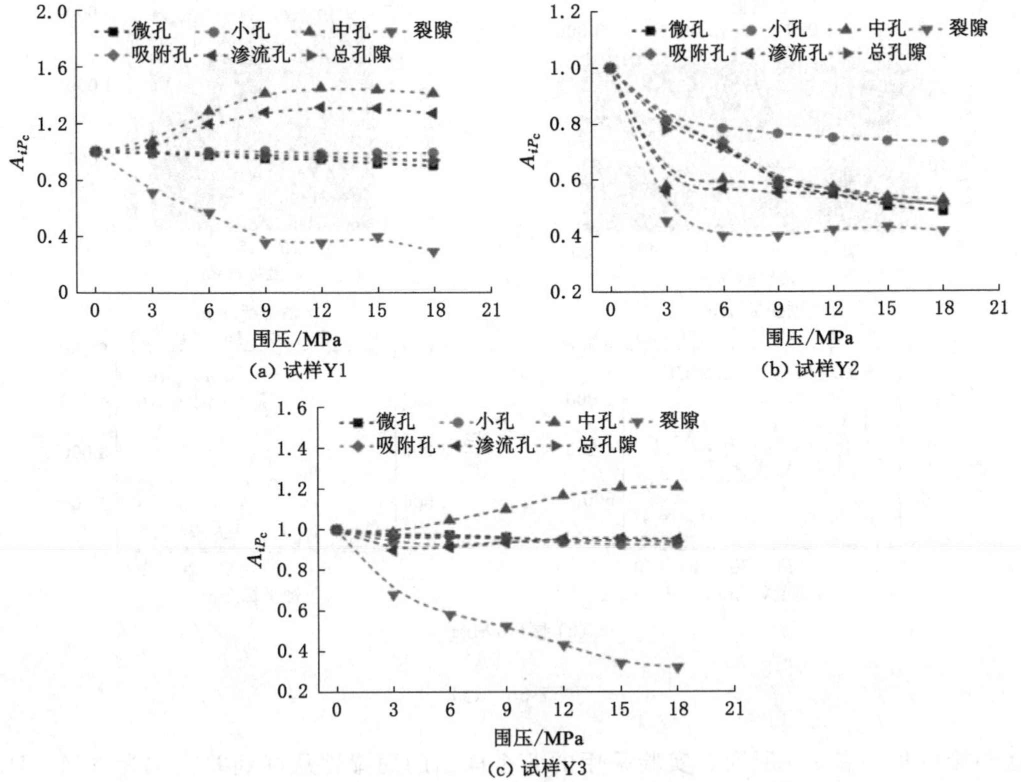

(a) 试样Y1　(b) 试样Y2　(c) 试样Y3

图 7-54　不同尺度孔隙 T_2 谱面积比随围压的变化规律

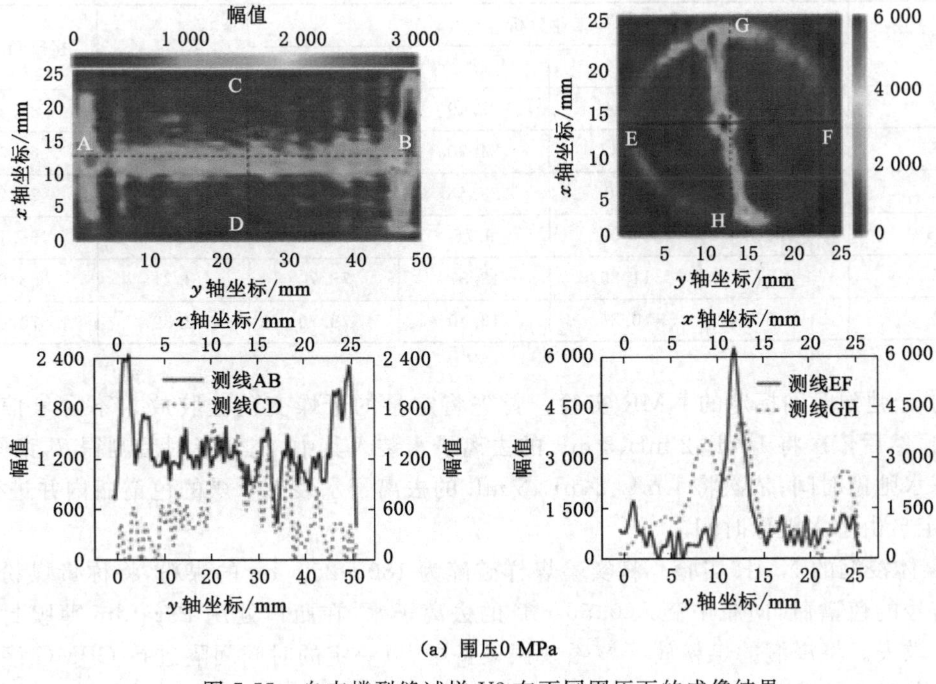

(a) 围压0 MPa

图 7-55　自支撑裂缝试样 Y2 在不同围压下的成像结果

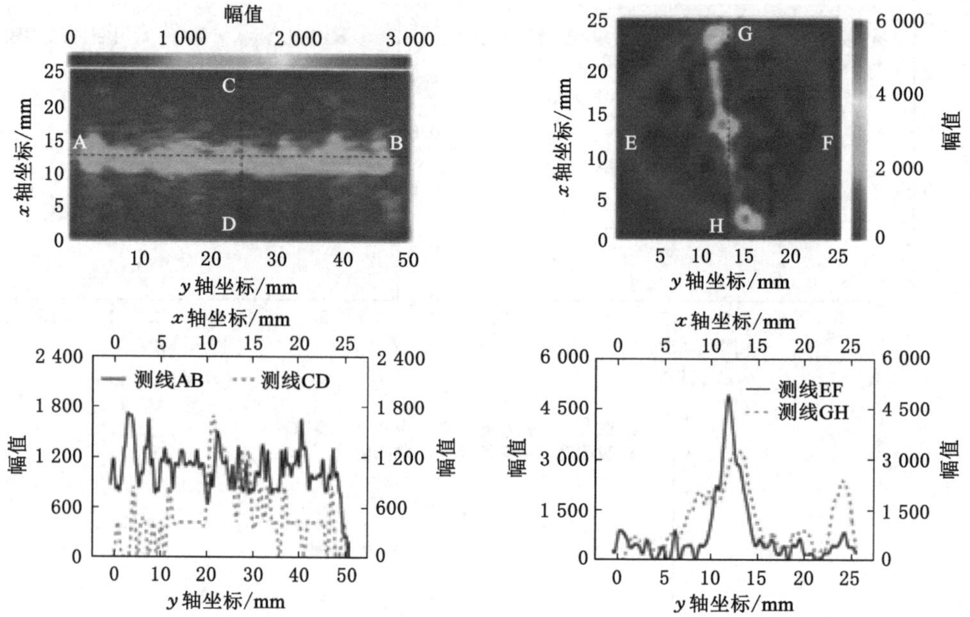

(b) 围压6 MPa

图 7-55 (续)

参数和接触角如表 7-6 所列。实验采用的 6 个样品的润湿性从好到差依次为 NM>JLS>PS>ZZ>GZ>PT。

表 7-6 煤样基本参数测定结果

煤样	工业分析				$R_{o,max}$	接触角/(°)
	M_{ad}/%	A_{ad}/%	V_{daf}/%	FC_{ad}/%		
NM	10.86	5.44	27.49	60.69	0.42	41.2
PS	1.20	13.47	34.70	55.72	0.83	65.5
PT	0.69	9.50	23.45	68.75	1.25	77.2
JLS	0.90	14.92	9.76	75.96	1.81	56.1
ZZ	0.77	11.85	13.37	75.70	2.21	68.6
GZ	0.65	10.25	10.40	78.70	2.89	70.6

① 水分弛豫时间标定的 NMR 实验。首先将定量的干燥变色硅胶放入不含氢信号的色谱瓶内，然后依次将 1 mL、2 mL、3 mL 的去离子水装入其中，充分吸附后测得 T_2 谱图，标定吸附态水弛豫时间；依次将 1 mL、2 mL、3 mL 的去离子水装入干燥的色谱瓶内并进行 T_2 测试，标定自由态水弛豫时间。

② 煤体浸润的 NMR 实验。将实验煤样破碎为 180～250 μm 的煤粉，将称量煤粉装入不含氢信号的色谱瓶，向瓶中滴入 0.56 mL 的去离子水，在瓶口处用 Parafilm 薄膜封住以减少水分散失。将浸润的煤粉放入核磁共振设备中，以一定的时间间隔进行 CPMG 序列测试 T_2 谱，直至各煤样吸附平衡。

如图 7-56 所示，硅胶干燥剂吸附的水分越大，对应其 T_2 谱中 P_1 峰信号幅度同步增强，因此判断 P_1 为吸附态水峰，T_2 范围为 0.1～10 ms；清水的 T_2 谱图呈单峰结构并且随着清水含量的增加，P_3 峰信号幅度同比增强。由于自由态水弛豫时间最长，故 P_3 对应纯自由态水峰，T_2 范围为 800～10 000 ms。

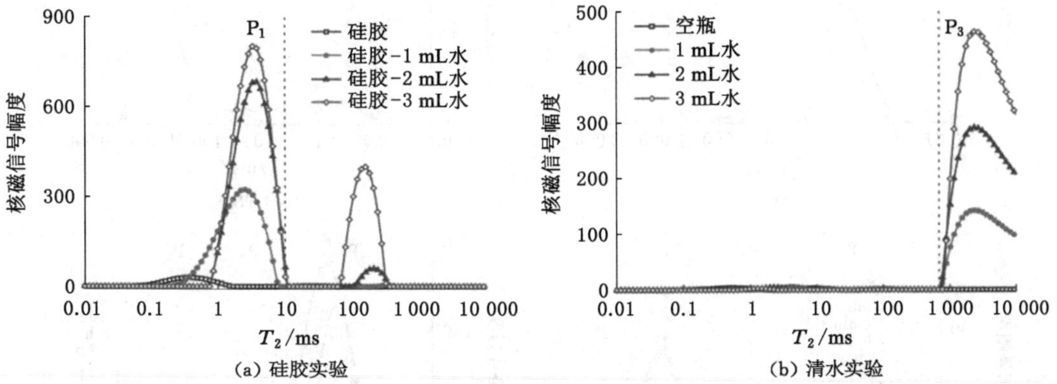

(a) 硅胶实验　(b) 清水实验

图 7-56　硅胶与清水实验 T_2 谱图

煤样浸润过程中的 T_2 谱图如图 7-57 所示，所有煤样浸润开始时的 T_2 谱为三峰结构，即煤中存在自由态水、束缚态水和吸附态水。浸润过程中，T_2 谱图变化都呈现 P_3 峰下降的同时 P_1 和 P_2 峰增加的特点，且多数煤样都在浸润 1 h 内达到了 P_1 峰，表明水分在不断侵入煤体的过程中，自由态水会逐渐转化为束缚态水和吸附态水。

比较 6 种煤样平衡时的 T_2 谱形态，可以发现 NM 煤样中 P_1 和 P_2 峰完全连通，JLS 煤样 P_2 和 P_3 峰连通合并，PS 的 P_1、P_2 和 P_3 峰的通道被打开，接触角较小的煤样各态水峰之间的连通性较好，尤其是 P_2 峰与另两峰之间的连通性。而 ZZ、GZ 和 PT 煤样三峰之间的连通性不明显。这是因为对于亲水性煤，由于其表面张力较小，自由态水向吸附态水转化的阻力较小，经束缚态水过渡至水分吸附至最大平衡量。对于疏水性煤，较大的表面张力是自由态水向吸附态水转化的阻力，阻碍部分水分发生吸附，形成较为稳定的束缚态水。

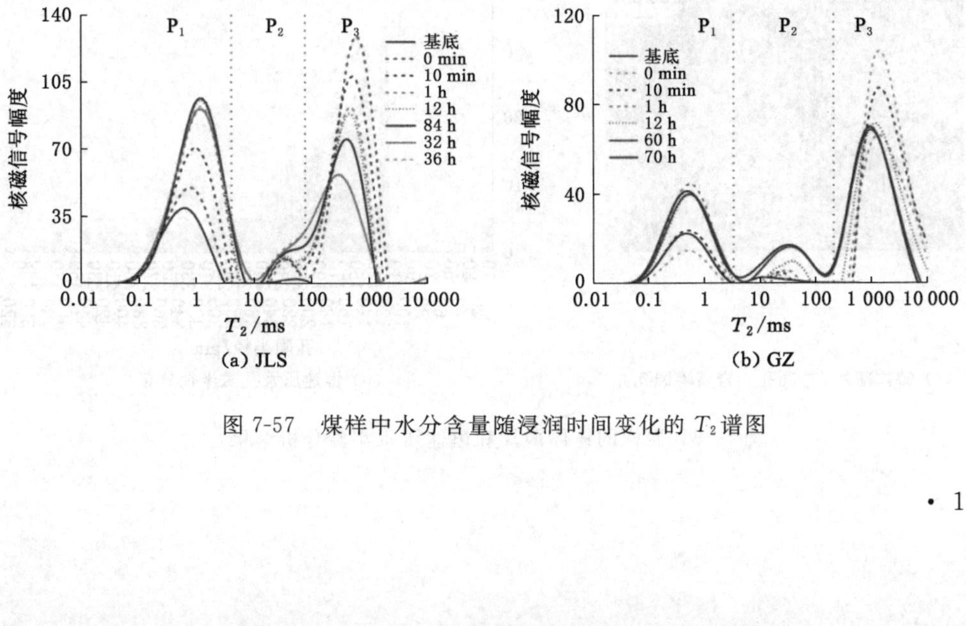

(a) JLS　(b) GZ

图 7-57　煤样中水分含量随浸润时间变化的 T_2 谱图

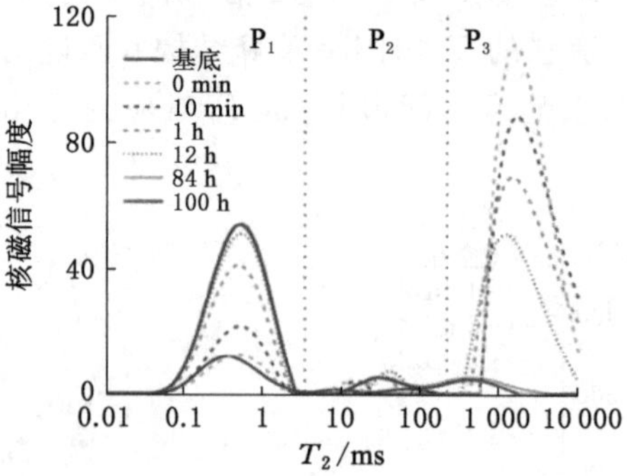

(c) ZZ

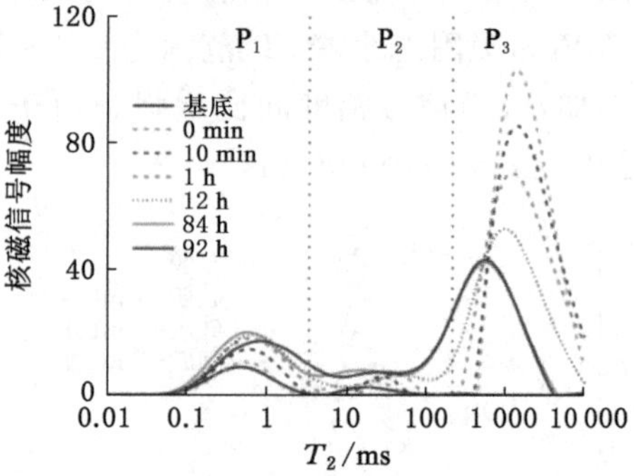

(d) PS

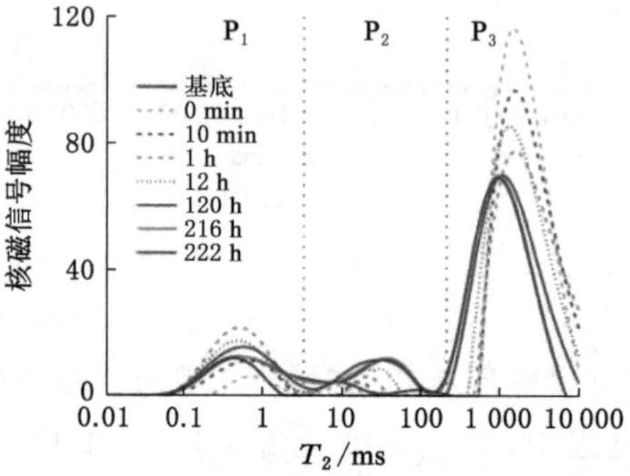

(e) PT

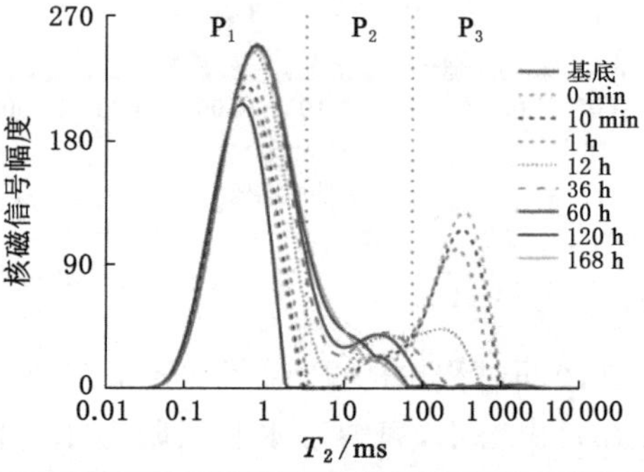

(f) NM

图 7-57 (续)

案例 2:页岩油润湿性及其对原油动用特征的影响

试样选自鄂尔多斯盆地陇东地区西 233 区块长 7 段页岩油藏,岩性为极细～细粒岩屑砂岩,岩屑主要包含石英岩岩屑、片岩岩屑、低副变质岩岩屑和粉砂岩岩屑。孔隙形状呈多边形或三角形,孔隙半径主要为 80～430 μm,最大为 510 μm。喉道主要以点状孔喉为主,其平均喉道半径为 0.263 4 μm,如图 7-58 所示。

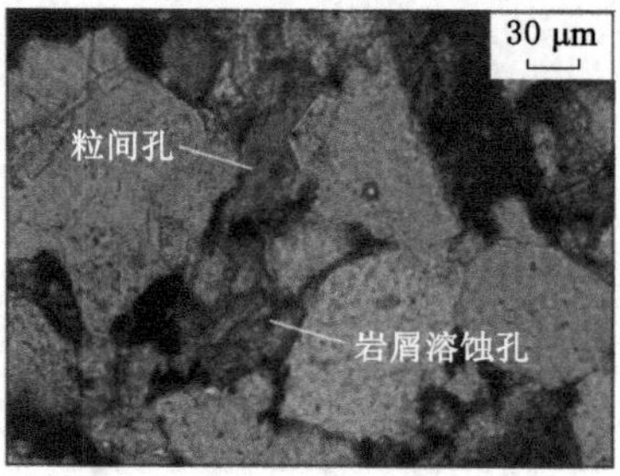

(a) 铸体薄片(粒间孔、岩屑溶蚀孔)

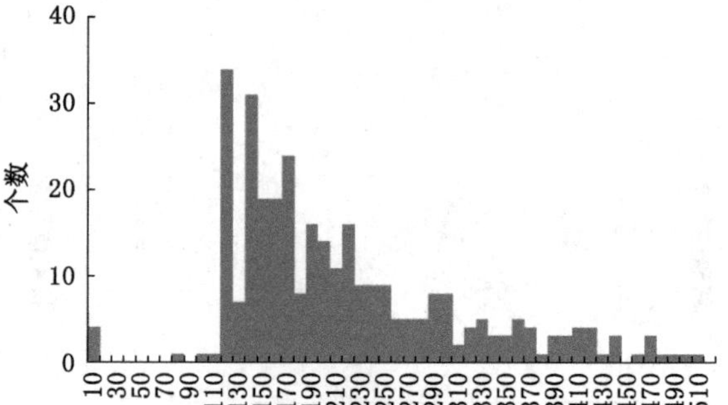

(b) 恒速压汞孔隙半径分布

图 7-58 岩样的铸体薄片和恒速压汞实验分析结果

实验设备主要包括岩芯驱替系统、自吸瓶(最小分度值为 0.02 mL)和核磁共振装置(磁场强度为 0.5 T、氢质子共振频率为 21.3 MHz)。实验用水分别为等矿化度模拟地层水($CaCl_2$溶液)和矿化度为 55 000 mg/L 的 $MnCl_2$水溶液(屏蔽岩芯中水相的核磁共振信号)。实验用油为煤油和白油混合的模拟油,其黏度约等于地层条件下原油的黏度(1.5 mPa·s)。

如图 7-59 所示,在完全饱和水状态下,岩样的 T_1-T_2二维图谱呈长条形展布,表明水与岩样颗粒表面接触面积较大,且核磁共振纵向弛豫时间 T_1和向弛豫时间 T_2主要分布在 1～200 ms,T_1/T_2值为1～100,部分 T_1/T_2值超过 100。油驱之后,T_1-T_2二维图谱出现3 个信号峰,右上角长弛豫时间对应的($T_2>30$ ms,$T_1>100$ ms)为油峰,原因为孔喉半径越大对应的毛细管阻力越小,因此油驱水过程中油相将优先赋存于大孔喉;胶质成分的 T_1/T_2值较大,$T_2<2$ ms 的部分对应岩样中的胶质成分;T_2为 2～20 ms(T_1为 10～100 ms)对应的为束缚水。3 个信号峰的 T_1/T_2值不同,油峰的 T_1/T_2值为 3～10,束缚水峰的 T_1/T_2值为 10～50,胶质对应的峰值主要集中在 100 以上。

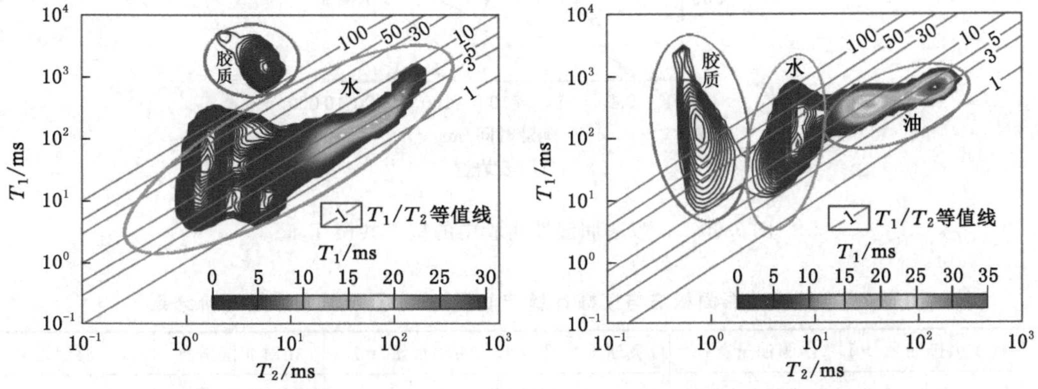

(a) 1#岩样完全饱和水状态下　　(b) 1#岩样束缚水状态下

图 7-59　岩样完全饱和水和束缚水状态下的核磁共振 T_1-T_2二维图谱

由于在实验过程中,实验用水是无信号的 $MnCl_2$溶液,因此获取的 T_2谱曲线仅代表油相信号;T_2谱曲线的变化反映的是实验岩样中油相的变化。图 7-60 展示了 3#、4#和5#岩样在自吸法润湿性实验过程中的核磁共振 T_2谱,可以看出束缚水状态下(自吸水排油前),3 块实验岩样的 T_2谱呈现单峰特征,且峰值对应的弛豫时间约为 30 ms;在自吸水排油后、水驱油后、自吸油排水后和油驱水后,核磁共振的 T_2谱曲线形态未发生显著变化,仅为面积的增加或减小,且变化主要集中在 1～1 000 ms。通过对比不同状态核磁共振 T_2谱面积(表 7-7),3 块岩样的水驱油量大于油驱水量;自吸油排水量大于自吸水排油量,且主要发生在弛豫时间为 1～100 ms 对应的孔喉中。基于式(7-42)分别计算得到 3 块岩样的相对润湿指数分别为－0.90、－0.51 和－0.67,对应的润湿性表现为油湿特征,这与基于完全饱和水和束缚水状态下的核磁共振 T_1-T_2二维图谱分析的结果一致。

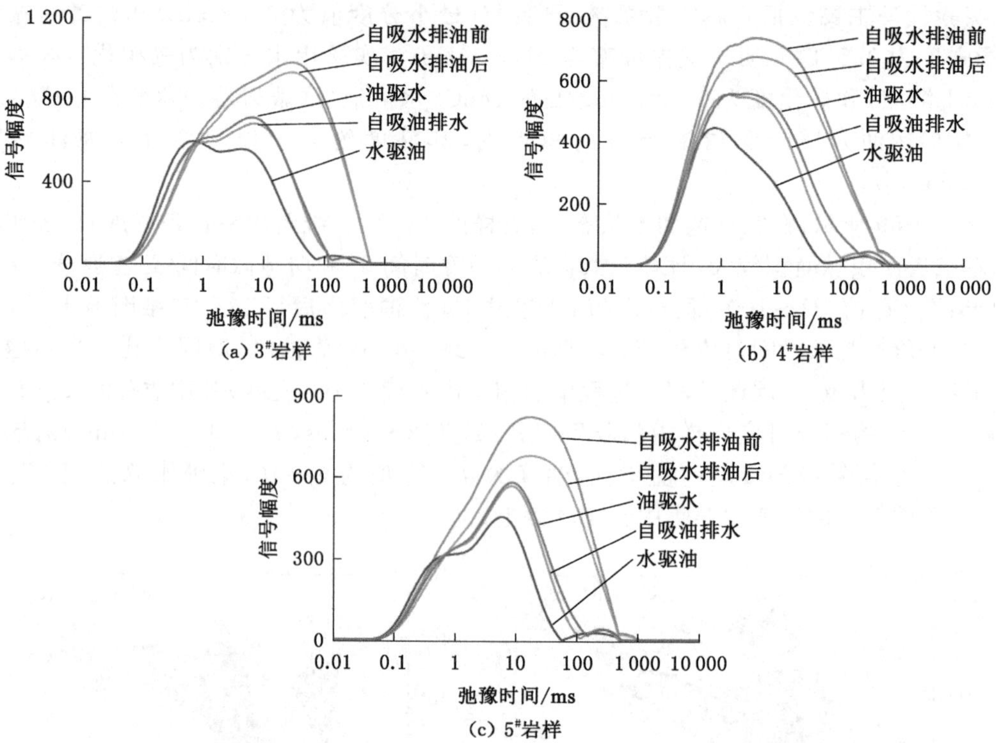

图 7-60 自吸法润湿性实验中的核磁共振 T_2 谱

表 7-7 核磁共振面积法与读数计量产油量、产水量及其润湿性评价结果

样品	自吸水排油量/mL		水驱油量/mL		自吸油排水量/mL		油驱水量/mL		相对润湿指数		润湿性	
	计量	NMR 面积	计量	NMR 面积	计量	NMR 面积	计量	NMR 面积	计量	NMR 面积	计量	NMR 面积
3#	0.12	0.10	1.10	0.91	0.22	0.27	0	0	−0.91	−0.90	强亲油	强亲油
4#	0.24	0.26	0.60	0.61	0.16	0.16	0	0.04	−0.71	−0.51	强亲油	亲油
5#	0.12	0.12	0.65	0.72	0.26	0.27	0	0.06	−0.84	−0.65	强亲油	亲油

7.4.4 冻融循环作用后煤岩孔隙结构测试

案例 1:低温循环致裂煤体

实验用样本取自内蒙古神东矿区低透煤层工作面。按照高径比 2∶1 加工成若干个 ϕ25 mm×50 mm 规格的圆柱体试样,为保证试样的统一性,钻取的试样均来自同一块煤炭并挑选出 10 块完整性较好、无明显裂隙的煤样。

实验设备如下:

a. 低场核磁分析仪:该设备为 MR-60 核磁成像分析仪。设备主磁场为 0.51 T,H^1 共振频率为 21.7 MHz,射频脉冲频率为 1.0~49.9 MHz,磁体控温为 25~35 ℃,磁体均匀度为 12.0×10^{-6},射频功率为 300 W。该设备可通过测试煤样横向弛豫时间 T_2 分布曲线从而定量分析煤样内部孔隙结构的变化。

b. 冻融实验机：采用全自动冻融实验机（图 7-61）。该设备最低制冷温度可达－30 ℃，通过采用空气中冷冻、水中解融的方式实现周期性的冻融实验。冻融过程自动控制，一次设置参数即可自动完成多次冻融循环实验。

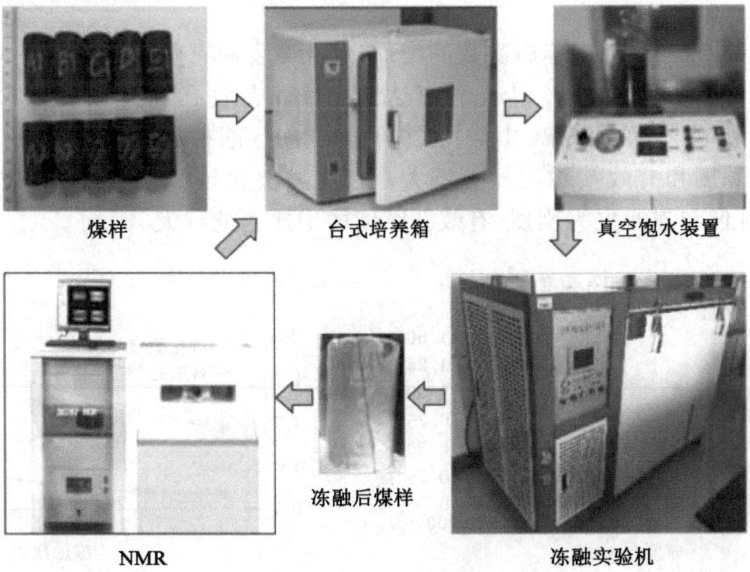

图 7-61　实验系统

c. 台式培养箱、真空饱水装置。

由图 7-62 可看出，煤样的 T_2分布曲线呈现出明显的三峰结构，其中第 1 峰（P_1）面积最大，第 2 峰（P_2）次之，3 峰（P_3）最小，三峰的平均谱面积之比约为 44：20：1，而第 1 峰代表小尺寸孔隙，第 2、3 峰代表中、大尺寸孔隙，说明在该种煤样小尺寸孔隙占据主导地位，中、大尺寸孔隙数量较少。

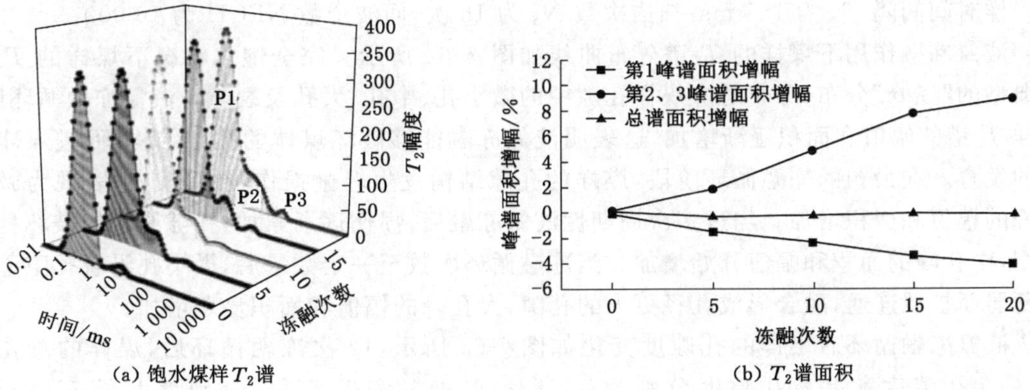

图 7-62　不同冻融次数下饱水煤样 T_2谱及谱面积

煤样的第 1 峰谱面积随着冻融循环次数的增加而逐渐降低，在第 20 次冻融后降幅达到最小值－4.2%；煤样的第 2、3 峰谱面积则表现出明显的随冻融次数增加而增加的趋势，增幅在冻融 20 次后达到最大值 8.9%；冻融 20 次后第 2、3 峰谱面积变化幅度是第 1 峰的 2.2 倍；煤样总谱面积的变化最小，平均增幅仅为－0.2%，远小于第 2、3 峰谱面积增幅。说明冻融循环会改造煤体内部的孔隙结构，使小尺寸孔隙扩展、孔隙之间相互连通，从而使小尺寸孔隙转化为大尺寸孔隙，小尺寸孔隙数量减少，大尺寸孔隙数量增加，煤体结构更为疏松，透气性提高。

由图 7-63 可以看出，随着冻融次数的增加，总孔隙度和有效孔隙度都呈增加趋势，总孔隙度由初始的 1.4% 增加到 2.5%，增幅达到 79%；有效孔隙度由初始 0.65% 增加到 1.12%，增幅达到 72%，说明冻融过程中煤体孔隙空间逐渐扩展、孔隙之间的连通性逐渐增强，从而使总孔隙度和有效孔隙度显著增大。当冻融次数足够多时，煤体内部产生疲劳损伤，孔隙扩展、延伸与连通更为剧烈，有效孔隙度的增速也就越大。

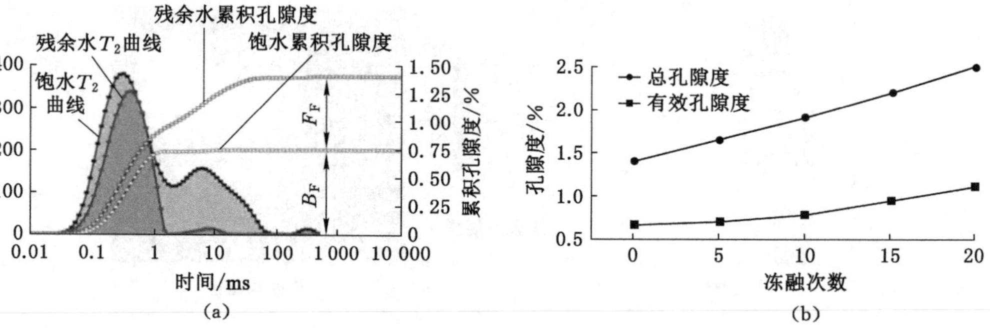

图 7-63　煤样饱水-残余水状态下 T_2 谱及孔隙度变化

案例 2：液氮冻融煤体孔隙结构损伤演化规律实验研究

煤样选取白皎煤矿 K1 煤层，煤样取回后按高径比 2∶1 制成 ϕ25 mm×50 mm 圆柱体试样进行核磁共振测试。核磁共振测试采用 MacroMR12-150H-I 型低场核磁共振分析及成像系统。核磁共振测试根据 CPMG 序列采集样品信号，回波时间间隔 T_E 为 0.1 ms，重复采样时间间隔 T_w 为 1.5 ms，扫描次数 N_S 为 16 次，回波个数 NECH 为 10 000。

液氮冻融作用下煤样的 T_2 谱分布曲线如图 7-64 所示。完全饱水状况下煤样的 T_2 谱呈典型的"三峰"分布，分布对应煤样孔隙中的微小孔、中孔、大孔及裂隙。液氮冻融循环后，煤样 T_2 谱的幅值和面积逐渐增加，这表明液氮冻融能够破坏煤体的孔隙结构，促进煤体孔隙的发育。在最初的冻融循环阶段，煤样的孔隙结构发生轻微损伤，在 T_2 谱中表现为微小孔峰的幅值和面积增加。经过多次周期性液氮冻融后，损伤逐渐累加，孔隙结构的破坏程度加剧，中孔峰的面积和幅值开始增加。当冻融循环次数至一定数量后，微小孔沿着孔隙壁面的薄弱面扩展连通，融合形成孔径更大的孔隙，大孔峰的幅值和面积显著增加。

液氮冻融循环后煤样的孔隙度变化如图 7-65 所示，12 次冻融循环后，煤样的总孔隙度、残余孔隙度和有效孔隙度分别为 8.18%、6.31% 和 1.87%，分别增大了 73.06%、42.76% 和 289.58%，这表明液氮冻融能够促进各类孔隙的发育，增强孔隙连通性，使得煤样的总孔隙度、残余孔隙度和有效孔隙度增加。

为了定量分析液氮冻融循环作用下煤样的孔隙度的变化，定义了相对孔隙度变化率来描述煤样的孔隙度变化特征，相对孔隙度变化率计算公式如下：

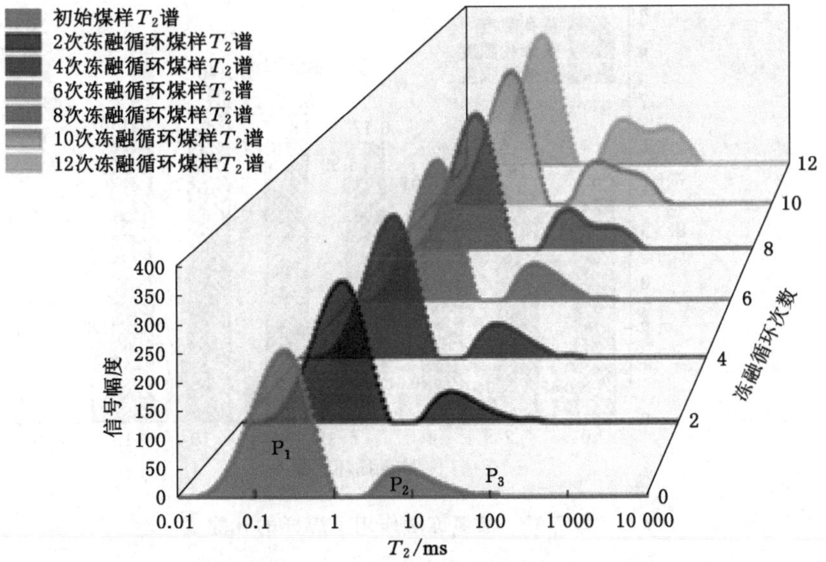

(a) 完全饱和水状况下

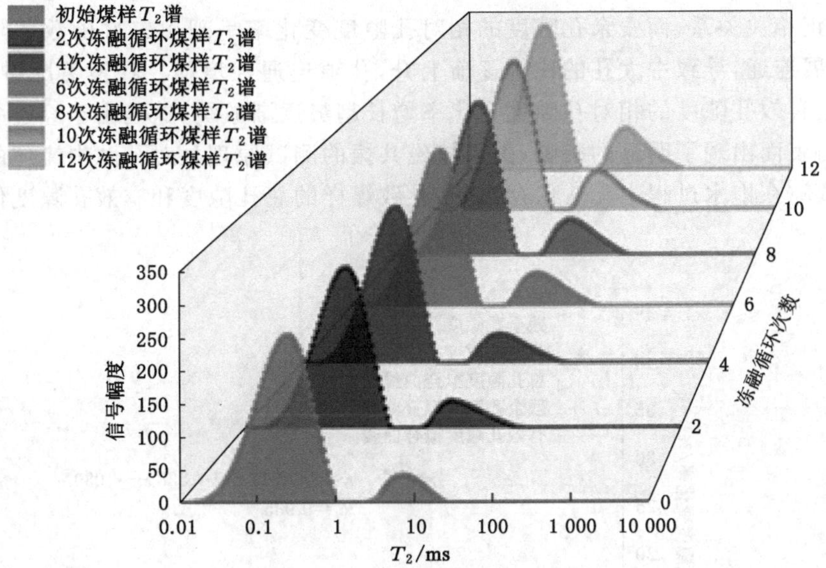

(b) 束缚水状况下

图 7-64　液氮冻融作用下煤样的 T_2 谱分布曲线

$$\begin{cases}\Delta\varphi_b = \varphi_{i+2} - \varphi_i \\ \eta_b = \dfrac{\Delta\varphi_b}{\varphi_i} = \dfrac{\varphi_{i+2} - \varphi_i}{\varphi_i} \times 100\% \end{cases} \tag{7-74}$$

式中　η_b——煤样的相对孔隙度变化率；

φ_i——液氮冻融循环 i 次后煤样的总孔隙度(残余孔隙度、有效孔隙度)；

φ_{i+2}——下一次液氮冻融循环后煤样的总孔隙度(残余孔隙度、有效孔隙度)；

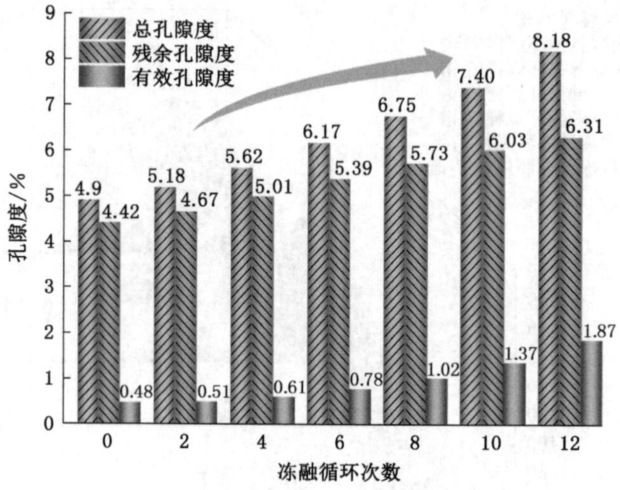

图 7-65 液氮冻融作用下煤样的孔隙度

$\Delta\varphi_b$——两次液氮冻融循环总孔隙度(残余孔隙度、有效孔隙度)变化量。

如图 7-66 所示,煤样的总孔隙度和有效孔隙度的相对孔隙度变化率与冻融循环次数总体上呈现正相关关系,而残余孔隙度的相对孔隙度变化率呈现出二次函数下降趋势。微小孔逐渐扩展连通,导致中大孔的比例逐渐上升,孔隙连通性增强。在液氮冻融循环的后期,总孔隙度、有效孔隙度的相对孔隙度变化率增长趋势逐渐放缓,这是由于经过多次冻融循环后,煤样的表面出现了明显的裂隙,由于核磁共振的测试原理是对孔隙中流体的氢质子进行检测,而裂隙在饱水过程中无法保存水分,导致煤样的总孔隙度和有效孔隙度低于其实际真实值。

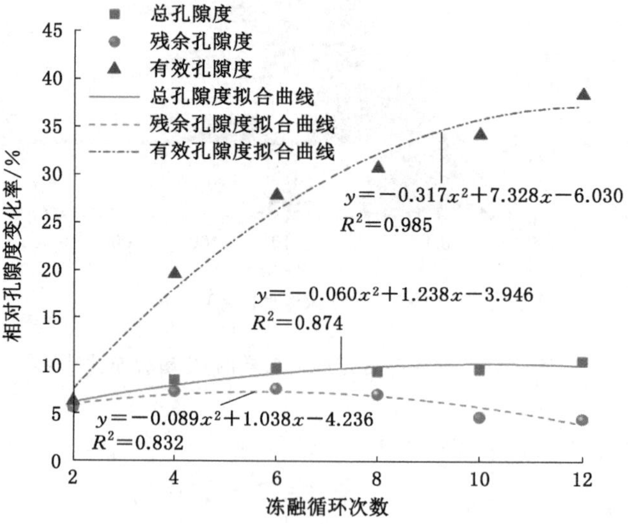

图 7-66 液氮冻融作用后煤样相对孔隙度变化

图 7-67 为不同液氮冻融循环次数下煤样的核磁伪彩图像。黑色表明成像的背景或

煤样的孔隙中不含氢质子，因此不具有成像信号。液氮冻融循环前，煤样的质子团簇尚未形成，孔隙分布不均匀，中孔和大孔的数量较少，几乎没有观测到裂隙。经过 4 次冻融循环后，图像中团簇的数量和亮度明显增加，形成高密度质子区，表明微小孔的孔径和体积逐渐扩展，连接形成中孔，在这一阶段中，高密度质子团是孤立的，并未连接在一起。经过 8 次冻融循环后，图像中出现了大量的质子团簇，微小的高密度质子区域合并，形成条带状高密度质子集中团，表明煤样的孔隙数量逐渐增多，中孔和大孔的孔径逐渐增大，相互连接形成微裂隙。经过 12 次冻融循环后，图像中出现了高密度质子团簇，质子团簇的出现表明，微裂隙的宽度和深度大幅度增加，从而形成裂隙网络。此外，条带状高密度质子集中团的附近同样出现高密度质子团，表明孔隙沿着微裂隙为中心不断向外延伸扩展形成孔隙密集区域。

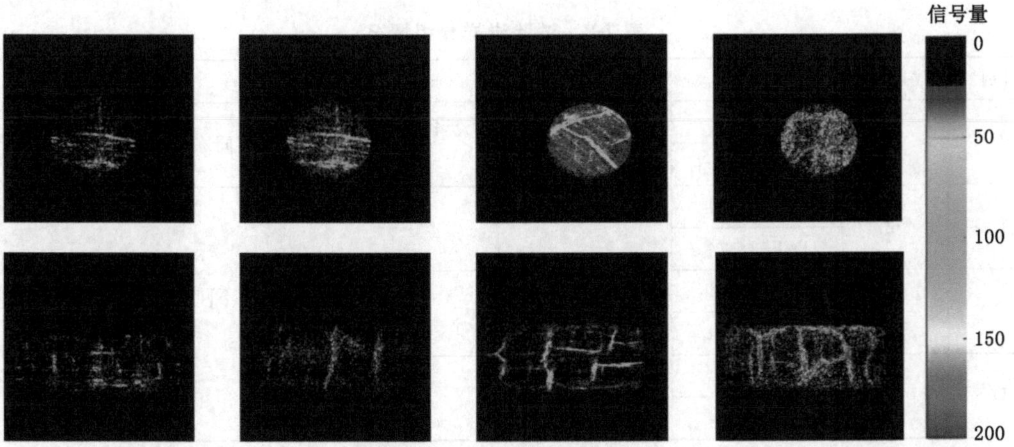

(a) 初始煤样　(b) 4次冻融循环　(c) 8次冻融循环　(d) 12次冻融循环

图 7-67　液氮冻融作用下煤样的核磁共振成像

7.4.5　未冻水含量测试

案例 1：裂隙砂岩未冻水含量测试

本实验红砂岩取自西部某采石场，制作成 ϕ50 mm×100 mm 的标准完整岩样。采取钻孔配合线切割的方法加工部分贯通双椭圆形裂隙试样，椭圆裂隙长轴长 12 mm，短轴长 4 mm，倾角 45°，以揭示椭圆形裂隙对岩石未冻水含量的影响。剔除外观存在缺陷的岩样，将剩余岩样放入烘箱中 105 ℃温度下烘 48 h，待自然冷却后采用真空饱和装置进行饱水，当真空度达到－0.1 MPa 后继续静置 24 h 以确保完全饱和；采用超声波测速仪测定岩样纵波波速。取干密度和纵波波速相近的 20 个样品，用防水胶带包裹裂隙岩样，利用针管使椭圆裂隙中注满水，之后用 PVC 热缩管包裹岩样实现刚性约束边界，如图 7-68 所示。

本实验主要包括不同温度冻结/NMR 测试与冻融循环/NMR 测试两部分，如表 7-8 所列。NMR 设备采用 MacroMR12-150H-I 型低场核磁共振分析及成像系统，其磁场强度为(0.3±0.05)T。

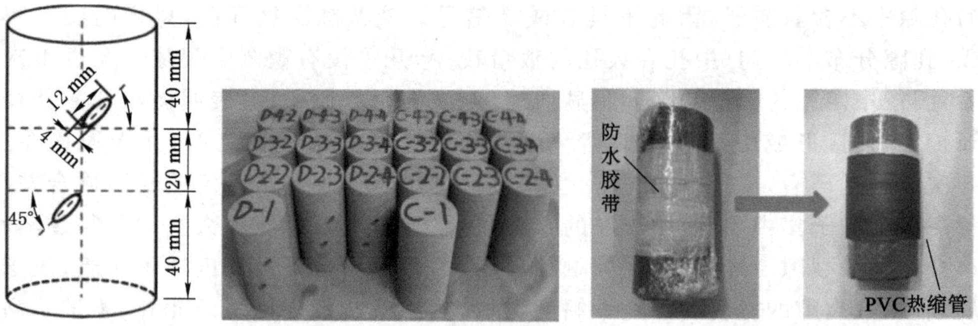

(a) 裂隙示意图　　(b) 挑选岩样品　　(c) 裂隙饱水

图 7-68　岩样制备

表 7-8　试验岩样分组情况

组别	数量/个	编号	冻融次数	冻结温度/℃	用途
A	2	C-1	0	−2/−5/−10/−15/−20	不同冻结温度进行 NMR 测试
		D-1			
B	6	C-Ⅱ-2/3/4	7/15/30	−5	不同冻融循环次数下进行 NMR 测试
		D-Ⅱ-2/3/4			
C	6	C-Ⅲ-2/3/4		−10	
		D-Ⅲ-2/3/4			
D	6	C-Ⅳ-2/3/4		−20	
		D-Ⅳ-2/3/4			

注：表中 C 与 D 分别代表完整与裂隙岩样；Ⅱ/Ⅲ/Ⅳ代表冻结温度；1/2/3/4 代表冻融次数。

不同温度下(−2 ℃、−5 ℃、−10 ℃、−15 ℃、−20 ℃)岩样的未冻水含量演化规律如图 7-69 所示。冻结后，完整岩样与裂隙岩样未冻水含量呈现出类似的变化规律。T_2谱均呈现出 3 个峰，每个峰的宽度和高度均随温度的下降而缩小；各温度冻结 12 h 后未冻水含量大小具有统一的规律，依次为：未冻结合水含量＞未冻自由水含量＞未冻毛细水含量，即相同时间内，毛细水的冻结速率最快，自由水次之，结合水最慢。因此后续分析仅对比采用不同温度冻结的裂隙岩样。

为进一步描述不同类型未冻水含量的变化，计算获取了不同冻结温度下未冻水含量变化曲线图[图 7-70(a)]。当温度降至−5 ℃时，96%以上的毛细水和自由水均已被冻结，岩样孔隙内的未冻水主要是结合水。未冻结合水含量随温度的降低呈缓慢下降趋势，当冻结温度为−20 ℃时，仍有 53%的结合水处于未冻结状态。表明冻结初期，主要是毛细水、自由水水冰相变导致岩石受冻胀力作用。随着温度的继续降低，未冻结合水的迁移或冻结，使岩石内部的损伤进一步增大。利用指数函数对未冻水含量和冻结温度进行拟合，相关系数为 0.98。由图 7-70(b)可以看出，在 0～−5 ℃范围内，未冻水含量急剧下降，而后随着温度的降低呈现出缓慢下降的趋势。直至冻结温度下降为−20 ℃时，仍有 26%的孔隙水没有被冻结。

选取−5～20 ℃、−10～20 ℃、−20～20 ℃三种温度对岩样进行 7 次、15 次、30 次冻融

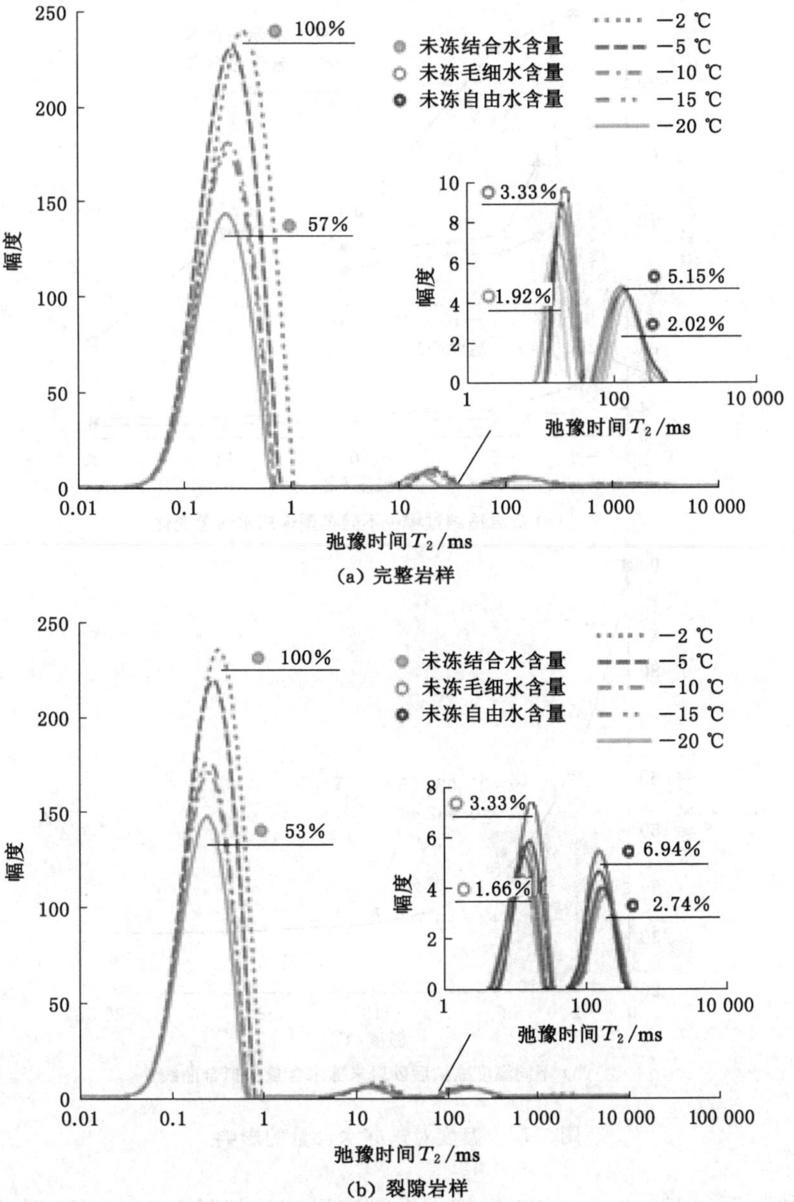

图 7-69　完整及裂隙红砂岩冻结过程中 T_2谱分布曲线变化

循环处理，冻融循环后未冻水含量变化如图 7-71 所示。从总体上看，相同冻融条件下，冻结温度低的岩样其未冻水含量始终低于冻结温度较高的岩样。进一步证明了冻结温度越低，岩石孔隙中水冰相变的速率越快。相同温度下，随着冻融循环次数的增加，未冻水含量逐渐减少，但减少速率逐渐趋缓，这可能是因为反复冻融作用下渗流路径变长，导致孔隙水冻结速率减慢，且同一温度下首峰峰顶点对应的弛豫时间未发生改变。

对于完整砂岩，通过对岩样不同冻结温度冻融后未冻水含量进行拟合分析，如图 7-72 所示，发现未冻水含量均随着冻融次数的增加线性减小，−5 ℃、−10 ℃、−20 ℃时未冻水

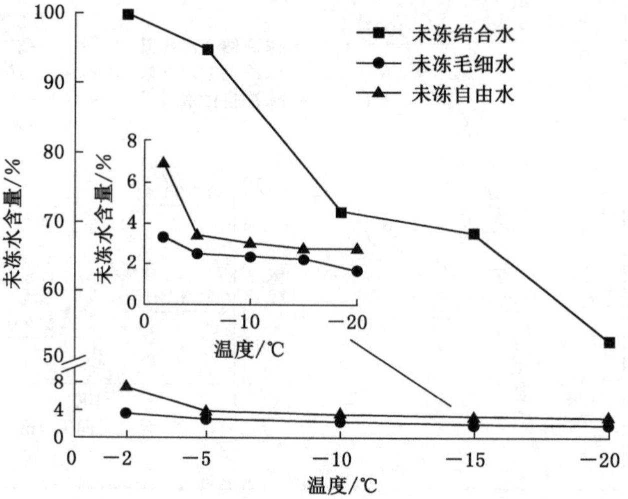

(a) 砂岩冻结过程中不同类型未冻水含量变化

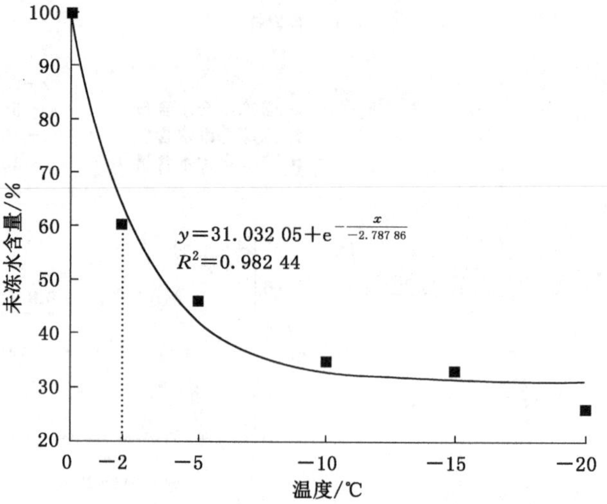

(b) 不同温度冻结后砂岩未冻水含量的拟合曲线

图 7-70　温度对未冻水含量的影响

含量降低依次为 7%、6%、3%。未冻毛细水含量冻融初期就降至 3%以下，随着冻融循环次数的增加，未冻毛细水含量几乎未发生变化；未冻自由水与未冻结合水含量变化较大，下降为 3%～6%，但冻融前期已有 90%以上的自由水被冻结，而直至冻融后期仍有 62%的结合水处于液态。表明自由水和毛细水在冻融前期就被大量冻结，冻融过程是结合水缓慢迁移的过程，冻融后期岩石内部孔隙逐渐连通，结合水在连通的孔隙内结冰时冻结速率加快。但温度越低，冻融作用对未冻水含量的影响越小。

图 7-73 所示，相比完整岩样，裂隙岩样冻融 7 次、15 次、30 次后的未冻水含量分别减少了 5.2%、5.1%、4.9%。裂隙岩样的未冻结合水含量在冻融循环 15 次后仍多于完整岩样，直至冻融循环 30 次后变化率升高，未冻结合水含量减小为 58%。故裂隙对岩体的未冻水含量的影响不可忽视，裂隙的存在会加快自由水的冻结速率，但同时快速冻结使得结合水像

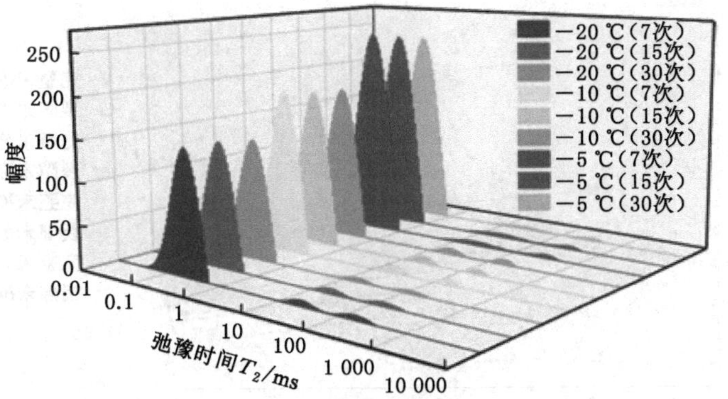

(a) 完整岩样

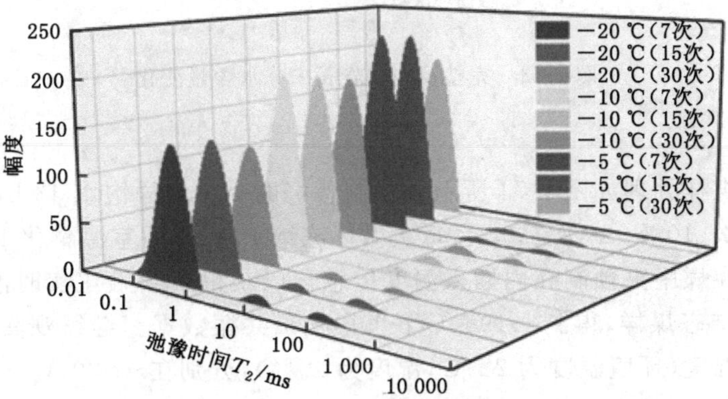

(b) 裂隙岩样

图 7-71　不同冻融条件下砂岩 T_2 谱分布曲线变化

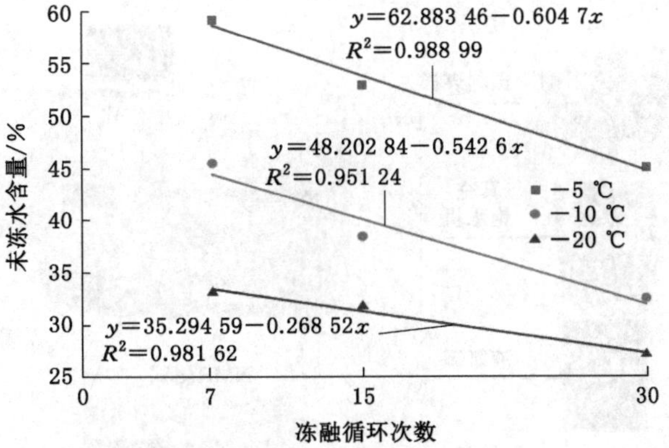

图 7-72　冻融砂岩未冻水含量图

冻结缘迁移受到抑制。

案例 2:液氮循环冻结煤体融化过程未冻水含量测试

选取安徽省淮北袁庄烟煤为研究对象,所有煤样均取自一块原煤,且岩芯钻探避免明显的割理和裂缝,加工成 ϕ50 mm×100 mm 圆柱形标准煤样。将煤样在 70 ℃下恒温干燥 3 h,获得原始干燥煤样。实验仪器包括真空饱水机、液氮罐、温度传感器、核磁共振岩芯分

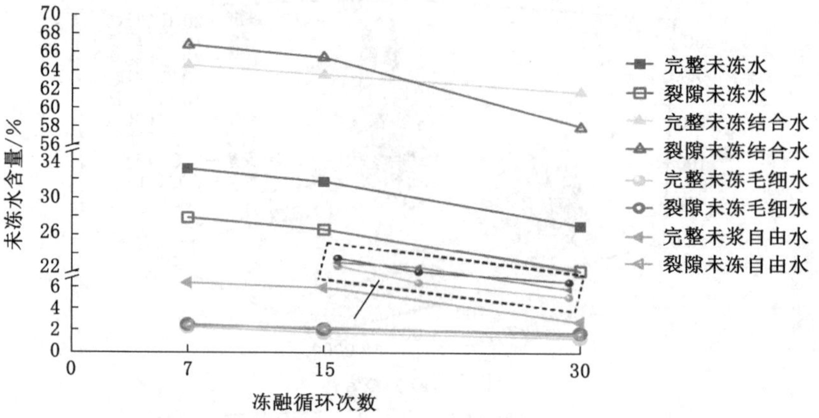

图 7-73　完整及裂隙岩石未冻水含量变化

析仪等。

实验设备及煤样处理如图 7-74 所示。将制备好的 4 个煤样饱水 48 h，随后置入液氮罐分别循环冻融 5 次、10 次、20 次、30 次，每次循环冻结 10 min 后室温融化 10 min。4 组煤样冻融结束后立即在煤中央预制孔内插入温度传感器以获得后续融化实时温度，同时使用核磁共振仪测试冻结态煤样，得到 −196 ℃下煤样核磁共振数据。继续观察煤样在核磁共振仪中的融化实时温度(环境温度为 22 ℃，湿度为 40%)，分别在 −100 ℃、−50 ℃、−34 ℃、−30 ℃、−25 ℃、−20 ℃、−15 ℃、−10 ℃、−5 ℃、−2 ℃、0 ℃、5 ℃、10 ℃时进行核磁共振检测，得到不同冻结循环煤样融化过程 13 个温度梯度的核磁共振数据。煤样融化过程中心温度作为连续变量，通过连续监测连续温度下的不同参量，统一煤样内部温差变量。

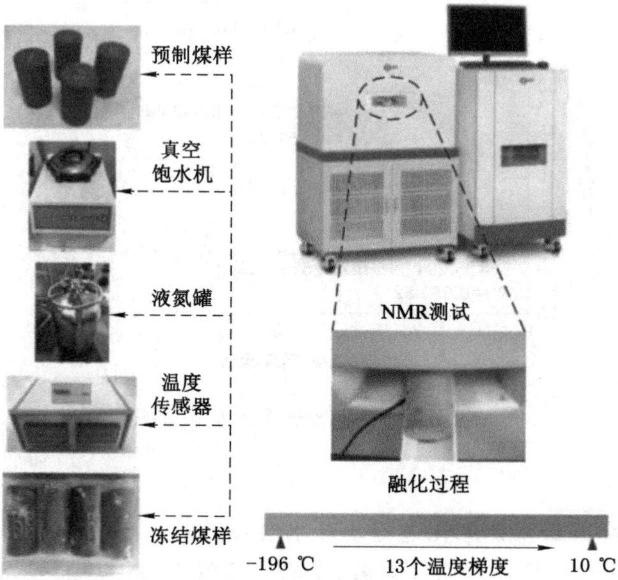

图 7-74　实验设备及流程

图 7-75 为不同冻结循环煤样融化过程 T_2 谱曲线分布。经历不同次数液氮循环冻结后，煤样融化进程普遍遵循“先融化出小孔结构，后融化出中大孔结构”规律。煤样从 $-100\sim-50$ ℃开始融化产生未冻水，说明小孔水可以在超低温下保持未冻结状态。小孔数量随融化温度升高表现出“先增加后减少”趋势，表明融化前期煤基质大孔中会出现冰小孔，随着融化进行，这部分冰小孔逐渐转化为冰大孔。

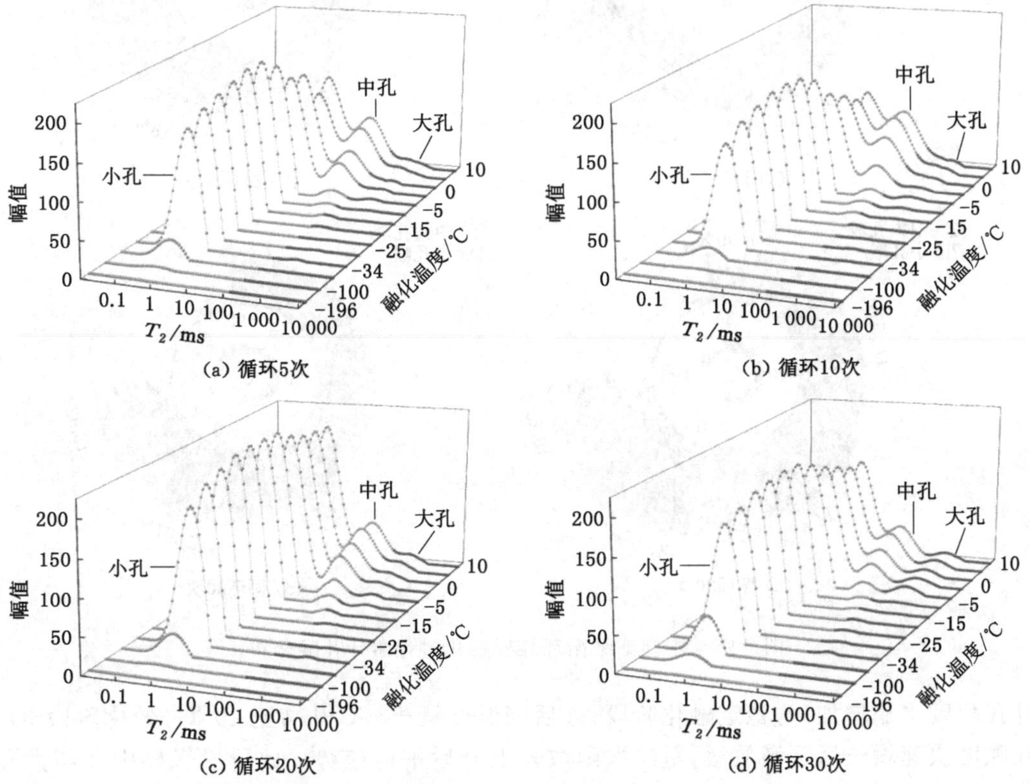

图 7-75　不同冻结循环煤样融化过程 T_2 谱曲线分析

煤样融化过程孔喉分布演化如图 7-76 所示。孔喉在 $-196\sim-34$ ℃时的分布普遍较低，说明煤样在低温下完全冻结，孔隙连通性较差。随着融化温度升高，小孔喉累计分布均匀增加，且占总孔喉分布的绝大部分，说明小孔冰融化时孔隙连通性也相应增强。当温度超过 -5 ℃时，小孔喉分布逐渐降低，4 组煤样平均至 10 ℃时下降 0.928%，与此同时中大孔喉分布快速上升，平均增长 4.830%，说明此时冰小孔喉结构逐渐消失，中大孔喉数量与分布快速增加。综合研究表明，煤样融化程度越高，孔喉分布越密集，孔隙连通性增强，越有利于煤层气的运移与开采。

低场核磁共振 T_2 图谱分析技术可以精确测量煤样累计孔隙度，在冻结煤样中，煤基质孔隙与冰孔隙共同构成其孔隙结构。不同循环冻结煤样融化过程累计孔隙度变化趋势相似，平均累计孔隙度如图 7-77 所示。当温度小于 -100 ℃时，液氮冻结饱水煤样累计孔隙度几乎为 0，孔隙全部由冰填充，不存在任何形式的孔隙结构。随着温度升高至 -30 ℃(融化阶段 1)，平均孔隙度随温度呈指数函数关系，煤样累计孔隙度加速增长，此阶段孔隙主要为小孔结构；当温度从 -30 ℃升高至 -5 ℃(融化阶段 2)，平均孔隙度随温度呈线性关系，

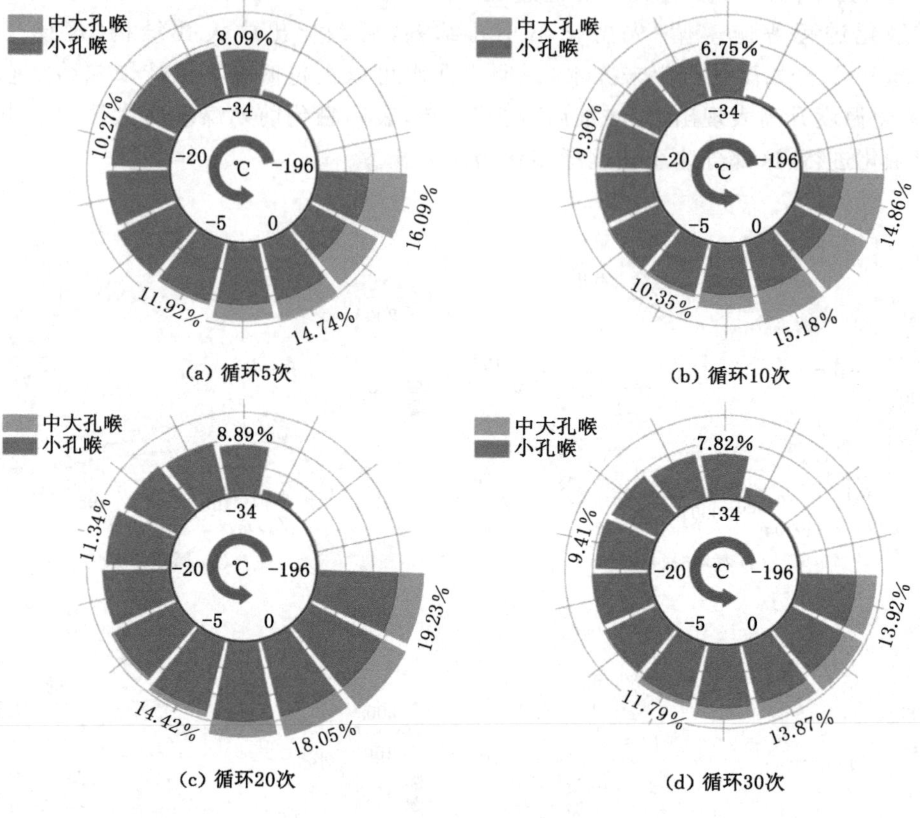

图 7-76 不同冻结循环煤样融化过程累计孔喉分布

累计孔隙度平稳增加，为稳定融化阶段；最后当温度从－5 ℃升高至 10 ℃(融化阶段 3)，累计孔隙度快速增长后逐渐放缓，呈二次函数先上升后平稳趋势。此阶段煤样中孔与大孔冰完全融化，总孔隙度大幅提升，是液氮致裂工程煤层气抽采的最佳阶段。

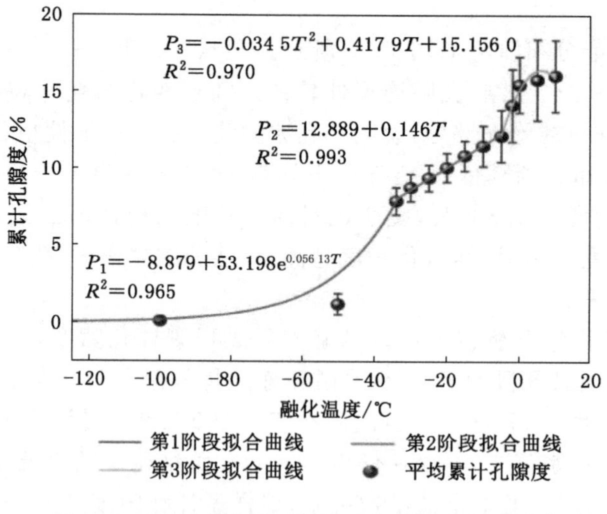

图 7-77 不同冻结循环煤样融化过程平均孔隙度

思考题

1. 简述核磁共振基本原理。
2. 简述 T_2截止值的意义及获取方法。
3. 核磁渗透率与气体测渗透率差异的主要原因体现在哪些方面?
4. 低场核磁共振表征流体润湿特性的方法可以分为哪几类?
5. 简述核磁共振成像的基本原理与步骤。
6. 简述求取煤岩表面弛豫率不同方法之间的差异性。

第8章 工业CT成像测试分析方法

8.1 工业CT技术成像基础

8.1.1 概述

1895年，德国科学家伦琴(W. C. Rontgen)在研究阴极射线的过程中偶然发现了一种穿透性极强且能够使照相底板显影的新型射线，并将其命名为X射线。伦琴利用X射线为妻子的手拍摄了世界上第一张人类活体骨骼的照片(图8-1)，这张意义非凡的照片象征着放射医学的诞生。随着X射线迅速在临床诊断等医学领域取得广泛的应用，自然地促进了其在材料检测领域的研究和应用，并逐渐扩展到应用γ射线等其他辐射射线进行材料的检测，由于射线检测无须打开和破坏材料便能洞悉其内部结构，因此被称为无损检测技术。

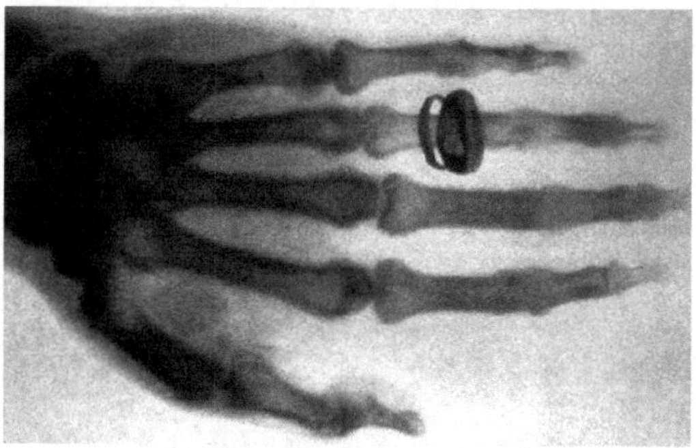

图8-1 第一张人类活体骨骼成像

传统X射线照相方法具有一个明显的缺陷，即强制的将被检测三维实际物体转化为二维的检测图像。由于X射线具有极强的穿透性，显影图像上往往重叠了X射线穿透路径上所有物体的轮廓。图8-2展示了生活中常见的安检扫描仪成像得到的一张行李包X射线透视图像，能够明显看出物品之间的相互堆叠关系，而这种效应往往不利于检测内部结构未知的物体。为了解决这一问题，最佳选择是提取被测物体感兴趣区域的剖面图像，因此断层成像技术应运而生。

传统断层成像技术主要基于聚焦的原理，通过模糊被测剖面以外的平面在胶片上的成

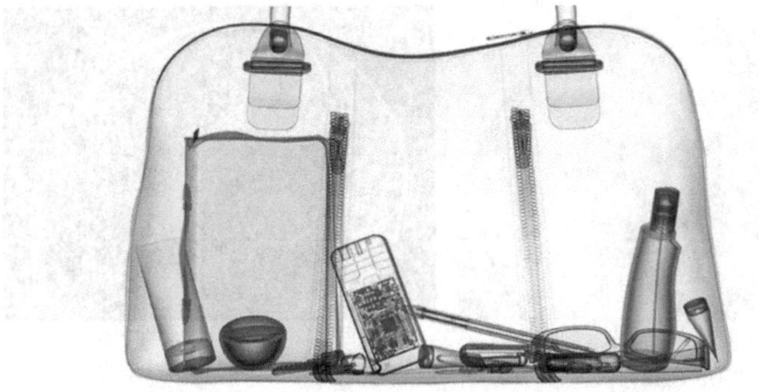

图 8-2　安检行李包的 X 射线成像图

像效果而实现(图 8-3)。通过控制 X 射线管和探测器平面以一定速度相向运动,保证焦平面上特定观测区域(AB)在胶片中的成像位置不变,而非观测区域上的各点在胶片中的成像位置将随胶片的移动而不断变化,从而使 AB 间结构清晰可见,而非感兴趣区域的成像则模糊不清。传统断层成像技术虽然成功获取了感兴趣区域图像,但焦平面内不同结构间的对比无法得到显著的增强,且非感兴趣区域的模糊重叠现象依然严重影响了图像质量。

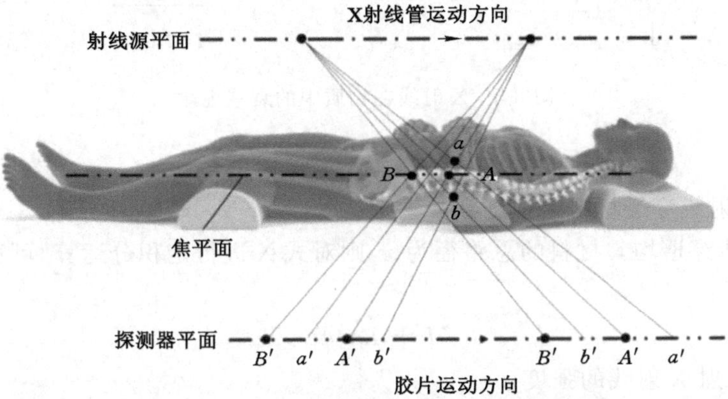

图 8-3　传统断层成像技术的聚焦原理示意图

由于传统断层成像技术与 X 射线胶片成像类似,射线对被测物体的入射方向始终与被测断层方向垂直或相交,则在成像过程中不可避免地经过了断层以外的结构,从而使断层以外的结构叠加到扫描图像中,对断层扫描效果造成干扰。若能够使射线在不经过断层图像以外结构的条件下直接成像,就能够避免图像重叠,得到清晰的断层扫描图像,需要将射线入射方向调整为与被检测断层相互平行,最终现代断层成像技术诞生。图 8-4 分别展示了 X 射线垂直剖面方向的鹦鹉螺透视图像与平行剖面方向的断层图像。

8.1.2　X 射线在物质中的衰减规律

首先假设入射 X 射线是横断面足够小的单能光子束,则在均匀材料 x 处选取薄层 $\mathrm{d}x$,若入射 X 射线强度为 $I(x)$,出射 X 射线强度为 $I+\mathrm{d}I$,如图 8-5 所示。

当薄层厚度 $\mathrm{d}x$ 极小时,一般有如下关系式:

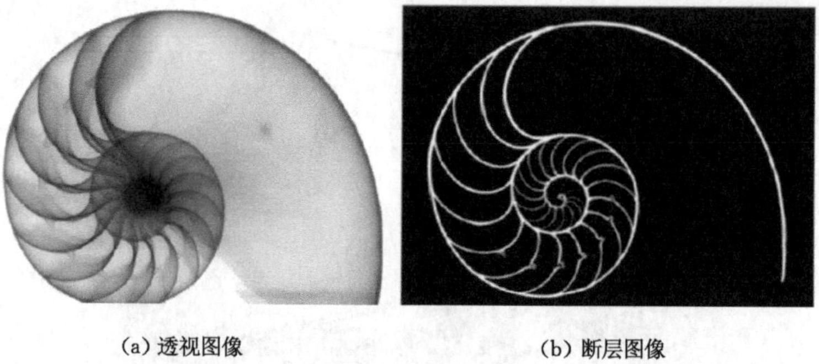

图 8-4　鹦鹉螺的透视图像与断层图像对比

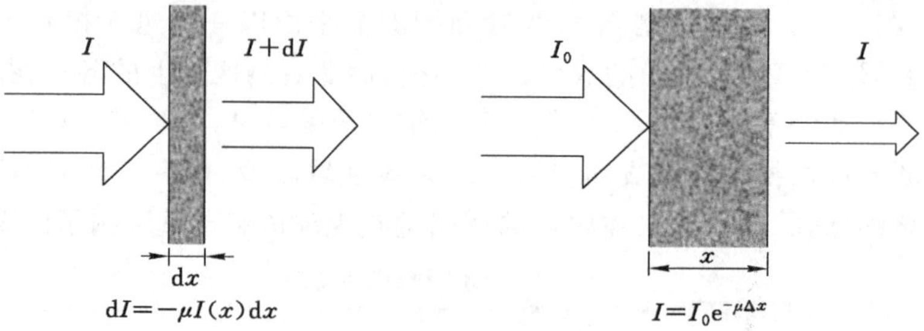

图 8-5　X 射线在物质中的衰减规律

$$dI = -\mu I(x)dx \tag{8-1}$$

式中　μ——X 射线穿透材料后强度衰减系数。

假设 X 射线穿透均匀材料的总路径为 x，则对式 X 进行定积分运算，可得入射与出射 X 射线强度的关系：

$$I = I_0 e^{-\mu\Delta x} \tag{8-2}$$

式中　I_0——入射 X 射线的强度；

I——出射 X 射线的强度；

Δx——材料厚度。

式(8-2)说明在均匀材料中单能 X 射线光子束是按简单的指数规律衰减的，称为 Lambert-Beer's 定律。实际上，线衰减系数 μ 随入射 X 射线能量 E、材料的等效原子序数 Z 和材料密度 ρ 的变化而变化，因此可将 μ 写作 $\mu(E,Z,\rho)$，当入射 X 射线能量保持不变时，μ 由材料本身性质所决定。μ 的数值越大则 X 射线光子束的强度衰减程度越大，而空气的线衰减系数取值趋近于 0，则 X 射线穿透空气时强度几乎不发生改变。

对于非均匀材料，其内部各点的线衰减系数不等，因此可将材料分割成小单元计算射线穿透物体时总的衰减特性，如图 8-6 所示。

当单元尺寸足够小时，每个单元可以看作一个均匀物体，式(8-2)可有效描述入射和出射 X 射线强度，且上一个单元的 X 射线出射强度即为下一相邻单元的 X 射线入射强度，则出射强度 I 可由式(8-2)以级联形式重复应用如下：

$$I = I_0 e^{-(\mu_1+\mu_2+\mu_3+\cdots+\mu_N)\Delta x} = I_0 e^{-\sum_{i=1}^{N}\mu_i\Delta x} \tag{8-3}$$

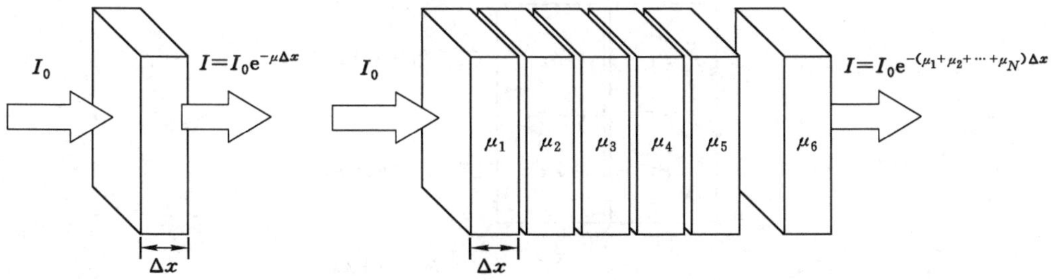

图 8-6　入射强度与出射强度的级联关系导出示意图

其中 N 表示划分的单元数量。由于在 CT 应用中 I_0 原则上为定值，则对式(8-3)作标准化处理后写作：

$$\frac{I}{I_0}=e^{-\sum_{i=1}^{N}\mu_i\Delta x} \tag{8-4}$$

对式(8-4)取自然对数得：

$$-\ln\left(\frac{I}{I_0}\right)=\ln\left(\frac{I_0}{I}\right)=\sum_{i=1}^{N}\mu_i\Delta x \tag{8-5}$$

当单元尺寸趋近于无穷小时，可将式(8-5)改写为积分形式：

$$p=\ln\left(\frac{I_0}{I}\right)=\int_L\mu_i\mathrm{d}x \tag{8-6}$$

式中　L——沿着 x 轴方向的直线。

一般情况下，I 与 μ_i 为坐标位置(y,z)的函数，对于特定的断层，二维位置坐标(y,z)变成了单方向的一维坐标(y)；若射线方向上的坐标仍用 x 表示，则 μ_i 应该写作 $\mu(x,y)$，则式(8-6)可改写为：

$$p=p(y)=\sum_{i=1}^{N}\mu(x,y)\cdot\Delta x \tag{8-7}$$

以上计算过程表明，横断面足够小的单能 X 射线束的入射强度 I_0 与沿着 x 轴方向某一直线受到衰减后的出射 X 射线强度 I 的比值的负对数具有一种级联的线性关系。由于入射强度 I_0 和出射强度 I 都是可以实际测量的物理量，因此其比值的负对数容易计算得出。p 被称为 X 射线穿透物体后的投影，在测量单元尺寸缩小后，其数值上等于 X 射线路径上线衰减系数的线积分。

8.1.3　CT 图像重建理论

假设将被测断面分割为 $N\times N$ 个单元，则可通过进行 N^2 次及以上次数的独立测量得到 N^2 次线性方程组，进而通过应用直接矩阵反变换的方式唯一得到被测断面的物体衰减系数分布 $\mu(x,y)$。引用一个简化算例对基于直接矩阵反变换的图像重建方法进行详细说明，如图 8-7 所示。

被测物体的感兴趣断面由 4 个具有不同线衰减系数的单元组成，同一单元内部的线衰减系数均匀，分别记作 μ_1，μ_2，μ_3 和 μ_4。通过对被测断面沿水平、垂直和对角线方向分别测量投影 p，可得到一组相互独立的线性方程组，如式(8-8)所示。通过求解该线性方程组可得到被测断面的线衰减系数分布 $\mu(x,y)$。

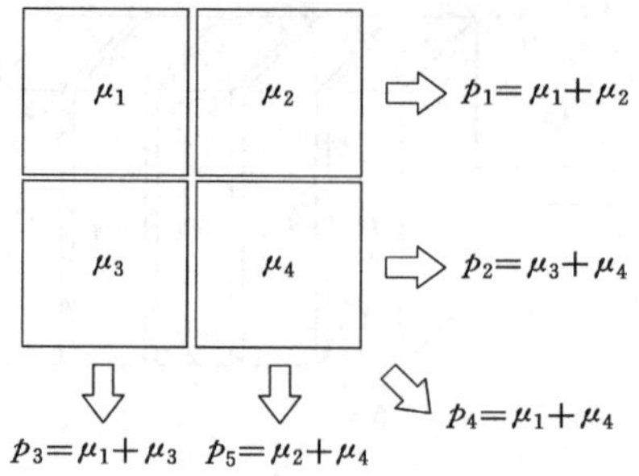

图 8-7　基于直接矩阵反变换的图像重建方法

$$\begin{cases} p_1 = \mu_1 + \mu_2 \\ p_2 = \mu_3 + \mu_4 \\ p_3 = \mu_1 + \mu_3 \\ p_4 = \mu_1 + \mu_4 \end{cases} \tag{8-8}$$

随着物体被分割成更为精细的单元，所求解的线性方程数量将呈平方关系增加，且为保证方程间相互独立，往往需要进行超过 N^2 次的投影测量，因为有些测量所形成的线性方程可能不相互独立，如图 8-7 中的 p_1、p_2、p_3 和 p_5 并非线性独立，p_5 可通过 p_1、p_2、p_3 进行表示，因此在式(8-8)中增加了一个对角线测试值从而保证方程组具有唯一解。

迭代重建方法是另一类 CT 图像重建算法。继续取一个 2×2 单元断面为例进行说明，同时为每个单元赋予特定的衰减值，如图 8-8 所示。首先测量得到断面横向、纵向和对角方向的投影值，假设事先并不知道各单元的线衰减系数，则需对各单元附以相同的线衰减系数作为初始值，通过已知的投影数据均匀地将线衰减系数分配到各单元[图 8-8(b)]。将假设的均匀断面横向投影结果与真实测量结果对比，发现首行多了 2，末行少了 2，因此首行每单元各减 1，末行每单元各加 1[图 8-8(c)]；将其纵向投影结果继续与真实测量结果对比，发现首列多了 1，末列少了 1，因此首列每单元减 0.5，末列每单元加 0.5，最终得到与设定衰减值一致的重构图像[图 8-8(d)]。这种图像重建方法被称为迭代重建技术(ART)。

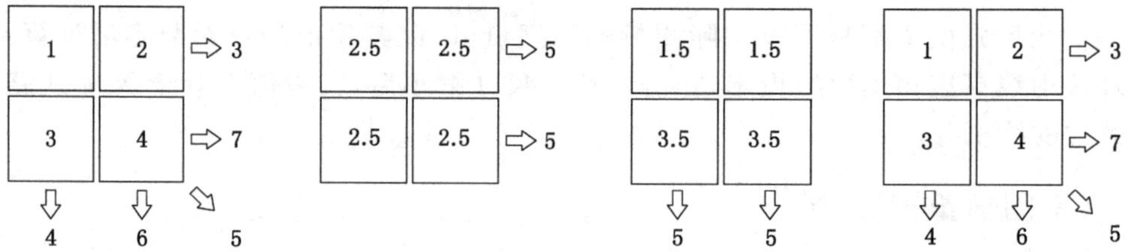

图 8-8　迭代重建方法

直接反投影算法基于如下假设：断层图像上任何一点的数值等于该平面上经过该点的全部射线投影之和或平均值。直接反投影主要进行求和运算，求和的过程称为反投影。下面通过对一孤立点进行反投影运算，对反投影算法进行说明。第一次投影方向为垂直方向，对整个射线路径上经过的全部像素涂抹投影数值，随后旋转 22.5°，重复上述过程，直至所有角度完成上述步骤，最终得到了该孤立点的一个粗略估计，如图 8-9 所示。通过对被测断面上各点应用反投影算法，能够重构被测断面图像，且前人研究证明投影数据经过滤波后再进行反投影累加可以显著改善图像重构效果。目前反投影算法已经发展成为一个完整的体系，为 CT 成像技术中应用最为广泛的算法。

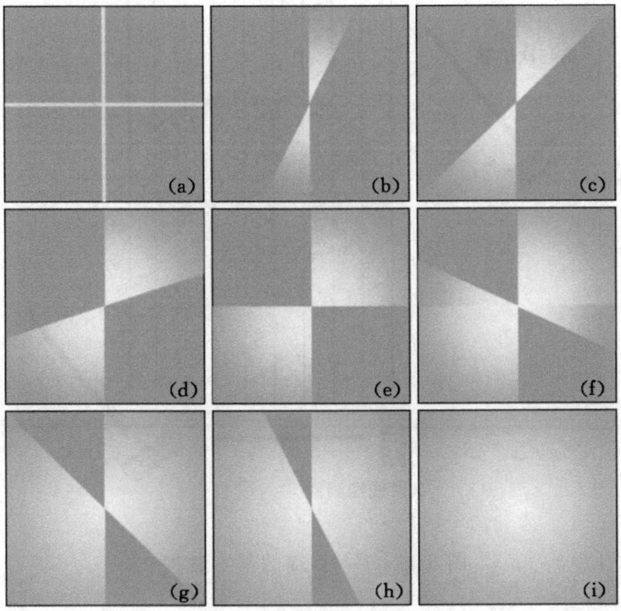

图 8-9　直接矩阵反变换方法

8.1.4　CT 扫描的基本概念与正弦图

为使大量投影数据的测量过程有条不紊地进行，需要预先规定某种测量过程，这一过程称为扫描。扫描通常由射线束的平移和旋转这两类基本运动形式组成，同时包含了位置信息和 X 射线强度信息(即投影数据)，若位置信息不准确，则在图像重建过程中计算得出的数据并非精确对应所需重建的点位，意味着重构图像的失真，因此确定一个行之有效的 CT 扫描方式对图像重建至关重要。

如图 8-10 所示，X 射线经过准直器作用后形成一个窄条的笔形射线束，透射过待测样品后通过一个尺寸很小的探测器测量出射强度，得到一个确定位置的投影数据。将 X 射线源与探测器沿垂直 X 射线方向平行移动，每次移动一个小的固定长度(平移步长)，同时测量一个投影数据，最终得到这一固定入射方向的全部投影数据。完成一次平移测量后，将 X 射线源和探测器相对于被测物体旋转一个小的固定角度(旋转步长)，重复上面的平移步骤得到第二组投影数据，最终旋转 180°或 360°，得到一套由投影数据表示成的二维矩阵，矩阵中每一个投影都对应一个特定的位置坐标。在这种最为原始的扫描方式中，射线源、被测物体与探测器之间做特定的相对运动，且运动方式由平移和旋转两种方式组成，这被称为第一代扫描模式。

如图 8-11(a)所示，针对待测断层上一个固定点 $A(x,y)$，采用极坐标系表示为 $A(r,\theta)$。设扫描过程中待测样品顺时针旋转，用 φ 表示旋转角度，则当 $\varphi=0°$时，X 射线源和探测器平行移动的位置相对于坐标原点的距离等于 A 点在 x 轴的投影，即 $x=r\cos\theta$。当待测物体

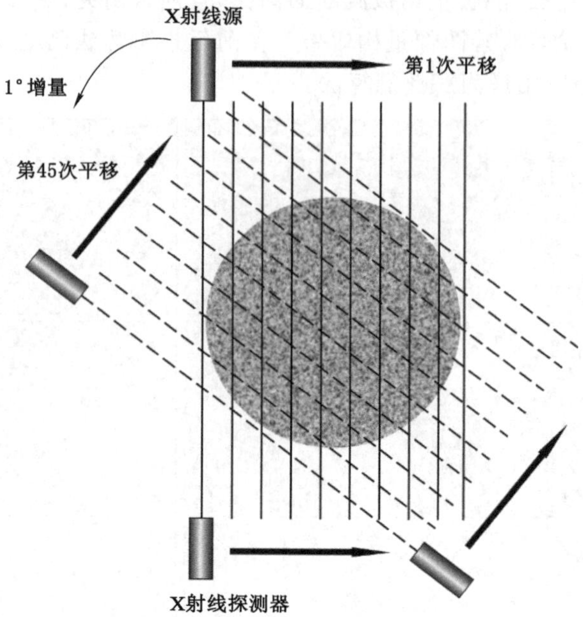

图 8-10　CT 扫描的基本过程

顺时针旋转一个角度 φ 时，A 沿圆周到达 A' 点，此时 X 射线源和探测器相对原点的位置为：

$$x = r \cdot \cos(\theta - \varphi) \tag{8-9}$$

上式表明，全部经过待测断层上点 $A(r,\theta)$ 的射线投影在以旋转中心为坐标原点，以 X 射线源与探测器平行移动位置为 x 轴，以 X 射线源与探测器连线相对原始方位转过的角度为 y 轴，以不同亮度表示投影数值的坐标平面上呈余弦三角函数形式分布，如图 8-11(b)所示。余弦曲线的幅度等于该点在极坐标下的矢径，初始角度等于该点在极坐标下的极角。由于实际扫描过程中平移步长和旋转步长均为有限数值，因此 A 点的线衰减系数等于其对

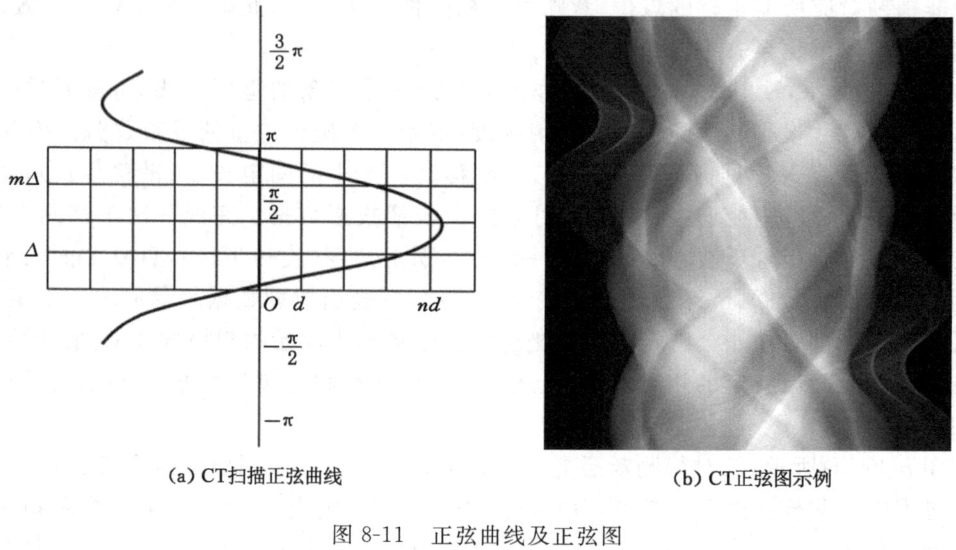

(a) CT扫描正弦曲线　　(b) CT正弦图示例

图 8-11　正弦曲线及正弦图

应的余弦曲线上各离散点投影的累加。全部被测样品点位的余弦曲线组成了一簇相互重叠、不同幅度和相位的余弦曲线，这种投影分布图像也被称为正弦图。通过求取正弦图上各曲线上的投影累加值，可以唯一确定目标断层中每一点位的线衰减系数，重构 CT 图像。

8.1.5　工业 CT 的常用扫描模式

工业 CT 目前最为常用的是 TR 和 RO 两种扫描方式，近年来螺旋扫描方式在工业 CT 中的应用也呈不断增加趋势。扫描方式与图像重建算法一一对应，其中 TR 扫描方式对应平行束图像重建算法，RO 扫描方式对应扇形束重建算法，螺旋扫描方式对应了较为复杂的锥形束重建算法。

由于原始扫描方式仅采用了一个 X 射线探测器，每平移一步仅能测得一个投影数据，测试效率低下。通过布置多个 X 射线探测器，使 X 射线源移动到每个位置时能够测得多个投影数据，从而提高 CT 检测效率，是一种直观易得的解决方式，其原理如图 8-12 所示。采用 6 个探测器组成的探测器阵列在任何瞬间从 6 个不同角度测量 X 射线强度，进而求得投影数据，扫描过程中 X 射线源与探测器阵列仍进行平行和旋转运动，若每个探测器对 X 射线源的张角为 1°，则在 X 射线源和探测器相对被测物体完成平移运动后，每次可直接旋转 6°。

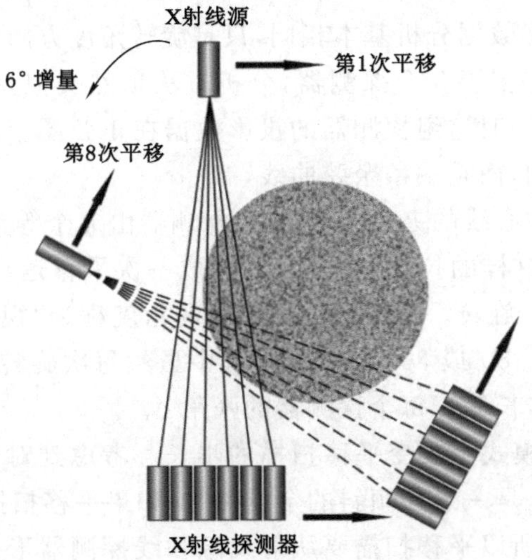

图 8-12　TR 扫描方式示意图

在 TR 扫描方式中，由于从 X 射线源发射的射线呈放射状分布，因此探测器阵列的每组投影数据对应到正弦图上不仅是平移位置不同，而且是旋转角度与平移位置均不相同的投影数据。如图 8-13 所示，假设系统采用了三个 X 射线探测器，探测器之间相对于 X 射线源的原点 S_0张角为 Δ，原始位置分别为 A_0、B_0和 C_0。首先分析探测器 A 测得的数据在正弦图上的位置：投影数据 S_0-A_0相对于通过旋转中心的 S_0-B_0逆时针旋转了 Δ，可归为相对于原始位置旋转了 Δ 的那组平行移动数据（即起始角相同）。画出射线源起始点为 S_1且通过旋转中心 O 的射线 $S_1—A_1$，因此 A_0相当于旋转角度等于 Δ 而源点由 S_1平移至 S_0的那一组投影数据。此时正弦图上 X 射线源至探测器的位置坐标（x 坐标）应等于 OD_0段长度，假

设 S_0—S_1—S_2 方向为正方向，则 OD_0 为负方向移动，即：

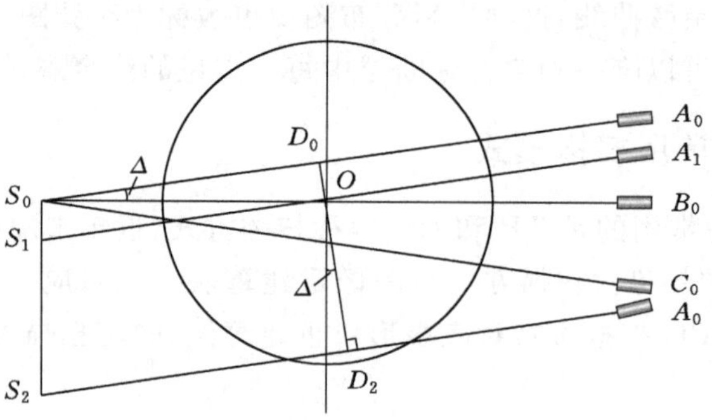

图 8-13　TR 扫描模式下投影数据的位置信息分析

$$OD_0 = S_1S_0\cos\Delta = -S_0S_1\cos\Delta \tag{8-10}$$

当射线源由 S_0 平移至 S_2 时，探测器 A 的投影数据 A_2 属于 X 射线方向逆时针旋转了角度 Δ 的那组平行移动数据，通过旋转中心 O 的射线为 S_1—A_1，因此 A_0 相当于射线源由 S_1 平移到 S_2 的投影数据，这时的 X 射线源至探测器的位置坐标（x 坐标）应当是线段 OD_2：

$$OD_2 = S_0S_2\cos\Delta - S_0S_1\cos\Delta = S_1S_2\cos\Delta \tag{8-11}$$

对于探测器 C 的投影数据分析基本相同，只是旋转角度方向与探测器 A 相对中心探测器 B 是对称分布的。如果多于 3 个探测器，分析方法依然类似，每个探测器的投影数据对应的是不同的旋转角度，同时这组探测器的投影数据在正弦图上的横坐标“探测器位置”分布并不按照等距直线排列，而是一条余弦曲线。

如果每两个探测器中心线的夹角为 Δ，这组探测器由 n 个等角度分布的单元组成，线阵列总的张角为 $n\Delta$。则在这样的扫描过程中，每完成一次平移运动后，可以一次性旋转 $n\Delta$，直至完成一组 180°或 360°旋转。每组平移扫描时的角度称为“视角（view）”。一般情况下，视角 $n\Delta$ 应按照整数等分 180°或 360°。扫描过程中虽然每次旋转角度等于视角 $n\Delta$，但正弦图上旋转角度方向上的步长等于每个探测器的张角 Δ。

显然，应用 TR 扫描模式不改变平移扫描的步长。考虑到对于每个视角下线探测器得到的各组数据在正弦图上是一系列倾斜的余弦曲线，如果平移扫描长度不够，正弦图上可能出现没有数据的空白区，所以平移扫描要从射线源和线探测器形成的扇形和被检测工件范围（假设为圆形）相切处开始，直至扇形扫描区域完全移出被检测工件范围为止，如图 8-14 所示。

若进一步增加探测器数量，使射线源与探测器阵列组成的扇形能够覆盖整个被检测工件范围，则只需要射线源-探测器组成的扇形区域围绕工件旋转 360°而无须平移运动，即可获得重建 CT 图像所需的完整数据，这种扫描方式被称为 RO 扫描。其原理图如图 8-15 所示。RO 扫描模式要求必须采用足够多的测试单元，同时采用较小的旋转步长。扫描过程中，射线源与探测器阵列之间的几何位置不变，其形成的扇形始终覆盖被测物体。

对于二维 CT，无论是 TR 扫描模式还是 RO 扫描模式，测量投影数据时 X 射线与 x 方向有一定张角，在 z 方向仅使用一个很小的固定张角。习惯上将 X 射线直接穿透的薄层称为切片，且切片的上、下表面严格意义上是不完全平行的，但由于切片厚度不大，因此将切片

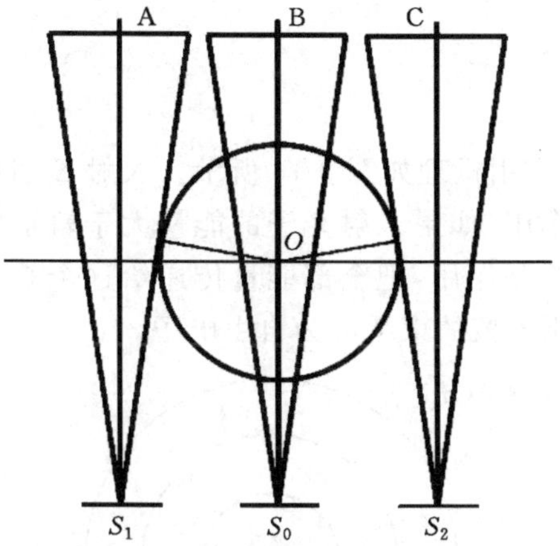

图 8-14　多个探测器的 TR 扫描模式

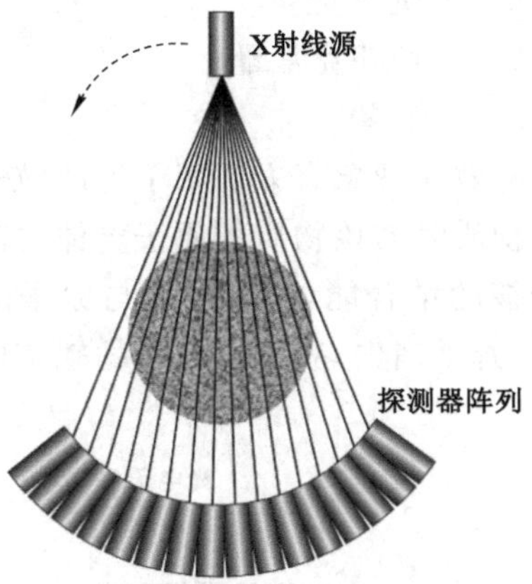

图 8-15　RO 扫描方式原理图

上、下表面视作平行不会带来较大误差。

以上两种扫描模式均可归结为步进-采集模式，是一种单次扫描方式，其检测过程由数据获取周期和非数据获取周期(扫描)交替进行而组成。这种单次扫描模式在应用中仍然存在耗时问题，且设备的不断启闭容易带来图像模糊现象。针对这一问题，20 世纪 90 年代初期出现的螺旋扫描模式以恒定速度平移的同时不断进行旋转 X 射线与探测器，除去了非数据获取周期。螺旋扫描模式目前已初步应用于工业 CT 领域，但由于螺旋扫描模式中无法保证重建平面与获取投影数据的平面是完全一致的，这就要求一套与之相适应的全新图像重建算法。

8.1.6　X 射线与物质的相互作用

8.1.6.1　射线与物质的相互作用

X 射线透射物质时遵循指数形式的衰减规律，即朗伯-比尔定律，从本质上说，X 射线透射物质时产生的线衰减系数 μ 是 X 射线与材料产生的一系列相互作用的结果。在工业 CT 常用的 X 射线能量范围内，应主要考虑光电效应、康普顿效应和电子对效应这三类相互作用。

在微观层面上，射线与物质发生相互作用遵循统计学规律，这里定义 X 射线与物质发生某一类相互作用的概率为相互作用的截面，则 X 射线的线衰减系数 μ 与上述三类相互作用的截面成正比，可以表示为：

$$\mu \propto \sigma_{ph} + \sigma_c + \sigma_p \tag{8-12}$$

式中　σ——截面；

下标 ph，c，p——代表光电效应、康普顿效应和电子对效应。

下面分别对三种相互作用形式进行直观概述：

(1) 光电效应

爱因斯坦(A. Einstein)于 1905 年提出了光的粒子学假说，认为光子在空间中以不连续的粒子形式传播，称为光量子，简称光子，且光子能量与频率成正比：

$$E = h\nu \tag{8-13}$$

式中　E——光子能量；

$\hbar$——普朗克常量；

ν——频率。

光电效应现象有力证明了光的粒子性，其微观作用机理如图 8-16 所示。入射 X 射线光子穿透物质时与该物质的原子整体之间发生相互作用，如果入射光子的能量大于轨道电子与原子核的结合能，入射光子与原子的轨道电子相互作用，把全部能量传递给这个轨道电子，入射光子消失，获得了能量的轨道电子将克服原子核的束缚成为自由电子。

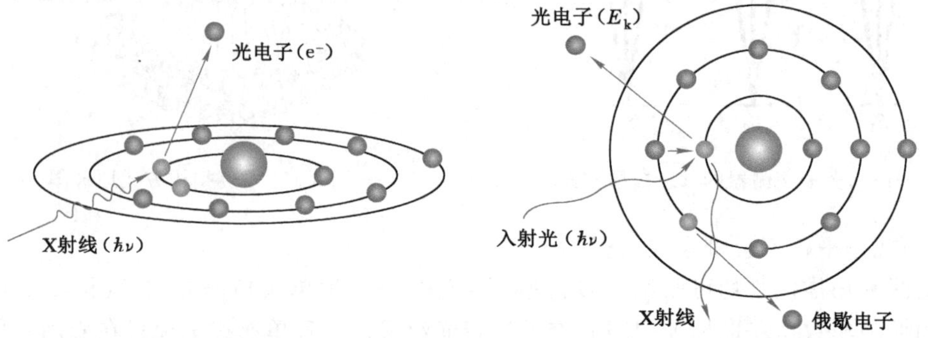

图 8-16　光电效应原理示意图

光电子的初动能等于入射光子能量减去光电子的结合能。由于原子中束缚越紧的电子参与光电效应的概率越大，因此光电子最可能来自原子中的 K 层电子，此时的光电子能量为：

$$E_e = \hbar\nu - E_k \tag{8-14}$$

式中　E_k——K 层电子的结合能。

光电效应发生时，原子中内层电子层空缺，原子处于激发态，这种激发态是不稳定的，存在两种退激过程：第一种是外层电子向内层电子跃迁，并发出能量等于两电子层能级差的特征 X 射线光子；另一种是跃迁过程中产生的激发能量使外层电子激发发射，形成俄歇电子。

光电效应的截面 σ_{ph} 的大小与入射光子能量及吸收物质的原子序数有关。粗略地说，光电效应截面应随入射光子能量的增大而减小，随物质的原子序数 Z 的增大而迅速增大。

(2) 康普顿效应

康普顿散射指的是入射光子穿透物质时与原子的外层电子发生的弹性碰撞，证明了光具有粒子性。康普顿效应的基本原理如图 8-17 所示，X 射线入射物质后与原子的外层电子发生弹性碰撞，一部分能量传递给电子使它脱离原子，形成“反冲电子”，同时光子损失一部分能量并改变方向成为“散射光子”，该过程遵循能量守恒定律和动量守恒定律，碰撞过程中能量为 $\hbar\nu$ 的光子将一部分能量转移给了电子，能量减小 $\hbar\nu'$，因此频率减小，波长增大。

入射光子能量在工业 CT 常用能量范围 0.5～4.0 MeV 变化时，与入射光子相反的散射光子能量在 0.169～0.240 MeV 变化，因此可以认为工业 CT 应用时反方向的散射光子能量大致为 0.2 MeV；与入射光子方向相同的散射光子能量就等于入射光子能量，相当于未与电子发生碰撞而从电子旁边掠过。因此，其余方向的散射光子能量介于 0.2 MeV 和入射光子能量之间，其实际大小与散射角度有关。

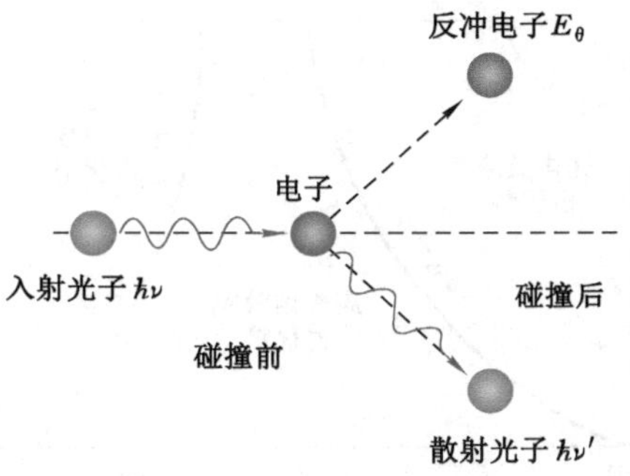

图 8-17　康普顿效应原理示意图

康普顿效应的截面 σ_c 受入射光子能量和原子序数的影响：入射光子能量较小时，σ_c 与入射光子能量无关；入射光子能量较高时，σ_c 与入射光子能量近似成反比；无论入射光子能量大小，σ_c 均与物质的原子序数成正比。

(3) 电子对效应

电子对效应指的是入射光子从原子核旁边经过时，如果能量足够高，入射光子就可能转化成一个正电子和一个负电子的过程，如图 8-18 所示。入射光子的能量除去转化为电子对静止能量以外的部分，将转化为正、负电子的动能。由于正电子在物质中因为电离损失和辐射损失很快地损耗能量，并与吸收材料中的一个"负"电子作用而转化为一个方向相反的光子，这个现象称为"电子对湮灭"。根据能量守恒定律，两个湮灭光子的能量等于正、负电子的静止能量 1.02 MeV，每个光子的能量为 0.511 MeV。

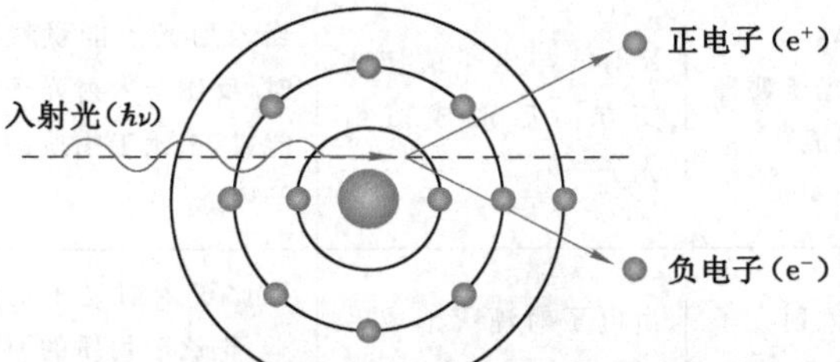

图 8-18　电子对效应原理示意图

电子对效应只有当入射光子能量高于 1.02 MeV 时才会发生，它的截面 σ_p 随入射光子能量的增大而增大，能量较低时增加较快，入射光子能量大于 10 MeV 以后趋向饱和；σ_p 与物质的原子序数的平方近似成正比。

(4) 三种类型的相互作用特征对比

图 8-19 显示了不同入射光子能量情况下，不同原子序数的材料中三种类型相互作用重要性的比较，可以发现在工业 CT 的应用范围内，康普顿效应占据的优势较为明显。

经过一次康普顿作用后，入射光子并未被"吸收"，而仅仅改变了方向，且频率(或能量)小幅衰减。实际过程中，由射线源直接射向探测器方向的光子仅占据很小的立体角，此外的全部射线均可能产生散射光子，当探测器采集到的散射光子超过有效射线时，将对 CT 成像结果造成严重干扰，因此康普顿效应是影响工业 CT 成像的重要因素，在 CT 仪器设计与选

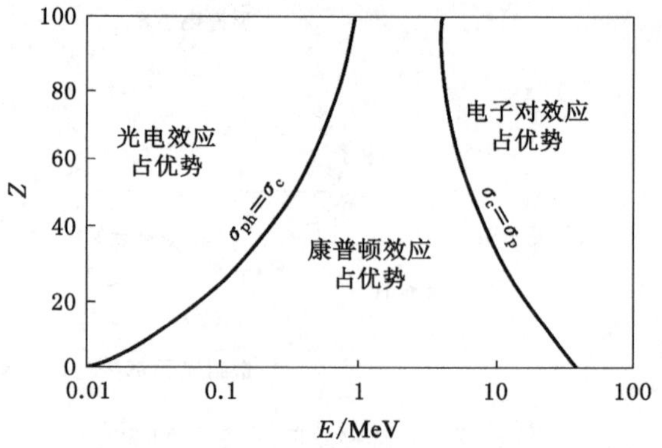

图 8-19　三种类型相互作用重要性对比图

型时应重点关注。电子对效应由于额外产生一对能量为 0.511 MeV 且方向不定的光子，也可能对 CT 成像带来误差，但与康普顿效应相比引起的误差较小。表 8-1 总结了三种 X 射线与物质的相互作用及各自对 CT 成像的影响。

表 8-1　三类 X 射线与物质的相互作用特点比较

相互作用类型	电子变化	光子变化	发生概率	对 CT 图像的误差
光电效应	光电子(吸能发射) 俄歇电子(激发能传向外层电子而形成)	外层电子向内层跃迁并形成光子	反比于入射光子的能量，正比于物质的原子序数	作用后光子消失，不影响 CT 成像结果
康普顿效应	反冲电子(与光子碰撞后脱离原子形成)	X 射线与电子碰撞改变方向后形成散射光子	当入射光子能量较高时，反比于入射光子的能量，正比于物质的原子序数	原始光子能量略减，转化为散射光子，因为改变了光子方向，对 CT 成像的影响最大
电子对效应	正负电子对(入射光子掠过原子核形成)	由电子对湮灭形成一对方向相反的光子	正比于入射光子的能量，正比于物质的原子序数	产生光子且方向不确定，容易对 CT 成像造成误差

8.1.6.2　统计规律误差

X 射线在材料中的衰减实际上是一个随机过程，因此实际测量的投影值是随机变量，因此对同一条件下的投影数据做多次测量时，将得到统计分布而非唯一确定的数值。统计学家往往通过统计涨落来表示测量数据的波动范围。当测试条件可能存在较大的统计误差时，应及时检查投影数据的统计涨落，从而保证 CT 重建图像满足预设条件。统计误差的大小将决定 CT 设备可检测的最小精度。

8.1.6.3　部分体积效应

由于衰减规律是指数关系，当体积元内部材料不均匀时，测量结果将与按体积平均的“有效线衰减系数”表现出一定差异，这种影响被称为部分体积效应。当成像像素尺度过大时，单个像素中包含多种物质(如煤岩及孔隙空气)，无法准确地反映物质的真实密度。

图 8-20 代表切片截面积为 S、高度为 Δ 的体积元，设入射射线强度 $I_0=100\ 000$，体积元由线衰减系数为 μ_1 和 μ_2 的两种材料组成，编号为材料 1 和材料 2，且材料 1 占总体积的百分比为 δ，则材料 2 占比为$(1-\delta)$。

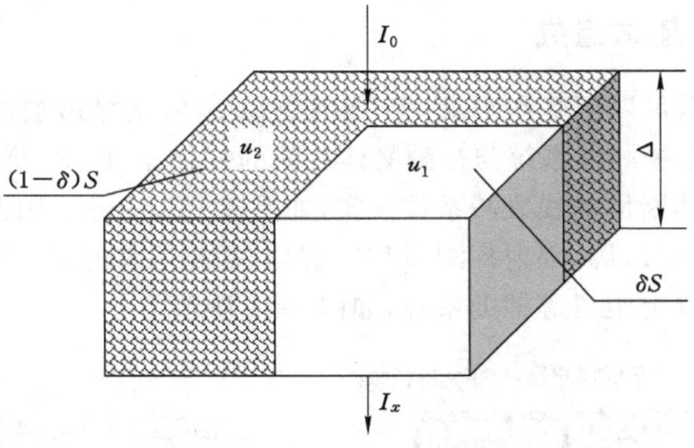

图 8-20　表征体积效应的体积元

设穿透该体积元以后的射线强度为 I_{x1}，若按体积平均的"有效衰减系数"$\mu=\delta\mu_1+(1-\delta)\mu_2$ 计算，则有：

$$I_{x1}=I_0\mathrm{e}^{-\mu\Delta} \tag{8-15}$$

若将出射射线强度 I_{x2} 视作由穿过材料 1 后的射线强度 I_1 和穿过材料 2 的射线强度 I_2 两部分组成，则有：

$$I_1=\delta I_0\mathrm{e}^{-\mu\Delta} \tag{8-16}$$

$$I_2=(1-\delta)I_0\mathrm{e}^{-\mu\Delta} \tag{8-17}$$

可得：

$$I_{x2}=I_1+I_2=\delta I_0\mathrm{e}^{-\mu_1\Delta}+(1-\delta)I_0\mathrm{e}^{-\mu_2\Delta} \tag{8-18}$$

通过式(8-15)和式(8-18)，即可构建两种计算方法得到的射线出射强度的相对误差：

$$\eta=\frac{I_{x2}-I_{x1}}{I_{x1}} \tag{8-19}$$

8.1.6.4　射线的多色性和硬化

射线的多色性是指射线不满足单能条件，而是呈一定的能量分布规律，称为 X 射线能谱。由于 X 射线衰减的朗伯-比尔定律仅适用于单能窄束 X 射线的情况，多色性使得射线的穿透力和吸收特性发生变化，从而影响到 CT 成像的质量和准确性。对于大多数无损检测和煤岩孔隙测试等工业测试领域，实际应用中往往无须测得材料内部真实的线衰减系数 μ，而是将要求重点放在对相关结构的"鉴别"上，如鉴别煤岩内孔裂隙结构或对工件进行无损检测，仅需要得到感兴趣断面内 μ 值的变化特性，因此 CT 成像仍然具有重要意义。

大多数材料的线衰减系数与光子能量负相关，不同能量的 X 射线光子在穿透被检测工件时，能量较低的光子比能量较高的光子被吸收得更多，X 射线束中能量较高的成分比例将逐渐增大，能量较低的成分比例逐渐减小，这种现象被称为射束硬化。射束硬化过程与经过的材料有关，平移和转动在测试中等同于改变了材料的结构，因此很难构造出数量不多的理想模型来模拟各种情况下的射束硬化过程，使得校正难度较大。

8.2 工业 CT 的基本组成及煤岩测试分析流程

8.2.1 工业 CT 的基本组成

工业 CT 设备应满足以下基本要求：① 能够测量 X 射线穿透被测物体后的射线强度；② 能够完成 X 射线机-探测器系统与被测物体之间的扫描运动；③ 将投影数据与位置数据通过一定算法重建物体断面的线衰减系数分布，即重建 CT 图像。因此，工业 CT 系统应大致包括下列基本部件：射线源、辐射探测器和准直器、数据采集系统、样品扫描机械系统、计算机系统及电源和防辐射装置等辅助系统，如图 8-21 所示。

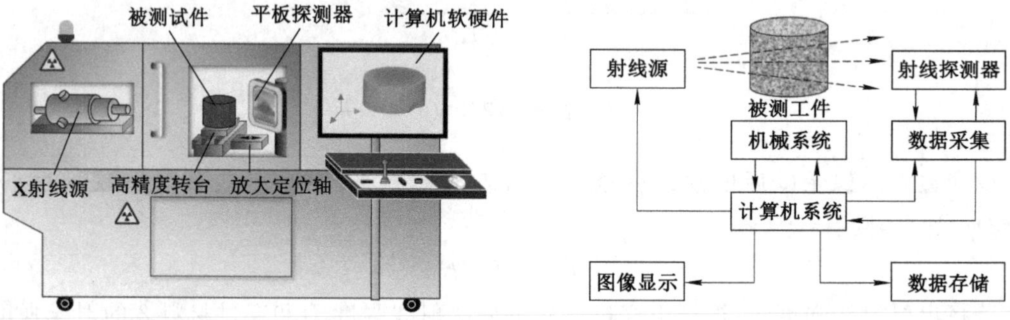

(a) 工业CT真实结构图　　(b) 工业CT结构组成

图 8-21　工业 CT 结构及组成示意图

8.2.1.1　射线源

射线源是产生射线的设备，其作用是产生足够能量的射线束，以穿透被测物体，对物体进行准确成像。工业 CT 最常用的射线源是 X 射线机和直线加速器，统称为电子辐射发生器，其产生 X 射线的机理大体相同，均是在利用高速电子轰击靶板物质的过程中，电子突然减速引起的所谓轫致辐射。

X 射线机内就是由电子枪发射出的电子简单的在电场中加速，电子达到阳极时的能量就等于阴、阳两极之间的电位差。X 射线机的峰值射线能量和强度都是可调的，峰值射线能量范围从数十千电子伏到 450 keV。电子直线加速器有行波加速器和驻波加速器两种。直线加速器的峰值射线能量一般不可调，实际应用的峰值射线能量范围为 1～16 MeV。

一般来说，电压越高，射线穿透能力越强；电流越高，射线强度越大，电流加倍仅对射线强度产生影响，电压加倍同时影响射线能量与射线强度。在考虑选择射线源能量时，应当根据被检测材料对射线的衰减系数来决定。为了便于在实际应用时进行估算，常常使用材料半价层的概念，半价层是使一定能量 X 射线的强度衰减到入射线的一半的材料厚度。有了半价层的数据就可以很方便地算出任意厚度材料对于射线的衰减。表 8-2 列出了几种材料在一定特征能量下直线加速器 X 射线的半价层厚度。

表 8-2　几种材料对于一些特征能量下直线加速器 X 射线的半价层厚度

材料	密度/(g/cm³)	单位	1 MeV	2 MeV	4 MeV	6 MeV	9 MeV	15 MeV
钨	19.35	cm	0.55	0.90	1.15	1.20	1.20	1.15
铅	11.34	cm	0.75	1.25	1.60	1.57	1.52	1.37
钢	7.85	cm	1.60	2.00	2.50	2.80	3.00	3.30
铝	2.70	cm	3.90	5.40	7.50	8.90	9.60	11.00
混凝土	2.35	cm	4.50	6.20	8.60	10.20	11.00	12.70
固体火箭推进剂	1.70	cm	6.10	8.40	11.00	13.80	14.90	20.40
有机玻璃	1.18	cm	10.50	12.10	10.80	19.90	21.50	29.50
橡胶	1.11	cm	11.18	12.70	19.30	21.00	24.40	29.80

工业 CT 对 X 射线机的基本要求除了合适的最高工作电压以外，还要求足够的电流强度、较小的焦点、良好的稳定性和可靠性。图 8-22 是一个单极金属陶瓷 X 射线管头的剖面图。除了发射电子的灯丝阴极和阳极靶以外，还有用于高压连接的陶瓷绝缘体、辐射铅屏蔽、射线出口窗、金属外壳以及液体冷却回路等。

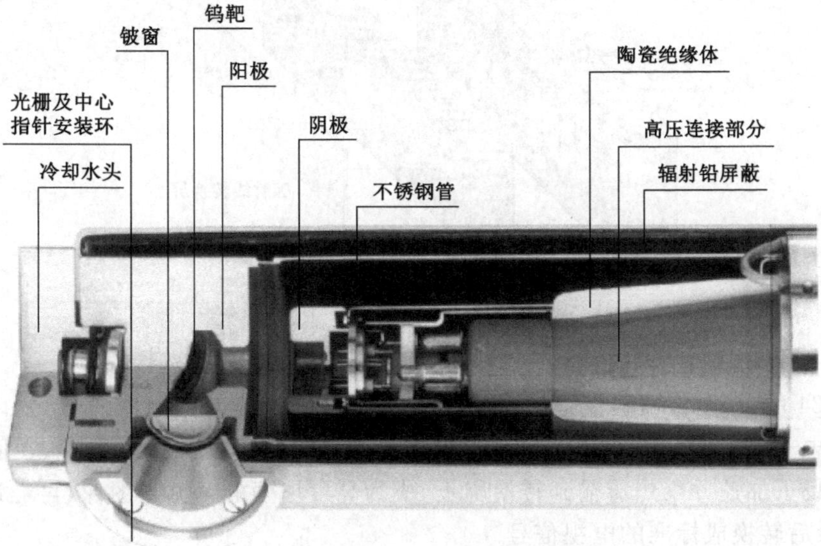

图 8-22　单极金属陶瓷 X 射线管头剖面图

8.2.1.2　射线探测器和准直器

工业 CT 所用的探测器按结构形态可分为分立探测器和面探测器。分立探测器对应较为传统的线状排列探测器阵列，探测器单元之间具有较明显的独立性。面探测器的各探测单元的射线转换部分不独立，多数情况下是一块连续的闪烁屏。

(1) 分立探测器

分立探测器常用的探测单元有气体和闪烁两大类。

气体探测器的优点是具有天然的准直特性，较好地限制了散射线的影响，几乎没有窜扰，且器件一致性好。其缺点是探测效率不易提高，高能应用有一定限制，探测单元间隔为数毫米，对于有些应用显得太大。

闪烁探测器的光电转换部分可以选用光电倍增管或光电二极管。前者有极好的信噪比，但是因为器件尺寸大，难以达到很高的集成度，造价也高，可以根据实际情况选用。工业 CT 中应用最多的是闪烁体-光电二极管组合。

(2) 面探测器

面探测器主要有三种类型：高分辨半导体芯片、图像增强器和平板探测器。

高分辨半导体芯片探测器又称为固态探测器，指的是集成在同一基片上的电荷耦合器件图像传感器或光电二极管阵列，可制成一维或二维的线阵列。这类探测器具有最小的像素尺寸，像素尺寸小于 10 μm 无任何技术上的困难；像素尺寸的最大数量取决于硅单晶的最大尺寸，目前用于探测器的硅单晶最大直径可达 50 mm 以上，必要时还可以将几片硅片封装在一起，进一步增加探测单元数量。图 8-23 是一种用于工业 CT 的固态线探测器典型结构示意图。

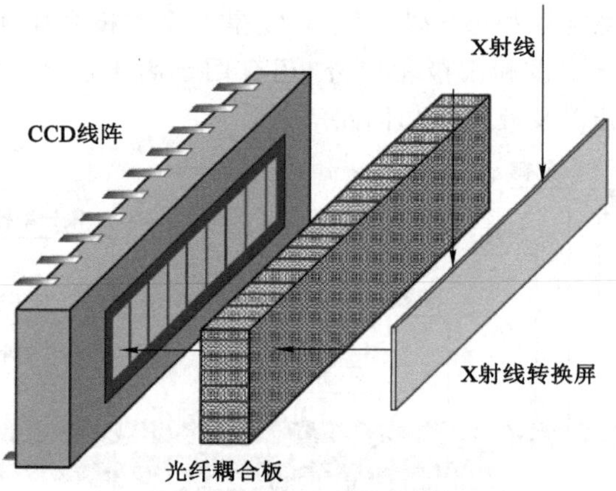

图 8-23　固态线探测器典型结构示意图

如图 8-24 所示，图像增强器是一种采用真空器件的传统面探测器，也需要内置专门的闪烁体将光电子转换成敏感的可见光。常用转换为在光阴极上产生光电子，在图像增强器内的高压电场下加速并聚焦传输到转换屏上，成为亮度增强的可见光图像，再经过摄像机的光学变换，最后转换成标准的电视信号。

平板探测器(FPD)可分为直接和间接两类。间接 FPD 结构由非晶硅层和覆盖闪烁晶体的薄膜晶体管阵列构成，闪烁晶体厚度数百微米，主要使用碘化铯或硫氧化钆。X 射线光子被闪烁体转换为可见光，再由非晶硅层转换为数字图像。但由于光的散射问题，导致图像的空间分辨率和对比度解析能力降低。直接 FPD 的结构由非晶硒层和薄膜晶体管阵列构成，非晶硒是一种光电材料，经 X 射线曝光后直接产生电信号，经 TFT 检测阵列读出，再经过 AD 转换获得数字化图像。直接转换方式能避免可见光的散射问题，图像分辨率不会下降。

(3) 准直器

准直器可以分为前准直器和后准直器两种。通常用铅、钨甚至贫铀等重金属材料制成。虽然它们的基本作用都是挡掉多余的射线，但是仍具有不同的作用。

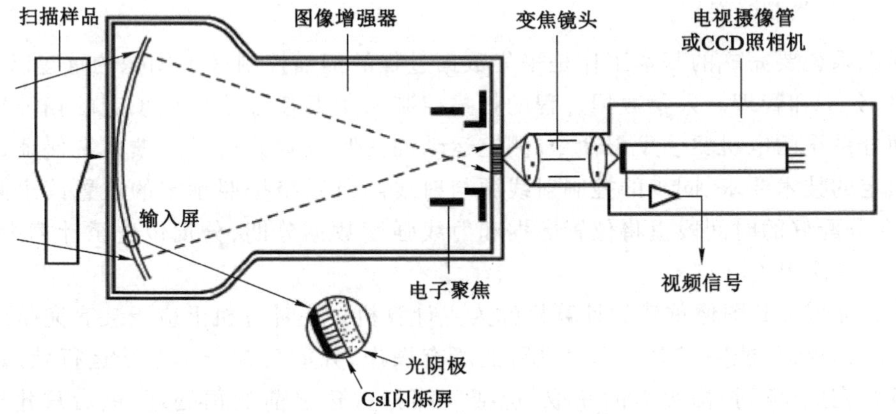

图 8-24　图像增强器结构原理图

前准直器安装在射线源和工件之间，挡住大部分从 X 射线源发出的无用射线，把锥形束变成扇形束。由于控制的是射束的立体角，准直器安放地离射线源越近，尺寸可以越小。后准直器又分为平面内准直器和垂直平面的准直器。前者决定了工件上被检测的切片厚度，后者主要用于分立探测器阵列，一般排列成对准射线源的圆弧形，其狭缝宽度是决定系统本征空间分辨率的主要因素之一。

前后准直器的组合对于改善 CT 系统成像质量是不可忽视的重要部件，合理设计准直器对于正确平衡 CT 系统的各项性能指标具有决定性意义。

8.2.1.3　数据采集系统

数据采集系统主要指的是从辐射探测器输入直到计算机读入之间的电子电路，包括探测器输入信号的放大、信号的 AD 变换和数字信号的输出等电路。由于探测器一般都有成百上千个通道，从经济性和系统维护两个方面考虑，一般不可能每个探测器通道都配备独立的 AD 变换电路，因此对探测器的通道就会适当分组，共用结构比较复杂且价格相对昂贵的 AD 变换电路，这样在信号的放大电路和信号的 AD 变换电路之间需要设置模拟多路选择开关电路。为了保证整套电路协调一致工作，硬件时序电路及时钟电路都是必不可少的。

8.2.1.4　扫描机械系统

工业 CT 的扫描机械系统并不是单纯的载物工作台，而是为了实现工件和射线源-探测器系统之间的相对运动，在不同方位测量投影数据而设计的一种数控扫描工作台，本质上属于一个位置数据采集系统。设计扫描机械系统必须考虑被测物体的外形尺寸及重量，应有足够的机械强度和驱动力保证以一定的机械精度和运动速度对样品完成扫描运动。同样重要的是应从物理上考虑选择最合适的扫描方式和几何布置；确定扫描机械系统的精度要求，并对各部分的精度要求进行平衡；根据扫描和调试的要求选取合适的传感器以及在计算机软件中对扫描的位置参数做必要的插值或修正等。

扫描机械结构的设计与 CT 系统所采用的扫描方式密不可分，在目前主流的 TR 方式和 RO 方式中，RO 扫描无疑具有更高的射线利用率，具有更快的成像速度，且伪像水平远高于 TR 扫描方式。由于射线源-探测器距离较小，TR 扫描方式客观上提高了信号幅度，且探测器通道少的特点还有利于降低系统造价，且便于维护保养。

8.2.1.5 计算机软硬件

计算机系统要完成的基本工作是采集数据过程的扫描控制、CT 图像的重建以及 CT 图像的观察、分析和管理。采集数据过程的扫描控制的主要任务是按照预定的扫描模式对控制各运动分系统的电机驱动发出命令、测定运动的实际位置并通过反馈系统保证运动准确性符合预定的技术要求、同步的控制射线源与射线测量系统按照预定的位置读出测量投影数据，并在分配好的时间段里将位置数据和射线强度数据分期、分批传送至计算主机内，供重建 CT 图像使用。

通常将完成 CT 图像重建的计算机称为主计算机。主计算机上应当装有完整的系统操作的人机对话界面，能完成对计算机进行的所有操作，并能反馈全部系统运行状态的信息。主计算机要完成全部扫描数据的获取，包括一部分重建之前的预处理，最后重建出 CT 图像。目前 CT 算法中占据最大比例的仍然是乘加运算，同时需要处理的数据量大，优质显卡中的 GPU 可以并行完成浮点运算，计算速度可以比直接使用个人计算机中的 CPU 明显提高，因此近年来越来越多的人使用 GPU 提高 CT 图像重建和处理的速度。

CT 图像的观测、分析可以统称为图像后处理。在应用工业 CT 表征煤岩孔隙结构的过程中，CT 图像的后处理往往是重中之重。比较传统的也是最基本的是对二维煤岩 CT 图像的处理，如基本的图像缩放、图像增强、伪彩色渲染以及图像标注和特征测量等。

8.2.1.6 辅助系统

工业 CT 系统的各类部件往往自带独立使用城市供电的电源系统，且 CT 系统中较为专业的问题是辐射防护。在使用工业 CT 设备的过程中，需要考虑两类安全防护问题：一是操作人员应避免受到泄露或散射 X 射线的影响，二是对 CT 系统中的精密电子设备的防护，如晶体管类集成电路等一般无法承受大剂量的 X 射线照射。投入使用的 CT 系统应遵守国家的专门规定和标准，且均应具备符合安全防护要求的辐射工作场所和装备完备的安全连锁装置。

8.2.2 工业 CT 的主要性能指标

工业 CT 的主要性能指标包括检测试件范围、检测时间、图像质量、缺陷检测能力等。检测范围指标主要是针对试件而言的，包括样品的材料类型、可测量样品的最大尺寸和重量等基本参数。如高能直线加速器 CT 具有较高的穿透能力，可以检测高密度及大尺寸试件，但其空间分辨率和缺陷检测能力相对较差；微纳焦点 CT 系统通常具有很高的分辨率，能够发现微小缺陷或孔裂隙结构，但其检测试样尺寸往往仅有几毫米。

检测时间是指断层图像的平均生成时间，包括扫描时间和重建时间。工业 CT 的检测速度相对较慢，这主要是因为重建断层图像需要采集庞大的数据量，且大量数据的计算也需要相当长的时间。

图像质量指标包括图像的空间分辨率、密度分辨率和伪像等，这类指标是判断成像效果理想与否的关键。工业 CT 的空间分辨率是指该设备分辨相互紧密靠近的物体的能力，用单位长度上的线对数来表示。需要注意的是，空间分辨率要在切片平面（xOy）和垂直于切片平面的 z 方向上测量。

密度分辨率又叫对比度分辨率，是分辨给定面积上映射到 CT 图像上线衰减系数差别的能力，取决于 CT 图像的噪声水平。密度分辨率决定了工业 CT 图像中能否明显识别到材料中的缺陷、煤岩孔裂隙结构等信息。

在应用工业 CT 进行煤岩测试分析时，需要选取合适的射线管电压和电流数值，使射线能够透射煤样，在此基础上，通过调节曝光时间、重叠图片数量、跳过图片数量、敏感度、像素组和采集图片数量等 CT 成像质量控制参数，使成像质量达到最佳状态。

8.2.3　工业 CT 煤岩测试分析技术

8.2.3.1　煤岩样品工业 CT 送样检测注意事项

送样检测前需要预估测试结果可达到的空间分辨率，并制备对应尺寸的煤岩样品，以避免测试结果无法达到实验要求。图 8-25 统计了不同 CT 测试所得煤岩图像空间分辨率随样品直径的变化关系，随样品直径增大，空间分辨率近似线性增加，且样品直径近似为 CT 成像空间分辨率的 1 000 倍。同时，选择较为先进稳定的 CT 设备可在相同样品直径的情况下获得更低的空间分辨率。

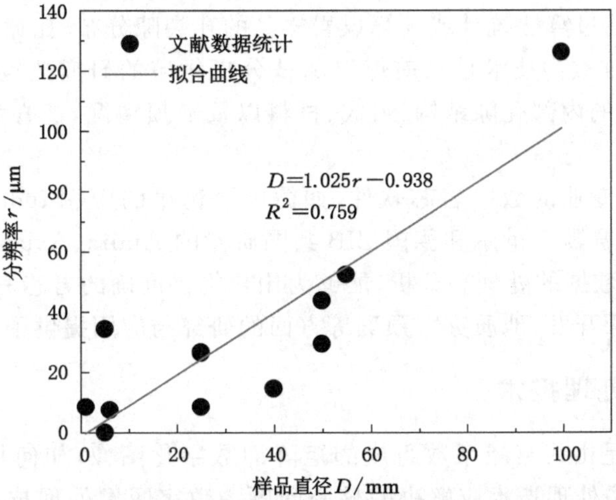

图 8-25　煤岩样品尺寸与空间分辨率关系图

8.2.3.2　常规工业 CT 煤岩测试技术

随着工业 CT 技术与岩石力学、石油工程等行业的不断交叉融合，围压加载、高低温及耦合加载岩芯夹持器与工业 CT 技术逐渐紧密结合，以真实反映地层原位条件和矿井采掘活动下煤岩孔裂隙结构的演化规律。如中国科学院武汉岩土力学研究所葛修润院士团队主持设计并研制了第一台 CT 专用三轴加载设备，最大轴向压力 400 kN，围压 20 MPa，轴向工作行程 40 mm，可进行轴向压力和变形的测量，基于三轴岩体压缩试验，观测到不同载荷下煤岩材料中微孔洞压密→微裂纹萌生→分叉→发展→断裂→破坏→卸载等各个阶段清晰的 CT 图像。西安理工大学党发宁团队研制了与医用 CT 配套的便携式实时动态加载设备，该设备由加载主机、作动器、数字测控器三部分组成，拉、压最大出力为 100 kN，频率为 5 Hz，可以进行冲击、三角波、正弦波下动态拉、压试验。中国科学院寒区旱区环境与工程研究所在前两代冻土三轴仪的基础上，研究出适配医用 CT 的第三代冻土三轴仪，实现了低温环境下整个力学过程的扫描监测。太原理工大学自制了与 X-CT 配套使用的高温三轴岩石稳态法渗透测试系统，该装置包括施力框架、压力及温度控制系统、三轴应力腔、温度测量系统及冷却系统，应用该装置对 C60 混凝土实现了 20～600 ℃高温环境的 CT 扫描。

8.3 Micro-CT 扫描成像分析

8.3.1 概述

工业 CT 在煤岩测试分析中的早期应用主要围绕 CT 图像进行，主要技术特点为对岩石样品进行扫描成像并分析其微观孔裂隙结构。近年来随着 CT 技术的发展，通过 CT 切片图像与计算机算法构建三维数字岩芯的研究热潮逐渐兴起，这其中应用最为广泛的是三维孔隙结构的构建与分析，其主要流程为：首先通过工业 CT 获得被测煤岩样品的大量切片图像，其次基于图像滤波、增强与阈值分割技术等数字图像处理方法提取 CT 图像中的孔裂隙结构，并以二值化图像形式呈现，最后将孔裂隙二值化图像按顺序在 Z 轴方向堆叠并生成三维立体图像，并通过算法统计或计算煤岩样品的孔裂隙分布、孔隙度等参数。基于工业 CT 的孔裂隙结构三维重构技术是目前煤岩测试分析领域的研究热点，因为其能够准确且直观地展示被测物体的内部孔隙结构、组成、材料以及缺损情况，被誉为当今最佳的无损检测与评估技术。

目前已经有许多专业的数字岩芯软件，如德国海德堡的 VGStudio MAX，德国蔡司研发的 Dragonfly，美国赛默飞世尔和德国 ZIB 共同研发的 Amira、Avizo 和 PerGeos 等，这些软件通过对 CT 扫描数据的处理和分析，能够为用户提供准确的岩芯三维信息，从而为岩石力学、石油天然气勘探开发、地质灾害预测等方面的研究与应用提供了重要的技术支持。

8.3.2 数字图像处理技术

CT 图像本质上是由线衰减系数组成的矩阵即数字化图像，如何从数字化图像中提取有效信息，是数字图像处理技术应解决的核心问题。数字图像处理技术是基于工业 CT 精确测试煤岩的技术基础，主要利用计算机结合各类算法对图像数据进行变换、编码压缩、增强、复原、分割、描述和分类识别等处理。

CT 图像处理的基本流程如图 8-26 所示，首先对煤岩试样进行 CT 扫描，得到该样品的全断面二维切片数据。得到数字化图像后，对其进行图像增强，改善图像视觉效果，增强孔裂隙、矿物颗粒与煤岩基质的对比度，或增强感兴趣区域。随后，基于图像平滑技术对 CT 图像进行批量平滑滤波处理，降低图像的噪声。滤波降噪后，通过图像分割技术提取岩石孔裂隙、矿物颗粒或基质结构，分割后的感兴趣区域以二值化图像形式呈现，如图 8-26(d) 中的孔裂隙。通过图 8-26 可知，图像增强、平滑滤波、图像分割是提取煤岩二维 CT 图像中特征结构的主要图像处理技术。

8.3.2.1 图像增强技术

数字图像增强技术是指通过一系列算法，改善图像的视觉效果并增强感兴趣区域，或使图像更利于计算机处理的技术。常用的数字图像增强技术包括灰度变换、直方图均匀化、基于伪彩色处理的图像增强技术等。

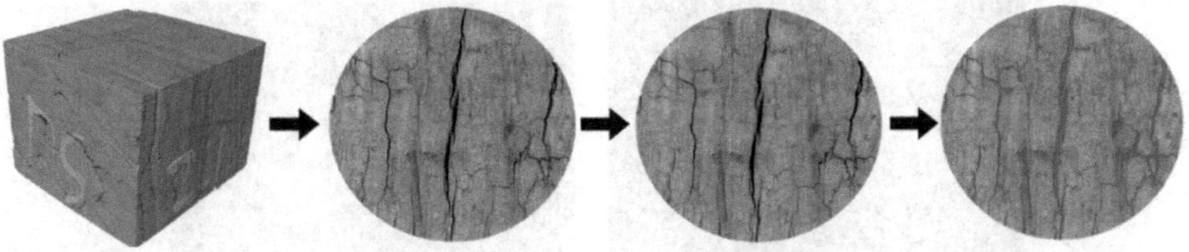

(a) 原始岩石试样　(b) CT扫描切片数据　(c) 滤波降噪　(d) 孔隙二值化提取

图 8-26　工业 CT 处理流程

(1) 灰度变换

灰度变换是指通过调整像素的灰度级，改变图像的整体亮度、对比度等视觉效果的一种方法。常见的灰度变换方法包括线性变换、非线性变换等。其中线性变换包括亮度调整和对比度调整。亮度调整指通过增加或减少像素的灰度值，使得整幅图像的亮度得到调整；对比度调整指通过调整像素灰度值之间的差异，使得图像的对比度得到提升。

非线性变换主要有指数变换、对数变换、幂次变换等。指数变换主要用于增强图像的高灰度区域的细节信息，对数变换主要用于增强图像的低灰度区域的细节信息，而幂次变换可通过调整幂次函数的幂率产生不同的图像增强效果。

(2) 直方图均衡化

直方图均衡化是指通过对图像像素的灰度值进行重分布，使得图像的灰度值分布更加均匀，增强图像的对比度和清晰度。直方图均衡化主要分为全局直方图均衡化和局部直方图均衡化两种。前者是将整幅图像的像素灰度值进行重分布，使图像整体的灰度值分布更加均匀，但容易造成图像的过度增强，出现过度对比的情况。后者是将图像分为不同的局部区域，分别进行直方图均衡化，避免了图像全局均衡化过度增强的问题。

(3) 基于伪彩色处理的图像增强技术

伪彩色处理可以将黑白图像转换成彩色图像，提高图像的可视化效果和信息传达能力。首先将 CT 灰度图像通过特定算法进行增强处理，例如对比度增强、直方图均衡化等。然后将处理后的图像转换为彩色图像。通常情况下，使用 RGB(红、绿、蓝)或 HSV(色调、饱和度、亮度)颜色空间来进行转换。

8.3.2.2　图像平滑滤波技术

由于线衰减系数采集以及 CT 图像重构过程中的固有缺陷，CT 图像的质量经常受到各种噪声源的影响，如电子噪声、光束硬化、散射辐射等，在图像中呈现为各种伪像，如环状伪影、条状伪影等，如图 8-27 所示。

噪声的存在会使煤岩 CT 图像难以准确解读，特别是对于图像中占据像素数较小的孔隙结构特征，往往容易与噪声混淆，无法精确识别。平滑滤波技术是 CT 图像处理的重要环节，主要作用是消除或减少噪声，改善图像质量。

常见的滤波算法包括均值滤波、中值滤波、高斯滤波等。其中，均值滤波是最简单的滤波算法之一，它可以有效地去除图像中的高频噪声，但会导致图像边缘信息的模糊。中值滤波可以在去除噪声的同时保留图像细节。高斯滤波则是一种线性平滑滤波算法，它可以平滑图像并保留图像的边缘信息。

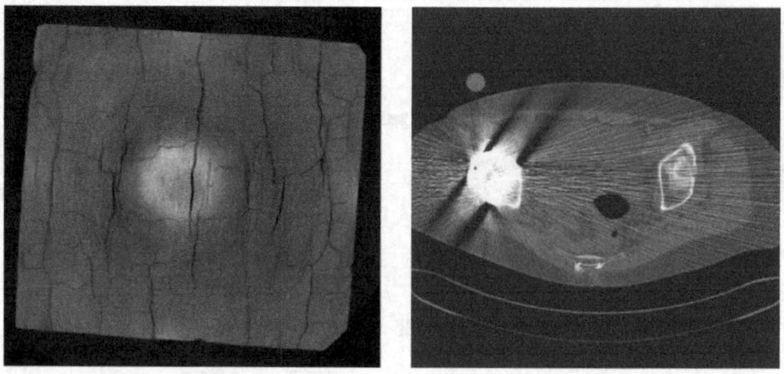

(a) 环状伪影　　(b) 条状伪影

图 8-27　CT 图像的常见伪影

除了常见的滤波算法外，还有一些特殊的滤波算法，如小波滤波、自适应中值滤波等。小波滤波可以对图像进行多尺度分析，具有平滑和边缘保留的优点。自适应中值滤波则是根据图像中的局部特征来动态调整滤波器大小的一种滤波算法，可以很好地去除不同强度的噪声。

8.3.2.3　图像分割技术

图像分割技术是工业 CT 图像分析表征中最为关键的环节之一，图像分割的准确性直接决定了孔隙结构统计表征的真实性。作为一种常见的图像处理技术，图像分割的主要目的是将图像分成多个不同的区域或对象，使得每个区域或对象具有统一的特征。煤岩数字图像分割的常见方法包括阈值分割和区域生长方法，此外还有一些其他的数字图像分割方法，例如基于边缘检测、基于聚类分析、基于图论和基于深度学习等。

(1) 阈值分割

阈值分割方法主要利用灰度值的重要特征，根据像素灰度值，将图像分为不同的区域。例如，双峰法是典型的全局单阈值分割方法，它的基本思想是假设图像中有明显的目标和背景，则其灰度直方图呈双峰分布，当灰度直方图具有双峰特性时，选取两峰之间的谷对应的灰度级作为阈值，如图 8-28 所示。

图 8-28　预制分割示意图

以煤岩 CT 图像中的孔裂隙分割为例，其目的是将图像分割成对应于煤岩基质、矿物或孔裂隙结构的不同区域。首先通过最大类间方差法等自动算法或人眼识别等人为选取方式设置灰度阈值。由于常规工业 CT 中灰度值越低表示所测位置的物理密度越小，因此线衰减系数小于设定阈值的点被定义为孔裂隙，通过这种方式遍历 CT 图像，就能将图像中的每个像素区分为孔裂隙或煤岩材料。

从阈值的设置范围来看，CT 图像的阈值分割方法包括全局阈值分割、局部阈值分割和自适应阈值分割。全局阈值法对全部图像使用一个固定的阈值，对于灰度分布均匀的 CT 图像适用性较好，但不适用于灰度变化大或存在大量伪影的 CT 图像集合；局部阈值法将图像划分为不同区域，并对不同区域使用不同的阈值。自适应阈值分割就是根据图像的局部特征，对图像中各像素点设置不同的阈值，通过不同的阈值将图像分为几个区域，从而进行分割。

以上传统的阈值分割法稳定性好，但模型简单，对于单阈值图像分割效果较理想，当图像的背景复杂，且为多阈值图像分割时，计算量显著增加，实际应用难度大，目标和背景灰度值差别不大时，部分边界信息很容易丢失。目前产生了基于各学科的阈值分割算法，以改进最优阈值的获取，优化阈值分割过程，如基于启发式算法的 CS 和 GSO 算法、模糊聚类算法、小波变换方法和基于深度学习的阈值分割方法等。

（2）边缘检测

图像边缘是图像局部不连续的反映，标志着一个区域的终结和另一个区域的开始，是灰度变化最强烈的地方，也是周围像素灰度有阶跃变化的像素集合。利用这一特点，对图像各个像素点进行一阶微分或二阶微分，就能实现对图像的边缘检测，如图 8-29 所示。在煤岩 CT 图像测试分析中，应用边缘检测技术能够获得孔隙与基质、孔隙与矿物、矿物与基质及不同矿物间的边缘信息，即提取数字图像中局部灰度变化最突出的区域，从而快速识别基质区域，但由于边缘检测仅识别灰度的变化快慢，因此无法给出基质-矿物-孔隙等多相态的定量信息。

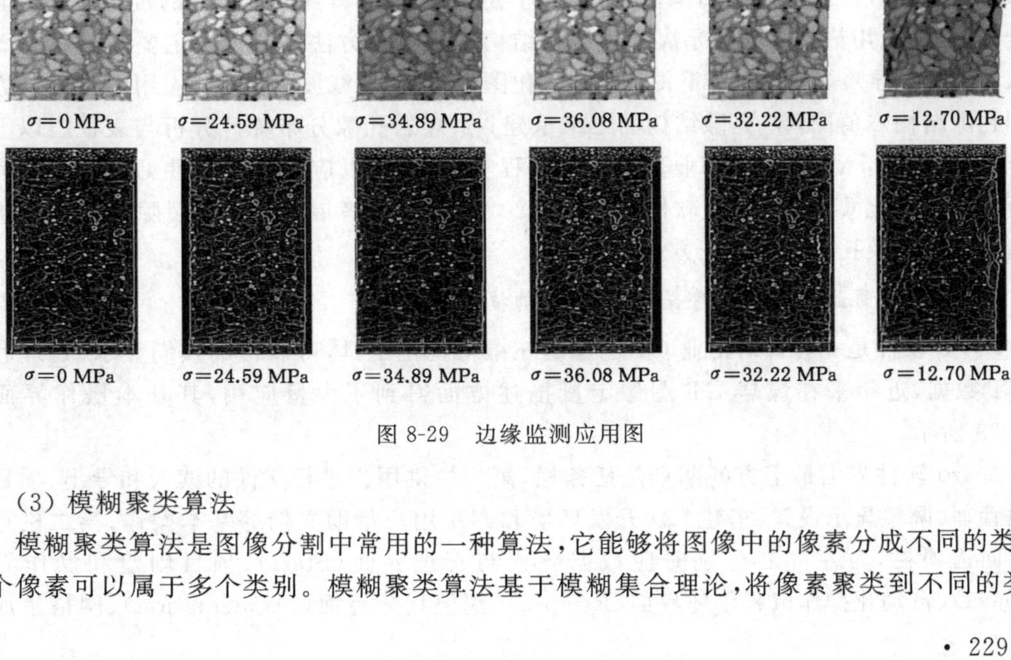

图 8-29　边缘监测应用图

（3）模糊聚类算法

模糊聚类算法是图像分割中常用的一种算法，它能够将图像中的像素分成不同的类别，每个像素可以属于多个类别。模糊聚类算法基于模糊集合理论，将像素聚类到不同的类别中，每个类别都有一个隶属度，表示该像素属于该类别的程度。模糊聚类算法不必事先给定分类标准，能够从样本数据出发自动对数据进行聚类，该方法广泛应用于各类图像的分割处理中。

模糊聚类算法的优点是可以处理复杂的图像分割问题，例如具有多个重叠区域或模糊边界的图像，这一特性使其在煤岩 CT 图像的模糊裂隙提取中具有独特优势。然而，该算法需要进行多次迭代计算，计算量较大，且对初始值非常敏感，因此需要进行优化和调整以提高算法的稳定性和收敛速度。

除以上几类典型的图像分割方法以外，近年来基于深度学习的图像分割方法在煤岩 CT 测试分析技术中得到了广泛的应用和研究，如开发了基于卷积神经网络和深度强化学习等算法的 CT 图像分析技术。不同的方法有不同的优缺点，需要根据具体的应用场景选择合适的方法进行分割处理。

8.3.2.4 二维 CT 图像统计分析方法

基于 CT 图像二维切片，通过数字图像处理技术识别、分割和提取二维 CT 图像中的孔隙和裂隙，应用各类算法统计孔裂隙数量、孔径分布、孔隙度、分形维数等关键信息，实现煤岩孔隙结构的表征分析。

孔裂隙数量可以通过简单计数的方法获取。孔径分布特征则需要通过等效孔径方法量化分析，通过面积等效法或周长等效法，将孔隙等效为相同面积或周长的圆形，则可计算等效孔径。孔隙度指煤岩二维切片中孔隙面积占总面积的比例，可以通过孔隙的二值化图像与总图像面积的比值计算得到。分形维数常用的计算方法包括盒维数法、基于角点的计算方法和多重分形法等。

8.3.3 基于煤岩 CT 图像的数字岩芯三维重构技术

数字岩芯三维重构就是将 CT 扫描得到的大量煤岩断层图像批量进行数字图像处理，提取感兴趣区域的二维灰度图像，最后按顺序叠放在一起，得到三维结构的过程。在煤岩测试分析领域，应用最为广泛的是煤岩孔裂隙结构三维重构方法。该方法主要包括以下 5 个步骤：① 批量导入煤岩二维 CT 图像；② 优化图像质量，如滤波降噪；③ 应用图像分割方法得到孔隙结构二值图；④ 孔隙结构的三维重建；⑤ 煤岩孔隙分布统计分析与表征。以上处理流程可以用 MATLAB 等商业数学软件编程实现，也可以应用市面上常见的商业化软件进行。以商业化 CT 数据处理软件 Avizo 2020 为例，向读者展示煤岩孔裂隙结构三维重构的基本流程以及孔隙结构表征方法。

8.3.3.1 基于商业软件的数字岩芯三维重构技术

Avizo 软件是一套针对工业 CT 图像的三维可视化工具，可以帮助人们显示、处理和分析 CT 数据，近年来在煤岩 CT 图像定量描述方面得到了大量应用，其基本操作界面如图 8-30 所示。

Avizo 软件界面最上方的两列是任务栏，第一栏供用户进行文件的读入和导出、项目流程图管理、调整显示设置、搭建二次开发环境和调用用户帮助文档等基本操作；第二栏是操作界面选项栏，自左向右分别对应数据导入与管理界面(Start)、项目创建和操作界面(Project)、自动化操作流程创建界面(Recipes)、阈值划分界面(Segmentation)、网格生成界

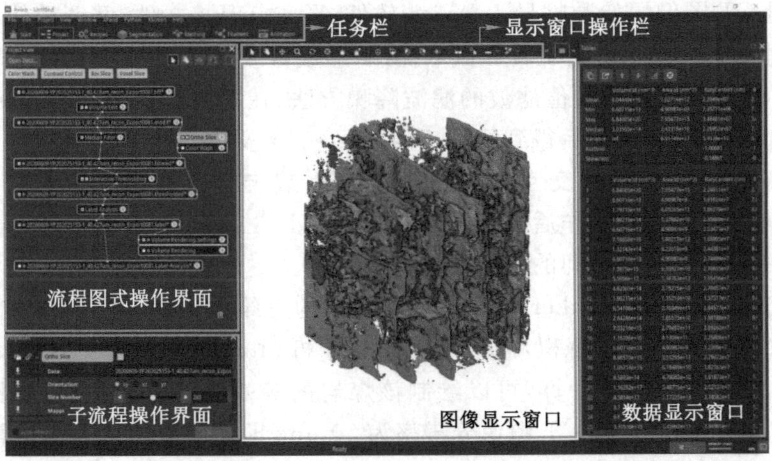

图 8-30　Avizo 软件操作界面

面(Meshing)、纤维分析界面(Filament)和动画录制界面(Animation)。

操作界面按照功能从左向右被纵向划分为三列，最左侧为流程图式操作界面，用户通过创建流程框图的形式完成对 CT 图像的操作，流程图中绿色框图代表数据，主要包括 CT 灰度图像和二值化图像两类；红色代表操作算法，如该流程图中展示的 CT 图像批量编辑截取(Volume Edit)、中值滤波(Median Filter)、交互式阈值分割(Interactive Thresholding)、统计分析(Label Analysis)等；橙色和黄色分别代表二维和三维展示，如二维切片展示(Ortho Slice)和三维体渲染(Volume Rendering)；左下方的子流程操作界面(Properties)则为选中的操作流程框提供参数设置和命令执行等用户交互式操作。软件界面的中间部分为图形显示窗口，主要用于进行 CT 图像的二维和三维可视化，并辅以上方的显示窗口操作栏对图像进行平移、旋转、定向展示和测量等操作。最右侧是数据显示窗口，主要用于显示从二维和三维数据中提取的量化数据，如各个孔裂隙的表面积和体积、孔隙度等，可以导出到 Excel 或 Origin 等软件中进行数据统计及可视化。

以图 8-31 为例，Avizo 软件进行煤岩孔裂隙结构三维重构的基本流程：

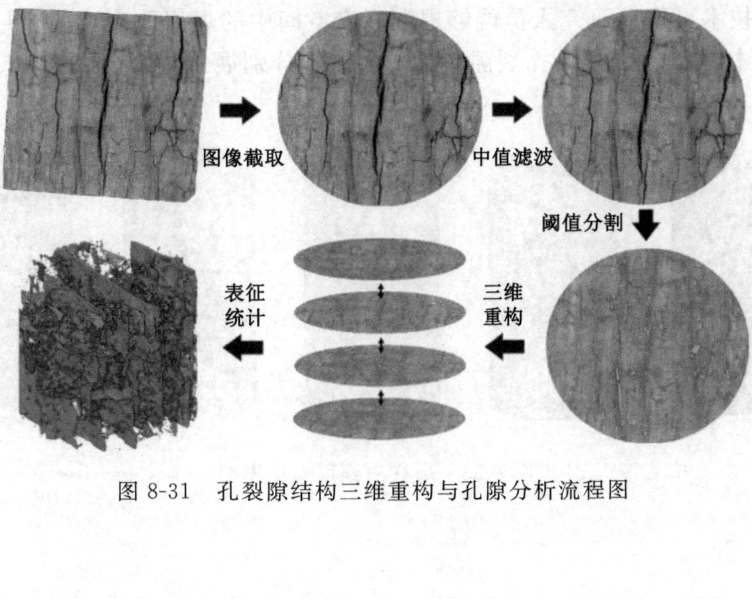

图 8-31　孔裂隙结构三维重构与孔隙分析流程图

A. 将大量 CT 图像原始数据导入 Avizo 软件，形成. tiff * 文件，并调用体编辑(Volume Edit)操作框对数据进行基本的旋转和截取操作，形成修改后的. modif * 待处理文件。

B. 对. modif * 文件调用中值滤波的滤波降噪方法，在下方属性(Properties)操作栏中设置中值滤波的基本参数，执行后得到滤波后的. filtered * 文件。

C. 对. filtered * 文件调用交互式阈值分割操作，确定合适的阈值并提取 CT 图像中的孔裂隙结构，执行阈值分割操作后得到了. thersholded * 二值化图像文件，将. thersholded * 堆叠展示，最终形成了界面中间的三维孔隙结构图像。

D. 应用统计分析操作对. thersholded * 文件中的三维孔裂隙进行逐个统计，得到了包含每个孔裂隙位置信息、表面积和体积的表格分析(Label-Analysis)文件，将其导出到 Origin 中进行等效孔隙直径计算，可以绘制该煤岩的等效孔径分布曲线，如图 8-32 所示。需要注意的是，本案例所选的 CT 图像分辨率为 50 μm，即阈值分割所得出的最小孔隙尺度不低于 50 μm，因此所测得数据仅代表 50 μm 以上的孔裂隙结构参数。

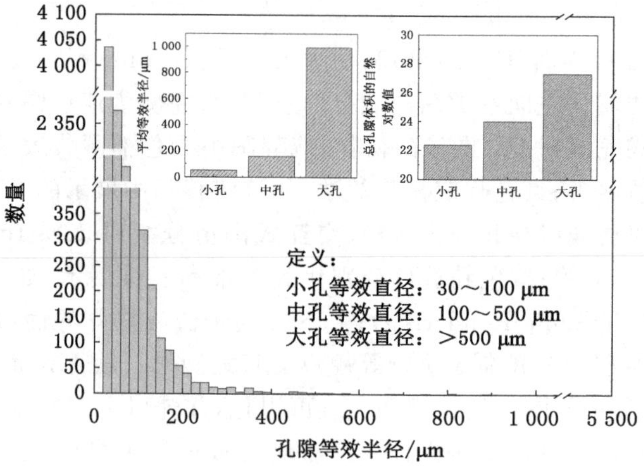

图 8-32　煤岩三维重构孔隙分布图

8.3.3.2　三维孔裂隙结构分析方法

三维重构技术可帮助研究人员能够提取真实空间中的煤岩孔裂隙、矿物及基质结构，可直观判定样品中的矿物分布及孔裂隙形态，图 8-33 分别展示了煤样中矿物、裂隙及孔隙的分布。

图 8-33　煤样三维可视化模型

通过统计孔裂隙的体像素数量占数字岩芯总体积的比例，可计算样品的体孔隙度。受工业 CT 成像分辨率的限制，无法统计低于最小分辨率的微孔隙体积，因此理论上 CT 所得体孔隙度小于煤岩真实孔隙度。为客观统计样品孔径分布，通过面积等价或体积等价方法，将孔隙等效为球体，并以球体直径作为孔隙孔径，通过统计不同孔径区间内的孔隙数量或孔隙体积，可得孔分布占比或孔体积占比。

基于容量维数的计盒维数法具有含义直观、计算简单等特点，被煤岩孔隙表征领域广泛应用，其基本原理如图 8-34 所示。通过统计不同盒尺寸下覆盖裂隙的盒子数量，通过分形维数定义可拟合计算孔裂隙结构的体分形维数，分形维数越大，表明煤岩孔隙结构越复杂。

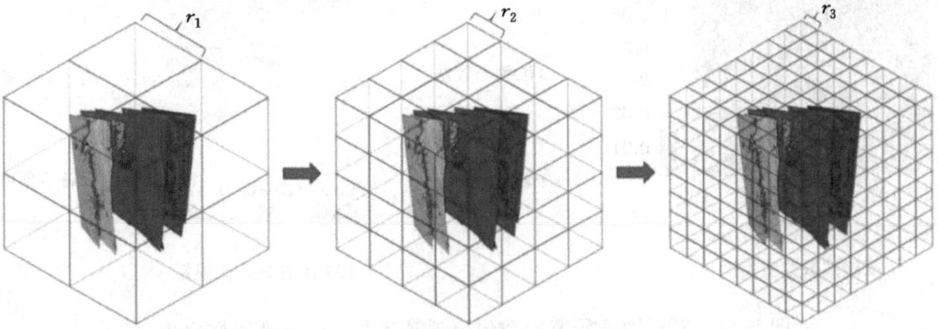

图 8-34　计盒维数法计算流程

8.3.4　数字岩芯数值模拟技术

数字岩芯数值模拟技术就是将数字岩芯与数值模拟相结合的一种岩石物理方法，其研究对象是基于实际岩芯扫描图像构建的高分辨率数字岩芯模型，通过数值模拟方法将实际岩石结构与理论相结合。数字岩芯物理包括数字岩芯构建、数值模拟、综合分析三部分，其中数字岩芯构建是数字岩芯物理的基础，数值模拟时数字岩芯物理的核心，通过对数值模拟结果综合分析，可以研究力学加载特性、渗流特性、电学特性、声学特性等岩石物理特性的响应机制与响应特征，部分数值模拟方法如图 8-35 所示。

下面以煤岩数字岩芯常用的渗流模拟技术为例，说明数字岩芯物理在煤岩测试分析中的应用。

8.3.4.1　基于孔隙网络模型的渗流模拟方法

基于孔隙网络模型的渗流模拟方法主要采用孔隙级流动模拟理论和方法进行流动模拟，获得煤岩的渗流参数，其核心思想是将三维孔隙网络的拓扑结构进行抽象化，从而在保留复杂孔隙网络结构的前提下大大简化计算过程。为更好地描述孔隙网络结构，孔隙网络模型中将孔隙空间划分为特定几何形状的孔隙和喉道，其中孔隙用球体表示，喉道可以通过四面体、长方体或圆柱体等形式表示。

目前已建立的孔隙网络模型主要分为两类，即随机孔隙网络模型和等效孔隙网络模型。随机孔隙网络模型往往不借助于数字岩芯，而是通过分布函数等方式随机创建孔隙网络，但由于遵循一定的生成算法，其模型结构较为规则，与真实煤岩孔隙结构存在较大差异。等效孔隙网络模型基于 CT 图像与数字岩芯生成，能够更为真实地反映实际孔隙结构，其中具有

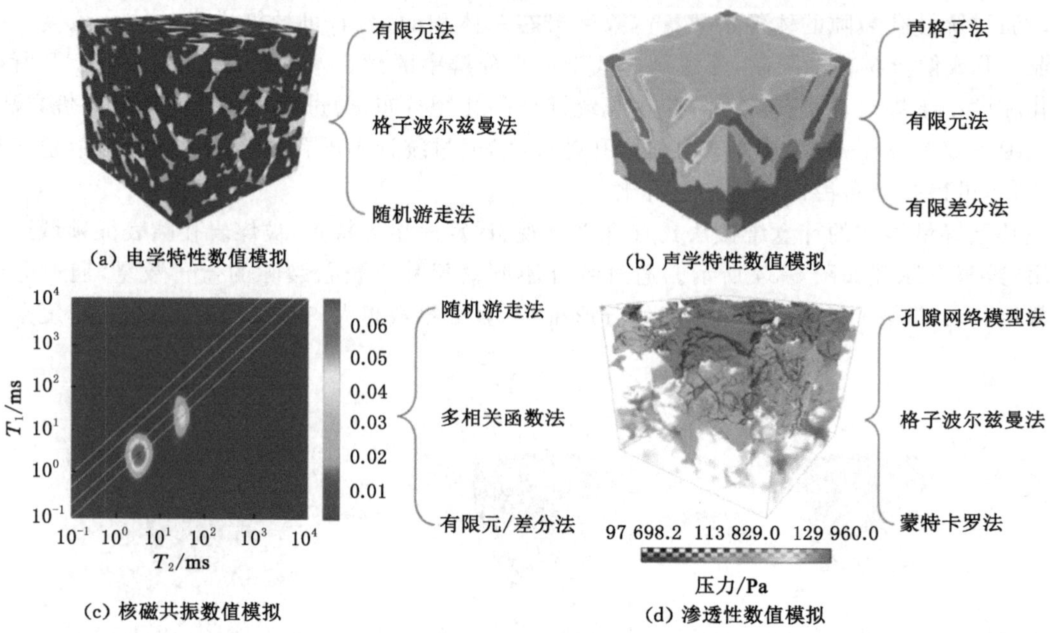

图 8-35 岩石物理研究中数值模拟算法及对应物理属性模拟

代表性的等效抽取算法包括最大球算法和中轴线算法。

最大球算法的基本原理是在数字煤岩孔隙体素集合内任意选择一个元素，以该点为球心不断扩大球体半径，直至接触煤体骨架，通过不断优化球心位置得到孔隙空间内的最大球。该算法中，一个最大球可以重叠孔径小于它的相邻最大球，多次重叠后形成一个最大球多簇，其中最大球体定义为该簇的“祖先”，若一个最大球多簇中某一个最大球拥有两个“祖先”，则这个公共的最大球所在位置即为喉道，喉道的长度如图 8-36(a)所示。

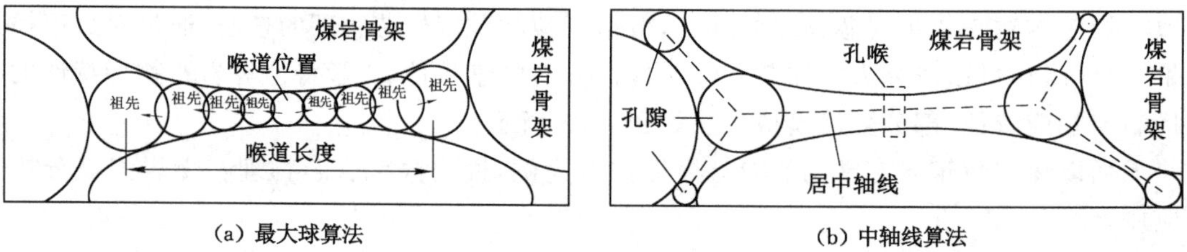

图 8-36 构建孔隙网络模型的两类代表性算法示意图

中轴线算法的基本原理如图 8-36(b)所示，主要基于形态学细化算法或孔隙空间燃烧算法，将煤岩体中孔隙空间的中心点连接起来得到居中轴线，中轴线上的节点设置为孔隙，局部最小值设为喉道，最后通过膨胀算法进行孔隙的简化和分割即可得出孔隙网络模型。

孔隙网络模型算法的基本实现流程如图 8-37 所示，基于 Avizo 软件内置的孔隙网络模型生成(Generate Pore Network Model)模块建立该煤样连通孔隙的孔隙网络模型；由于孤立孔隙中没有渗流过程，渗流模拟手段仅提取煤岩孔隙结构中连通的孔隙进行分析，因此通过 Avizo 软件的轴向连通(Axis-Connectivity)模块提取 Z 轴方向的连通孔隙；通过分离对象(Separate Object)模块分割连通孔隙，以便在不同区域内应用软件内置的最大球算法生成孔隙网络模型；调用孔隙网络模型生成(Generate Pore Network Model)模块建立了连通孔隙的网络模型，并进行甲烷渗流模拟，模拟过程设定边界条件为：流入端压力为 0.13 MPa，流出端压力为 0.10 MPa，甲烷的运动黏度为 1.12×10^{-5} Pa·s。

图 8-37　孔隙网络模型构建与渗流模拟流程图

应用最大球算法得到的等效孔隙网络模型中，孔隙数量为 1 157 个，平均等效半径为 168.77 μm，最大值为 2.214 mm，最小值为 25.078 μm，且孔隙的平均配位数为 0.66；孔喉数量为 382 个，孔喉的平均等效半径为 326.5 μm，最大值为 1.234 mm，最小值为 21.503 μm。渗流模拟的结果表明，绝对渗透率为 1.550 μm^2，表明该煤岩连通孔隙的导流能力较强。

图 8-38(a)为通过孔隙网络模型进行渗透率计算得到的压力分布，甲烷从模型上部流入，下部流出，可以看出自上到下压力逐渐衰减，且中间部分的连通孔隙结构汇总压力衰减明显慢于两侧连通孔隙，说明中间部位的大型裂隙具有更好的导流能力。

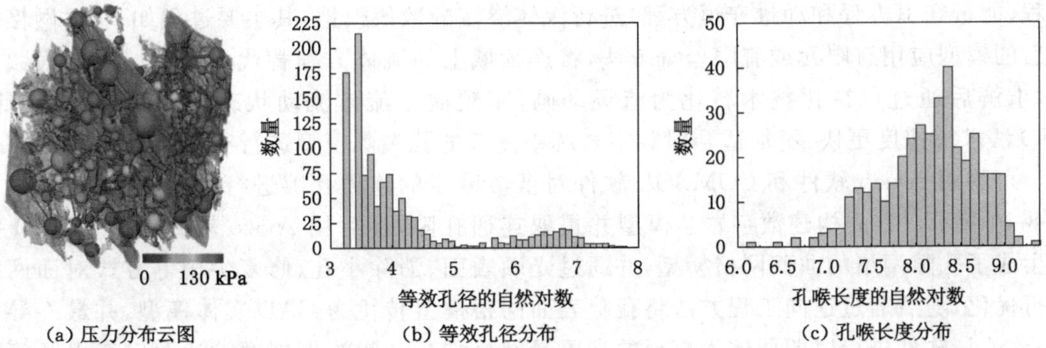

图 8-38　压力分布云图与等效孔隙统计

如图 8-38(b)、(c)所示，等效孔径的自然对数分布图呈明显的双峰结构，其中第一个峰值对应孔径较小的孤立孔，第二个峰值对应尺度较大且配位数较大、具有良好导流能力的大型连通孔隙结构；而孔喉长度的自然对数分布则呈现显著的单峰结构，且孔喉长度的自然对数为 7～9 的孔喉数量分布区间为 0～40，大于等效孔径自然对数为 6～8 的分布区间(0～19)。这一方面是由于小型孔隙的配位数大多等于 0，即小型孔隙结构为孤立孔隙，不存在孔喉结构，另一方面也说明该煤岩样品的大型连通孔隙间连通性较好。

8.3.4.2　基于数字岩芯的渗流模拟实例

与孔隙网络模型的等效思想不同，基于数字岩芯的渗流模拟方法完全保留了数字岩芯的孔隙结构，通过对建立的孔隙结构进行网格划分、网格修复、边界条件设置等一系列操作，基于完全真实的孔隙结构进行渗流模拟。数字岩芯方法能够最大限度地再现煤岩的真实孔裂隙结构，精细刻画煤岩孔隙尺度的渗流规律，但由于模型极度不规则，在网格划分过程中极容易出现畸形网格导致有限元运算不收敛，对网格修复的要求较高。

目前以数字岩芯模型开展渗流模拟的方法主要有格子玻尔兹曼法(lattice Boltzmann method，LBM)和计算流体力学法(computational fluid dynamics method，CFD)两大类，两者的主要区别如图 8-39 所示。LBM 法是基于分子运动理论模拟流体流动的接管数值模拟方法，既避免了宏观模拟中的边界处理问题，又能进行微观尺度模拟。LBM 法中流体被看成有质量没有体积的微粒，通过模拟微粒在网格中的碰撞和移动，构建简化的运动论模型来反映孔隙空间中流体渗流规律。LBM 法易于编程，适用于流体在复杂孔隙中的渗流模拟，但其计算量大、耗时长。

图 8-39　数字岩芯渗流模拟的两类主要算法

CFD 法从宏观问题出发，将离散介质假设为连续流场，通过控制方程(主要为质量守恒方程、能量守恒方程和动量守恒方程)进行流体渗流的数值模拟，其主要过程如下：对网格划分后的模型应用有限元或有限差分方法，将连续域上的流体方程替代为离散域上的代数方程，求解后通过可视化技术转化为流场动画，直观展示流体流动状态。与 LBM 法相比，CFD 法求解速度更快，更加适合对数字岩芯中复杂的孔裂隙模型进行三维渗流数值模拟。

可联用 Avizo 软件和 COMSOL 软件对低渗砂岩的连通孔隙进行了渗流模拟，过程如图 8-40 所示。首先构建数字岩芯模型并提取连通孔隙，随后用 Avizo 软件中的 MESH 模块生成了孔隙网络的曲面网格模型，并通过光顺表面、消除小孔、修复尖角等方式对面网格进行优化，随后通过逆向工程方法将孔隙表面网格模型转化为 CAD 实体模型，并最终导入 COMSOL 软件进行以四面体为单元的高质量网格划分。渗流模拟遵循达西定律以及简化后的 Navier-Stokes 方程，将孔隙内的微流动理想化为密度不变的层流，并设置主要参数如下：流体黏度为 0.466 5 mPa · s；沿 Z 轴方向两对立面设为压力边界，其余为无滑移边界。渗流模拟结果展示了孔隙流场以及压力分布云图(图 8-40)，其中孔隙流场及流速分布图表明，孔隙内三维流线曲折交错，在孔喉处流速急剧增大，在单一狭长通道内流线单一、流速变化不明显，在孔隙盲端处流速近乎为 0。由压力分布云图可知，孔喉处压力降低最为显著，而较大且连通的孔隙中压力降低不明显。

除了进行渗流模拟研究以外，近年来国内外研究者也将数字岩芯方法应用于岩芯电阻率、导热特性、力学特性、声学特性等方面的数值模拟工作中，并开展了大量工作。基于数字岩芯的数值模拟方法已经成为近年来煤岩分析、岩石力学与工程等领域的研究热点，将极大促进煤岩材料测试分析领域的发展。

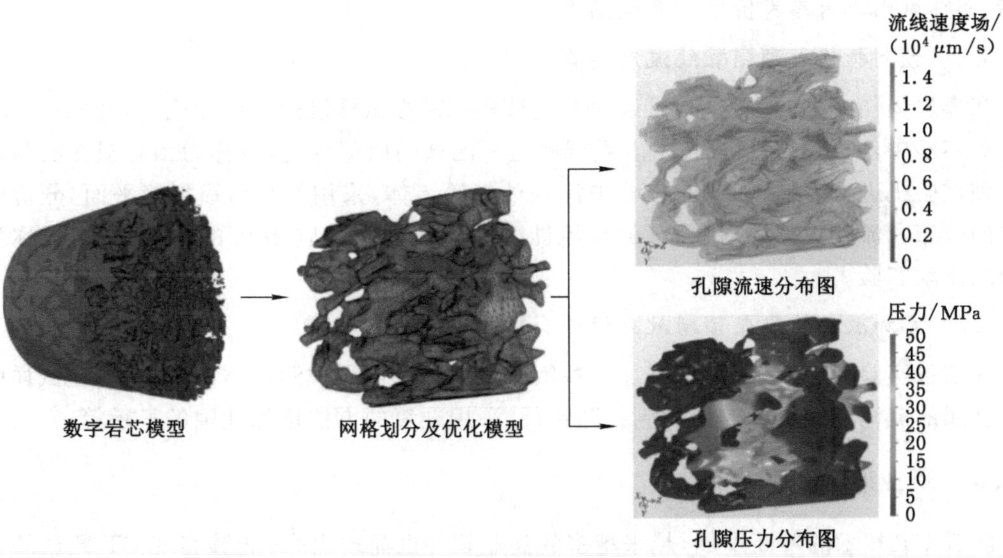

图 8-40　低渗砂岩储层数字岩芯构建及渗流模拟流程图

8.3.5　工业 CT 扫描在煤岩测试中的应用场景

应用工业 CT 技术进行煤岩测试分析时，不同的应用场景需要采用针对性的 CT 扫描技术手段，如重复定位扫描、间接定位扫描、连接动态扫描等。

8.3.5.1　重复定位扫描

重复定位扫描技术主要针对将试样在 CT 机扫描一次后，由于特殊目的需要取出，经过一定的处理再放回 CT 机中，在相同条件下进行二次扫描的方法。如岩石长周期风化实验、冻融循环实验、化学侵蚀处理实验等，由于不能长时间占据 CT 机，试样必然需要取出后处理，再放回 CT 机中扫描并与原始样品对比。重复定位的精度影响到煤岩处理前后孔隙结构测量的准确性和可对比性，对分析作用前后煤岩特性的演化规律至关重要。为解决重新定位扫描过程中面临的问题，首先需要对 CT 机设置的扫描条件参数进行详细记录，保证重复扫描时各方面参数的一致性；其次需要对样品做好精确标记，减少重复扫描过程中样品的移动，必要时可以制作简单的模具，尽量使重新定位放置时误差小于±0.5 mm。

8.3.5.2　连接动态扫描

对持续时间较短或者有特别意义的煤岩实验，以及对煤岩体中流体流动行为的表征，通过配置具有更高动态响应范围的 CT 扫描系统以及新型探测器，提高 CT 成像的对比度和灵敏度，以动态扫描方式进行体扫描或连续多次重复扫描，从而在高速状态下获取样品的多个 CT 图像，以观测试样内部的瞬间变化，实现样品内部细观结构变化的高分辨率成像。如突然加大载荷时试样的迅速爆破、迅速补充渗流时液体的流动过程、急剧卸荷时样品的膨胀等。

8.3.5.3　相似模型法

许多岩石力学与工程领域的实验在应用工业 CT 进行表征时，由于 CT 图像的空间分辨率不足无法取得满意结果，可设计相似模型对所研究的工况进行模拟，只要实验设计合理，就能够得出具有参考价值的实验结论。

8.3.5.4 预制损伤或预制裂纹流动实验

在煤岩损伤力学的研究中，可以对原始试样或模拟试样制造一些损伤区，在压缩、拉伸、弯曲等实验中，应用CT扫描技术着重观测这一区域的内部变化，被称为预制损伤实验。利用三轴试验机进行岩样预裂，向裂缝中注入油气等流体，采用CT扫描裂缝平面，分析流体介质的分布和流动规律，寻找裂缝的导流能力与裂缝周围基质-孔隙的相关关系，被称为预制裂纹流动实验。

8.3.5.5 添加敏感物质或预制敏感材料

为增强实验观测效果，可以添加一些敏感物质辅助增强被测物体的反差，如在试样中注入含金属的流体能够更有效地观测孔隙扩展，采用缺氧的方法增加孔隙的显示等。

8.3.6 商业软件

随着CT技术的不断发展，越来越多的商业软件也涌现出来，能够实现CT数据的一站式后处理分析。煤岩CT后处理中的主流商业软件主要包括Amira/Avizo/PerGeos、Dragonfly、VGStudio MAX、MATLAB等。

① Amira/Avizo/PerGeos软件

Amira、Avizo和PerGeos软件是由赛默飞世尔科技公司(美国)研发的三款CT后处理软件，分别针对生物医学、材料科学和地质科学领域进行CT三维数据可视化和分析，其中Amira软件主要应用于生命科学领域，而前文中已对其中的Avizo软件进行了详细介绍。PerGeos软件是一款主要针对数字岩芯的分析软件，可用于孔隙表征评价、岩芯渗流模拟、全场体积应变等地球科学领域的分析表征。

② Dragonfly软件

Dragonfly软件是由加拿大的Object Research System (ORS)公司开发的一款三维数据可视化和分析软件，目的是简化和加速对科学成像数据的三维可视化和分析过程。Dragonfly软件内置多种数据格式的支持，能够快速导入包括煤岩在内的各类CT图像数据。其核心优势在于能够处理大规模的三维数据，同时具备丰富的三维可视化功能，如体渲染、曲面绘制等，能够方便地呈现煤岩CT图像中的孔隙结构。同时，Dragonfly软件也支持多种数据格式的导入，包括dicom、raw、tiff等，方便用户进行数据的跨平台转换。

③ VGStudio MAX软件

VGStudio MAX软件是由德国Visual Solutions公司开发的一款三维成像和分析软件，是为工业和科学领域提供高精度的数据可视化和分析。VGStudio MAX软件主要用途是对各种非破坏性检测成像、CT成像和3D成像等数据进行可视化和分析，包括汽车工业、电子工业、航空航天、医学、地质和材料等领域。近年来，有学者应用VGStudio MAX软件实现煤岩样品的三维可视化、成分分析、孔隙度分析、裂纹分析等，以评估煤岩的质量和特征。同时，VGStudio MAX软件还可以进行煤岩的虚拟钻探、地质模拟等方面的应用。然而，VGStudio MAX软件的可扩展性较弱，不能够满足某些高级用户的需求。

④ MATLAB软件

MATLAB软件是一款著名的数学计算软件，在煤岩CT图像后处理中，MATLAB软件能够进行数字图像处理、数据分析等多功能操作。用户可以在 MATLAB 软件中自定义多种分析工具，开发自己的数据分析算法，避免了商业软件对算法进行封装而引起的处理数据“黑箱”。MATLAB 软件具有良好的跨平台性，能够在不同的操作系统平台中应用。然而，应用 MATLAB 软件进行 CT 数据分析需要用户具备一定的编程知识，对于没有编程基础的使用者存在一定的学习门槛；且相较于其他软件，MATLAB 软件在图像可视化方面的功能较弱，难以进行三维可视化。

8.4　案例

8.4.1　案例一：基于 CT 扫描的煤中孔裂隙精细表征

为探究煤层气赋存和运移的机理，需要对煤中孔裂隙进行定性分析和精细定量表征。该实验采用德国 GE 公司的 Phoenix Nanotom M 型 3D 计算机断层扫描系统，仪器最高体素分辨率可达 0.3 μm，扫描最大电压 180 kV，最大功率 15 W。选取直径 25 mm、高 50 mm 的圆柱形煤样进行 CT 扫描。扫描参数如下：电压 110 kV，电流 100 μA，扫描方式为步进式扫描，每次旋转 0.225°，曝光时间为 1 500 ms，采集图像尺寸为 3 052 像素×2 400 像素，样品扫描分辨率为 10 μm/像素。

扫描结束后共得到 1 600 张透射图像。对透射图像基于 FDK(Feldkamp-Davis-Kress)算法进行反投影重建，并通过 VGStudio MAX2.2 软件实现可视化。受射束硬化等系统误差的影响，越靠近样品边缘，CT 信号的精度与分辨率就越低，导致部分图形变形并产生边缘伪影。为保证图像的准确性与清晰度，选择样品中间直径为 19.20 mm、高度为 10.59 mm 区域进行三维重构。根据三维重构的立体图像提取出垂直层理切片图、平行层理切片图和水平切片图，如图 8-41 所示。

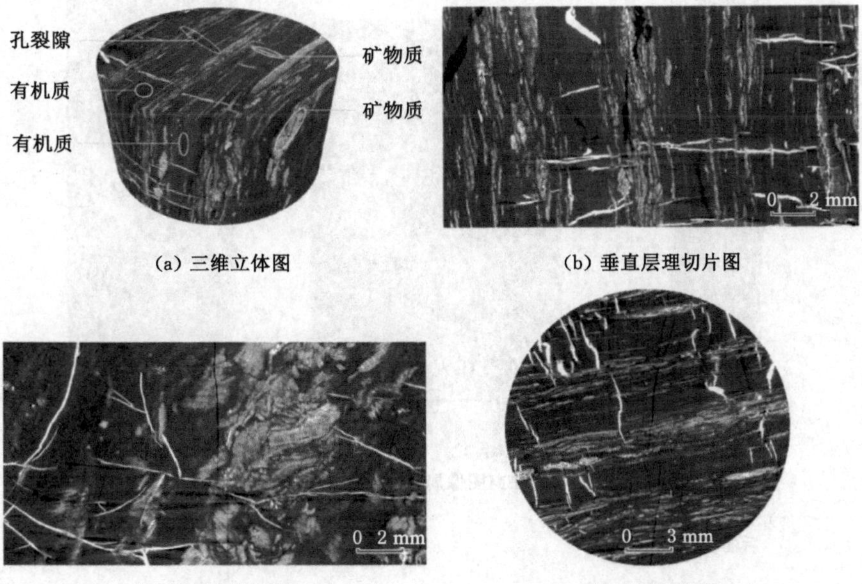

(a) 三维立体图　(b) 垂直层理切片图

(c) 平行层理切片图　(d) 水平切片图

图 8-41　样品三维立体图与切片图

在实际操作中准确界定孔裂隙与固相的灰度阈值非常困难和复杂。受限于 CT 扫描分辨率,如果每一个基本单元全部由孔裂隙、有机质或矿物质中某单一组分组成,由于孔裂隙与固相灰度值的差异较大,较容易区分;若同一单元中包含两种或三种组分,那么其灰度值反映出来的是单元中不同组分的耦合信息,每种组分的相对含量不同单元灰度值也会产生不同的变化,因此,选择合理的组分识别与阈值分割算法对煤样的准确测试分析意义重大。

针对上述问题,采用基于 DTM(digital terrain model)模型的通过灰度值识别孔裂隙的方法,并结合氩离子抛光和扫描电镜(SEM)对 DTM 灰度阈值分割法的孔裂隙识别精确程度进行验证。首先对 CT 扫描后的煤心进行切割和机械抛光,再用氩离子抛光仪进行精细面抛光,采用 FEI 场发射电镜观察二维平面上的裂隙展布规律,在 120 倍放大倍数下连续拍摄 17 张主裂隙的 SEM 图像,利用图像处理软件将 17 张图像进行拼接得到完整的贯穿煤心截面的主裂隙图像[图 8-42(a)]。通过将 SEM 拼接图像与相应位置附近的 CT 切片对比,结果显示两者主裂隙形态、大小基本一致,其中 SEM 测试主裂隙宽度为 41 μm,CT 切片相应位置处的主裂隙宽度为 40 μm,证明了 DTM 灰度阈值分割法识别孔裂隙结构的准确性。

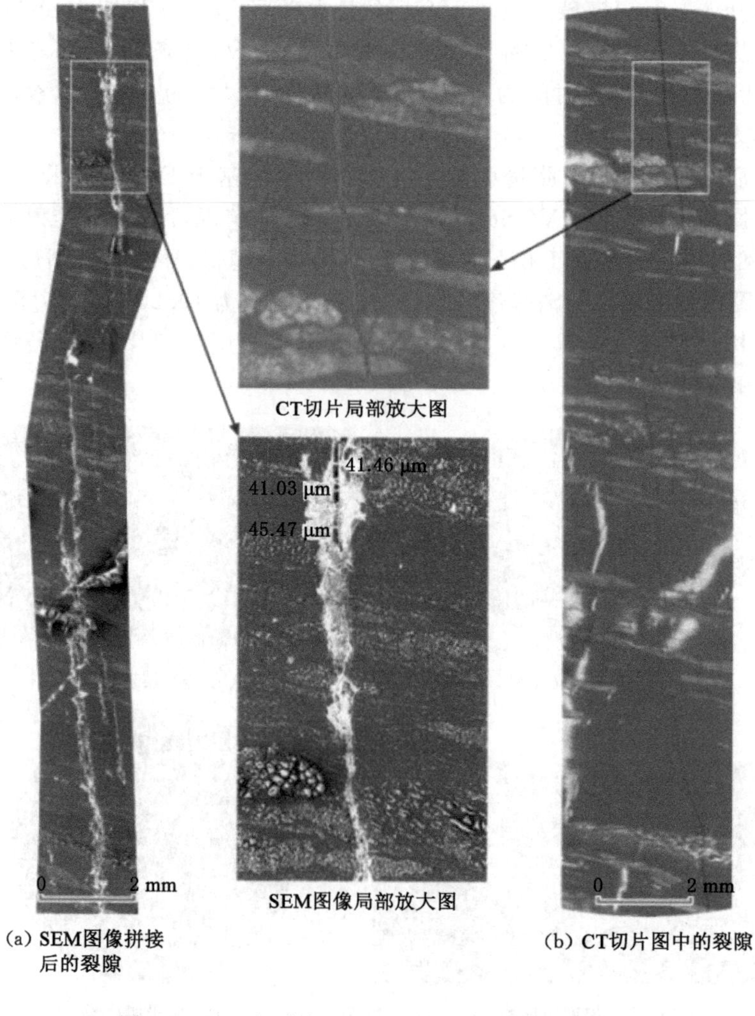

图 8-42　CT 切片与 SEM 图像裂隙识别对比图

由于 CT 扫描可以得到样品基本单元的空间位置与灰度信息，因此准确识别孔裂隙后可以得到孔裂隙的三维空间分布。对直径 19.2 mm、高度 10.59 mm 的三维孔裂隙单元体进行着色，并将着色时相互连通的孔裂隙视为同一单元体，图 8-43 显示了三维孔裂隙和覆盖立体表面（蒙皮后）的空间分布。

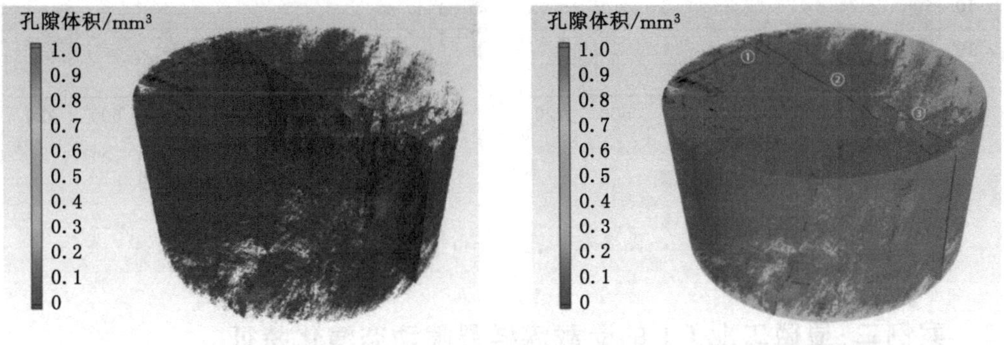

(a) 蒙皮前　　(b) 蒙皮后

图 8-43　孔裂隙的三维空间分布

选取煤岩中心部分孔裂隙分布相对均匀的边长 5 mm 立方体作为研究区域，构建三维可视化模型；随后建立孔裂隙骨架化模型，从而真实有效地反映真实孔隙空间的拓扑特征。由图 8-44 可以看出，样品中部主裂隙部分孔隙骨架拓扑结构发育良好，脉络清晰，连通性较好；主裂隙以外部分孔隙骨架几何拓扑结构欠发育，孔隙连通性较差，孔隙分布较为随机，没有规律性。

(a) 提取出的三维立体图　　(b) 孔裂隙骨架化模型　　(c) 孔裂隙球棒模型

图 8-44　数字煤岩及孔裂隙拓扑结构图

基于最大球算法建立该孔裂隙系统的球棒模型，直观表达孔隙孔喉分布，同时可以对孔隙分布特征进行统计分析，实现对孔隙分布特征的定量描述。图 8-45(a)、(b)分别为基于球棒模型的孔隙数量和孔隙体积随孔径的分布图，可以看出孔隙数量随孔径的增加呈指数降低，孔径大于 60 μm 的孔隙数量均低于 10 个；孔隙体积随孔径的增加呈现先降低后升高的变化规律，且随孔径增大，孔隙体积呈指数递增。

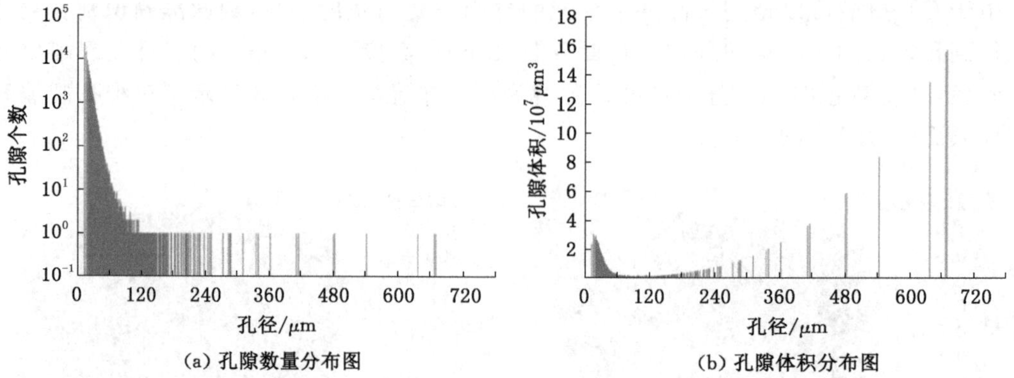

图 8-45　孔隙分布特征图

8.4.2　案例二:显微工业 CT 的受载煤样裂隙动态演化特征

煤在外部载荷作用下,新裂缝的产生和初始裂缝的扩展会导致煤的变形失稳破坏,大大增加煤与瓦斯突出、巷道失稳等煤矿安全生产事故的发生风险。为观测受载煤样裂隙演化过程,利用受载煤岩工业 CT 扫描系统对煤样单轴压缩破坏过程进行 CT 实时扫描实验,将 CT 扫描图片导入 VGStudio MAX 软件进行煤样的三维数字化模型重构,得到煤样内部裂隙空间的分布情况。

该研究采用受载煤岩工业 CT 扫描系统,主要由工业 CT 扫描系统和三轴加载系统组成,可同步对样品施加载荷和断层扫描。根据 CT 单轴加载试验系统的要求,每次扫描时停止加载,扫描完成后继续对煤样进行加载,如此循环,获得煤样从初始状态到加压破坏过程中的全部 CT 图像。实验条件为:电压 150 kV,电流 110 μA,分辨率 24.19 μm,曝光时间 1 000 ms,投影数 1 500 张,扫描时间 34 min,且保持 7 次扫描条件相同。CT 扫描可以得到煤样从上到下每个断面的实时信息,对煤样内部结构与裂隙特征进行表征分析时,可以截取具有代表性的断面。

根据图 8-46 可知,在第 1 次扫描结果中,实验煤样在初始加载阶段中,其内部含有 1 条贯穿煤样横截面的长裂纹,当煤样进入压密阶段后,其内部的裂隙发生了明显闭合(第 2 次扫描结果),裂纹宽度明显变小;在弹性变形阶段(第 3 次、第 4 次和第 5 次扫描结果),煤样边缘有小裂纹产生,尽管有新的微裂纹产生,但不影响煤样在弹性变形阶段中应力与应变的线性对应关系;到达应力峰值时,煤样开始破坏并产生大量破坏裂缝(第 6 次扫描结果),导致失稳破坏,同时伴随应力急剧下降。第 7 次扫描结果显示实验煤样在完全卸压后的内部裂纹分布状态,很明显,实验煤样在发生破坏并充分卸压后,煤样内部的宏观裂纹发育得更充分,宏观裂纹相互连通、相互交织,煤样被分割成许多碎块,煤样破坏更加充分。

为了能定量研究受载煤样裂纹的发展变化情况,对工业 CT 扫描图像进行了灰度分析,得出了煤样中部横截面 CT 扫描图像的灰度直方图,如图 8-47 所示。根据灰度直方图,可以得到 2 个明显的谱峰,其中一个谱峰代表内部裂纹,另一个谱峰代表煤基质。通过计算裂纹的谱峰比例(裂纹谱峰面积与总谱峰面积之比)和煤基质的谱峰比例(煤基质谱峰面积与总谱峰面积之比),可以定量得出裂纹的具体变化情况。由图 8-47 可以看出,煤基质的谱峰

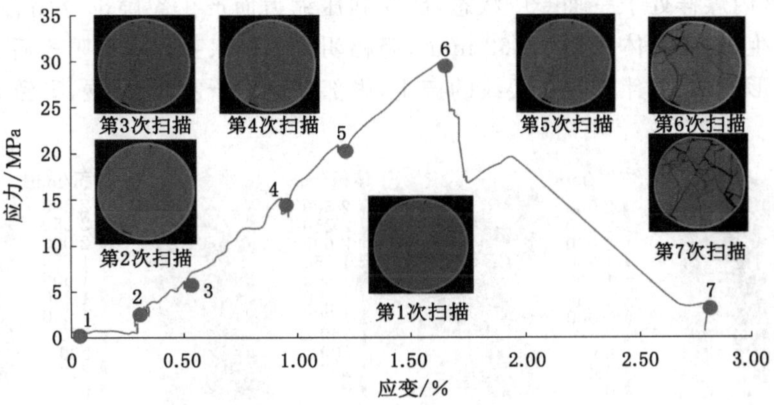

图 8-46　实验煤样不同变形阶段的工业 CT 扫描结果

面积要远大于裂纹的谱峰面积，与 CT 扫描结果吻合。

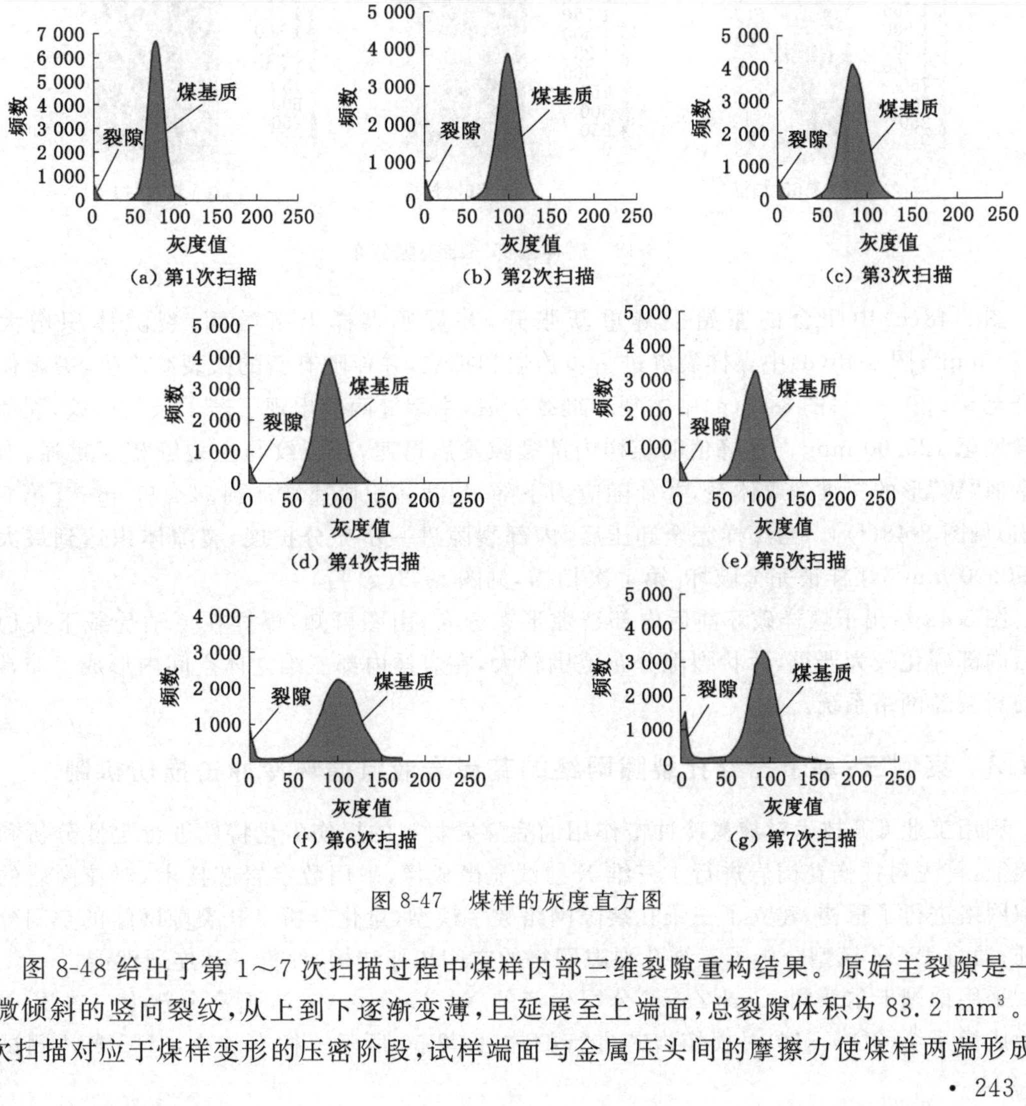

图 8-47　煤样的灰度直方图

图 8-48 给出了第 1～7 次扫描过程中煤样内部三维裂隙重构结果。原始主裂隙是一条略微倾斜的竖向裂纹，从上到下逐渐变薄，且延展至上端面，总裂隙体积为 83.2 mm^3。第 2 次扫描对应于煤样变形的压密阶段，试样端面与金属压头间的摩擦力使煤样两端形成了

锥形压缩区，区内煤样处于三轴受压状态，因受到压缩力而产生裂隙部分闭合的现象，并且未见新裂缝产生，裂隙总体积为 66.62 mm^3，降幅明显。进入弹性变形阶段后(第 3～5 次扫描)，煤样的变形增加，并伴随有小裂纹的产生，内部裂隙不断发育、扩展，导致裂隙总体积不断上升。

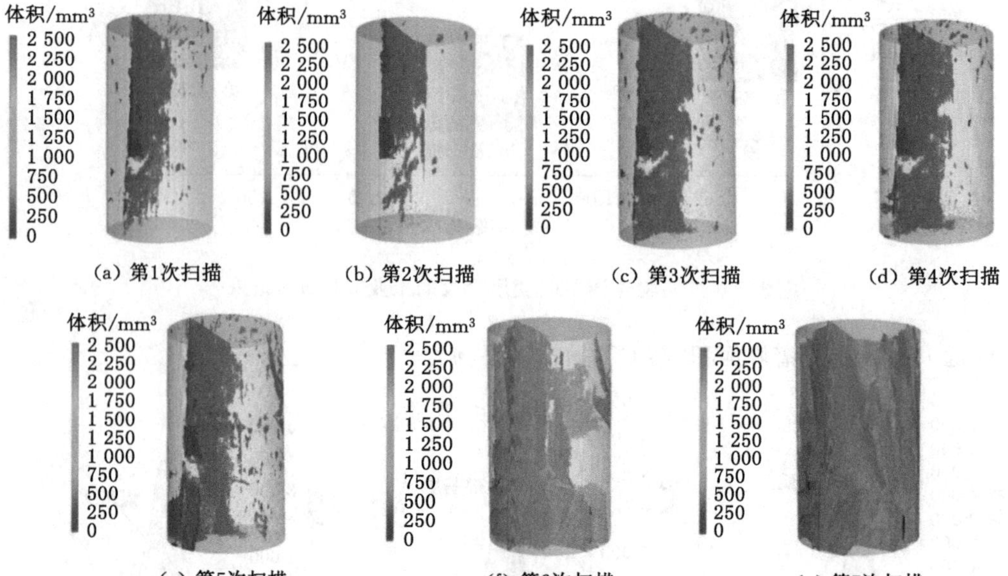

(a) 第1次扫描　(b) 第2次扫描　(c) 第3次扫描　(d) 第4次扫描

(e) 第5次扫描　(f) 第6次扫描　(g) 第7次扫描

图 8-48　煤样内部三维裂隙分布

图 8-48(c) 中闭合的原始裂缝重新张开，并贯通煤样上下端面，裂隙体积增大到 93.78 mm^3；图 8-48(d) 中煤样裂缝进一步连通和扩展，并伴随有新的微裂纹产生，裂隙体积上升至 97.20 mm^3；图 8-48(e) 中主裂缝继续扩展，主裂缝两侧出现了若干条新裂纹，裂隙体积增加至 125.00 mm^3。达峰值时煤样内部裂隙发展迅速，新裂纹与主裂缝相互贯通，形成一个似"W"形的三维裂纹体系，并伴随应力下降，裂隙体积快速增加到 724.95 mm^3[第 6 次扫描，见图 8-48(f)]。当煤样完全卸压后，内部裂隙进一步充分扩展，裂隙体积达到最大值 2 290.00 mm^3，煤样被完全破坏[第 7 次扫描，见图 8-48(g)]。

图 8-49 给出了煤样破坏前后内部裂隙形态分布，由图可知，煤样在单轴受载下失稳破坏后内部碎化较为严重，片状裂隙分布范围较大，在煤样内部三维立体空间内形成了非常复杂的新裂隙网络系统。

8.4.3　案例三：基于三维孔裂隙网络的花岗岩液氮循环冷冲击损伤机制

利用工业 CT 技术对液氮冷冲击作用前后煤岩材料的损伤劣化特性进行定性分析和定量表征，首先对损伤花岗岩进行了三维 X 射线显微成像，采用数字岩芯技术，对花岗岩的孔裂隙网络进行了重构，建立了三维孔裂隙网络数字模型，量化分析了孔裂隙网络的空间分布特征；通过 PNM 模型分析了三维孔裂隙网络的空间拓扑结构，评价了其连通性能。

采用德国卡尔蔡司(Carl Zeiss)公司生产的 Xradia 510 Versa 型高分辨率三维 X 射线显微成像系统(3D-XRM)对损伤岩芯进行扫描，图 8-50 所示。样本越小，3D-XRM 测试的

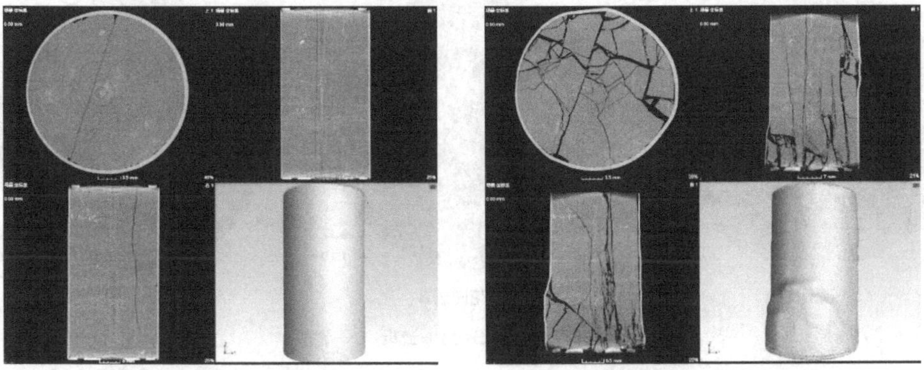

(a) 煤样单轴破坏前内部裂隙结构　　(b) 煤样单轴破坏后内部裂隙结构

图 8-49　煤样失稳破坏前后的裂隙形态分布

分辨率越高；依据样本尺寸大小不同，空间分辨率范围 0.5～55 μm。该研究重点关注损伤岩芯的细观三维裂隙网络，对 3 类花岗岩在不同加热温度下液氮冷冲击 5 次后的 ϕ50 mm×100 mm 岩芯进行扫描，在轴向选取圆柱中间的 50 mm 范围，空间分辨率为 49.817 μm。

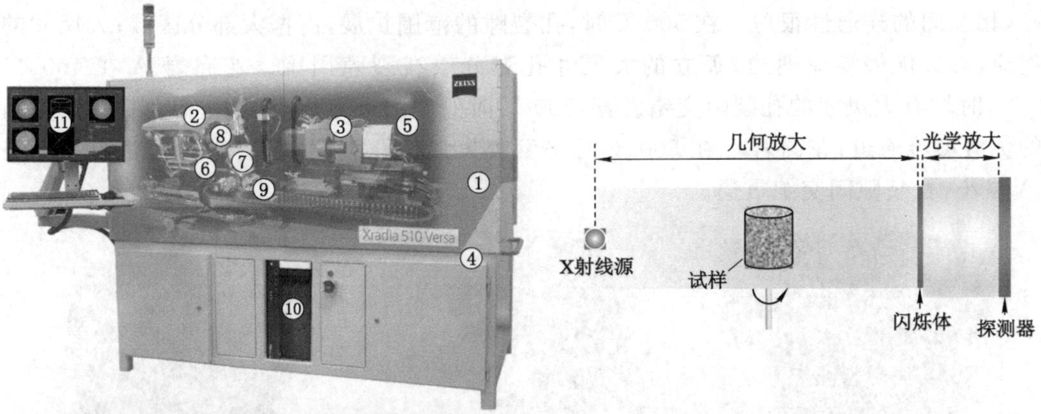

1—X射线源；2—X射线显微镜；3—对比优化探测器；
4—高分辨率系统适配器；5—多尺度样本系统调节器；
6—自动加载器；7—样本台；8—X射线滤光片；
9—原位测试接口；10—设备工作站；11—软件系统。

(a) 3D-XRM系统构成　　(b) 3D-XRM两级放大测试原理

图 8-50　CT 实验系统

通过 3D-XRM 扫描获得了损伤花岗岩岩芯的多层 X 射线显微图像。由于密度差异[云母密度(2.70～3.30 g/cm^3)>石英密度(2.60～2.65 g/cm^3)>长石密度(2.54～2.65 g/cm^3)]，在图像中云母的亮度高于石英和长石的亮度，孔裂隙的亮度最小。三种花岗岩典型的 3D-XRM 显微图像如图 8-51 所示，可以看出三种花岗岩在矿物晶粒组成、含量、尺寸和裂隙发育形态上均有显著差异。

结合分水岭算法和 Top-Hat 算法对图像进行分割，然后将用两种算法分割后的孔裂隙网络叠加，得到更加准确的孔裂隙网络。其中分水岭算法是一种基于拓扑理论的数学形态学图像分割方法，该方法将边缘检测与区域生长结合，能够较为准确地确定骨架与孔隙的边

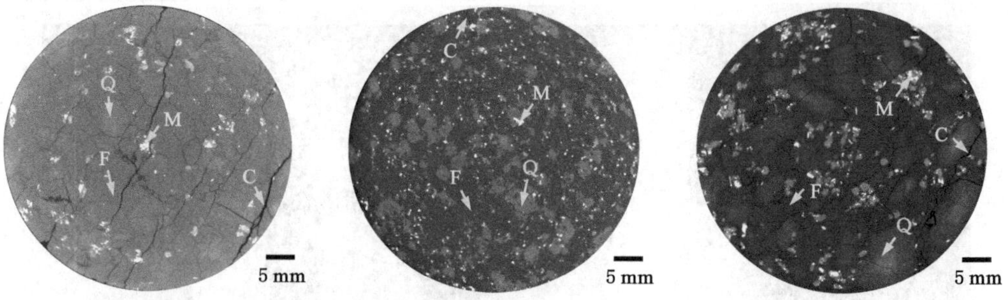

(a) 花岗岩A　(b) 花岗岩B　(c) 花岗岩C

Q—石英；F—长石；M—云母；C—裂隙。

图 8-51　三种花岗岩的切片图像

界；Top-Hat 算法是原图像与图像开运算结果之差，能够有效检测图像边缘，去除复杂场景的背景信息。

如图 8-52 所示，花岗岩 A、B 和 C 的孔裂隙网络发育呈现一定差异性。从整体的孔裂隙发育程度来看，花岗岩 A 最高，花岗岩 C 次之，花岗岩 B 最低。花岗岩 B 在 400 ℃和 500 ℃ 时均只在局部发育孔裂隙。具体地，在 400 ℃时，孔裂隙的尺寸均较小，且均呈孤立分布，相互间的连通性很差。在 500 ℃时，孔裂隙的范围扩展，占据大部分区域；大尺寸的裂隙连通，形成优势渗流通道；孤立的大尺寸孔隙分散在裂隙周围。花岗岩 A 在 400 ℃和 500 ℃ 时均有大尺寸的孔裂隙交错发育，500 ℃时的裂隙尺寸相对更大，存在贯穿裂隙面构成的优势渗流通道；花岗岩 C 在 500 ℃时仍发育大量的孔裂隙，但裂隙的尺寸相较于花岗岩 A 略小，孔裂隙间交织贯通。

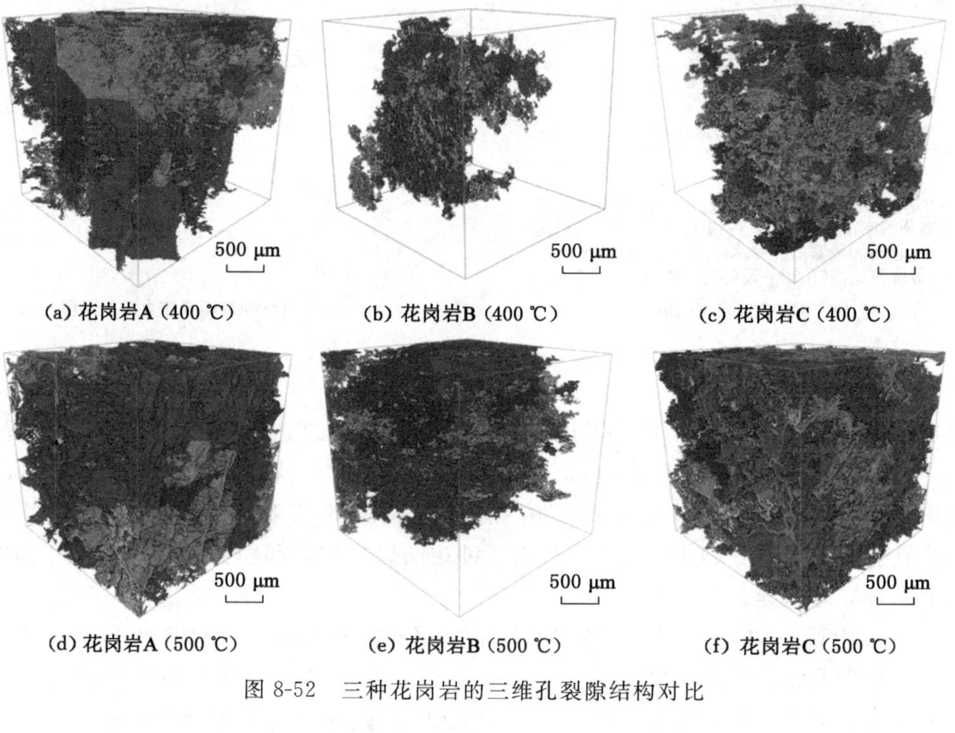

(a) 花岗岩A (400 ℃)　(b) 花岗岩B (400 ℃)　(c) 花岗岩C (400 ℃)

(d) 花岗岩A (500 ℃)　(e) 花岗岩B (500 ℃)　(f) 花岗岩C (500 ℃)

图 8-52　三种花岗岩的三维孔裂隙结构对比

图 8-53 对比了花岗岩 A、B 和 C 的拓扑参数差异。孔隙参数方面，在相对较低的加热温度时(400 ℃)，三种花岗岩的孔体积、表面积和半径分布曲线较为接近，孔隙体积集中在 10^5～1.585×10^6 μm^3范围内，孔隙表面积在 6 310～10^7 μm^2范围内呈双峰分布，孔隙半径在 25.12～398.10 μm 范围内呈单峰分布。在相对较高的加热温度(500 ℃)时，三种花岗岩的孔隙参数分布曲线呈现差异性：对于孔隙体积，花岗岩 A 以 10^5～1.585×10^5 μm^3 和 $(2.512$～$3.981)\times10^5$ μm^3为主；花岗岩 B 在 10^5～1.585×10^5 μm^3范围内的占比减小，在 3.981×10^5～10^6 μm^3范围内的占比增加；花岗岩 C 在 10^5～1.585×10^5 μm^3范围内的占比

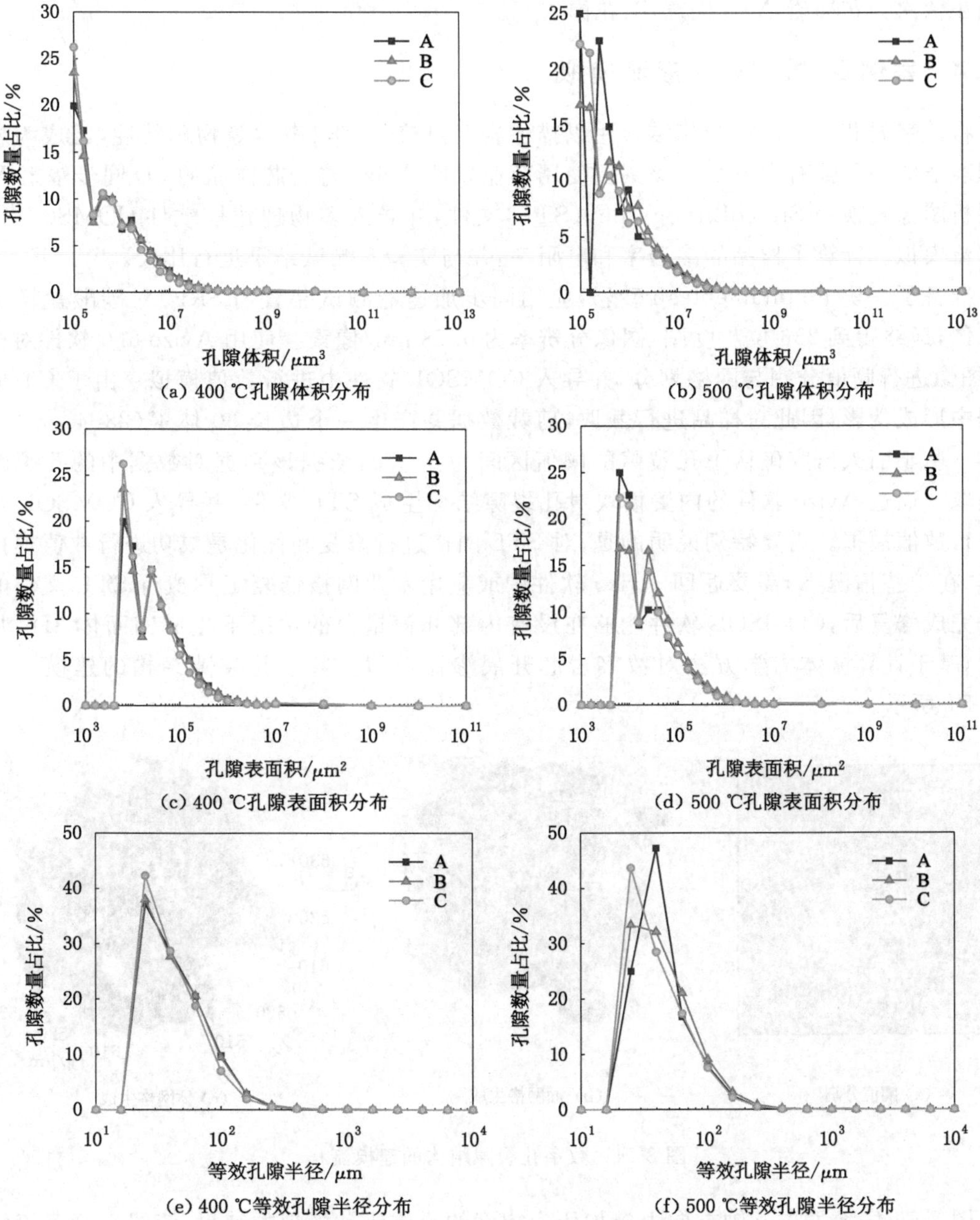

(a) 400 ℃孔隙体积分布　(b) 500 ℃孔隙体积分布
(c) 400 ℃孔隙表面积分布　(d) 500 ℃孔隙表面积分布
(e) 400 ℃等效孔隙半径分布　(f) 500 ℃等效孔隙半径分布

图 8-53　三种花岗岩的孔隙拓扑参数对比

减小，在$(1.585\sim2.512)\times10^5\ \mu m^3$范围内的占比增加。三种花岗岩均存在一定程度的孔隙扩容，其中花岗岩A和B的扩容程度更大。对于孔隙表面积，花岗岩A在6 310～10 000 μm^2范围内的占比增加，在$(2.512\sim3.981)\times10^5\ \mu m^2$范围内的占比减小；花岗岩B在6 310～10 000 μm^2范围内的占比减小，而在$2.512\times10^5\sim10^6\ \mu m^2$范围内的占比增加；花岗岩C在6 310～10 000 μm^2范围内的占比减小，在10 000～15 850 μm^2范围内的占比增加。孔隙半径方面，花岗岩A的孔径集中在39.81～63.1 μm范围内，花岗岩C的孔径集中在25.12～39.81 μm范围内，花岗岩B的孔径集中在25.12～63.1 μm范围内，整体孔径由大到小依次为花岗岩A、花岗岩B、花岗岩C。

8.4.4 案例四：数字岩芯渗流模拟

将数字岩芯与数值模拟相结合用以描述岩石渗流、电学、声学等物理特性，已成为岩石物理表征的一种强有力方案。该案例使用商业软件Avizo将岩芯样品的3D同步辐射X射线层析图像转换为StereoLithography(STL)文件，并导入多物理建模软件COMSOL中进行渗流模拟。计算了样品的渗透率和电阻率，并与实验室测试结果进行比较。

准备了一块Fountainebleau砂岩，应用同步加速器测试装置(ESRF)对碳酸盐样本进行成像，最终得到256位灰度图，图像分辨率为0.78 μm/像素。使用Avizo 6.0软件对样品CT图像进行阈值分割与网格划分，并导入COMSOL软件中进行数值模拟。由于CT成像过程中形成伪影，因此对样品进行截取，剪裁数据并产生一个边长30体素(23.4 μm)的立方体。基于前人研究确认了孔裂隙的阈值区间为0～85，依据该判据对数据中的孔裂隙进行提取。通过Avizo软件的内置模块对孔裂隙结构生成STL文件，并导入COMSOL软件中进行数值模拟。需要特别说明的是，对STL网格进行修复和优化是成功进行数值模拟的前提，在一些情况下，需要返回Avizo软件中或应用专业网格修复工具执行STL文件的修复。完成修复后，COMSOL软件能够在没有内部几何错误的情况下生成四面体3D网格。随后，基于计算流体力学方法对数字岩芯开展渗流模拟。数字孔裂隙结构的建模流程如图8-54所示。

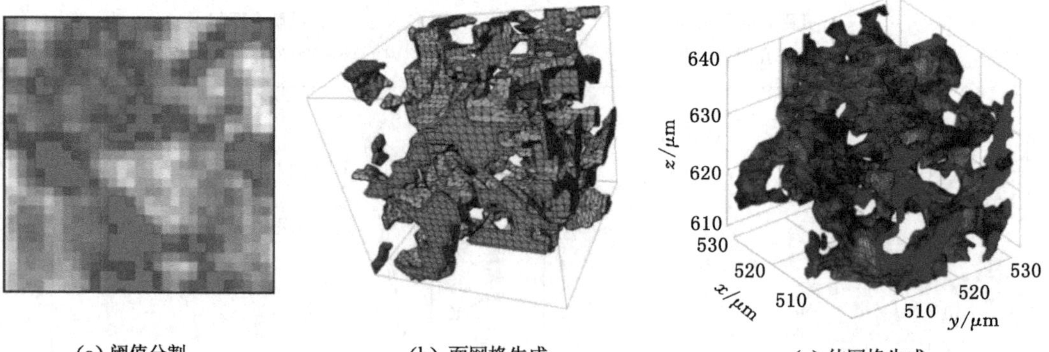

(a) 阈值分割　　(b) 面网格生成　　(c) 体网格生成

图8-54　数字孔裂隙结构的建模流程

图8-55显示了在y轴方向上施加压力梯度的流体流动模拟的结果，流线平行于流体流动方向，而颜色表示速度的大小。可以看到，一些孔隙空间不包含流线，表明一些孔隙度对

渗透率没有显著贡献。还可以看到,流体速度最高的地方是大的孔隙变收缩的地方,并且由于孔壁的阻力,垂直于流动方向的孔隙上的流速有明显的梯度。

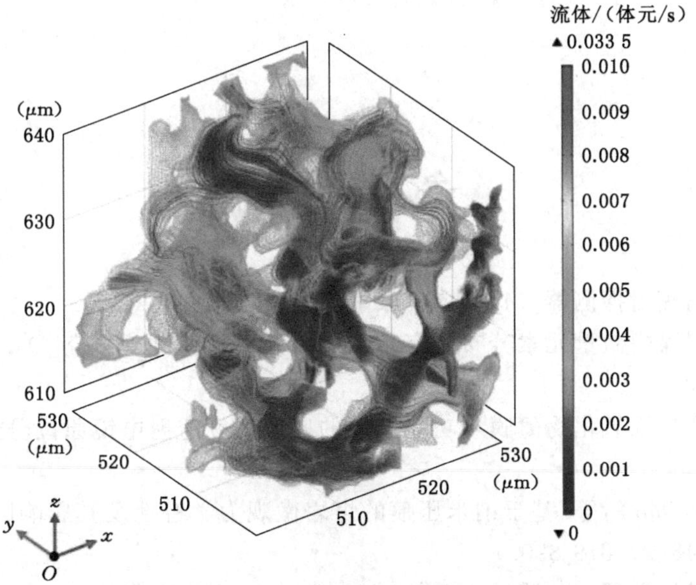

图 8-55　数字孔裂隙结构流体流动模拟

思考题

1. 简述工业 CT 中涉及的三种射线与物质的相互作用形式,并分析它们对 CT 成像的影响规律?

2. 基于投影重建 CT 图像的基本方法有哪些? 应用最广泛的一种方式是什么? 请简述正弦图的形成过程。

3. 简述工业 CT 的基本组成结构,以及各结构的主要参数指标。

4. 工业 CT 在煤岩测试分析领域中的基本应用方法有哪些? 简要说明应用工业 CT 进行煤岩材料的 2D 和 3D 孔裂隙分析的流程与可分析参数,并通过文献调研了解数字岩芯技术的发展现状。

5. 在青藏高原等高寒高海拔地区,昼夜温差巨大,对工程岩体具有极强的冻融循环风化作用,容易诱发工程灾害。如我国西藏地区开发的世界最高矿井——娘姆特煤矿,在 2015 年 3 月发生了一起突水事故,初步断定为冻融循环作用诱发。假如你是该矿井的工程技术人员,并希望借助工业 CT 技术研究冻融循环作用对煤岩的损伤演化规律,查阅相关文献并设计一个科学实验对该问题进行分析。

参考文献

[1] 安继刚.电离辐射探测器[M].北京:原子能出版社,1995:20-33.
[2] 白向飞.中国煤中微量元素分布赋存特征及其迁移规律试验研究[D].北京:煤炭科学研究总院,2003.
[3] 蔡嵩骅.新颖二维氧化物薄膜与功能器件的原子尺度透射电镜原位研究[D].南京:南京大学,2019.
[4] 蔡益栋,贾丁,邱峰,等.基于纳米压痕的煤岩微观力学特性及其影响因素剖析[J].煤炭学报,2023,48(2):879-890.
[5] 操光辉.材料科学研究与测试方法[M].南京:东南大学出版社,2013:354.
[6] 陈佳妮.矿物微区分析中透射电镜测试技术的应用[J].高校地质学报,2021,27(3):356-365.
[7] 陈金妹,谈萍,王建永.气体吸附法表征多孔材料的比表面积及孔结构[J].粉末冶金工业,2011,21(2):45-49.
[8] 陈世杰,马巍,李国玉,等.与医用CT配合使用的冻土三轴仪的研制与应用[J].岩土力学,2017,38(增刊2):359-367.
[9] 陈永.多孔材料制备与表征[M].合肥:中国科学技术大学出版社,2010.
[10] 陈元千,傅礼兵,郝明强.气体吸附方程和解吸方程的推导及应用[J].中国海上油气,2018,30(2):85-89.
[11] 楚亚培,张东明,王满,等.基于核磁共振技术和压汞法的液氮冻融煤体孔隙结构损伤演化规律试验研究[J].岩石力学与工程学报,2022,41(9):1820-1831.
[12] 崔继强.电子探针测试石英中Al和Ti含量的研究[D].武汉:中国地质大学(武汉),2019.
[13] 杜红秀,樊亚男.基于X-CT的C60高性能混凝土高温细观结构损伤研究[J].建筑材料学报,2020,23(1):210-215.
[14] 樊玉峰,肖晓春,丁鑫,等.岩煤接触面力学性质对组合煤岩力学行为影响机制[J].煤炭学报,2023,48(4):1487-1501.
[15] 范留明,李宁,丁卫华.数字图像伪彩色增强方法在岩土CT图像分析中的应用[J].岩石力学与工程学报,2004,23(13):2257-2261.
[16] 范宜仁,刘建宇,葛新民,等.基于核磁共振双截止值的致密砂岩渗透率评价新方法[J].地球物理学报,2018,61(4):1628-1638.
[17] 范宜仁,邢东辉,邓少贵,等.低渗透岩石声学特征及在含气性预测中的应用[J].西南

石油大学学报(自然科学版),2015,37(5):64-70.
[18] 冯初晴,郭潇月,郑琛,等.能谱CT的标定、重建算法与系统[J].中国体视学与图像分析,2016,21(4):353-366.
[19] 冯国瑞,樊一江,王朋飞,等.不同材料组合及配比下类岩石试件单轴压缩损伤破坏过程分析[J].岩石力学与工程学报,2023,42(增刊1):3377-3390.
[20] 复旦大学,清华大学,北京大学.原子核物理实验方法:上册[M].2版.北京:原子能出版社,1985:67-83.
[21] 傅健,路宏年,任华友,等.基于原始投影正弦图的X-CT硬化校正[J].北京航空航天大学学报,2006,32(6):725-728.
[22] 葛修润,任建喜,蒲毅彬,等.煤岩三轴细观损伤演化规律的CT动态试验[J].岩石力学与工程学报,1999,18(5):497-502.
[23] 耿建民.电子探针、离子探针和扫描电镜样品的制备方法[J].电子显微学报,1983,2(1):57-60.
[24] 宫伟力,李晨.煤岩结构多尺度各向异性特征的SEM图像分析[J].岩石力学与工程学报,2010,29(增刊1):2681-2689.
[25] 龚翱翔,徐驰,安瞻,等.15-15Ti ODS奥氏体钢晶粒组织与纳米粒子的透射电镜表征[J].材料导报,2024,38(10):194-199.
[26] 顾斌.热力耦合作用下岩体物理力学特性及煤炭地下气化特征场研究[D].徐州:中国矿业大学,2021.
[27] 管学茂.现代材料分析测试技术[M].2版.徐州:中国矿业大学出版社,2018.
[28] 郭德勇,郭晓洁,李德全.构造变形对烟煤级构造煤微孔-中孔的作用[J].煤炭学报,2019,44(10):3135-3144.
[29] 郭海军.煤的双重孔隙结构等效特征及对其力学和渗透特性的影响机制[M].徐州:中国矿业大学出版社,2020.
[30] 郭恒.煤孔隙率测定方法研究进展[J].能源技术与管理,2018,43(1):1-3.
[31] 郭思齐,张佳琳,程宁燕,等.双金属合金纳米颗粒的原位透射电镜研究[J].电子显微学报,2022,41(4):459-471.
[32] 郭志平,董宇峰,张朝宗.工业CT技术[J].无损检测,1996,18(1):27-30.
[33] 郝晨光,郭晓阳,邓存宝,等.基于Bi-PTI模型的CT数字煤岩孔裂隙精准识别及阈值反演[J].煤炭学报,2023,48(4):1516-1526.
[34] 侯晨亮.高挥发分烟煤微观变形及物性差异成因机制研究[D].徐州:中国矿业大学,2023.
[35] 胡军,王核,徐德明,等.西昆仑大红柳滩铁矿床矿物电子探针化学成分和赤铁矿氧同位素特征研究[J].地球化学,2019,48(5):458-467.
[36] 黄青.电子探针X射线显微分析在煤中元素检测中的应用[J].科技展望,2016,26(35):135.
[37] 黄晓莹.砂岩的T_1和T_2核磁共振成像表征研究[D].北京:中国石油大学(北京),2020.
[38] 黄艳芳,刘志军,刘金红,等.CO_2吸附法表征材料孔结构的研究进展[J].离子交换与吸附,2018,34(2):185-192.

[39] 黄彦华，陶然，陈笑，等. 高温后花岗岩断裂特性及热裂纹演化规律研究[J]. 岩土工程学报，2023，45(4)：739-747.

[40] 黄振兴. 活性炭技术基础[M]. 北京：兵器工业出版社，2006.

[41] 霍多特. 煤与瓦斯突出[M]. 宋士钊，王佑安，译. 北京：中国工业出版社，1966：318.

[42] 贾荔丹，李波波，李建华，等. 采气-采煤阶段煤岩渗透率演化机制研究[J]. 岩石力学与工程学报，2022，41(1)：132-146.

[43] 金解放，李夕兵，殷志强，等. 循环冲击下波阻抗定义岩石损伤变量的研究[J]. 岩土力学，2011，32(5)：1385-1393.

[44] 雷国荣，李春元，齐庆新，等. 原生层理结构影响下煤岩组合体超声波及 CT 扫描分析[J]. 煤炭科学技术，2024，52(3)：74-86.

[45] 雷蕾，相建华，曾凡桂，等. 无烟煤微晶结构的高分辨率透射电镜分析[J]. 燃料化学学报，2021，49(6)：742-751.

[46] 黎兵，曾广根. 现代材料分析技术[M]. 成都：四川大学出版社，2017：321.

[47] 李长文，余春昊，张银海，等. 岩石声波主频漂移现象及其应用探讨[J]. 测井技术，1999，23(4)：13-17.

[48] 李斗星. 透射电子显微学的新进展 I 透射电子显微镜及相关部件的发展及应用[J]. 电子显微学报，2004，23(3)：269-277.

[49] 李铭，李艳华，楚泽涵. 声频谱测井方法研究进展[J]. 地球物理学进展，2003，18(2)：229-233.

[50] 李铭，卢颖忠，张莹. 低孔低渗岩石声学参数的实验研究[J]. 大庆石油地质与开发，1999，18(5)：42-45.

[51] 李全中，胡海洋，吉小峰. 煤、页岩和砂岩孔隙结构差异性及对甲烷吸附的影响研究[J]. 煤炭科学技术，2022，50(5)：157-163.

[52] 李松鹏，吴攀，李学先，等. 黔西南不同风化程度含煤岩系潜在有毒元素地球化学特征[J]. 矿物学报，2022，42(6)：807-814.

[53] 李伟，要惠芳，刘鸿福，等. 基于显微 CT 的不同煤体结构煤三维孔隙精细表征[J]. 煤炭学报，2014，39(6)：1127-1132.

[54] 李文浩，卢双舫，王民，等. 基于扫描电镜大视域拼接技术定量表征致密储层微观非均质性[J]. 石油与天然气地质，2022，43(6)：1497-1504.

[55] 李文杰. 纳米 CT 三维图像处理分析方法及其应用的研究[D]. 合肥：中国科学技术大学，2011：32-83.

[56] 李阳，张玉贵，张浪，等. 基于压汞、低温 N_2 吸附和 CO_2 吸附的构造煤孔隙结构表征[J]. 煤炭学报，2019，44(4)：1188-1196.

[57] 李勇，徐立富，张守仁，等. 深煤层含气系统差异及开发对策[J]. 煤炭学报，2023，48(2)：900-917.

[58] 梁灿，贾子健，肖立志. 岩石润湿性核磁共振表征技术的研究进展[J]. 地球物理学进展，2023，38(4)：1610-1624.

[59] 梁佐堂，李继峰，董乐，等. 对比分析 X 线、CT 和 MRI 在早期强直性脊柱炎骶髂关节病变诊断中应用的价值[J]. 中国 CT 和 MRI 杂志，2015，13(2)：84-87.

[60] 凌妍,钟娇丽,唐晓山,等.扫描电子显微镜的工作原理及应用[J].山东化工,2018,47(9):78-79,83.

[61] 刘厅,翟成,赵洋,等.基于LF-NMR的页岩多尺度孔裂隙应力敏感性评价[J].煤炭学报,2021,46(增刊2):887-897.

[62] 刘向君,朱洪林,梁利喜.基于微CT技术的砂岩数字岩石物理实验[J].地球物理学报,2014,57(4):1133-1140.

[63] 刘学锋,张晓伟,曾鑫,等.采用机器学习分割算法和扫描电镜分析页岩微观孔隙结构[J].中国石油大学学报(自然科学版),2022,46(1):23-33.

[64] 卢杰林.不同煤阶煤孔径结构特征及全孔径拼接表征[D].徐州:中国矿业大学,2021.

[65] 卢宜冠,孙凯,覃鹏,等.赞比亚铜带省谦比希盆地含矿地层地球化学特征、物源属性及其成矿地质背景研究[J].地质学报,2021,95(4):1082-1099.

[66] 卢宜冠,涂家润,孙凯,等.中非赞比亚成矿带谦比希铜钴矿床钴的赋存状态与成矿规律[J].地学前缘,2021,28(3):338-354.

[67] 卢志国,高富强,鞠文君,等.低刚度加载诱发煤样冲击破坏特征及其机制[J].岩石力学与工程学报,2024,43(6):1455-1467.

[68] 马原辉,陈学广,刘哲.扫描电镜粉末样品的制备方法[J].实验室科学,2011,14(1):148-150.

[69] 秦雷.液氮循环致裂煤体孔隙结构演化特征及增透机制研究[D].徐州:中国矿业大学,2018.

[70] 秦雷,斉思恒,李树刚,等.液氮循环冻结煤体融化过程未冻水含量特征及其对孔隙的影响机制[J].煤炭学报,2023,48(2):776-786.

[71] 秦玉娟,张天付,胡圆圆,等.电子探针背散射电子图像在碳酸盐岩微区分析中的意义[J].电子显微学报,2013,32(6):479-484.

[72] 邱钧,徐茂林.由投影重建图像的对称块迭代算法[J].电子与信息学报,2007,29(10):2296-2300.

[73] 全国筛网筛分和颗粒分检方法标准化技术委员会.压汞法和气体吸附法测定固体材料孔径分布和孔隙度 第3部分:气体吸附法分析微孔:GB/T 21650.3—2011[S].北京:中国标准出版社,2012.

[74] 阮秋琦.数字图像处理学[M].北京:电子工业出版社,2001:1-20.

[75] 宋超,姜永东,王苏健,等.超声波作用下煤体微观结构的试验研究[J].煤炭科学技术,2019,47(5):139-144.

[76] 宋帅兵.高庙子膨润土孔隙结构多尺度特征及其渗流特性研究[D].徐州:中国矿业大学,2020:15-45.

[77] 宋勇军,张君,陈佳星,等.裂隙砂岩未冻水含量演化特征研究[J].岩石力学与工程学报,2023,42(3):575-584.

[78] 孙少华,高文焕,张丽,等.基于多色系统参数的CT硬化校正算法[J].清华大学学报(自然科学版),2002,42(12):1579-1582.

[79] 孙晓晓,姚艳斌,陈基瑜,等.基于低场核磁共振的煤润湿性分析[J].现代地质,2015,29(1):190-197.

[80] 孙勇.液氮循环冷冲击高温花岗岩物理力学特性演化及损伤机制[D].徐州:中国矿业大学,2022.
[81] 谭茂金.数字岩石物理学及测井解释应用概论[J].测井技术,2022,46(4):371-379.
[82] 唐旭,李金华.透射电子显微镜技术新进展及其在地球和行星科学研究中的应用[J].地球科学,2021,46(4):1374-1415.
[83] 田威,党发宁,丁卫华,等.适于CT试验的动态加载设备研制及其应用[J].岩土力学,2010,31(1):309-313.
[84] 田文岭.高温处理后花岗岩力学行为与损伤破裂机理研究[D].徐州:中国矿业大学,2019.
[85] 王安民,高于超,邹俊超,等.基于深度学习的煤系页岩孔隙结构定量表征[J].煤炭科学技术,2023,51(增刊2):183-190.
[86] 王斌,刘学,涂琦,等.构造煤孔隙结构特征及其对瓦斯抽采的影响[J].采矿技术,2023,23(5):163-170.
[87] 王长盛,翟培城,王林森,等.基于Micro-CT技术的煤岩裂隙精细表征[J].煤炭科学技术,2017,45(4):137-142,55.
[88] 王登科,曾凡超,王建国,等.显微工业CT的受载煤样裂隙动态演化特征与分形规律研究[J].岩石力学与工程学报,2020,39(6):1165-1174.
[89] 王登科,张航,魏建平,等.基于工业CT扫描的瓦斯压力影响下含瓦斯煤裂隙动态演化特征[J].煤炭学报,2021,46(11):3550-3564.
[90] 王登科,张平,浦海,等.温度冲击下煤体裂隙结构演化的显微CT实验研究[J].岩石力学与工程学报,2018,37(10):2243-2252.
[91] 王刚,江成浩,刘世民,等.基于CT三维重建煤骨架结构模型的渗流过程动态模拟研究[J].煤炭学报,2018,43(5):1390-1399.
[92] 王刚,李胜鹏,刘义鑫,等.真三轴下注水条件对煤体超声波传播特性影响规律的研究[J].岩石力学与工程学报,2022,41(11):2225-2239.
[93] 王刚,沈俊男,褚翔宇,等.基于CT三维重建的高阶煤孔裂隙结构综合表征和分析[J].煤炭学报,2017,42(8):2074-2080.
[94] 王国栋.木质活性炭对小分子气体吸附容量的理论计算[D].南京:南京林业大学,2017.
[95] 王丽.肿瘤细胞膜蛋白的高分辨扫描电子显微学研究[D].北京:北京工业大学,2018.
[96] 王守光,穆鹏宇,王嘉敏,等.CT扫描的煤岩面裂隙椭球模型重构与张量表征及其应用[J].煤炭学报,2022,47(7):2593-2608.
[97] 王鑫,曾溅辉,孔祥晔,等.页岩孔隙润湿性对自发渗吸的控制作用[J].中南大学学报(自然科学版),2022,53(9):3323-3336.
[98] 王宇,李晓.岩体细观结构力学工业CT技术与应用[M].北京:冶金工业出版社,2021:56-58.
[99] 魏英,吴文晋,杨民.基于多项式拟合的CT图像环状伪影校正[J].北京信息科技大学学报(自然科学版),2010,25(4):45-48.
[100] 魏则宁,翟成,孙勇,等.液氮冷冲击时长对煤体致裂效果的影响[J].中国矿业大学学

报,2022,51(2):273-282.

[101] 吴星辉,蔡美峰,任奋华,等.不同热处理作用下花岗岩纵波波速和导热能力的演化规律分析[J].岩石力学与工程学报,2022,41(3):457-467.

[102] 夏筱红.煤中有害元素直接液化迁移行为及其环境效应[D].徐州:中国矿业大学,2009.

[103] 羡宇帅.强化重力场中低阶烟煤煤岩显微组分富集规律研究[D].徐州:中国矿业大学,2022.

[104] 谢然红,肖立志.(T_2,D)二维核磁共振测井识别储层流体的方法[J].地球物理学报,2009,52(9):2410-2418.

[105] 谢然红,肖立志,陆大卫.识别储层流体的(T_2,T_1)二维核磁共振方法[J].测井技术,2009,33(1):26-31.

[106] 谢松彬,姚艳斌,陈基瑜,等.煤储层微小孔孔隙结构的低场核磁共振研究[J].煤炭学报,2015,40(增刊1):170-176.

[107] 邢东辉.致密油气储层核磁共振响应机理实验研究与应用[D].青岛:中国石油大学(华东),2019.

[108] 熊先钺,闫霞,徐凤银,等.深部煤层气多要素耦合控制机理、解吸规律与开发效果剖析[J].石油学报,2023,44(11):1812-1826,1853.

[109] 徐柏森,杨静.电子显微技术与应用[M].南京:东南大学出版社,2016:268.

[110] 徐吉钊.液态CO_2循环冲击致裂煤体孔隙结构及损伤力学特征研究[D].徐州:中国矿业大学,2020.

[111] 徐吉钊,翟成,桑树勋,等.基于低场核磁共振技术的液态CO_2循环致裂煤体孔隙特征演化规律[J].煤炭学报,2021,46(11):3578-3589.

[112] 徐晓萌,马红星,田建伟,等.基于核磁共振技术的煤体微观孔隙结构研究[J].煤矿安全,2017,48(2):1-4.

[113] 杨甫,贺丹,马东民,等.低阶煤储层微观孔隙结构多尺度联合表征[J].岩性油气藏,2020,32(3):14-23.

[114] 杨民,路宏年,路远.CT重构中射线硬化的校正研究[J].光学技术,2003,29(2):177-178.

[115] 杨明,徐靖,何敏,等.浸润环境下煤体多态水分布及运移规律[J].煤炭学报,2023,48(2):787-794.

[116] 杨振琦,王述红,孟嫣然,等.基于CT扫描的花岗岩三维数值试件重构模型及应用[J].固体力学学报,2017,38(6):591-600.

[117] 杨正红.物理吸附100问[M].北京:化学工业出版社,2017.

[118] 姚文杰,刘学伟,刘滨,等.煤-过渡层-岩组合体物理力学特征试验及数值模拟研究[J].岩石力学与工程学报,2024,43(1):184-205.

[119] 姚艳斌,刘大锰.基于核磁共振弛豫谱的煤储层岩石物理与流体表征[J].煤炭科学技术,2016,44(6):14-22.

[120] 姚艳斌,刘大锰,蔡益栋,等.基于NMR和X-CT的煤的孔裂隙精细定量表征[J].中国科学:地球科学,2010,40(11):1598-1607.

[121] 尹志军,盛国君,王春光.基于压汞法的煤岩各段孔隙的分形特征[J].金属矿山,2011(9):54-57.
[122] 于冰,周蕊,卢兆林,等.煤岩样品 TEM 超薄切片制备方法研究[J].电子显微学报,2014,33(2):180-187.
[123] 郁青,何春霞.无损检测技术在复合材料检测中的应用[J].工程与试验,2009,49(2):24-29.
[124] 曾丽珍,赵少飞.浅谈高质量透射电镜照片的拍摄[J].实验室研究与探索,2016,35(7):295-301.
[125] 翟成,孙勇,范宜仁,等.低场核磁共振技术在煤孔隙结构精准表征中的应用与展望[J].煤炭学报,2022,47(2):828-848.
[126] 张朝宗.工业 CT 技术参数对性能指标的影响:兼谈如何选择工业 CT 产品[J].无损检测,2007,29(1):48-52.
[127] 张朝宗.工业 CT 技术和原理[M].北京:科学出版社,2009:16-44.
[128] 张村,贾胜,王方田,等.水岩作用下煤体孔裂隙结构演化特征及驱动机制实验研究[J].应用基础与工程科学学报,2023,31(1):185-196.
[129] 张迪,陈意,毛骞,等.电子探针分析技术进展及面临的挑战[J].岩石学报,2019,35(1):261-274.
[130] 张全红,路宏年,杨民.基于重投影的多项式拟合校正射束硬化[J].光学技术,2005,31(4):633-635.
[131] 张巍,梁小龙,唐心煜,等.显微 CT 扫描南京粉砂空间孔隙结构的精细化表征[J].岩土工程学报,2017,39(4):683-689.
[132] 章鑫,徐俊,许凯,等.基于拉曼成像的煤岩组分化学结构原位研究[J].工程热物理学报,2021,42(6):1614-1621.
[133] 赵静,冯增朝,杨栋,等.基于三维 CT 图像的油页岩热解及内部结构变化特征分析[J].岩石力学与工程学报,2014,33(1):112-117.
[134] 赵蕾.核磁共振在储层物性测定中的研究及应用[D].青岛:中国石油大学(华东),2010.
[135] 赵鹏翔,刘妍群,李树刚,等.吸附性类煤岩材料中超声波速影响因素及敏感性分析[J].西安科技大学学报,2022,42(3):430-441.
[136] 郑司建.基于低场核磁共振的煤储层特性定量分析方法[D].北京:中国地质大学(北京),2021.
[137] 郑鑫,由吉春,朱雨田,等.扫描电镜技术在高分子表征研究中的应用[J].高分子学报,2022,53(5):539-560.
[138] 中国有色金属工业协会.气体吸附 BET 法测定固态物质比表面积:GB/T 19587—2017[S].北京:中国标准出版社,2017.
[139] 邹明俊,韦重韬,张苗,等.基于压汞实验的煤孔隙系统分形分类[J].煤炭工程,2013,45(10):112-114.
[140] 左淑兰.磁畴结构的原位透射电镜研究[D].北京:中国科学院大学(中国科学院物理研究所),2019.

[141] ALI AGHIGHI M, CUI T, SCHÖNING G, et al. A novel methodology for assessing the potential for formation bridging in coal seam gas fields: a case study from southern Queensland[J]. Gas science and engineering, 2024, 126: 205321.

[142] ALPERN B. Coal typology-physics-chemistry-constitution[J]. International journal of coal geology, 1994, 26(3/4): 261-262.

[143] AMANKWAH K A G, SCHWARZ J A. A modified approach for estimating pseudo-vapor pressures in the application of the Dubinin-Astakhov equation[J]. Carbon, 1995, 33(9): 1313-1319.

[144] AMBROSE R J, HARTMAN R C, DIAZ-CAMPOS M, et al. Shale gas-in-place calculations part Ⅰ: new pore-scale considerations[J]. SPE journal, 2012, 17(1): 219-229.

[145] CAI Y D, LI Q, LIU D M, et al. Insights into matrix compressibility of coals by mercury intrusion porosimetry and N_2 adsorption[J]. International journal of coal geology, 2018, 200: 199-212.

[146] CAO T T, SONG Z G, WANG S B, et al. Characterizing the pore structure in the Silurian and Permian shales of the Sichuan Basin, China[J]. Marine and petroleum geology, 2015, 61: 140-150.

[147] CAVENATI S, GRANDE C A, RODRIGUES A E. Adsorption equilibrium of methane, carbon dioxide, and nitrogen on zeolite 13X at high pressures[J]. Journal of chemical & engineering data, 2004, 49(4): 1095-1101.

[148] CAZORLA-AMORÓS D, ALCAÑIZ-MONGE J, DE LA CASA-LILLO M A, et al. CO_2 as an adsorptive to characterize carbon molecular sieves and activated carbons [J]. Langmuir, 1998, 14(16): 4589-4596.

[149] CHAKI S, TAKARLI M, AGBODJAN W P. Influence of thermal damage on physical properties of a granite rock: porosity, permeability and ultrasonic wave evolutions[J]. Construction and building materials, 2008, 22(7): 1456-1461.

[150] CHEN J H, WONG D S H, TAN C S, et al. Adsorption and desorption of carbon dioxide onto and from activated carbon at high pressures [J]. Industrial & engineering chemistry research, 1997, 36(7): 2808-2815.

[151] CLARKSON C R R, WOOD J M M, BURGIS S E E, et al. Nanopore-structure analysis and permeability predictions for a tight gas siltstone reservoir by use of low-pressure adsorption and mercury-intrusion techniques [J]. SPE reservoir evaluation & engineering, 2012, 15(6): 648-661.

[152] DEBOER J H, EVERETT D H, STONE F S. The structure and properties of porous materials[J]. Colston papers, 1958, 389: 68-90.

[153] DEROME A E. Modern NMR techniques for chemistry research[M]. Amsterdam: Elsevier, 2013.

[154] DONOHUE M D, ARANOVICH G L. Classification of Gibbs adsorption isotherms [J]. Advances in colloid and interface science, 1998, 76/77: 137-152.

[155] FAN L,LIU S M. Numerical prediction of in situ horizontal stress evolution in coalbed methane reservoirs by considering both poroelastic and sorption induced strain effects[J]. International journal of rock mechanics and mining sciences,2018,104:156-164.

[156] FU H J,TANG D Z,XU T,et al. Characteristics of pore structure and fractal dimension of low-rank coal:a case study of Lower Jurassic Xishanyao coal in the southern Junggar Basin,NW China[J]. Fuel,2017,193:254-264.

[157] GAVRILENKO M,BATANOVA V G,LLOVET X,et al. Secondary fluorescence effect quantification of EPMA analyses of olivine grains embedded in basaltic glass [J]. Chemical geology,2023,621:121328.

[158] GE X M,MYERS M T,LIU J Y,et al. Determining the transverse surface relaxivity of reservoir rocks: a critical review and perspective[J]. Marine and petroleum geology,2021,126:104934.

[159] GOR G Y,THOMMES M,CYCHOSZ K A,et al. Quenched solid density functional theory method for characterization of mesoporous carbons by nitrogen adsorption [J]. Carbon,2012,50(4):1583-1590.

[160] GRIFFITHS L, LENGLINÉ O, HEAP M J, et al. Thermal cracking in westerly granite monitored using direct wave velocity,coda wave interferometry,and acoustic emissions[J]. Journal of geophysical research (solid earth), 2018, 123(3): 2246-2261.

[161] GUO B, SHAO L Y, HILTON J, et al. Sequence stratigraphic interpretation of peatland evolution in thick coal seams: examples from Yimin Formation (Early Cretaceous), Hailaer Basin, China[J]. International journal of coal geology, 2018, 196:211-231.

[162] HE B N,HE J T,ZOU H,et al. Pore-scale identification of residual morphology and genetic mechanisms of nano emulsified vegetable oil in porous media using 3D X-ray microtomography[J]. Science of the total environment,2021,763:143015.

[163] HOU H H,SHAO L Y,TANG Y,et al. Coal seam correlation in terrestrial basins by sequence stratigraphy and its implications for paleoclimate and paleoenvironment evolution[J]. Journal of earth science,2023,34(2):556-570.

[164] HSIEH J. Computed tomography: principles, design, artifacts, and recent advances [M]. 3rd ed. Bellingham,WA:SPIE Press,2015:57-132.

[165] JIANG J Y,YANG W H,CHENG Y P,et al. Pore structure characterization of coal particles via MIP, N_2 and CO_2 adsorption: effect of coalification on nanopores evolution[J]. Powder technology,2019,354:136-148.

[166] KANG F C, JIA T R, LI Y C, et al. Experimental study on the physical and mechanical variations of hot granite under different cooling treatments[J]. Renewable energy,2021,179:1316-1328.

[167] KROOSS B M, VAN BERGEN F, GENSTERBLUM Y, et al. High-pressure

methane and carbon dioxide adsorption on dry and moisture-equilibrated Pennsylvanian coals[J]. International journal of coal geology,2002,51(2):69-92.

[168] LANDERS J,GOR G Y,NEIMARK A V. Density functional theory methods for characterization of porous materials[J]. Colloids and surfaces A: physicochemical and engineering aspects,2013,437:3-32.

[169] LARRANAGA M,LARTIGUE-KORINEK S,LEGROS M,et al. High temperature plasticity at twin boundary in Al:an in situ TEM perspective[J]. Acta materialia,2023,251:118877.

[170] LI S,TANG D Z,PAN Z J,et al. Characterization of the stress sensitivity of pores for different rank coals by nuclear magnetic resonance[J]. Fuel,2013,111:746-754.

[171] LI W,YAO H F,LIU H F,et al. Advanced characterization of three-dimensional pores in coals with different coal-body structure by micro-CT[J]. Journal of China Coal Society,2014,39(6):1127-1132.

[172] LIU C J,WANG G X,SANG S X,et al. Changes in pore structure of anthracite coal associated with CO_2 sequestration process[J]. Fuel,2010,89(10):2665-2672.

[173] LIU G J,ZHENG L G,ZHANG Y,et al. Distribution and mode of occurrence of As,Hg and Se and Sulfur in coal Seam 3 of the Shanxi Formation,Yanzhou Coalfield,China[J]. International journal of coal geology,2007,71(2/3):371-385.

[174] LIU S Q,SANG S X,LIU H H,et al. Growth characteristics and genetic types of pores and fractures in a high-rank coal reservoir of the southern Qinshui Basin[J]. Ore geology reviews,2015,64:140-151.

[175] LIU X F,NIE B S. Fractal characteristics of coal samples utilizing image analysis and gas adsorption[J]. Fuel,2016,182:314-322.

[176] MA Y,ARDAKANI O H,ZHONG N N,et al. Possible pore structure deformation effects on the shale gas enrichment:an example from the Lower Cambrian shales of the Eastern Upper Yangtze Platform,South China[J]. International journal of coal geology,2020,217:103349.

[177] MENG T,XIE J L,LI X M,et al. Experimental study on the evolutional trend of pore structures and fractal dimension of low-rank coal rich clay subjected to a coupled thermo-hydro-mechanical-chemical environment[J]. Energy,2020,203:117838.

[178] MOOSAVI S A,GOSHTASBI K,KAZEMZADEH E,et al. Relationship between porosity and permeability with stress using pore volume compressibility characteristic of reservoir rocks[J]. Arabian journal of geosciences,2014,7(1):231-239.

[179] MULFORT K,FARHA O,MALLIAKAS C,et al. An interpenetrated framework material with hysteretic CO_2 uptake[J]. Chemistry-A European Journal,2010,16(1):276-281.

[180] QI H,BA J,MÜLLER T M. Temperature effect on the velocity-porosity relationship in rocks[J]. Journal of geophysical research(solid earth),2021,126(1):e2019JB019317.

[181] QI L L,TANG X,WANG Z F,et al. Pore characterization of different types of coal

from coal and gas outburst disaster sites using low temperature nitrogen adsorption approach[J]. International journal of mining science and technology, 2017, 27(2): 371-377.

[182] QIN L, LI S G, ZHAI C, et al. Joint analysis of pores in low, intermediate, and high rank coals using mercury intrusion, nitrogen adsorption, and nuclear magnetic resonance[J]. Powder technology, 2020, 362: 615-627.

[183] QIN L, ZHAI C, LIU S M, et al. Fractal dimensions of low rank coal subjected to liquid nitrogen freeze-thaw based on nuclear magnetic resonance applied for coalbed methane recovery[J]. Powder technology, 2018, 325: 11-20.

[184] SCHMITT M, FERNANDES C P, CUNHA NETO J A B D, et al. Characterization of pore systems in seal rocks using nitrogen gas adsorption combined with mercury injection capillary pressure techniques[J]. Marine and petroleum geology, 2013, 39(1): 138-149.

[185] SEO J, MATSUDA R, SAKAMOTO H, et al. A pillared-layer coordination polymer with a rotatable pillar acting as a molecular gate for guest molecules[J]. Journal of the American Chemical Society, 2009, 131(35): 12792-12800.

[186] SHAO Y, WANG S Q, LI X Q. The effect of silicon-containing minerals on coal evolution at high-temperature pre-graphitization stage[J]. Minerals, 2022, 13(1): 20.

[187] SILVESTRE-ALBERO J, SILVESTRE-ALBERO A, RODRÍGUEZ-REINOSO F, et al. Physical characterization of activated carbons with narrow microporosity by nitrogen (77.4 K), carbon dioxide (273 K) and argon (87.3 K) adsorption in combination with immersion calorimetry[J]. Carbon, 2012, 50(9): 3128-3133.

[188] SING K S W. Reporting physisorption data for gas/solid systems with special reference to the determination of surface area and porosity (Recommendations 1984)[J]. Pure and applied chemistry, 1985, 57(4): 603-619.

[189] SUN Y, ZHAI C, XU J Z, et al. Damage and failure of hot dry rock under cyclic liquid nitrogen cold shock treatment: a non-destructive ultrasonic test method[J]. Natural resources research, 2022, 31(1): 261-279.

[190] SUN Y, ZHAI C, XU J Z, et al. Experimental study on pore structure evolution of coal in macroscopic, mesoscopic, and microscopic scales during liquid nitrogen cyclic cold-shock fracturing[J]. Fuel, 2021, 291: 120150.

[191] TAN M J, ZOU Y L, ZHOU C C. A new inversion method for (T_2, D) 2D NMR logging and fluid typing[J]. Computers and geosciences, 2013, 51: 366-380.

[192] TANAHASHI S, OKAWARA S, TOKUNAGA T, et al. Local crystallization of amorphous aluminum oxide thin film using electron beam irradiation by SEM[J]. Materials transactions, 2023, 64(1): 184-190.

[193] THOMMES M, KANEKO K, NEIMARK A V, et al. Physisorption of gases, with special reference to the evaluation of surface area and pore size distribution (IUPAC technical report)[J]. Pure and applied chemistry, 2015, 87(9/10): 1051-1069.

[194] TOKSÖZ M N, CHENG C H, TIMUR A. Velocities of seismic waves in porous rocks[J]. Geophysics, 1976, 41(4): 621-645.

[195] TONG Z Z, ZHANG J C, LI Z, et al. Investigation of organic-shale nanopores in the Lower Cambrian Niutitang Formation using low temperature N_2 and CO_2 adsorption: multifractality and classification [J]. Microporous and mesoporous materials, 2022, 337: 111935.

[196] UNSWORTH J F, FOWLER C S, JONES L F. Moisture in coal. 2. Maceral effects on pore structure[J]. Fuel, 1989, 68(1): 18-26.

[197] WANG S F, DONG D Z, WANG Y M, et al. Sedimentary geochemical proxies for paleoenvironment interpretation of organic-rich shale: a case study of the Lower Silurian Longmaxi Formation, Southern Sichuan Basin, China[J]. Journal of natural gas science and engineering, 2016, 28: 691-699.

[198] WANG X L, PAN J N, WANG K, et al. Characterizing the shape, size, and distribution heterogeneity of pore-fractures in high rank coal based on X-ray CT image analysis and mercury intrusion porosimetry[J]. Fuel, 2020, 282: 118754.

[199] WANG Z Y, CHENG Y P, QI Y X, et al. Experimental study of pore structure and fractal characteristics of pulverized intact coal and tectonic coal by low temperature nitrogen adsorption[J]. Powder technology, 2019, 350: 15-25.

[200] WANG Z Y, CHENG Y P, WANG G, et al. Comparative analysis of pore structure parameters of coal by using low pressure argon and nitrogen adsorption[J]. Fuel, 2022, 309: 122120.

[201] WARD C R. Analysis and significance of mineral matter in coal seams [J]. International journal of coal geology, 2002, 50(1/2/3/4): 135-168.

[202] WARDLAW N C, TAYLOR R P. Mercury capillary pressure curves and the intepretation of pore structure and capillary behaviour in reservoir rocks [J]. Bulletin of Canadian petroleum geology, 1976, 24(2): 225-262.

[203] WASHBURN E W. The dynamics of capillary flow[J]. Physical review, 1921, 17(3): 273-283.

[204] WEN H, LI Z B, DENG J, et al. Influence on coal pore structure during liquid CO_2-ECBM process for CO_2 utilization[J]. Journal of CO_2 utilization, 2017, 21: 543-552.

[205] WILLE G, LAHONDERE D, SCHMIDT U, et al. Coupling SEM-EDS and confocal raman-in-SEM imaging: a new method for identification and 3D morphology of asbestos-like fibers in a mineral matrix[J]. Journal of hazardous materials, 2019, 374: 447-458.

[206] WU X G, HUANG Z W, SONG H Y, et al. Variations of physical and mechanical properties of heated granite after rapid cooling with liquid nitrogen [J]. Rock mechanics and rock engineering, 2019, 52(7): 2123-2139.

[207] XIE J N, XIE J, NI G H, et al. Effects of pulse wave on the variation of coal pore structure in pulsating hydraulic fracturing process of coal seam [J]. Fuel, 2020,

264:116906.

[208] XU J Z,ZHAI C,LIU S M,et al. Investigation of temperature effects from LCO_2 with different cycle parameters on the coal pore variation based on infrared thermal imagery and low-field nuclear magnetic resonance[J]. Fuel,2018,215:528-540.

[209] XU J Z,ZHAI C,RANJITH P G,et al. Petrological and ultrasonic velocity changes of coals caused by thermal cycling of liquid carbon dioxide in coalbed methane recovery[J]. Fuel,2019,249:15-26.

[210] YANG F,NING Z F,LIU H Q. Fractal characteristics of shales from a shale gas reservoir in the Sichuan Basin,China[J]. Fuel,2014,115:378-384.

[211] YAO Y B,LIU D M,LIU J G,et al. Assessing the water migration and permeability of large intact bituminous and anthracite coals using NMR relaxation spectrometry [J]. Transport in porous media,2015,107(2):527-542.

[212] YAO Y B,LIU D M,TANG D Z,et al. Fractal characterization of adsorption-pores of coals from North China:an investigation on CH_4 adsorption capacity of coals[J]. International journal of coal geology,2008,73(1):27-42.

[213] YAO Y B,LIU D M,TANG D Z,et al. Fractal characterization of seepage-pores of coals from China: an investigation on permeability of coals [J]. Computers & geosciences,2009,35(6):1159-1166.

[214] YUAN H P,LIU X L,LIU Y,et al. Analysis of acoustic wave frequency spectrum characters of rock mass under blasting damage based on the HHT method[J]. Advances in civil engineering,2018,2018:9207476.

[215] ZHANG F,JIANG Z X,SUN W,et al. A multiscale comprehensive study on pore structure of tight sandstone reservoir realized by nuclear magnetic resonance,high pressure mercury injection and constant-rate mercury injection penetration test[J]. Marine and petroleum geology,2019,109:208-222.

[216] ZHANG G L,RANJITH P G,FU X H,et al. Pore-fracture alteration of different rank coals:implications for CO_2 sequestration in coal[J]. Fuel,2021,289:119801.

[217] ZHANG J Q, YANG K, HE X, et al. Study on mechanical properties and damage characteristics of coal-based solid waste cemented backfill[J]. Construction and building materials,2023,368:130373.

[218] ZHAO J,ZHAO X B,CAI J G. A further study of P-wave attenuation across parallel fractures with linear deformational behaviour [J]. International journal of rock mechanics and mining sciences,2006,43(5):776-788.

[219] ZHAO J L,XU H,TANG D Z,et al. Coal seam porosity and fracture heterogeneity of macrolithotypes in the Hancheng Block,eastern margin,Ordos Basin,China[J]. International journal of coal geology,2016,159:18-29.

[220] ZHAO S, CHEN X J, LI X J, et al. Experimental analysis of the effect of temperature on coal pore structure transformation[J]. Fuel,2021,305:121613.

[221] ZHAO W,WANG K,WANG L,et al. Influence of matrix size and pore damage path on

the size dependence of gas adsorption capacity of coal[J]. Fuel,2021,283:119289.

[222] ZHAO Y,LIN B Q,LIU T,et al. Multifractal analysis of coal pore structure based on NMR experiment: a new method for predicting T_2 cutoff value[J]. Fuel,2021,283:119338.

[223] ZHENG S J, YAO Y B, LIU D M, et al. Nuclear magnetic resonance surface relaxivity of coals[J]. International journal of coal geology,2019,205:1-13.

[224] ZHENG Y F,ZHAI C,CHEN A K,et al. Microstructure evolution of bituminite and anthracite modified by different fracturing fluids[J]. Energy,2023,263:125732.

[225] ZHOU H,LIU H T,HU D W,et al. Anisotropies in mechanical behaviour,thermal expansion and P-wave velocity of sandstone with bedding planes[J]. Rock mechanics and rock engineering,2016,49(11):4497-4504.

[226] ZHOU S D,LIU D M,CAI Y D,et al. Fractal characterization of pore-fracture in low-rank coals using a low-field NMR relaxation method[J]. Fuel,2016,181:218-226.

[227] ZHOU W L, APKARIAN R, WANG Z L, et al. Fundamentals of scanning electron microscopy (SEM) [M]//ZHOU W L, WANG Z L. Scanning microscopy for nanotechnology. New York: Springer,2006:1-40.

[228] ZHU Z N,RANJITH P G,TIAN H,et al. Relationships between P-wave velocity and mechanical properties of granite after exposure to different cyclic heating and water cooling treatments[J]. Renewable energy,2021,168:375-392.

[229] ZONG Y T,YU X L,ZHU M X,et al. Characterizing soil pore structure using nitrogen adsorption,mercury intrusion porosimetry,and synchrotron-radiation-based X-ray computed microtomography techniques[J]. Journal of soils and sediments,2015,15(2):302-312.